EUL VERLAG

SUPPLY CHAIN, LOGISTICS AND OPERATIONS MANAGEMENT

Herausgegeben von Prof. Dr. Dr. h. c. Wolfgang Kersten, Hamburg

Band 3
Jan Koch
Qualitätsmanagement in Logistikunternehmen – Eine empirische Untersuchung
Lohmar – Köln 2010 ♦ 272 S. ♦ € 58,- (D) ♦ ISBN 978-3-8441-0007-5

Band 4
Wolfgang Kersten, Thorsten Blecker and Carlos Jahn (Eds.)
International Supply Chain Management and Collaboration Practices
Lohmar – Köln 2011 ♦ 496 S. ♦ € 73,- (D) ♦ ISBN 978-3-8441-0071-6

Band 5
Thorsten Blecker, Carlos Jahn and Wolfgang Kersten (Eds.)
Maritime Logistics in the Global Economy – Current Trends and Approaches
Lohmar – Köln 2011 ♦ 464 S. ♦ € 69,- (D) ♦ ISBN 978-3-8441-0072-3

Band 6
Thomas Will
RFID in Maritime Container Logistics – Participant-Specific Benefits and Process Optimization
Lohmar – Köln 2011 ♦ 292 S. ♦ € 59,- (D) ♦ ISBN 978-3-8441-0081-5

Band 7
Fabian Müller
Service Engineering für Logistikkooperationen – Empirische Analyse der Entscheidungskoordination in Cluster-Initiativen
Lohmar – Köln 2012 ♦ 404 S. ♦ € 66,- (D) ♦ ISBN 978-3-8441-0143-0

Band 8
Carolin Singer
Flexibilitätsmanagement zur Bewältigung von Unsicherheit in der Supply Chain
Lohmar – Köln 2012 ♦ 328 S. ♦ € 62,- (D) ♦ ISBN 978-3-8441-0179-9

JOSEF EUL VERLAG

Flexibilitätsmanagement zur Bewältigung von Unsicherheit in der Supply Chain

Vom Promotionsausschuss der
Technischen Universität Hamburg-Harburg
zur Erlangung des akademischen Grades
Doktorin der Wirtschafts- und Sozialwissenschaften (Dr. rer. pol.)
genehmigte Dissertation

von
Carolin Singer

aus
Hamburg

2012

Erstgutachter: Prof. Dr. Dr. h. c. Wolfgang Kersten
Institut für Logistik und Unternehmensführung
Technische Universität Hamburg-Harburg

Zweitgutachter: Prof. Dr.-Ing. habil. Hermann Lödding
Institut für Produktionsmanagement und -technik
Technische Universität Hamburg-Harburg

Tag der mündlichen Prüfung: 5. April 2012

Reihe: Supply Chain, Logistics and Operations Management · Band 8
Herausgegeben von Prof. Dr. Dr. h. c. Wolfgang Kersten, Hamburg

Carolin Singer

Flexibilitätsmanagement zur Bewältigung von Unsicherheit in der Supply Chain

Mit einem Geleitwort von Prof. Dr. Dr. h. c. Wolfgang Kersten,
Technische Universität Hamburg-Harburg

EUL VERLAG

Bibliografische Information der Deutschen Nationalbibliothek

Die Deutsche Nationalbibliothek verzeichnet diese Publikation in der Deutschen Nationalbibliografie; detaillierte bibliografische Daten sind im Internet über <http://dnb.d-nb.de> abrufbar.

Dissertation, Technische Universität Hamburg-Harburg, 2012

ISBN 978-3-8441-0179-9
1. Auflage August 2012

JOSEF EUL VERLAG GmbH
Brandsberg 6
53797 Lohmar
Tel.: 0 22 05 / 90 10 6-6
Fax: 0 22 05 / 90 10 6-88
E-Mail: info@eul-verlag.de
http://www.eul-verlag.de

Bei der Herstellung unserer Bücher möchten wir die Umwelt schonen. Dieses Buch ist daher auf säurefreiem, 100% chlorfrei gebleichtem, alterungsbeständigem Papier nach DIN 6738 gedruckt.

Geleitwort

In wirtschaftlich turbulenten Zeiten, die üblicherweise mit hohen Unsicherheiten verbunden sind, ist Flexibilität in der Unternehmenswelt mehr denn je gefragt und gefordert. Flexibilität ermöglicht eine schnelle Anpassung beispielsweise der Kapazitäten bei Nachfrageauf- und abschwung und hilft somit, den aktuellen Anforderungen kurzfristig gerecht zu werden. Aber auch in wirtschaftlich beständigen Zeiten dient Flexibilität als Erfolgsfaktor, um jederzeit potenzielle Risiken bewältigen zu können. Damit Flexibilität zur rechten Zeit genutzt werden kann, ist eine sorgfältige Planung notwendig. Grundsätzlich sind mit Flexibilität Kosten verbunden, sodass ein geeignetes Maß zu ermitteln und Potenziale zu schaffen sind, um sie zu einem späteren Zeitpunkt nutzen zu können.

Eine intensive Diskussion über Flexibilität in Produktion und Logistik wird zumindest seit den 1980er Jahren geführt. Die Betrachtung des Flexibilitätsmanagements als wesentliches Element eines Supply Chain Risk Managements, das über die Unternehmensgrenzen hinweg die vor- und nachgelagerten Stufen der Wertschöpfungskette einbezieht, ist jedoch neu und gerade auch vor dem Hintergrund heutiger wirtschaftlicher Entwicklungen eine hoch aktuelle Fragestellung. Ein umfassender methodischer Ansatz wurde zuvor nicht entwickelt, sodass ein gezieltes Management der Flexibilität in der Praxis oftmals unterbleibt. An dieser Stelle setzt Frau Singer an und leitet systematisch aus dem Stand der Forschung und dem Stand der Praxis eine Methode zur Berücksichtigung der Flexibilitätsbedarfe im Rahmen des Supply Chain Risk Managements ab.

Der Ansatz deckt alle relevanten Bereiche einer Supply Chain ab und ermöglicht sowohl die Messung der vorhandenen Flexibilität als auch die Aufstellung von Gestaltungsempfehlungen. Die Methode umfasst fünf Phasen, in die fünf Lösungsbausteine eingebettet werden. Diese Lösungsbausteine werden konzeptionell systematisch abgeleitet und inhaltlich detailliert ausgearbeitet. Durch das Schaffen zielgerichteter Flexibilitätspotenziale zur Bewältigung von Unsicherheiten und unter Berücksichtigung der Unternehmens- sowie Supply Chain-Strategie, Kosten, Komplexität, Performance und Zeit kann somit die Wettbewerbsfähigkeit von Unternehmen gestärkt werden.

Die Kombination literaturgestützter und empirisch explorativer Vorgehensweisen führt zu einem in sich geschlossenen methodischen Ansatz. Damit leistet Frau Singer einen innovativen wissenschaftlichen Beitrag, der in dieser umfassenden und integrierten Sichtweise grundsätzlich neu ist. Dass dieser Ansatz nicht nur softwaregestützt prototypisch umgesetzt wurde, sondern auch in ersten Unternehmensfallstudien in seiner praktischen Anwendbarkeit bestätigt wurde, unterstreicht die wissenschaftliche Leistung von Frau Singer. Der Arbeit ist eine breite Aufnahme in Wissenschaft und Praxis zu wünschen. Sie ist für Leser beider Gruppen gleichermaßen empfehlenswert.

Professor Dr. Dr. h. c. Wolfgang Kersten

Vorwort

Die vorliegende Arbeit wurde vom Promotionsausschuss der Technischen Universität Hamburg-Harburg als Dissertation angenommen. Ich habe sie im Rahmen meiner Tätigkeit als wissenschaftliche Mitarbeiterin am Institut für Logistik und Unternehmensführung (ehemals an der Kühne School of Logistics and Management GmbH) der Technischen Universität Hamburg-Harburg verfasst.

An dieser Stelle möchte ich die Gelegenheit nutzen, mich bei einer Reihe von Personen zu bedanken, die die Entstehung meiner Arbeit begleitet haben. Zunächst gilt mein Dank meinem Doktorvater, Herrn Professor Dr. Dr. h. c. Wolfgang Kersten, der mich am Institut für Logistik und Unternehmensführung beschäftigte, mein Promotionsvorhaben betreute und mir in diesem Zusammenhang wertvolle Anregungen lieferte. Zudem übertrug er mir vertrauensvoll umfangreiche Verantwortlichkeiten bei der Bearbeitung wissenschaftlicher und praxisorientierter Projekte, sodass ich fachlich und persönlich während dieser Zeit wachsen konnte.

Herrn Professor Dr. Hermann Lödding danke ich für die zügige Erstellung des Zweitgutachtens und die Begleitung sowie Unterstützung meines Promotionsprojektes in diesem Rahmen. Weiterhin möchte ich Herrn Professor Keil für die Übernahme des Prüfungsausschussvorsitzes und das Interesse am Thema der Dissertation meinen Dank aussprechen.

Mein Dank gilt ferner allen Unternehmensvertretern, die mir bei den Expertengesprächen, den Diskussionsrunden der Fokusgruppe, dem Tiefeninterview und der schriftlichen Befragung bereitwillig Auskunft und wichtige Impulse gaben. Bei Herrn Professor Dr. Jörg Dalhöfer bedanke ich mich herzlich für die Unterstützung bei der praktischen Evaluation der Methode.

Meinen Kolleginnen und Kollegen des Instituts für Logistik und Unternehmensführung danke ich für die angenehme Arbeitsatmosphäre. Frau Dr. Meike Schröder, Frau Dr. Mareike Böger und Herrn Moritz Petersen möchte ich meinen herzlichen Dank für die kritische Durchsicht meiner Dissertation und die Bereitschaft zur fachlichen Diskussion während der Promotionszeit aussprechen. Außerdem bin ich den studentischen Hilfskräften des Instituts zu großem Dank verpflichtet, vor allem Niels Hackius für die Erstellung der prototypischen Software.

Meinem Freund Lutz gilt ein ganz besonderer Dank. Stets hat er mir nicht nur Verständnis entgegengebracht, sondern er stand mir jederzeit mit Rat und Tat zur Seite. Auch bei meinen Freunden von nah und fern möchte mich ich an dieser Stelle herzlich für die moralische Unterstützung und willkommene Ablenkung durch gemeinsame Aktivitäten bedanken.

Den größten Dank möchte ich aber meinen Eltern und meiner Schwester aussprechen, die mich bisher in jeder Lebenssituation liebevoll – und jeder auf seine ganz besondere Weise – unterstützt und ermutigt haben. Sie haben in hohem Maße zum Erfolg meines Promotionsprojektes beigetragen.

Carolin Singer

Inhaltsverzeichnis

Abbildungsverzeichnis

Tabellenverzeichnis

Abkürzungsverzeichnis

AktG	Aktiengesetz
AMJ	Academy of Management Journal
AS/NZS	Australian/New Zealand Standard
ATO	Assemble-to-Order
BCM	Business Continuity Management
BGBl.	Bundesgesetzblatt
BilMoG	Bilanzrechtsmodernisierungsgesetz
BVL	Bundesvereinigung Logistik
C.A.S.H.	Connecting Authorities for Safer Heavy Goods Traffic in the Baltic Sea Region
CMR	California Management Review
COSO	Committee of Sponsoring Organizations of the Treadway Commission
CSCMP	Council of Supply Chain Management Professionals
DBW	Die Betriebswirtschaft
DCGK	Deutscher Corporate Governance Kodex
EJOR	European Journal of Operational Research
ELA	European Logistics Association
ETO	Engineer-to-Order
FlexMEA	Flexibility Mode and Effect Analysis
FMEA	Failure Mode and Effect Analysis
HBR	Harvard Business Review
HGB	Handelsgesetzbuch
IATA	International Air Transport Association
IJBEX	International Journal of Business Excellence
IJLM	The International Journal of Logistics Management
IJOPM	International Journal of Operations & Production Management
IJPDLM	International Journal of Physical Distribution & Logistics Management
IJPR	International Journal of Production Research
ISO	International Organization for Standardization
IuK	Information und Kommunikation
JBL	Journal of Business Logistics
JIS	Japanese Industrial Standard
KEP	Kundenauftragsentkopplungspunkt
KonTraG	Gesetz zur Kontrolle und Transparenz im Unternehmensbereich
LDL	Logistikdienstleister
LRP	Long Range Planning
MSTS	Make and Ship-to-Stock
MTO	Make-to-Order
MTS	Make-to-Stock
ONR	Österreichisches Normungsinstitut Regel
OWiG	Gesetz über Ordnungswidrigkeiten

PARTS	PARTS-Analyse (Player, Added Value, Rules, Tactics, Scope)
PMTO	Purchase and Make-to-Order
RACI	RACI-Methode (Responsible, Accountable, Consulted, Informed)
SC	Supply Chain
SCM	Supply Chain Management
SCOR	Supply Chain Operations Reference
SCRM	Supply Chain Risk Management
SEC	United States Securities and Exchange Commission
SOA	Sarbanes-Oxley Act
SOX	Sarbanes-Oxley Act
SWOT	SWOT-Analyse (Strengths, Weaknesses, Opportunities, Threats)
TransPuG	Transparenz- und Publizitätsgesetz
WiSt	Wirtschaftswissenschaftliches Studium
ZfB	Zeitschrift für Betriebswirtschaft
ZfbF	Zeitschrift für betriebswirtschaftliche Forschung
ZfCM	Zeitschrift für Controlling & Management
ZP	Zeitschrift für Planung
ZVEI	Zentralverband Elektrotechnik- und Elektronikindustrie e.V.
ZWF	Zeitschrift für wirtschaftlichen Fabrikbetrieb

1. Einleitung

Die unternehmerischen Rahmenbedingungen sind durch eine globale Verteilung der Wertschöpfungspartner gekennzeichnet. Innerhalb der Wertschöpfungsketten binden sich die Unternehmen stärker aneinander. Eine engere Kooperation in der Wertschöpfungskette (Supply Chain) führt zu einer höheren Abhängigkeit der Unternehmenspartner und folglich zu einer gestiegenen Unsicherheit sowie zu einem erhöhten Risiko der Supply Chain-Partner. Nachstehend erfolgt eine nähere Beschreibung dieser Ausgangssituation, der Zielsetzung sowie des Gangs der Arbeit.

1.1 Ausgangssituation

Unternehmerische Aktivität ist grundsätzlich mit Unsicherheiten und Risiken verbunden, die die Erreichung der Unternehmensziele gefährden können. Besondere Ereignisse und Entwicklungen wie Erdbeben, Krankheiten (z. B. Vogel- bzw. Schweinegrippe), Terroranschläge oder Finanzkrisen verstärken diese Unsicherheit weiter. Praktiker erkennen zunehmend die Relevanz eines Supply Chain Risk Managements (vgl. IBM 2009, S. 11; KERSTEN ET AL. 2006, S. 10-11; KERSTEN/SINGER 2010a, S. 200), das durch Ausweitung eines national sowie international für verschiedene Unternehmensformen geforderten Risikomanagements entstehen kann und zugleich ein junges Forschungsfeld darstellt.

Als Reaktionsmöglichkeit auf Risiken nimmt Flexibilität zunehmend eine wichtige Stellung in Unternehmen ein. Oftmals werden Strategien zur Erhöhung der Flexibilität eingesetzt, so z. B. das Vorhalten alternativer Lieferanten und ggf. deren Aktivierung, um die unterschiedlichen auftretenden Risiken bewältigen zu können. Zahlreiche Studien unterstreichen dieses Vorgehen und beschreiben die Bedeutung von Flexibilität als Erfolgsfaktor für Unternehmen (z. B. PRTM 2008, S. 13; IBM 2009, S. 14; WEBER ET AL. 2005). So werden neben der verbesserten Reaktionsfähigkeit im Falle von Störungen, z. B. in den Nachfrageverläufen, im Rahmen der Produktion oder der Beschaffung, außerdem eine höhere Kundenzufriedenheit sowie die Reduzierung entgangener Gewinne als Vorteile von Supply Chain-Flexibilität genannt (vgl. BEAMON 1999, S. 284).

In der Vergangenheit fokussierte die nationale sowie internationale Flexibilitätsforschung zumeist auf die innerbetriebliche Flexibilität. Schwerpunkte waren im Rahmen der Planungs- und Entscheidungstheorie, der strategischen Flexibilität sowie im Produktionsbereich zu sehen (vgl. KERSTEN/SINGER 2010a, S. 189). Nur wenige wissenschaftliche Beiträge zeigen bislang jedoch auf, womit sich die Supply Chain-Flexibilität genau befasst, verbinden diese mit dem Supply Chain Risk Management oder stellen gar einen Messansatz für Flexibilität mit Empfehlungen zur Flexibilitätsgestaltung zur Verfügung.

Aus ökonomischer Sicht muss es das Ziel von Unternehmen sein, die vorgehaltene Flexibilität zu optimieren. Flexibilitätsbedarf und -nutzen müssen unter Berücksichtigung von flexibilitätsbezogenen Kosten aufeinander abgestimmt werden. Die Bereiche, in denen Flexibilitätsbedarfe auftreten und bereits -potenziale bestehen, sind zu analysieren, das geeignete Maß an Flexibilität ist zu ermitteln und die Flexibilitätspotenziale sind ggf. aufzubauen, sodass sie zu einem späteren Zeitpunkt genutzt werden können. Dabei sind wichtige Aspekte, wie die gewählte Supply Chain-Strategie und die ungewollte Steigerung der Komplexität, einzubeziehen.

1.2 Zielsetzung der Arbeit

Das Hauptziel dieser Arbeit besteht in der Entwicklung einer Methode zur Berücksichtigung der Flexibilitätsbedarfe im Rahmen des Supply Chain Risk Managements. Hieraus lassen sich drei Teilziele ableiten:

1. Messung der vorhandenen Flexibilität in der Supply Chain
2. Ableitung von Maßnahmen der Flexibilitätsanpassung in Abhängigkeit von bestehenden Unsicherheiten
3. Überprüfung der ausgeführten Maßnahmen der Flexibilitätsanpassung

Durch das Schaffen zielgerichteter Flexibilitätspotenziale unter Berücksichtigung von Kosten und Kundenerwartungen kann die Wettbewerbsfähigkeit von Unternehmen gestärkt werden. Die Methode ist in einen Supply Chain Risk Management-Ansatz zu integrieren, in dessen Rahmen verschiedenartige Risiken betrachtet werden.

Zur Erreichung der aufgeführten Zielsetzung sollen in der Arbeit insbesondere die folgenden Fragen beantwortet werden:

- Welche Verfahren und Methoden werden zur Messung der Performance in der Supply Chain eingesetzt? Wie wird Flexibilität dabei in Betracht gezogen?
- Inwiefern wird Flexibilität in den Maßnahmen und Strategien der Phase (Supply Chain-)Risikosteuerung im Rahmen des (Supply Chain) Risk Managements berücksichtigt?
- Welche Ansätze zur Messung und Gestaltung der (Supply Chain-)Flexibilität existieren bisher?
- Wie ist der Stand der Praxis hinsichtlich des Supply Chain Risk Managements und des Flexibilitätsmanagements im Kontext der Supply Chain?
- Welche Anforderungen werden an die Entwicklung einer Methode zur Berücksichtigung der Flexibilitätsbedarfe im Rahmen des Supply Chain Risk Managements gestellt?
- Wie können Unsicherheiten und potenzielle Schäden ermittelt werden?
- Wie können ein Flexibilitätsprofil erstellt und Maßnahmen zur Flexibilitätsanpassung formuliert und von anderen Maßnahmen der Supply Chain-Risikosteuerung abgegrenzt werden?

- Wie können Maßnahmen zur Flexibilitätsanpassung in der Supply Chain bewertet, ausgewählt und kontrolliert werden?
- Wie kann die Methode zur Berücksichtigung der Flexibilitätsbedarfe im Rahmen des Supply Chain Risk Managements ablaufen und in einer prototypischen Software umgesetzt werden?
- Welche Ergebnisse zeigt die praktische Evaluation der Methode?

Zur Beantwortung der Fragestellungen wird nachfolgend ein mehrstufiges Forschungsvorgehen mit analytischen, konzeptionellen und validierenden Elementen entwickelt.

1.3 Gang der Arbeit

Bevor der Aufbau der Arbeit zur Erfüllung des im vorangegangenen Abschnitt formulierten Hauptziels dargelegt wird, erfolgt zunächst eine wissenschaftstheoretische Einordnung der methodischen Vorgehensweise.

Den Ausgangspunkt der folgenden Erläuterungen stellt die Unterscheidung der Wissenschaften in Formal- und Realwissenschaften dar. Realwissenschaften lassen sich wiederum in reine Grundlagenwissenschaften und angewandte Handlungswissenschaften differenzieren. Die Betriebswirtschaftslehre als Realwissenschaft gehört zu den angewandten Handlungswissenschaften (vgl. ULRICH/HILL 1976, S. 305). Bei der betriebswirtschaftlichen Forschung als angewandte Forschung geht es daher um die Bewältigung praktischer Probleme mit Hilfe von betriebswirtschaftlichen Theorien (vgl. BRAUN 1993, Sp. 1221; STEINMANN 1978, S. 92; THOMMEN/ACHLEITNER 2001, S. 51-52). Es werden folglich Probleme behandelt, „die auch dann schon in der betrieblichen Praxis auftreten, wenn wir noch keine Wissenschaft treiben, und deren Lösung wir durch die wissenschaftliche Tätigkeit voranbringen wollen“ (BRAUN 1993, Sp. 1221). Im Rahmen der Lösung dieser Probleme werden Verfahren sowie Modelle zur Beurteilung von Entscheidungen und Methoden zur Bereitstellung von Gestaltungsempfehlungen entwickelt (vgl. BRAUN 1993, Sp. 1222; STEINMANN 1978, S. 92; HORSTMANN 2007, S. 5; ULRICH 1995, S. 165-166).

Der Forschungsprozess nach ULRICH beginnt mit einem in der Praxis entstandenen und erfassten Problem (siehe Abbildung 1). Im Anschluss werden Theorien und Verfahren der empirischen Grundlagen- sowie der Formalwissenschaften erfasst, interpretiert und spezifiziert. In einem folgenden Schritt wird der Anwendungszusammenhang näher betrachtet. Später werden Beurteilungskriterien und Gestaltungsregeln abgeleitet. In der Praxis relevante Nutzenkriterien, wie Leistungsgrad, Zuverlässigkeit und universelle Anwendbarkeit der Problemlösungen sollten hierbei Berücksichtigung finden (vgl. ULRICH 1995, S. 166-167). Danach folgt die Umsetzung der entwickelten Methode oder des Modells in der Praxis. Die Formulierung theoretischer Erkenntnisse ist oftmals schwierig, aber auch die Implementierung und somit die Prüfung und Evaluierung in der Praxis können eine Hürde darstellen, da die unterstellten Situationsbedingungen ggf. erst geschaffen werden müssen (vgl. THOMMEN/ACHLEITNER 2001, S. 52-53).

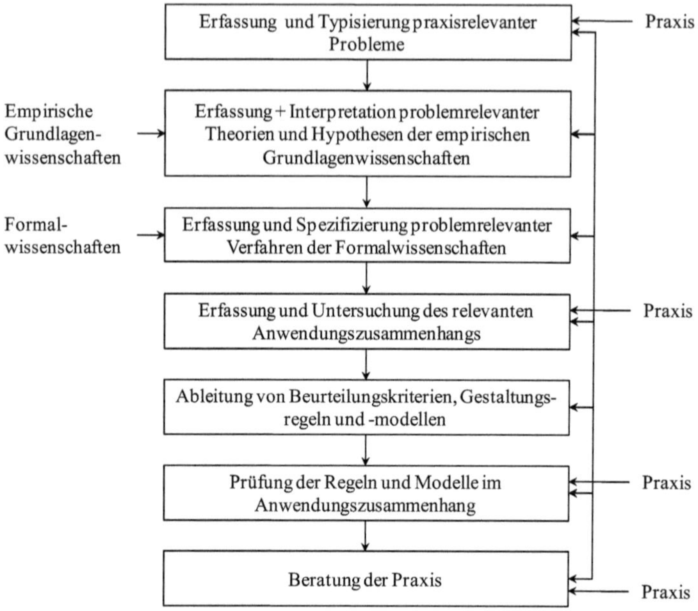

Abbildung 1: Anwendungsorientierte Forschung und ihre Beziehung zur Theorie und Praxis
Quelle: in Anlehnung an ULRICH (1995, S. 167)

Der vorgestellte Forschungsprozess ist auch für diese Arbeit von Bedeutung. Entsprechend der definierten Zielsetzung und der vorgestellten Teilfragen gliedert sich die Arbeit in sechs Kapitel (siehe Abbildung 2). Im vorliegenden *ersten Kapitel* werden die Ausgangssituation, die Zielsetzung sowie der Gang der Arbeit erläutert.

Im Rahmen des *zweiten Kapitels* wird der Stand der Forschung zu Supply Chain Management (SCM), Risiko- sowie Flexibilitätsmanagement ausgeführt. Nach einer einführenden Begriffsbestimmung wird das SCM erläutert und in dessen Rahmen werden Verfahren und Methoden zur Messung der Supply Chain (SC) Performance hinsichtlich der Berücksichtigung von Flexibilität untersucht. Hierauf aufbauend wird das Themenfeld Risikomanagement und Supply Chain Risk Management (SCRM) inkl. der Betrachtung von Flexibilität im Rahmen der (SC-) Risikosteuerung näher analysiert. Flexibilitätsmanagement und SC-Flexibilitätsmanagement bilden einen weiteren Betrachtungsschwerpunkt. In diesem Zusammenhang werden ferner die Messung von (SC-)Flexibilität sowie Supply Chain-bezogene Forschungsansätze der Flexibilität bzw. ergänzende Ansätze aus dem Flexibilitätsmanagement untersucht. Im Anschluss erfolgt eine theoretische Einordnung der erkannten Phänomene. Das Kapitel schließt mit einem Fazit zum Stand der Forschung und der Ableitung des Handlungsbedarfs aus dieser Perspektive.

Das *dritte Kapitel* ist dem Stand der praktischen Umsetzung der zuvor erläuterten theoretischen Konzepte gewidmet. Hierfür wurden Expertengespräche, Diskussionsrunden einer Fokusgruppe und eine schriftliche Befragung mit jeweils unterschiedlichen inhaltlichen Schwerpunkten durchgeführt, d. h. dem SCRM (Basisanalyse), der Verbindung zwischen SCRM und SC-Flexibilität (Ergänzende Analyse) sowie dem SC-Risiko, der SC Performance und der SC-Flexibilität (Vertiefende Analyse). Die für diese Arbeit relevanten Ergebnisse aus den Untersuchungen werden in einem Fazit zum Stand der Praxis und einer Ableitung des Handlungsbedarfs unter praktischen Gesichtspunkten zusammengefasst.

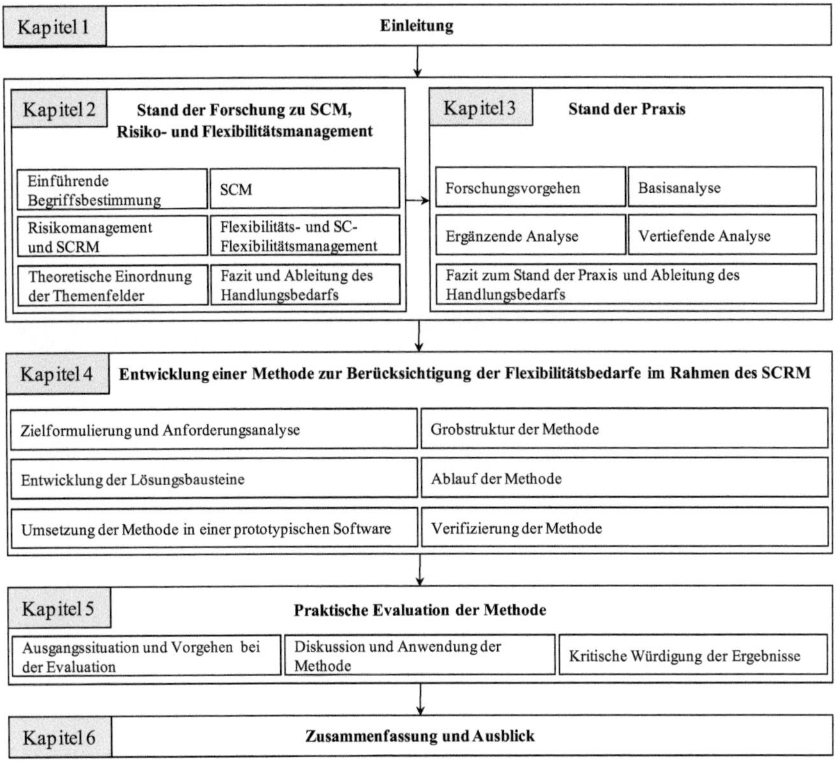

Abbildung 2: Aufbau der Arbeit

Auf der Grundlage der vorherigen Abschnitte wird im *vierten Kapitel* eine Methode zur Berücksichtigung der Flexibilitätsbedarfe im Rahmen des SCRM entwickelt. Auf die einleitende Zielformulierung und Anforderungsanalyse folgt die Grobstruktur der Vorgehensweise innerhalb der Methode, bevor die einzelnen Lösungsbausteine aufgezeigt werden. Im Anschluss werden der Ablauf der Methode sowie die Umsetzung der Methode in einer prototypischen Software beschrieben. Die Verifizierung der Methode zur Berücksichtigung der Flexibilitätsbedarfe im Rahmen des SCRM hinsichtlich der Anforderungen bildet den Abschluss des Kapitels.

Kapitel fünf zeigt die Umsetzbarkeit der entwickelten Methode mit Hilfe einer Diskussion mit Praxisvertretern sowie zweier Fallstudien in einem produzierenden Unternehmen einer technologiegetriebenen Industrie. Gerade in diesem Zusammenhang benötigt eine Supply Chain verstärkt Flexibilität materialflussauf- und -abwärts, um Unsicherheiten unterschiedlicher Art bewältigen zu können (vgl. KERSTEN/SINGER 2010, S. 189).

Das abschließende *sechste Kapitel* beinhaltet eine Zusammenfassung und einen Ausblick auf weitere Forschungsbedarfe.

2. Stand der Forschung zu Supply Chain Management, Risiko- und Flexibilitätsmanagement

Im Rahmen dieses Kapitels werden zunächst die für diese Arbeit wesentlichen Begrifflichkeiten erörtert. Darauf aufbauend werden die Themenfelder Supply Chain Management, Risikomanagement und Supply Chain Risk Management sowie Flexibilitätsmanagement und Supply Chain-Flexibilitätsmanagement beleuchtet. Anschließend erfolgt eine theoretische Einordnung der Bereiche Risikomanagement und Supply Chain Risk Management, Flexibilitätsmanagement und Supply Chain-Flexibilitätsmanagement sowie der Integration dieser Gebiete, bevor ein Fazit zum Stand der Forschung gezogen und der Handlungsbedarf aus dieser Sicht abgeleitet wird.

2.1 Einführende Begriffsbestimmung

Die begrifflichen Grundlagen, die für diese Arbeit von zentraler Bedeutung sind, betreffen den Bereich Supply Chain und Supply Chain Management, weiterhin Risiko, Unsicherheit und Supply Chain-Risiko sowie Flexibilität und Supply Chain-Flexibilität. Sie werden in den folgenden Unterabschnitten erörtert.

2.1.1 Supply Chain und Supply Chain Management

Von der Logistik zum Supply Chain Management

Sowohl die Logistik als auch die Betrachtung der Supply Chain im Rahmen des Supply Chain Managements (SCM) sind keine neuen Phänomene. Schon der Bau der Pyramiden und diverse Kriege in vergangenen Jahrhunderten erforderten effektive Material- und Informationsflüsse, deren Grundsätze sich kaum geändert haben. In den Unternehmen wurde die wachsende Bedeutung der Logistik[1] bzw. des SCM und hiermit die Chance, sich dadurch einen Wettbewerbsvorteil zu verschaffen bzw. den Unternehmenserfolg zu steigern, verhältnismäßig spät erkannt (vgl. CHRISTOPHER 2005, S. 3; BRINDLEY/RITCHIE 2004, S. 3).

Insgesamt hat sich das Verständnis der Logistik in vier Phasen entwickelt: Lange Jahre wird die Logistik als *physische Distribution* (insbesondere die Bereiche der Lagerhaltung und des Transportwesens umfassend) verstanden. Dabei ist ihre Bedeutung im Vergleich zu anderen Unternehmensfunktionen als sekundär anzusehen. Als Antwort auf den Wandel der amerikanischen Märkte weg von Verkäufer- und hin zu Käufermärkten in den 1950er Jahren werden die Tätigkeiten im Rahmen des Transports, Umschlags und der Lagerung zu einem *funktionalen Logistikmanagement* zusammengefasst (vgl. RUSSELL 2007, S. 57).[2] Noch heute bekannt

[1] Zur etymologischen Herkunft des Begriffs „Logistik“ siehe KLEINDORFER/WASSENHOVE (2004, S. 291); ENGELSLEBEN/NIEBUER (1997a, S. 22) und ENGELSLEBEN/NIEBUER (1997b, S. 3-4).

[2] Erkenntnisse aus dem Bereich der Militärlogistik werden auf die Unternehmenswelt übertragen. In der Unternehmenswelt wird Logistik daher in der englischsprachigen Literatur oft “business logistics“ genannt. DRUCKER

sind die in diesem Zeitraum von PLOWMAN (1964, S. 2) formulierten beiden Nutzen der Logistik („place“ and „time“ utilities), die inzwischen zu den „six rights“ (= sechs „R“) der Logistik erweitert wurden.[3] So erklärt JÜNEMANN (1989, S. 18), dass die Aufgabe der Logistik darin besteht, die richtige Menge der richtigen Objekte am richtigen Ort zum richtigen Zeitpunkt in der richtigen Qualität zu den richtigen Kosten bereit zu stellen.

Die folgende Phase des *integrierten Logistikmanagements* dient der Überwindung von Schnittstellenproblemen zwischen den Unternehmensfunktionen mit Hilfe der funktionsübergreifenden Koordination der Material- und Warenflüsse. Die zeitlich gesehen letzte betrachtete Phase der Logistikentwicklung[4] erfährt eine Stärkung der Prozesssicht und der Flussorientierung in den Unternehmen. Dabei können auch vor- und nachgelagerte Wertschöpfungsstufen mit berücksichtigt werden. Diese Betrachtungsweise wird als *Supply Chain Management* bezeichnet (vgl. WEBER/KUMMER 1998, S. 6-26; BAUMGARTEN 2008, S. 13-14; WEBER/WALLENBURG 2010, S. 15-23; ERDMANN 2003, S. 15-20; SENNHEISER/SCHNETZLER 2008, S. 5-7). Grundsätzlich ist nicht davon auszugehen, dass alle Unternehmen in der Praxis die vierte beschriebene Phase erreicht haben.[5] STABERHOFER/ROHRHOFER (2007, S. 42-48) formulieren drei Reifegrade zur Umsetzung von SCM, d. h. ein produkt- bzw. prozessbezogenes SCM (SCM-Reifegrad 1), ein unternehmensbezogenes SCM (SCM-Reifegrad 2) sowie ein netzwerkbezogenes SCM (SCM-Reifegrad 3). Ab dem Reifegrad 2 ist eine flexible Gestaltung der Unternehmensorganisation und -prozesse zur Erfüllung der Kundenbedürfnisse erforderlich. Hier zeigt sich bereits, dass Flexibilität in der SC benötigt wird.

Dieser Arbeit soll die Definition des COUNCIL OF SUPPLY CHAIN MANAGEMENT PROFESSIONALS (CSCMP) (2010) für die Logistik zugrunde gelegt werden. Es erfolgt eine Abgrenzung der Konzepte voneinander: „Logistics management is that part of supply chain management that plans, implements, and controls the efficient, effective forward and reverses flow and storage of goods, services and related information between the point of origin and the point of consumption in order to meet customers' requirements.” Während sich die Logistik also auf Material- und Warenflüsse sowie auf logistische Informationen konzentriert, bezieht das SCM zusätzlich akquisitorische Informationen, die den Absatz- oder Beschaffungsförderungsfluss betreffen, Finanzmittel und Rechte mit ein (vgl. PFOHL 2000a, S. 327; WERNER 2008, S. 5-6; KLEINDORFER/WASSENHOVE 2004, S. 291). Außerdem werden mit dem SCM auch strategische Fragestellungen verknüpft, während mit der Logistik hauptsächlich operative Aspekte verbunden werden (vgl. PFOHL 2000b, S. 9).[6]

stellte im Jahre 1962 fest, dass sich Experten mit einzelnen Phasen aus den Bereichen Transport und Lagerhaltung, Verpackung und Beschriftung etc. befassten, aber kein Fachmann auf dem Gebiet der Distribution im Großen und Ganzen bekannt war (vgl. DRUCKER 1967, S. 3; LANGLEY 1986, S. 20).

[3] Die Anzahl der „R“ variiert. So erwähnen LAMBERT/STOCK/ELLRAM (1998, S. 11) „five R” der Logistik.

[4] WEBER/WALLENBURG (2010, S. 15-23) fassen die Phasen auf andere Weise zusammen.

[5] STEVENS (1989, S. 5-8) erläutert im Rahmen eines systematischen Ansatzes zur Entwicklung einer integrierten SC-Strategie vier aufeinanderfolgende Phasen, die starke Ähnlichkeiten mit den oben aufgeführten aufweisen: „Baseline“, „Functional Integration“, „Internal Integration“ und „External Integration“.

[6] Der wissenschaftliche Beirat der Bundesvereinigung Logistik (BVL) betrachtet SCM allerdings als Teilbereich der Logistik (vgl. DELFMANN ET AL. 2010, S. 6).

Ursachen für die dargestellte Entwicklung der Logistik bzw. des SCM sind neben dem Wandel von Verkäufer- zu Käufermärkten die folgenden Trends: die höher individualisierte Kundennachfrage, die globalere Verteilung der Wertschöpfungspartner, die Verringerung der Fertigungstiefe[7], die steigende Komplexität und Dynamik der Märkte und Anforderungen, die Verkürzung der Produktlebenszyklen, die Deregulierung der Transport- und Telekommunikationsmärkte, die neuen Informations- und Kommunikationstechnologien und die engere Vernetzung der Unternehmen (vgl. SHARMAN 1984, S. 2-3; WEBER/WALLENBURG 2010, S. 15-23; SENNHEISER/SCHNETZLER 2008, S. 7; GABLER WIRTSCHAFTSLEXIKON 2004a, S. 1918). So konkurrieren zunehmend ganze Wertschöpfungsketten und Unternehmensnetzwerke miteinander und nicht mehr nur einzelne Unternehmen (vgl. PFOHL 2000a, S. 328).

Die Bezeichnung SCM wurde in den 1980er Jahren durch die Unternehmensberater OLIVER und WEBBER geschaffen (vgl. DELFMANN/ALBERS 2000, S. 1; STADTLER 2005, S. 24; OLIVER/WEBBER 1982, S. 64) und durch HOULIHAN und JONES/RILEY geprägt (vgl. WERNER 2008, S. 3; VAHRENKAMP 2005, S. 24; HOULIHAN 1988b, S. 140-159; JONES/RILEY 1985, S. 94-104). Mittlerweile kann ein inflationärer Einsatz des Fachworts festgestellt werden, wobei unterschiedliche Charakteristika unterstellt werden (vgl. DELFMANN/ALBERS 2000, S. 1). Dem Begriff SCM liegt einerseits die Supply Chain (SC) zugrunde, die in der Literatur vielfältig mit unterschiedlichen Schwerpunkten definiert wird. Andererseits basiert der Begriff auf dem Konzept des Managements, auf das im Anschluss näher eingegangen wird.

Supply Chain

Im Deutschen wird die SC auch mit Liefer-, Logistik-, Versorgungs- oder Wertschöpfungskette bezeichnet (vgl. ERDMANN 2003, S. 7; KAJÜTER 2003a, S. 129; VAHRENKAMP 2005, S. 24). In der anglo-amerikanischen Literatur werden an ihrer Stelle ebenfalls die Begriffe Value Chain oder Demand Chain verwendet (vgl. ERDMANN 2003, S. 7). Auch wenn das Konzept der SC bereits seit den 1980er Jahren diskutiert wird, gibt es bis heute in der Literatur keine einheitliche und allgemeingültige Definition des Ausdruckes (vgl. BRINDLEY/RITCHIE 2004, S. 5). Anhang I vermittelt einen Überblick über unterschiedliche, verbreitete Begriffsbestimmungen. Über bestimmte Eigenschaften besteht allerdings zumeist Einigkeit:

- Eine SC umfasst mehrere unabhängige Unternehmen.
- Die Unternehmen sind auf vor- und nachgelagerten Stufen durch Güter-, Informations- und Finanzflüsse miteinander verbunden.[8]

Der Ausdruck SC kann aus zwei Gründen missverständlich sein: Einerseits sind nicht die Lieferanten (das Angebot) als tatsächlicher Ausgangspunkt der Orientierung der SC zu sehen, sondern die Kunden (die Nachfrage). Aus diesem Grunde bezeichnen einige Autoren die SC mit „demand chain“ (s. o. und vgl. VAHRENKAMP 1999, S. 309; VOLLMANN/CORDON 1998,

[7] Mit der Verringerung der Fertigungstiefe wird die Entscheidung eines Unternehmens bezeichnet, mehr Komponenten bzw. Bauteile fremd zu beziehen (vgl. ADAM 1998, S. 117-118).

[8] Verbunden mit dem Güterfluss ist auch der Rechtsfluss (vgl. PFOHL 2000a, S. 328).

S. 684; CHRISTOPHER 2005, S. 5; BUSCHER 1999, S. 450; MARBACHER 2001, S. 20-21). Andererseits impliziert eine Kette eine Linearität, die aber in der Regel nicht vorhanden ist. So wird Material oft von mehreren Lieferanten bezogen und Produkte werden an eine Reihe von Kunden abgesetzt. Daher wäre es korrekter, von einem Netzwerk zu sprechen (vgl. CHRISTOPHER 2005, S. 5; CHOPRA/MEINDL 2004, S. 5; JONSSON 2008, S. 5; CORSTEN/GÖSSINGER 2008, S. 104; WESTHAUS 2007, S. 12). Dennoch soll im Folgenden der in Theorie und Praxis weit verbreitete Begriff SC verwendet werden (vgl. JEHLE 2005, S. 36; CHRISTOPHER 2005, S. 5).

In der vorliegenden Arbeit wird der Auffassung von CHRISTOPHER gefolgt, der die SC wie nachstehend definiert: „The supply chain is the network of organizations that are involved, through upstream and downstream linkages, in the different processes and activities that produce value in the form of products and services in the hands of the ultimate consumer" (CHRISTOPHER 2005, S. 17).[9]

Mittelfristig schließen sich zu einer SC diejenigen Unternehmen zusammen, die zum einen das Risiko eingehen, dass ihre Partnerunternehmen die Zusammenarbeit nahezu jederzeit beenden können. Zum anderen entsteht für diese Unternehmen aber eine Win-Win-Situation, resultierend aus den Vorteilen gegenüber einem direkten Auftreten am Markt sowie einer Unternehmenshierarchie und der Reduktion von Reibungsverlusten an den Schnittstellen zwischen den Unternehmen (vgl. STADTLER 2005, S. 10).

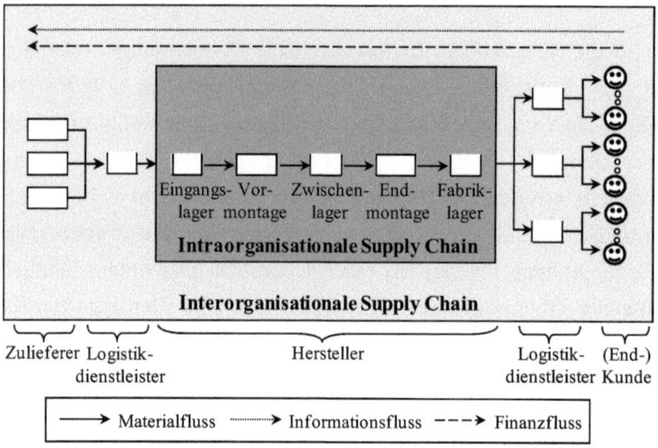

Abbildung 3: Schema einer Supply Chain
Quelle: in Anlehnung an STADTLER (2005, S. 10)

In Abhängigkeit davon, wie viele und welche Partner das Wertschöpfungsnetzwerk tatsächlich umfassen soll, kann zwischen der intraorgansationalen und der interorganisationalen SC unterschieden werden. Die intraorganisationale SC enthält nur Prozesse innerhalb des Unternehmens, während die interorganisationale SC die Verzahnung des Unternehmens mit ihrer

[9] JEHLE (2000, S. 216-218) erweitert den hier unterstellten Betrachtungsrahmen, in dem er nach der Stufe des Endkunden den Service- und Reparaturbereich und den Recyclingbereich in seine Überlegungen mit einschließt.

Umwelt beschreibt. Abbildung 3 zeigt beide Arten von SC und stellt exemplarisch mögliche Partner und Stufen einer SC dar (vgl. STADTLER 2005, S. 9-10).

Wird die interorganisationale SC näher betrachtet, kann zwischen der direkten, erweiterten und ultimativen SC differenziert werden. Die *direkte SC* („direct SC“) besteht aus einem Unternehmen, einem Lieferanten und einem Kunden sowie deren sämtlichen Güter-, Dienstleistungs-, Informations- und Finanzflüssen (siehe Abbildung 4). Die *erweiterte SC* („extended SC“) schließt ferner die Zulieferer des direkten Lieferanten sowie die Kunden des direkten Kunden und die zugehörigen Flüsse mit ein. Eine *ultimative SC* („ultimate SC“) beinhaltet sämtliche Unternehmen sowie deren Partner auf vor- und nachgelagerten Stufen und deren Flüsse, d. h. sie enthält alle Unternehmen vom ultimativen Lieferanten bis hin zum ultimativen Kunden (vgl. MENTZER ET AL. 2001, S. 4; MERSCHMANN 2007, S. 7-8).

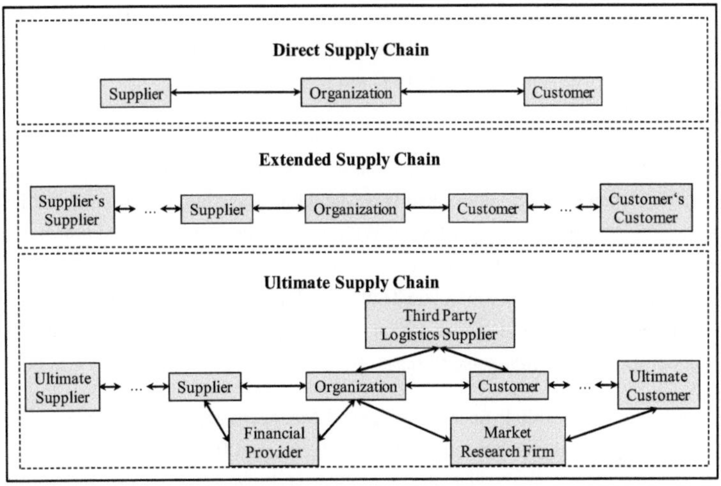

Abbildung 4: Komplexitätsgrade einer Supply Chain
Quelle: in Anlehnung an MENTZER ET AL. (2001, S. 5)

Im Folgenden wird zunächst der Managementbegriff erläutert, bevor auf das SCM eingegangen werden kann.

Management

Im deutschen betriebswirtschaftlichen Sprachgebrauch wird der Begriff „Management“ seit Mitte des 20. Jahrhunderts auch als Synonym für die Unternehmensleitung bzw. -führung verwendet (vgl. MACHARZINA/WOLF 2003, S. 38).[10] Die Managementlehre unterscheidet zwischen zwei Bedeutungsvarianten[11] (vgl. STEINMANN/SCHREYÖGG 1997, S. 5-6; STAEHLE 1999, S. 71-72):

[10] Zur Herkunft des Fachworts „Management“ und zur Diskussion um die Abgrenzung zwischen Leitung und Führung siehe MACHARZINA/WOLF (2003, S. 38-42).
[11] MACHARZINA/WOLF (2003, S. 37) benennen als dritte Variante den Prozess.

- Management als *Funktion* schließt sämtliche Aufgaben und Handlungen zur Steuerung des Leistungsprozesses ein. Diese können planenden, organisierenden, durchsetzenden oder kontrollierenden Charakter haben (managerial functions approach).

- Management als *Institution* hingegen bezeichnet diejenigen Personen(-gruppen) in einem Unternehmen, die leitende Aufgaben wahrnehmen, also Anweisungskompetenzen besitzen (managerial roles approach).

Nach der industriellen Revolution erschienen zunächst in England und dann vorwiegend in den Industrienationen die ersten Beiträge zur Managementforschung. Ein Jahrhundert später wurden die unterschiedlichen Ansätze von einigen Wissenschaftlern untersucht und verschiedenen Denkschulen zugeordnet (vgl. STAEHLE 1999, S. 22-23). So differenziert der Amerikaner KOONTZ in seinem 1961 veröffentlichten Aufsatz mit dem bezeichnenden Titel „The Management Theory Jungle" zwischen sechs Schulen (vgl. KOONTZ 1961, S. 174-188).[12] Weitere bekannte Ordnungsversuche stellten der Amerikaner PERROW im Jahre 1986 und HILL in einem deutschsprachigen Artikel 1991 an.[13]

In der deutsch- sowie in der englischsprachigen Managementliteratur überwiegt die funktionalistische Sichtweise des Managements. Zahlreiche Managementfunktionskataloge wurden entwickelt, aus denen sich eine überschaubare Anzahl an Basisfunktionen herausbildete. Die Systematisierung von KOONTZ/O'DONNELL/WEIHRICH[14] mit den fünf Funktionen Planung, Organisation, Personaleinsatz, Führung und Kontrolle (vgl. STEINMANN/SCHREYÖGG 1997, S. 8-9) sowie diejenigen Teilaufgaben von TERRY (1972, S. 4) (Planung, Organisation, Durchsetzung, Kontrolle) erweitern die funktionalen Ansätze, indem die Basisfunktionen in Abhängigkeit von der Zeit einen *Managementprozess* beschreiben (vgl. STAEHLE 1999, S. 80-81).

Tabelle 1 gibt einen Überblick über verschiedene Managementprozesse[15], wie sie heute in Lehrbüchern zur Unternehmensführung bzw. zur allgemeinen Betriebswirtschaftslehre zu finden sind. Grundsätzlich ähneln sich die aufgeführten Prozesse stark in den bezeichneten Grundphasen. Oft finden Vor- und Rückkopplungen zwischen den einzelnen Phasen statt. Die letztgenannten verlaufen nicht immer linear, sondern eher zyklisch.

---

[12] KOONTZ (1961, S. 174-188) bezeichnete die Schulen folgendermaßen: „The Management Process School", „The Empirical School", „The Human Behavior School", „The Social System School, „The Decision Theory School" und „The Mathematical School".

[13] Siehe PERROW (1986, S. 1-278) und HILL (1991, S. 3-14). KLAUS fasst die von KOONTZ, PERROW und HILL genannten Denkschulen in vier Ansätzen zusammen (siehe KLAUS 2007, S. 18-20). Für einen Überblick über die Entwicklung der Betriebswirtschaftslehre in Deutschland und unterschiedliche Ansätze deutscher Wissenschaftler siehe WÖHE (2008, S. 21-32).

[14] Großen Einfluss hatten dabei die Unterteilung von FAYOL und die hieran ansetzende POSDCORB-Klassifikation von GULICK. POSDCORB steht für **P**lanning, **O**rganizing, **S**taffing, **D**irecting, **CO**ordinating, **R**eporting und **B**udgeting (vgl. STEINMANN/SCHREYÖGG 1997, S. 8).

[15] Während HAHN (1996, S. 37-39 – siehe Tabelle 1) den Prozess mit „Problemlösungsprozess" umschreibt, bezeichnet ADAM den Prozess als „Planungsprozess" und stellt seine Teilschritte ausführlich vor (vgl. ADAM 1996, S. 31-42). Die Hervorhebung der Planungsstufe leitet über zur Kritik am Konzept des Managementprozesses: Letzterem wird von einigen Seiten Plandeterminiertheit (die Problematik ist auch unter „Primat der Planung" bekannt) unterstellt: Alle weiteren Managementfunktionen werden aus der Planung abgeleitet. Schwierigkeiten ergeben sich z. B. bei der Implementierung von Plänen (vgl. STEINMANN/SCHREYÖGG 1997, S. 121-126).

Der allgemeine Prozessablauf lässt sich wie folgt beschreiben: An den Schritt der Zielbildung – ein Ziel sollte sich immer den Unternehmenszielen, beruhend auf den ökonomischen Motiven „Geld verdienen" und „Verdienstquelle sichern" (vgl. BAETGE/KIRSCH/THIELE 2002, S. 6), unterordnen – schließt sich eine Phase der Problemanalyse an. Daran anknüpfend werden Handlungsalternativen ermittelt und im Hinblick auf die Erreichung der festgelegten Ziele bewertet. Nachdem die Entscheidung für eine Handlungsmöglichkeit getroffen wird, wird diese bzw. werden geeignete Maßnahmen durchgeführt. Letztendlich wird im Rahmen der Kontrollphase das Ergebnis überprüft sowie eine Abweichungsanalyse durchgeführt. Gegebenenfalls sind dann Rückkopplungen bis zur Zielbildung erforderlich (vgl. HAHN 1996, S. 37-39; SCHIERENBECK/WÖHLE 2008, S. 114-122; WÖHE 2008, S. 52-54).

Tabelle 1: Überblick über verschiedene Managementprozesse

Autor(en) (Jahr)	HAHN (1996)	SCHIERENBECK/WÖHLE (2008)	WÖHE (2008)
Benennung	Problemlösungsprozess (Führung)	Phasenstruktur des Managementprozesses	Managementprozess (Teilaufgaben der Unternehmensführung)
Vorphase	(Zielbildungsphase)		Zielbildung
Grundphase 1	Problemstellungsphase (a), (Informationssammlungsphase) Suchphase (b), Beurteilungsphase (c)	Planung: Zielbildung, Problemanalyse, Alternativensuche, Prognose, Bewertung	Planung
Grundphase 2	Entscheidungsphase (d)	Entscheidung	Entscheidung
Grundphase 3	Realisationsphase (e)	Durchsetzung	Ausführung
Grundphase 4	Kontrollphase (f)	Kontrolle	Kontrolle
Begleitphasen	-	-	Information
	-	-	Koordination
Bemerkung	(a),(b),(c),(d) = Prozess der Willensbildung (Entscheidungsprozess) (e),(f) = Prozess der Willensdurchsetzung	-	-

Lediglich die Planungsphase wird bei HAHN und SCHIERENBECK/WÖHLE explizit näher untergliedert, beinhaltet bei WÖHE aber implizit die gleichen Teilstufen. Während die Zielbildung bei HAHN und WÖHE in zwei Fällen als eigenständige Phase betrachtet wird, wird sie bei SCHIERENBECK/WÖHLE hingegen der Planung untergeordnet.

Supply Chain Management

Nachdem sowohl die SC als auch der Managementbegriff behandelt wurden, kann auf das SCM eingegangen werden. Auch ihm ermangelt es an einer klaren, evidenten Definition und es existiert wie bei der SC eine Vielfalt an Begriffsbestimmungen (vgl. BECHTEL/JAYARAM

1997, S. 16; GIBSON/MENTZER/COOK 2005, S. 17; LUMMUS/VOKURKA 1999, S. 11). BECHTEL/JAYARAM (1997, S. 16-19) analysieren SCM-Definitionen und ordnen diese fünf unterschiedlichen Klassen zu: den Supply Chain Schools of Thought (siehe Abbildung 5).[16]

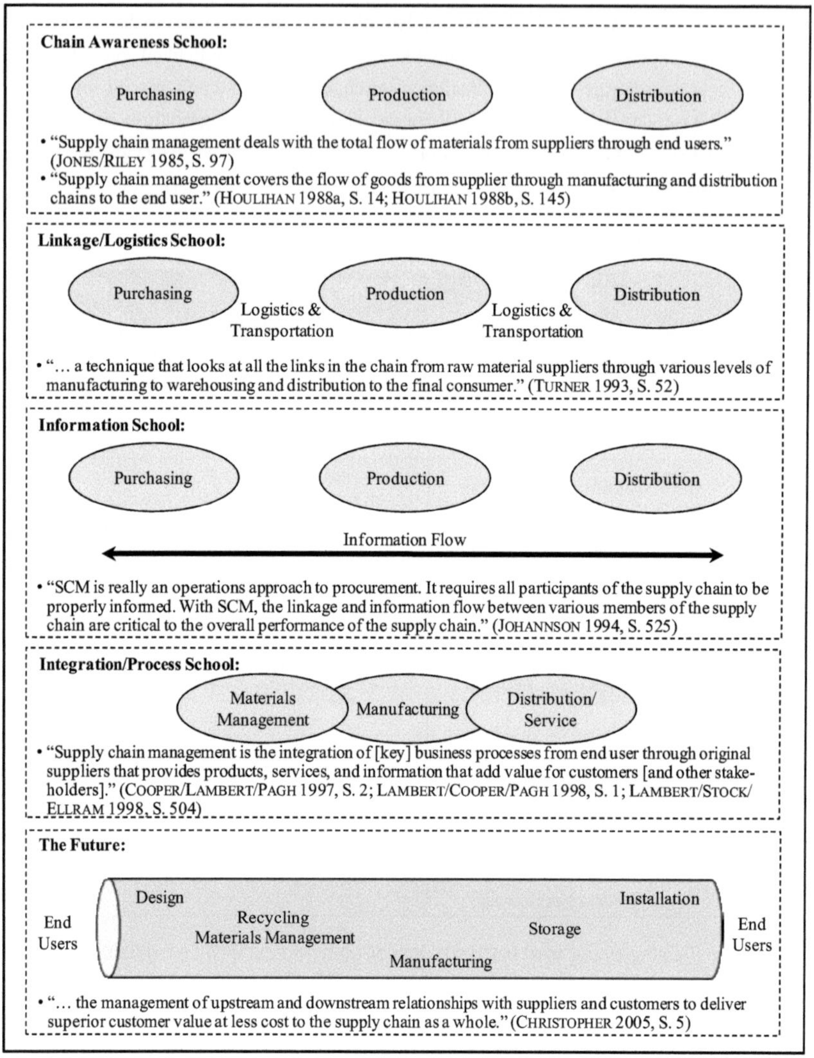

Abbildung 5: Supply Chain Management Schools of Thought und Definitionen von Supply Chain Management
Quelle: Eigene Darstellung in Anlehnung an BECHTEL/JAYARAM (1997, S. 17-19)

[16] Für weitere Diskussionen verschiedener SCM-Definitionen siehe z. B. GIBSON/MENTZER/COOK (2005), MENTZER ET AL. (2001) und LUMMUS/VOKURKA (1999). HARLAND (1996, S. S64-S79) unterscheidet SCM-Definitionen aufgrund ihres Betrachtungsobjekts und klassifiziert diese in drei Gruppen.

Während die *Functional Chain Awareness School* mit Nachdruck betont, alle Mitglieder der SC vom Anfang bis zum Ende der Kette einzuschließen, und den Materialfluss hervorhebt, fokussiert die *Linkage/Logistics School* auf die Verbindungen zwischen den Funktionsgebieten, insbesondere auf die Bereiche Logistik und Transport. Der Schwerpunkt der *Information School* liegt auf dem idealerweise beidseitig gerichteten Informationsfluss zwischen den SC-Partnern.

Hingegen unterstreicht die *Integration/Process School* die Integration der SC-Funktionen in ein Gesamtsystem, das als eine Menge von Prozessen verstanden wird, mit dem Ziel, die beste Leistung zu erbringen und damit eine höchstmögliche Kundenzufriedenheit zu erzeugen. Die *Future School* orientiert sich noch stärker an den Kundenwünschen, denn diese sind der Ausgangspunkt dafür, Produkte zu fertigen bzw. Dienstleistungen zu erbringen, sodass anstelle des SC-Begriffs der Terminus „seamless demand pipeline" vorgeschlagen wird (vgl. FARMER 1995 in BECHTEL/JAYARAM 1997, S. 18). Ferner stellt sie die Bedeutung von Partnerschaften, strategischen Allianzen sowie anderen Kooperationsformen der SC-Mitglieder untereinander heraus.

Alle fünf Denkschulen fokussieren auf ein Element der SC bzw. des SCM. Insbesondere die erstgenannten drei vernachlässigen somit andere Aspekte, während die Integration/Process School dem allgemeinen Managementgedanken sehr nahe rückt. Bislang hat sich noch keine der genannten Denkschulen als führend herauskristallisieren können (vgl. ERDMANN 2003, S. 15). Die vorliegende Arbeit basiert auf der der Future School zugeordneten Definition von CHRISTOPHER, da sie das Management von Beziehungen entlang der SC mit dem Ziel betont, einen ausgezeichneten Kundennutzen bei geringen Gesamtkosten zu erlangen.

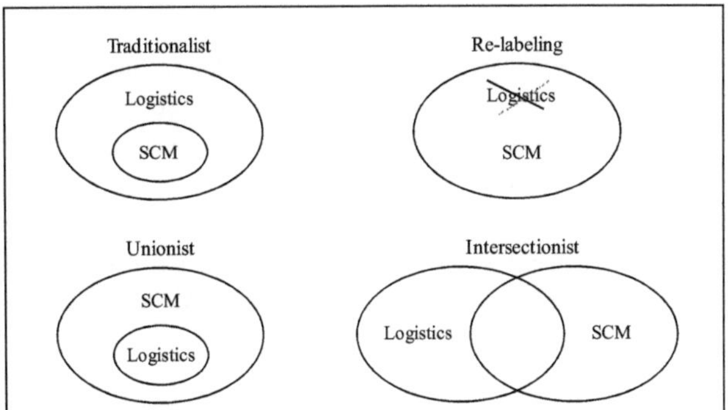

Abbildung 6: Logistik vs. Supply Chain Management
Quelle: LARSON/POIST/HALLDÓRSSON (2007, S. 3)

Abgesehen davon, dass eine hohe Anzahl an SCM-Definitionen vorliegt, existieren auch gegensätzliche Perspektiven zur Abgrenzung der im Rahmen dieses Kapitels erläuterten Konzepte Logistik und SCM. Die folgenden vier Sichtweisen der Unterscheidung von Logistik und SCM wurden im Jahre 2000 mit Hilfe einer Befragung in den USA nachgewiesen (siehe

Abbildung 6): Während nach der „*Traditionalist*"-Perspektive das SCM als eine Teilmenge oder Funktion der Logistik verstanden wird und die externe bzw. zwischenbetriebliche Logistik umfasst, betrachten die Vertreter der „*Unionist*"-Sichtweise das SCM als der Logistik übergeordnet und begreifen die Logistik als Funktionsbereich des SCM. Der Ansatz des „*Relabeling*" unterscheidet nicht zwischen SCM und Logistik; die Begriffe werden synonym verwendet. Die „*Intersectionist*"-Perspektive unterstellt, dass die Gebiete des SCM und der Logistik sich überschneiden. In diesem Fall konzentriert das SCM sich auf strategische, integrative Elemente aus dem Einkauf, der Logistik, dem Marketing oder anderen Funktionen (vgl. LARSON/POIST/HALLDÓRSSON 2007, S. 3-5). Die vorliegende Arbeit folgt dem Unionist-Ansatz, dessen Auffassung auch fast die Hälfte der 104 Befragten vertreten (vgl. LARSON/POIST/HALLDÓRSSON 2007, S. 9).[17]

Eine starke Ähnlichkeit kann zwischen der SC und der von der MCKINSEY & COMPANY verbreiteten und von PORTER weiterentwickelten *Value Chain* festgestellt werden, die zur Analyse von Wertketten eingesetzt wird: In beiden Fällen wird die Integration von Unternehmensaktivitäten betrachtet. In jedem Unternehmen wird eine Reihe von Aktivitäten ausgeführt, die sich mit Hilfe einer Value Chain abbilden lässt. PORTER unterscheidet hierbei zwischen *primären* und *unterstützenden Wertaktivitäten* (vgl. PORTER 1998a, S. 36-43; MARBACHER 2001, S. 23-24; COYLE/BARDI/LANGLEY 2003, S. 15).[18] Die Wertaktivitäten stellen nach PORTER die Bausteine von Wettbewerbsvorteilen dar. Während das Value Chain-Konzept insbesondere die intraorganisationalen Schnittstellenprobleme fokussiert, betrachtet das SCM unternehmensinterne sowie -externe Schnittstellen. Ferner bezieht die Value Chain im Gegensatz zur hier unterstellten SC Elemente wie die Technologieentwicklung mit ein (vgl. PORTER 1998a, S. 36-43; MARBACHER 2001, S. 23-24; WERNER 2008, S. 5, 17; DELFMANN/ALBERS 2000, S. 10-11).

LEENDERS ET AL. (2006, S. 509) führen an, dass SCM aus konzeptioneller Perspektive verständlich ist, die *Grenzen* allerdings darin bestehen, SCM umzusetzen. Zu den Ursachen zählen neben einer mangelnden einheitlichen Definition und Abgrenzung ein fehlendes allgemein gültiges Verständnis *von SCM*, ein schwer quantifizierbarer Nutzen, die unzureichende Praxistauglichkeit von Methoden und Tools des SCM sowie unbefriedigende unternehmerische Rahmenbedingungen (Vertrauensbarrieren, mäßiger Informationsaustausch, mangelnde Zielvereinbarungen, ungenügende SCM-Kennzahlen sowie unkoordinierte Prozesse) (vgl. STABERHOFER/ROHRHOFER 2007, S. 30-31).[19]

[17] Die für das Konzept Logistik im Rahmen dieser Arbeit unterstellte Definition des CSCMP wurde bereits im Abschnitt 2.1.1 (Seite 8) aufgeführt.

[18] Die primären Aktivitäten werden innerhalb derjenigen Funktionen erbracht, die direkt mit der Herstellung und dem Vertrieb des Produktes betraut sind. Die unterstützenden Aktivitäten gewährleisten und steuern die Durchführung der primären und der anderen unterstützenden Aktivitäten. Sie sind angesiedelt in den Querschnittsfunktionen. Die drei letztgenannten Funktionen sind mit den primären Aktivitäten verknüpft und unterstützen die gesamte Kette (vgl. PORTER 1998a, S. 36-43; STEINMANN/SCHREYÖGG 1997, S. 180-183).

[19] Für weitere – empirisch untersuchte Gründe – siehe LARSON/POIST/HALLDÓRSSON (2007, S. 14).

Eine weitere Herausforderung für das SCM stellen die Trends dar, die einerseits der Entwicklung von der Logistik zum SCM zugrunde liegen bzw. lagen und im vorliegenden Abschnitt aufgeführt wurden, wie z. B. die globalere Verteilung der SC-Partner. Andererseits erhöhen sie – wie die zuvor genannten Ursachen für Grenzen des SCM – das Risiko für Unternehmen sowie für Lieferketten und werden daher als *Risikotreiber* bezeichnet (vgl. JÜTTNER/PECK/CHRISTOPHER 2003, S. 205; JÜTTNER 2003, S. 778). Im Folgenden wird zunächst der Begriff Risiko erläutert und abgegrenzt, bevor er auf den SC-Kontext angewendet wird.

2.1.2 Unsicherheit, Risiko und Supply Chain-Risiko

Risiko und Unsicherheit

Die heutige Verwendung des Begriffs „Risiko" ist nicht einheitlich, sondern vielmehr abhängig vom betrachteten Forschungsgebiet zu sehen (vgl. CHRISTOPHER/PECK 2004, S. 2).[20] Im Vergleich zur *Mathematik*, in der „Risiko" als wertneutral betrachtet wird, versteht die *Betriebswirtschaft* unter Risiko das Gegenstück zur Chance (vgl. HOLZBAUR 2000, S. 189-190, DIEDERICHS 2004, S. 9). Es wird also die Gefahr eines Schadens, eines Verlustes, einer Fehlentscheidung oder Zielverfehlung zum Ausdruck gebracht, d. h. die *Risikofolgen* bzw. die *Risikoauswirkungen* werden betrachtet (*wirkungsbezogene Sicht*) (vgl. MIKUS 2001a, S. 5; HOLZBAUR 2000, S. 189; JÜTTNER/PECK/CHRISTOPHER 2003, S. 200). Grundsätzlich ist jede unternehmerische Aktivität mit Risiken verbunden, die die Erreichung der Unternehmensziele, beruhend auf den ökonomischen Motiven „Geld verdienen" und „Verdienstquelle sichern" (vgl. BAETGE/KIRSCH/THIELE 2002, S. 6 und Kapitel 2.1.1), in Gefahr bringen können.

Neben den unterschiedlichen Definitionen des Risikobegriffs in den verschiedenen Disziplinen gibt es auch kulturell bedingte Differenzen: Bezeichnet das *deutsche* Wort „Risiko" vorwiegend negative Abweichungen von einer zuvor bestimmten Zielgröße (*reines Risiko*), bestimmt „risk" im *Englischen* hingegen sowohl positive als auch negative Abweichungen (*spekulatives Risiko*) (vgl. ROMEIKE/ERBEN 2004, S. 44, MIKUS 2001a, S. 7).

Im Rahmen der *Entscheidungstheorie* ergeben sich Risiken primär aus der Unsicherheit von zukünftigen Ereignissen (*ursachenbezogene Sicht*), auch *Risiko- bzw. Unsicherheitsquellen* genannt, d. h. es liegen unvollständige Informationen vor (vgl. MAG 1993, Sp. 3202; GABLER WIRTSCHAFTSLEXIKON 2004b, S. 2562; JÜTTNER/PECK/CHRISTOPHER 2003, S. 200; JÜTTNER 2003, S. 778), und von mindestens zwei möglichen Umweltzuständen wird exakt einer eintreten (vgl. LAUX 2005, S. 23). *Unsicherheit* (i.w.S.) ist hierbei der Oberbegriff für Risiko und Unsicherheit i.e.S. bzw. Ungewissheit (siehe Abbildung 7). In einer Risikosituation sind im Gegensatz zum Falle von Ungewissheit bzw. Unsicherheit i.e.S. die subjektiven oder objektiven Eintrittswahrscheinlichkeiten für die verschiedenen Umweltzustände bekannt (vgl. BAM-

[20] Zur Herkunft des Begriffs „Risiko" siehe JONEN (2007, S. 4-5); WEBSTER'S THIRD NEW INTERNATIONAL DICTIONARY (1976, S. 1961) und BROCKHAUS ENZYKLOPÄDIE (1992, S. 440).

BERG/COENENBERG/KRAPP 2008, S. 19; GABLER WIRTSCHAFTSLEXIKON 2004c, S. 3037; LAUX 2005, S. 23). Diese Sichtweise geht zurück auf KNIGHT, der bereits 1921 zwischen *messbarer Unsicherheit* oder „Risiko" und *nicht messbarer Unsicherheit* unterscheidet (vgl. KNIGHT 1921, S. 20). Im Falle von Sicherheit liegt dem Entscheider hingegen eine andere Erwartungsstruktur vor: So ist ihm der wahre Umweltzustand sowie für jede Alternative auch das Ergebnis bei Wahl der jeweiligen Alternative bekannt (vgl. LAUX 2005, S. 22).

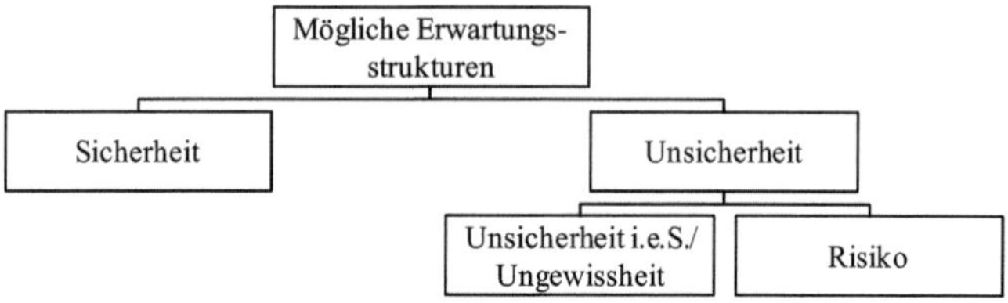

Abbildung 7: Mögliche Erwartungsstrukturen über Zustände
Quelle: in Anlehnung an LAUX (2005, S. 23)

Zur quantitativen *Bewertung eines Risikos R* werden das Ausmaß bzw. die Auswirkungen oder die Intensität *A* des Ereignisses oder Zustandes mit der Eintrittswahrscheinlichkeit *q* (Ursache) multipliziert (vgl. MUSCHICK/MÜLLER 1987, S. 108), sodass gilt:

$$R = A \times q$$

Sowohl LAUX als auch BAMBERG/COENENBERG/KRAPP und EISENFÜHR/WEBER schätzen allerdings die Bedeutung des Konzepts der Ungewissheit für die Praxis nicht sehr hoch ein. Sie nehmen an, dass der Entscheider zumindest einige Wahrscheinlichkeitsvorstellungen besitzt oder – wenn dies nicht der Fall ist – dass bei den möglichen Ereignissen jeweils von derselben Eintrittswahrscheinlichkeit ausgegangen werden kann (vgl. BAMBERG/COENENBERG/KRAPP 2008, S. 121, EISENFÜHR/WEBER 2003, S. 259-260, LAUX 2005, S. 117).

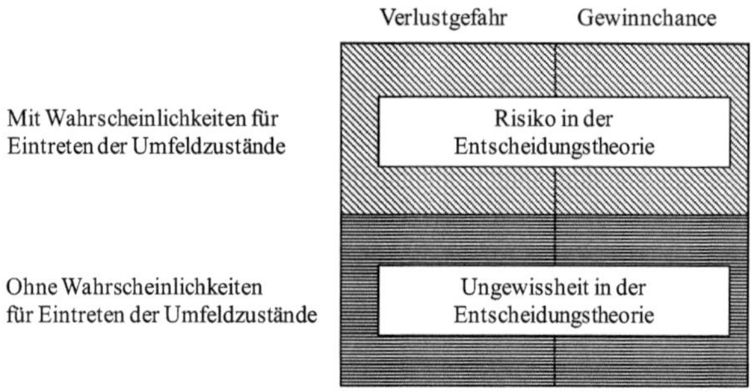

Abbildung 8: Risikobegriffe in der betriebswirtschaftlichen Entscheidungstheorie
Quelle: in Anlehnung an WALL (2001, S. 212)

Abbildung 8 stellt die Begriffe Risiko und Ungewissheit aus Sicht der Entscheidungstheorie mit ihren Attributen einander gegenüber. Risiko wird wahrgenommen als Streuung der Verteilung der möglichen Ereignisse, ihrer Eintrittswahrscheinlichkeiten sowie ihres jeweiligen subjektiven Wertes. Somit kann ein Risiko sowohl eine positive als auch eine negative Abweichung vom Erwartungswert bedeuten. Einer empirischen Untersuchung SHAPIRAS zufolge verbinden hingegen 80% der befragten Führungskräfte mit einem Risiko nur dessen negative Komponente (vgl. MARCH/SHAPIRA 1987, S. 1404, 1407).

Eine weitere Form des Risikoverständnisses, die für die vorliegende Arbeit gelten soll, verbindet die beiden vorgestellten Sichtweisen, Risiko im Rahmen der Entscheidungstheorie als messbare Unsicherheit sowie als mögliche negative Zielverfehlung im Rahmen der Betriebswirtschaftslehre. In dem Fall wird hervorgehoben, dass Risiko als messbare Unsicherheit eine wirkungsbezogene Komponente umfasst, indem es nämlich eine negative Auswirkung auf die Vermögens-, Finanz- und Ertragslage darstellen kann. Diese Sicht soll ergänzt werden durch die Frage nach dem Wissen der Ursache eines Risikos. Ursächlich für ein Risiko ist immer die mögliche Veränderung eines Einflussfaktors, dessen zukünftige Ausprägung nicht bekannt – also unsicher – ist. Ferner muss ein „exposure“ vorliegen, d. h. eine Veränderung des Einflussfaktors muss sich auf die Höhe der Position der künftigen Vermögens-, Finanz- und Ertragslage auswirken. Eine derartige betroffene Position wird als Auswirkungsort benannt (vgl. WEBER/LIEKWEG 2001, S. 460-463). JÜTTNER bezeichnet ein „exposure to serious disturbance“ auch als *Verwundbarkeit* (vgl. JÜTTNER 2005, S. 124). Der Grad der Verwundbarkeit korreliert positiv mit der Eintrittswahrscheinlichkeit eines Schadens sowie der Schadenshöhe (vgl. SVENSSON 2002a, S. 15; SVENSSON 2002b, S. 323).

Tabelle 2: Arten von Unsicherheit
Quelle: WEBER/LIEKWEG (2001, S. 462)

Art der Unsicherheit	Alle wichtigen Faktoren bekannt?	Einfluss der Faktoren bekannt?	Verteilung der Faktoren bekannt?	Auswirkungen auf die Vermögens-, Finanz- und Ertragslage
1	Ja	Ja	Ja (empirisch)	Verteilung der Auswirkung kann vollständig quantifiziert werden
2	Ja	Ja	Ja (subjektive Glaubwürdigkeitsurteile)	Verteilung der Auswirkung kann vollständig quantifiziert werden
3	Ja	Ja	Nur die maximalen Ausprägungen	Chancen und/oder Risiken können in ihren maximalen Ausprägungen dargestellt werden
4	Ja	Ja (zumindest die Einfluss-‚richtung‘)	Nein	Einflussfaktoren von Chancen und Risiken können genannt werden
5	Nein	Nein	Nein	Es besteht kein explizites Wissen über die Faktoren und über mögliche Auswirkungen auf die Vermögens-, Finanz- und Ertragslage

Abhängig vom Wissen über die Einflussfaktoren und ihren Einfluss auf die Auswirkungsorte unterscheiden WEBER/LIEKWEG (2001, S. 462) fünf Arten der Unsicherheit, die mit ihren Merkmalsausprägungen in der Tabelle 2 dargestellt sind. Diese ist folgendermaßen zu lesen: Wenn z. B. die wichtigen Einflussfaktoren, ihr Einflusszusammenhang sowie die Verteilung der Ausprägungen dieser Faktoren bekannt sind, kann die Verteilung der Auswirkung auf die Vermögens-, Finanz- und Ertragslage vollständig quantifiziert werden. Um jedoch von dieser Verteilung der Auswirkung auf das Risiko bzw. die Chance schließen zu können, ist es notwendig, einen Bezugs- bzw. Nullpunkt festzulegen, der einfachheitshalber durch den Status quo repräsentiert werden kann, sowie das vorhandene (Re-)Aktionspotenzial zur Abwehr der Gefahr einzubeziehen (vgl. WEBER/LIEKWEG 2001, S. 460-463).

Folgende Aspekte sind in diesem Zusammenhang allerdings zu beachten: Zum einen decken sich nicht notwendigerweise die Art, Quantität und Qualität der erforderlichen Informationen zur Erfüllung einer Aufgabe (objektiver Informationsbedarf) mit der Perspektive des Entscheidungsträgers (subjektiver Informationsbedarf) (vgl. PICOT/REICHWALD/WIGAND 2001, S. 81). Zum anderen können Risiken außerdem bei der Planung und der Ausführung von Handlungen aus menschlichem Fehlverhalten resultieren. Beispiele hierfür umfassen mangelhafte Informationsbeschaffung als Fehler bei der Entscheidungsvorbereitung, aber auch vorsätzliche Missachtung der Unternehmensinteressen wie Diebstahl (vgl. MIKUS 2001b, S. 69; MIKUS 2001a, S. 6-7).

Supply Chain-Risiko

In jüngster Zeit wird der Risikobegriff zunehmend im SC-Kontext diskutiert. Anders als zur SC und zum SCM lassen sich in der Literatur vergleichsweise wenige Definitionen für ein SC-Risiko finden. In vielen Fällen – wie exemplarisch bei JOHNSON (2001, S. 110) oder CHOPRA/SODHI (2004, S. 53) – findet eine Erläuterung mit Hilfe von Beispielen oder einer Klasseneinteilung statt. Veröffentlichungen, die sich im Gegensatz dazu konkret mit Definitionen von SC-Risiko beschäftigen, werden im Folgenden analysiert.

Während WATERS (2007, S. 7) ausschließlich Störungen im Materialfluss als Risiko betrachtet, beziehen NORRMAN/LINDROTH (2004, S. 20) zudem den Informationsfluss mit ein, fokussieren aber auf Logistikaktivitäten. Wie im Abschnitt 2.1.1 dargelegt, geht der dieser Arbeit unterstellte Blickwinkel darüber hinaus. JÜTTNER/PECK/CHRISTOPHER (2003, S. 200) erweitern die Perspektive von NORRMAN/LINDROTH und bezeichnen "any risks for the information, material and product flows from original supplier to the delivery of the final product for the end user" als SC-Risiken.[21] Die vorliegende Arbeit schließt ferner Störungen der Finanzflüsse sowie negativ wirkende Einflussgrößen im Rahmen der Beziehungen innerhalb der SC mit ein. Alle nun aufgeführten Risiken werden von KAJÜTER (2003a, S. 112) auch „Supply Chain-Risiken im weiteren Sinne“ genannt. Außerdem soll die von KERSTEN ET AL. (2007, S. 1171) an den vorherigen Abschnitt „Risiko und Unsicherheit“ anknüpfende Definition eines SC-Risikos mit Hilfe zweier Dimensionen gelten: „Ein Supply Chain-Risiko ist ein mit seiner Auftretenswahrscheinlichkeit bewerteter Schaden, dessen Eintreten mehr als ein Unternehmen der Supply Chain betrifft und dessen Ursachen innerhalb eines Unternehmens, innerhalb seiner Supply Chain oder in deren Umfeld liegen.“

[21] KAJÜTER (2003a, S. 112) bezeichnet sämtliche Störfaktoren der Material-, Waren- und Informationsflüsse als „Supply Chain-Risiken im engeren Sinne“.

Prinzipiell lässt sich über Risiken in einer SC aussagen, dass ihre Anzahl nicht gleich gesetzt werden kann mit der Summe der Risiken der an ihr beteiligten Unternehmen. So können einige unternehmensinterne Risiken, z. B. Risiken, die eine andere Produktfamilie und ggf. eine andere SC betreffen, für die betrachtete SC uninteressant sein. Andererseits können durch die Kooperation von Unternehmen im Rahmen einer SC erst bestimmte neue Risiken auftreten. Weiterhin können sich Risiken, die sich über die Stufen einer SC in einer Art Dominoeffekt ausbreiten, verstärken oder abschwächen. Wieder andere Risiken verursachen allein noch keinen Schaden, haben aber bei Eintritt eines bestimmten zusätzlichen Risikos gravierende Auswirkungen. An dieser Stelle wird bereits deutlich, welche Bedeutung das Management von SC-Risiken hat und welche unterschiedlichen Anforderungen SC-Risiken an das Management stellen (vgl. JÜTTNER/PECK/CHRISTOPHER 2003, S. 203; KAJÜTER 2003a, S. 112-113; WATERS 2007, S. 49-51). Im Folgenden wird die Entwicklung vom Risikomanagement im Unternehmen zum Supply Chain Risk Management beschrieben. Kapitel 2.3 geht näher auf das Management von (SC-)Risiken ein.

Vom Risikomanagement zum Supply Chain Risk Management

Um Risiken und ihre potenziellen negativen Auswirkungen im Unternehmen bewältigen zu können, bedarf es eines Risikomanagements (vgl. PAULSSON 2004, S. 79). Bereits im 16. und 17. Jahrhundert beschäftigten sich Mathematiker wie BERNOULLI, BAYES, PASCAL und FERMAT mit der Wahrscheinlichkeitstheorie, die eine enge Verbindung zum Risiko aufweist. Die Motivation rührte aus der verbesserten Einschätzung von Chancen beim Glücksspiel. Im Jahre 1755 erläutert CANTILLON erstmals die Übernahme von Risiken im Rahmen des unternehmerischen Handelns (vgl. JONEN 2007, S. 6 und SØRENSEN 2005, S. 387).

Mittlerweile entstammen Literaturbeiträge zum Risikomanagement verschiedenen Gebieten der Betriebswirtschaft, zum Beispiel den Bereichen Finanzierung, Rechnungswesen, strategisches Management, Entscheidungsfindung oder Absatz (vgl. JÜTTNER/PECK/CHRISTOPHER 2003, S. 197 und ZSIDISIN 2003, S. 217). Zunächst wurde das Risikomanagement in der Versicherungswirtschaft eingesetzt und diente dem Zweck, Vermögenswerte von Unternehmen vor Risiken zu schützen. Es bezog sich daher anfänglich nur auf die reinen, versicherbaren Risiken und schloss spekulative Risiken aus, bei denen neben der Schadensgefahr auch eine Gewinnchance eintreten kann (vgl. MIKUS 2001a, S. 10).

Das *spezielle Risikomanagement* wird angesehen als Weiterentwicklung und Ergänzung der Gestaltung von Versicherungsleistungen um systematische Risikoanalysen sowie um weitere Maßnahmen zur Schadensverhütung. Betrachtet werden reine Risiken sowie Einzelrisiken, die bezüglich *einer* Entscheidung bzw. der dabei gewählten Alternative bestehen. Die Einordnung der Risiken in die zwei genannten Klassen gestaltet sich allerdings nicht immer einfach. Zudem werden bei ausschließlich betrachteten Schadensgefahren keine Chancen genutzt. Zur korrekten Bestimmung des unternehmerischen Gesamtrisikos ist es daher erforderlich, alle bedeutsamen Risikoquellen und -konsequenzen für die Zielerreichung (Chancen eingeschlossen) in einem *generellen Risikomanagement* mit erweitertem Zeithorizont – wie für das strategische Management charakteristisch – zu berücksichtigen.[22] Dieses wird als Bestandteil der Unternehmensführung betrachtet. Grundsätzlich verfolgt die Unternehmensführung das Erreichen der Unternehmensziele. Diese können nach ROMEIKE (2003a, S. 151) in leistungswirtschaftliche, finanzielle und soziale Unternehmensziele unterteilt werden.[23] Das Risikomanagement versucht (existenzbedrohende) Abweichungen von den verfolgten Zielen zu verhindern (vgl. MIKUS 2001a, S. 10-11; GABLER WIRTSCHAFTSLEXIKON 2004b, S. 2562). Explizit strebt das Risikomanagement die folgenden Ziele an: Sicherung der Existenz des Unternehmens, Sicherung des Unternehmenserfolges (und Erhöhung des Unternehmenswertes), Senkung der Risikokosten[24] (insbesondere mittel- und langfristig) und Optimierung des Risikodeckungspotenzials durch eine angemessene Eigenkapitalausstattung (vgl. ROMEIKE 2003a, S. 151).

Wird das Risikomanagement in die Führung integriert, können gegenseitige Risikowechselwirkungen erfasst werden. Ferner können eine genauere Auseinandersetzung mit den Problemen sowie eine verbesserte Zielerreichung erwartet werden. Voraussetzungen hierfür sind jedoch risikobewusstes Denken und Handeln der Mitarbeiter sowie zur Verfügung gestellte und geeignete Instrumente bzw. Verfahren und Informationssysteme (vgl. MIKUS 2001a, S. 10-11; vgl. MIKUS 2001b, S. 70). Sind diese Voraussetzungen nicht erfüllt, können sie die erfolgreiche Einführung eines Risikomanagements verhindern. Für eine ausführliche Diskussion der unternehmensinternen Widerstände – d. h. die Organisation, monetäre und zeitliche Ressourcen, personelle Ressourcen sowie technische Ressourcen betreffende – und unternehmensexternen Hindernisse siehe KERSTEN ET AL. (2009a, S. 147-148).

Wenn Risiken eines Unternehmens betrachtet werden, können die verschiedenen Unternehmensziele gefährdet sein (siehe oben). Als Risikoquellen nach der Finanz- und Wirtschaftskrise sieht eine Studie von MCKINSEY & COMPANY (2010, S. 16-20) den Finanzmarkt, die Verschuldung öffentlicher und privater Haushalte, das Währungssystem, die Realwirtschaft und geopolitische Entwicklungen und gibt zu den Kategorien Hauptrisiken an. Ferner wird ein systematisches Risikomanagement zur Erhöhung der Widerstandskraft empfohlen (vgl. MCKINSEY & COMPANY 2010, S. 26).

Im Gegensatz zu Risiken, die ein einzelnes Unternehmen betreffen, können SC-Risiken auf unterschiedlichen Stufen im Netzwerk die Fähigkeit der SC betreffen, den Endkunden effektiv zu bedienen (vgl. JÜTTNER/PECK/CHRISTOPHER 2003, S. 200-201; SVENSSON 2002c,

---

[22] Die Ermittlung des Gesamtrisikos ist in der betrieblichen Praxis schwierig. So ist es nicht leicht, interne Verstärkungs- und Ausgleichseffekte von Einzelrisiken und die Heterogenität der Ursachen und Wirkungsbeziehungen zu bestimmen sowie zu quantifizieren. Bisher wurden von der Theorieseite keine angemessenen Methoden bereitgestellt, die dieses Problem lösen (vgl. EBERLE 2005, S. 47).

[23] Leistungswirtschaftliche Unternehmensziele umfassen Markt-, Produktions-, Produkt- und Markenziele sowie Qualitätsziele. Wertsteigerung bzw. -erhalt, Umsatzwachstum, ausreichender Cash-Flow, Umsatzrentabilität, ausreichende Liquidität und Wirtschaftlichkeit lassen sich unter finanziellen Unternehmenszielen subsumieren. Mitarbeiterbezogene Ziele, gesellschaftsbezogene Ziele, die Umwelt, das Unternehmensimage sowie die Arbeitsverhältnisse der Zukunft werden soziale Unternehmensziele genannt (vgl. ROMEIKE 2003a, S. 151).

[24] Die Risikokosten umfassen nach WOLF/RUNZHEIMER (2001, S. 25) Versicherungsprämien und Kosten für die Schadensverhütung und die Verwaltung.

S. 112). Verschiedene Untersuchungen demonstrieren, dass Unternehmensvertreter SC-Risiken als besondere Gefahr einschätzen (vgl. WORLD ECONOMIC FORUM 2008, S. 15[25]; CRANFIELD UNIVERSITY 2003, S. 42; KERSTEN ET AL. 2006, S. 6-7; LUMMUS ET AL. 2007, S. 50; APICS 2007, S. 11). Supply Chain Risk Management (SCRM) wird daher auch nach einer Studie von IBM (2009, S. 11) zu einer der fünf Top-Herausforderungen an eine SC in der heutigen Zeit erklärt. Nach einer gemeinsamen Studie der Unternehmensberatung A.T. KEARNEY mit der EUROPEAN LOGISTICS ASSOCIATION (ELA) ist ein funktionierendes SCRM insbesondere in Krisenzeiten unerlässlich (vgl. A.T. KEARNEY/ELA 2009, S. 36).

Abbildung 9: Supply Chain Risk Management als Schnittmenge von Supply Chain Management und Risikomanagement
Quelle: PAULSSON (2004, S. 80)

Seit mehr als 15 Jahren gilt das SCM als etabliertes Forschungsfeld und das Risikomanagement – wie oben beschrieben – sogar noch länger. Das SCRM als deren Schnittmenge (siehe Abbildung 9) ist hingegen noch ein sehr junges Forschungsgebiet.

NORRMAN/LINDROTH (2004, S. 14) definieren das Konzept wie folgt: „Supply chain risk management is to, collaboratively with partners in a supply chain, apply risk management process tools to deal with risks and uncertainties caused by, or impacting on, logistics related activities, or resources in the supply chain." PAULSSON (2004, S. 80) schließt ferner den Fall mit ein, dass ein einzelnes Unternehmen sich mit Risikomanagementfragen befasst. An dieser Stelle wird wie in Kapitel 2.1.1 noch einmal das unterschiedliche Verständnis von SCM verschiedener Autoren deutlich.

Die Betrachtung von Risiken eines Unternehmens bzw. von einzelnen Risikoarten ist nach NORRMAN/LINDROTH (2004, S. 14) sehr eng. Sie differenzieren ferner zwischen der Risikoanalyse im Falle einer Käufer-Verkäufer-Beziehung, also einer Dyade, sowie einer Lieferkette von mindestens drei beteiligten Unternehmen. Ähnlich unterscheidet KAJÜTER (2003a, S. 115-116; 2003b, S. 326; 2007, S. 22) drei Ansätze zum (unternehmensübergreifenden) Risikomanagement, deren Grenzen sich in der Praxis häufig fließend zeigen:

- Das *Risikomanagement in der Beschaffung* (bzw. *Risikomanagement mit SC-Orientierung*) betrifft einen Teil des Risikomanagements eines einzelnen Unternehmens, und zwar werden Risiken untersucht, die von der SC ausgehen und Beschaffungsziele wie Kosten oder Qualität zu verletzen drohen.

[25] Neben der Unterbrechung von globalen Lieferketten nennt das WORLD ECONOMIC FORUM (2008, S. 5) systemische Finanzrisiken, Lebensmittelsicherheit und Energieversorgung als Risiken.

- *Risikoanalysen in der SC* werden zusammen mit Unternehmen aufeinander folgender Wertschöpfungsstufen durchgeführt. Eine formale systematische Berücksichtigung in der Planung und Berichterstattung findet nicht statt.

- Ein *SC-Risikomanagement* unterstellt schließlich einen formalen strukturierten Ansatz zur gemeinsamen Risikohandhabung und bedient sich eines unternehmensübergreifenden, in Planungs- und Kontrollprozesse integrierten SC-Risikomanagementprozesses.

Die Wahl des geeigneten Ansatzes ist abhängig von der Art der Geschäftsbeziehung zwischen den Unternehmen und gegebenenfalls deren Zeitpunkt: Besteht die Geschäftsbeziehung mit bestimmten Partnern erst seit kurzem, kann mit Hilfe eines Risikomanagements in der Beschaffung ein Partner für ein späteres gemeinsames SCRM ausgewählt werden. Dieses erfordert eine enge Zusammenarbeit, die im weiteren Verlauf intensiviert und in deren Rahmen das Vertrauen weiter ausgebaut werden kann. Das Risikomanagement in der Beschaffung kann in diesem Fall schrittweise über gemeinsame Risikoanalysen zu einem SCRM erweitert werden. Innerhalb einer SC und mit verschiedenen Geschäftspartnern können die drei Ansätze aber auch sinnvollerweise parallel verfolgt werden (vgl. KAJÜTER 2003a, S. 116 und KAJÜTER 2003b, S. 326-327).

Schwierigkeiten beim SCRM basieren in vielen Fällen auf den Grenzen von SCM (siehe Kapitel 2.1.1) und können aufgrund der folgenden Besonderheiten im Vergleich zum Risikomanagement im Unternehmen auftreten (vgl. JÜTTNER 2005, S. 122; KAJÜTER 2003a, S. 111):

- Grundsätzlich hängt der *Erfolg des SCRM* von allen teilnehmenden Partnern und deren Anstrengungen sowie der Koordination und Verhandlung untereinander ab.

- Zwischen den Unternehmen der SC existieren oft *Informationsasymmetrien*, die sich auch im gemeinsamen Risikomanagement auswirken können.

- Die SC bietet den Geschäftspartnern im Netzwerk außer der Unternehmensebene eine *zweite umfangreichere Perspektive für ein Risikomanagement*. In dieser zweiten Ebene werden die Identifikation und Analyse von Risiken sowie die Betrachtung von Maßnahmenauswirkungen dadurch erschwert, dass die Verflechtungen zu den Partnern, d. h. die Auswirkungen von Risiken bei weiteren Unternehmen, berücksichtigt werden sollten.

- Die Unternehmen einer SC verfolgen nicht zwangsläufig dieselben Ziele, die sich auf das SCRM auswirken können. Gegebenenfalls können auch die *Risikobereitschaft sowie die -tragfähigkeit differieren*.

- In vielen Fällen sind Unternehmen an mehreren SC beteiligt und nicht immer gewillt bzw. in der Lage, sich den unterschiedlichen *Partnern anzupassen*. Zudem unterliegen internationale Lieferketten nicht unbedingt denselben *gesetzlichen Anforderungen* an ein Risikomanagement.

Das SCRM wird in Kapitel 3 auf den Umsetzungsstand in der Praxis hin untersucht. Zunächst erfolgt jedoch die Erläuterung der Flexibilität und SC-Flexibilität.

2.1.3 Flexibilität und Supply Chain-Flexibilität

Herkunft des Begriffs Flexibilität

Unter Flexibilität wird im allgemeinen Sprachgebrauch „Biegsamkeit" oder „Elastizität" und im übertragenen Sinne „Anpassungsfähigkeit" verstanden (vgl. BROCKHAUS ENZYKLOPÄDIE 1988, S. 377; MEYERS ENZYKLOPÄDISCHES LEXIKON 1973, S. 51).[26] Im Folgenden wird näher auf verwandte Begriffe eingegangen.

Wie auch der Ausdruck „Risiko" wird Flexibilität in unterschiedlichen Disziplinen verwendet, so z. B. in den Bereichen Sport, Psychologie, Militär und zunehmend in den Wirtschaftswissenschaften, insbesondere in der Betriebswirtschaftslehre. Grundsätzlich ist festzuhalten, dass der Begriff positiv besetzt ist.

Entwicklung des Forschungsgebiets Flexibilität

Flexibilität stellt schon seit langer Zeit einen betriebswirtschaftlichen Forschungsgegenstand dar. In der *deutschen Literatur* wird der Begriff seit dem Ende der 1960er Jahre verwendet. Bereits 40 Jahre zuvor wurde die Fähigkeit von Unternehmen zur Anpassung in wechselnden Situationen (*mikroökonomische Perspektive*) z. B. durch SCHMIDT und SCHMALENBACH untersucht. Diejenigen Phänomene, die heutzutage unter dem Begriff der Flexibilität gefasst werden, wurden ca. von den 1930er bis in die 1960er Jahre unter dem Ausdruck der Anpassungsfähigkeit bzw. der Elastizität diskutiert (vgl. PIBERNIK 2001b, S. 7; HOCKE 2004, S. 7-8; VOIGT 2007, S. 600).

Bekannte Publikationen stammen in den 1930er Jahren u. a. von KOSIOL, KALVERAM und ÖHLINGER, wobei sich die meist qualitativen Ansätze auf Teilbereiche eines Unternehmens beziehen und Einzelfälle betrachten. Die Veröffentlichungen in den 1940er bis 1950er Jahren z. B. von ZACHERT, RIEBEL, BESTE sowie VORMBAUM sind oft geprägt durch theoretische, und zwar quantitative statische Modelle. Als bekannte Wissenschaftler im Bereich Flexibilität können in den 1960er bis 1970er Jahren JACOB, MEFFERT und HAX/LAUX[27] genannt werden.

---

[26] Der Begriff Flexibilität stammt aus dem Lateinischen (vgl. WEBSTER'S NEW WORLD DICTIONARY 1988, S. 516; WEBSTER'S THIRD NEW INTERNATIONAL DICTIONARY 1976, S. 869). In einschlägigen Wörterbüchern der englischen Sprache finden sich ähnliche Beschreibungen (siehe WEBSTER'S NEW WORLD DICTIONARY 1988, S. 516; LONGMAN 1987, S. 391).

[27] HAX/LAUX (1972, S. 322-323) empfehlen, zwischen den Ausdrücken Flexibilität („als Eigenschaft eines Planungsverfahrens") und Elastizität („Eigenschaft von Aktionsprogrammen oder Projekten hinsichtlich des für die Zukunft verbleibenden Entscheidungsspielraumes") zu differenzieren. Dieser Vorschlag wird in der deutschen

Sie brachten bis heute anerkannte Klassifikationen von Flexibilitätsarten[28], Beiträge zur *Planungs- und Entscheidungstheorie* und quantitative, mehrperiodige dynamische Modelle unter Berücksichtigung von Unsicherheit und Risiko hervor. Während JACOB mit seinem 1967 veröffentlichten Artikel den Begriff Flexibilität prägt, fordert MEFFERT in seinem 1969 publizierten Beitrag die Entwicklung einer alle betrieblichen Bereiche umfassenden Flexibilitätstheorie (vgl. JACOB 1967, S. 3; MEFFERT 1969, S. 779). Hierzu trägt JACOB (1974, S. 322-326, S. 403-448, S. 505-526) mit seiner Unterscheidung von Flexibilitätsarten (s.o.) sowie Maßzahlen für deren Messung bei (vgl. PIBERNIK 2001b, S. 7-15; HOCKE 2004, S. 7-12; VOIGT 2007, S. 600-606).

Prominente Beiträge verfassten in den 1980er und 1990er Jahren z. B. ALTROGGE, KALUZA, JACOB und REICHWALD/BEHRBOHM. Seitdem fanden speziell die *strategische Flexibilität*[29], die Analyse von Teilflexibilitäten (vor allem im *Produktions-*[30] und *Organisationsbereich*[31], aber auch im Bereich *Personal*[32] und in der *Entwicklung*[33]) theoretisch und empirisch, eher qualitativer als quantitativer Art, Berücksichtigung. Nur wenige Versuche zur Schaffung einer allgemeinen Flexibilitätstheorie wurden gewagt (vgl. VOIGT 2007, S. 604-606).

Im neuen Jahrtausend wird die Flexibilitätsdiskussion u. a. von PIBERNIK, HOCKE und WINKLER fortgeführt. Dabei wird oft der Betrachtungsrahmen auf die *SC*[34] ausgedehnt oder der *Logistikbereich*[35] fokussiert und es werden Managementansätze zur Planung bzw. Messung von Flexibilität auf diesen Gebieten entwickelt. MERSCHMANN (2007, S. 1-166) zeigt, dass Unternehmen, die ihre SC-Flexibilität auf die Unsicherheit abstimmen, eine höhere SC-Leistung und einen höheren Unternehmenserfolg erzielen. Viele der Beiträge sind empirisch und pragmatisch geprägt und eher qualitativer als quantitativer Natur (vgl. VOIGT 2007, S. 605-606).

Generell stellt VOIGT fest, dass die Phasen, in denen eine engere Auseinandersetzung mit dem Thema Flexibilität im deutschsprachigen Raum erfolgte, sofort „nach gravierenden (ökonomischen) Diskontinuitäten ihren Anfang nehmen und somit auf diese zu reagieren scheinen“. Er untermauert seine These einerseits mit dem Beginn der Weltwirtschaftskrise Ende der 1920er Jahre, dem Ende des ersten Nachkriegsaufschwungs 1966, der ersten Ölkrise 1973, der zwei-

betriebswirtschaftlichen Literatur allerdings nicht angenommen; in beiden Fällen wird der Begriff Flexibilität verwendet (vgl. PIBERNIK 2001b, S. 7-15; HOCKE 2004, S. 7-12; VOIGT 2007, S. 600-606).

[28] Siehe JACOB (1974, S. 322-326, S. 403-448, S. 505-526) sowie JACOB (1990, S. 18-59) zur Differenzierung von Bestands- und Entwicklungsflexibilität (I und II), MEFFERT (1985b, S. 124-125) zur Unterscheidung von Built-in- und Handlungsflexibilität und Kapitel 2.4.2.

[29] Die Diskussion der strategischen Flexibilität dauerte bis in das darauf folgende Jahrzehnt an. Siehe z. B. KLIMECKI/GMÜR (1993, S. 1-22); MAYER (2001, S. 1-259); BURMANN (2001, S. 169-184).

[30] Dieser war auch bisher im Fokus der Flexibilitätsdiskussionen. Siehe z. B. ALTROGGE (1979, Sp. 604-618); REICHWALD/BEHRBOHM (1983, S. 831-850); KALUZA (1984, S. 287-327); KALUZA (1993, Sp. 1173-1183); KALUZA (1994, S. 52-71); HORVÁTH/MAYER (1986, S. 69-76); HOPFMANN (1989, S. 1-163); OST (1993, S. 1-121).

[31] Die Diskussion der Organisationsflexibilität dauerte ebenfalls bis in das darauf folgende Jahrzehnt an. Siehe hierfür z. B. DOPPELFELD (1987, S. 577-584); SCHUH (1997, S. 295-306); BERNARD (2000, S. 1-195); PICOT/REICHWALD/WIGAND (2001, S. 9-13) und BREHM (2003, S. 1-245).

[32] Siehe hierfür z. B. GROB (1986, S. 1-126); PICOT/REICHWALD/WIGAND (2001, S. 9-13).

[33] Siehe hierfür z. B. VOIGT (1994, S. 1083-1108); KERSTEN/KERN (2005, S. 229-250).

[34] Siehe hierfür z. B. WINKLER/GRAF (2005, S. 75-78); WINKLER/SOBERNIG/KALUZA (2007, S. 20-23); PIBERNIK (2001a, S. 893-910); PIBERNIK (2001b, S. 1-305).

[35] Siehe hierfür z. B. HOCKE (2004, S. 1-209).

ten Ölkrise 1981/82 verbunden mit dem Ende des dritten Nachkriegs-Aufschwungs und dem Ende des „Wiedervereinigungsbooms" 1993. Andererseits führt er die Mittelwerte der jährlichen BIP-Steigerungen in Fünfjahresschritten ab 1950 mit der Anzahl der absoluten Veröffentlichungen im Bereich Flexibilität auf und zeigt eine negative Korrelation (vgl. VOIGT 2007, S. 597-599).

Außerdem weisen Oberthemen ausgewählter Pfingsttagungen des Verbandes der Hochschullehrer für Betriebswirtschaft e.V. in den Jahren 1930, 1931 und 1989 auf die Richtigkeit der Aussage hin. Die These wird ferner gestützt durch die Betriebswirtschaftler-Tage der Schmalenbach-Gesellschaft für Betriebswirtschaft e.V. in den Jahren 1968 und 1985 sowie den Deutschen Logistik-Kongress 1984 und 2011 (vgl. ADAM ET AL. 1990, S. 1-10; MEFFERT 1985a, Vorwort; VOIGT 2007, S. 597; PIBERNIK 2001b, S. 7; BVL 1984, S. 1; BVL 2011).[36]

Auch in der Ausbildung im Rahmen der Allgemeinen Betriebswirtschaftslehre wird der Flexibilität eine hohe Bedeutung beigemessen. Flexibilität wird vorausgesetzt, um mit der Dynamik und Unsicherheit der Unternehmensumwelt umgehen zu können. Gleichermaßen werden die Bedeutung des zeitigen Erkennens und die Bewältigung von Herausforderungen betont. Diese Fähigkeiten weisen auf Flexibilität hin, nämlich auf die Reagibilität bzw. Reaktionsfähigkeit als Handlungsschnelligkeit sowie auf das Aktionsvolumen als Existenz von Handlungsspielräumen (vgl. Kapitel 2.4.1) (vgl. FACHKOMMISSION FÜR AUSBILDUNGSFRAGEN DER SCHMALENBACH-GESELLSCHAFT 1988, S. 1037-1043; KÜHN 1989, S. 1-2).

In der *englischsprachigen Literatur* wird der Begriff Flexibilität schon in den 1930er Jahren verwendet. STIGLER (1939, S. 310-327) betrachtet Flexibilität aus *mikroökonomischer Perspektive.* Auf seiner Arbeit bauen weitere Autoren, wie z. B. HART, TINTNER und MARSCHAK/ NELSON ihre Ausführungen auf (vgl. PIBERNIK 2001b, S. 10-11; SETHI/SETHI 1990, S. 290-292). Ferner stellt der Bereich der *Organisation* auch in der englischsprachigen Flexibilitätsforschung ein weiteres Gebiet für zahlreiche Diskussionen und Veröffentlichungen dar (vgl. SETHI/SETHI 1990, S. 292; HOCKE 2004, S. 8).[37]

Vor dem *produktionswirtschaftlichen Hintergrund* unterscheiden SLACK 1987 und UPTON 1994 mehrere Dimensionen von Flexibilität (siehe Kapitel 2.4.1) (vgl. SLACK 1987, S. 39; UPTON 1994, S. 79-81). SETHI/SETHI (1990, S. 293) sehen DIEBOLD als denjenigen Autor, der die Bedeutung der Flexibilität in der Produktion anfänglich (im Jahre 1952) analysierte. Lange Zeit wurde die Flexibilität in der Produktion in einem Spannungsverhältnis mit der Effizienz gesehen, was sich am Beispiel der menschlichen Arbeitskraft und der automatisierten Fertigung zeigte. Mit der Entwicklung der flexiblen Fertigungssysteme, die eine Verbindung

[36] Die Themen der Pfingsttagungen lauteten z. B. 1930 „Das Problem der Betriebselastizität", 1931 „Sicherung der betrieblichen Anpassungsfähigkeit an eine veränderte, konjunkturell erstarrte Wirtschaftslage" und 1989 „Integration und Flexibilität: Eine Herausforderung für die Allgemeine Betriebswirtschaftslehre". Diejenigen der Betriebswirtschaftler-Tage waren 1968 „Stabilität durch betriebliche Elastizität" und 1985 „Flexibilität als Unternehmenskonzept" und des Deutschen Logistik-Kongresses 1984 „Produktivität – Flexibilität durch Logistik".

[37] Z. B. führen MARCH/SIMON 1958 das Konzept des „organisational slack" – diejenigen überschüssigen Ressourcen, mit denen eine Organisation ausgestattet ist, um mit internen sowie externen Unsicherheiten umgehen zu können – ein (vgl. SETHI/SETHI 1990, S. 292; HOCKE 2004, S. 8).

der Effizienz der Massenproduktion mit den Vorteilen der Kundenindividualität (kundenindividuelle Massenproduktion – Mass Customization)[38] ermöglichen, wurde ein großer Fortschritt erzielt (vgl. SETHI/SETHI 1990, S. 293-295; HOCKE 2004, S. 8-9). Im Bereich Produktion werden und wurden sowohl in der englisch- als auch in der deutschsprachigen Literatur mit Abstand die meisten Flexibilitätsdiskussionen geführt.[39]

Während die Fertigungsflexibilität jedoch eine Bottom-up-Sichtweise der Flexibilität in einer Unternehmung einnimmt, verfolgt die Literatur im Rahmen der Unternehmensstrategie die Unternehmensflexibilität eher aus einem Top-down-Blickwinkel. Die *strategische Flexibilität* wird von einer Reihe von Autoren im englischsprachigen Raum vor allem ab den 1980er Jahren untersucht.[40] DUCLOS/VOKURKA/LUMMUS (2003, S. 449-450) sehen die von LAU im Jahre 1994 erschienene Veröffentlichung als diejenige an, in der erkannt wird, dass Flexibilität nicht nur mit Produktionsfähigkeiten, sondern gleichermaßen mit den Verflechtungen der Fertigungseinheiten mit den Lieferanten und Kunden, also der SC verknüpft ist. AVITTATHUR/SWAMIDASS (2007, S. 719-720) beschreiben vier Phasen der Entwicklung von Fertigungsflexibilität[41], wobei LAU in die dritte Phase eingeordnet werden kann, denn ab dort rückt die SC-Flexibilität in den Fokus.

So wird die Flexibilitätsdiskussion ab dem Jahr 1999 in der englischsprachigen Literatur oftmals im Rahmen der *Logistik* bzw. bezogen auf die *SC* weitergeführt. Hier lassen sich analytische Ansätze[42], konzeptionelle Modelle[43], empirische Studien[44] und Managementmethoden/

[38] Bekannte Definitionen der „Mass Customization" stammen von PINE (1993, S. 44) und PILLER (1998, S. 65).

[39] Siehe hierfür z. B. SLACK (1983, S. 4-13); SLACK (1987, S. 35-45); GUPTA/GOYAL (1989, S. 119-134); SETHI/SETHI (1990, S. 289-321); FINE/FREUND (1990, S. 449-462); GERWIN (1993, S. 395-408); UPTON (1994, S. 72-89); UPTON (1995, S. 74-84); SUAREZ/CUSUMANO/FINE (1995, S. 25-31); SUAREZ/CUSUMANO/FINE (1996, S. 223-239); DAS (1996, S. 67-92); SHEWCHUK/MOODIE (1998, S. 325-348); KOSTE/MALHOTRA (1999, S. 75-91); D'SOUZA/WILLIAMS (2000, S. 577-592); VOKURKA/O'LEARY-KELLY (2000, S. 485-500); BEACH ET AL. (2000, S. 41-55); COUSENS/SZWEJCZEWSKI/SWEENEY (2009, S. 357-376).

[40] Siehe hierfür z. B. EPPINK (1978, S. 9-15); AAKER/MASCARENHAS (1984, S. 74-81); EVANS (1991, S. 69-85); LAU (1996, S. 11-15); DE TONI/TONCHIA (2005, S. 525-538).

[41] Während die erste Phase sich bis zum Ende der 1980er Jahre erstreckt und festgehalten wird, dass Fertigungsflexibilität eine strategische Dimension ist, es viele Ausprägungen der Fertigungsflexibilität gibt und sie als Reaktion auf Umfeldunsicherheit eingesetzt wird, dauert die zweite Phase bis in die Mitte der 1990er Jahre. Vermehrt werden empirische Studien zum Thema durchgeführt, die unterschiedlichen Dimensionen genauer untersucht und es wird erkannt, dass Fertigungsflexibilität ein mächtiges strategisches Instrument darstellt. Ende der 1990er Jahre bringt FISHER flexible SC in das Gespräch (siehe Kapitel 2.2.2). Es findet eine Verbreitung der kundenindividuellen Massenproduktion statt, die den Bedarf an flexiblen SC steigert. Danach und zukünftig in einer vierten Phase sehen die Autoren den Abgleich der Flexibilität von Zulieferern und Kunden (vgl. AVITTATHUR/SWAMIDASS 2007, S. 719-720).

[42] Siehe hierfür z. B. BARAD/SAPIR (2003, S. 155-169); DAS/ABDEL-MALEK (2003, S. 171-180); GARAVELLI (2003, S. 141-152); GRAVES/TOMLIN (2003, S. 907-919); PUJAWAN (2004, S. 79-95); APRILE/GARAVELLI/GIANNOCCARO (2005, S. 21-30); KUMAR/DESHMUKH (2006, S. 17-23); WADHWA/SAXENA/BIBHUSHAN (2006, S. 25-37); GONG (2008, S. 745-756); TANG/TOMLIN (2008a, S. 12-26); WADHWA/SAXENA/CHAN (2008, S. 1373-1402).

[43] Siehe hierfür z. B. DUCLOS/VOKURKA/LUMMUS (2003, S. 446-455); LUMMUS/DUCLOS/VOKURKA (2003, S. 1-13); STEVENSON/SPRING (2007, S. 685-704).

[44] Siehe hierfür z. B. VICKERY/CALANTONE/DRÖGE (1999, S. 16-23); PRATER/BIEHL/SMITH (2001, S. 823-838); LUMMUS/VOKURKA/DUCLOS (2005, S. 2687-2706); SÁNCHEZ/PÉREZ (2005, S. 681-697); AVITTATHUR/SWAMIDASS (2007, S. 717-733); TACHIZAWA/GIMÉNEZ THOMSEN (2007, S. 1115-1133); STEVENSON/SPRING (2009, S. 946-948); TACHIZAWA/GIMÉNEZ THOMSEN (2010, S. 214-222).

-modelle[45] unterscheiden. Bekannte Autoren der zweitgenannten Kategorie, die im Rahmen dieser Arbeit eine besondere Rolle spielt, sind z. B. DUCLOS/VOKURKA/LUMMUS. Insbesondere in Kapitel 2.4.4 wird näher auf Veröffentlichungen in diesem Kontext eingegangen.

Definition des Begriffs Flexibilität

Obwohl das Konstrukt der Flexibilität seit langen Jahren – wie aufgeführt – in unterschiedlichen Bereichen der Betriebswirtschaft untersucht wird, hat sich bisher keine allgemeingültige Definition des Begriffs bzw. kein einheitliches Verständnis herausgebildet (vgl. REICHWALD/BEHRBOHM 1983, S. 831; DAMISCH 2002, S. 40; NAGEL 2003, S. 2; MINNING 2008, S. 130). Während MEFFERT schon 1985 von der Flexibilität als einem „Modewort mit vielschillerndem Inhalt" spricht und vor der Überbewertung „zum nachahmenswerten Unternehmenskonzept" warnt, verweist er gleichzeitig auf mehr als 30 Definitionen von Unternehmensflexibilität (MEFFERT 1985b, S. 121). Im Jahre 1990 stellen SETHI/SETHI fest, dass allein auf dem Gebiet der produktionswirtschaftlichen Flexibilität 50 Definitionen existieren (vgl. SETHI/SETHI 1990, S. 289).

Zum besseren Verständnis der nachfolgend aufgeführten Flexibilitätsdefinitionen wird die *Systemtheorie* kurz als Hintergrund erläutert. Auf ihr bauen einige Definitionen auf. Die Systemtheorie ist in verschiedenen Disziplinen anwendbar und dient der Unterstützung bei der Lösung komplexer Probleme durch die Bildung eines allgemeingültigen Bezugsrahmens (vgl. ULRICH 1995, S. 169; THOM 2008, S. 29).[46] Nach BERTALANFFY (1972, S. 417) bezeichnet ein System „eine Menge von Elementen, die miteinander und mit der Umwelt in Wechselbeziehungen stehen". Abhängig von der Perspektive, aus der Elemente betrachtet werden, können diese ebenfalls als Systeme angesehen werden, sodass nach Möglichkeit hierarchisch Subsysteme und Supersysteme festzulegen sind (vgl. GROCHLA/LEHMANN 1980, Sp. 2209).

Unternehmen können als sozio-technische, offene, dynamische und komplexe Systeme charakterisiert werden. Da sie zweckorientiert agieren, von Menschen geschaffen und getragen werden sowie Maschinen zum Einsatz kommen, ist das Attribut sozio-technisch zutreffend.[47] Außerdem liegen Interaktionen mit der Umwelt vor, sodass es sich um ein offenes System handelt. Das Merkmal dynamisch weist darauf hin, dass sich Strukturen und Prozesse sowie das Verhalten im Zeitverlauf ändern. Schließlich besteht eine hohe Anzahl an Elementen und Beziehungen, d. h. ein Unternehmen deutet auf ein komplexes System hin (vgl. HABERFELL-

[45] Siehe hierfür z. B. SHEFFI (2004, S. 85-114); KUMAR ET AL. (2006, S. 303-316); KUMAR/SHANKAR/YADAV (2008, S. 277-293); MORE/BABU (2008, S. 302-330); WINKLER (2008, S. 15-24).

[46] Auch wenn das Systemdenken bereits in der Antike praktiziert wurde, wurde es nach heutiger Sicht maßgeblich durch den Biologen BERTALANFFY geprägt (vgl. GROCHLA/LEHMANN 1980, Sp. 2206). Die Kybernetik als Teilgebiet der Systemtheorie entstand im Rahmen der Lösung technischer Probleme und umfasst die Lenkung von Systemen mit zielgerichtetem Verhalten (vgl. ULRICH 1995, S. 169). Prozesse in einem Unternehmen lassen sich mit Hilfe eines kybernetischen Modells in Form eines Regelkreises abbilden (vgl. EVERSHEIM/SCHÄFER 1980, S. 230).

[47] HOCKE (2004, S. 20) weist darauf hin, dass unter dem Begriff „sozio-technisch" die Charakteristika real, künstlich, offen und dynamisch subsumiert werden können. Im Folgenden wird dieser Auffassung nicht gefolgt.

NER 1975, S. 19; HORSTMANN 2007, S. 37-39; THIELEN 1993, S. 8-12). Je nach eingenommener Sichtweise kann auch eine SC als ein System erfasst werden (vgl. ERDMANN 2003, S. 52).

Die Flexibilitätsdefinitionen der in Tabelle 3 genannten Quellen wurden häufig zitiert und z. T. vor dem Hintergrund der Systemtheorie formuliert. Ihre Bestandteile werden im Folgenden analysiert (siehe auch Tabelle 3). Die Definitionen befinden sich in Anhang II. In den meisten der aufgeführten Definitionen wird Flexibilität explizit als *Fähigkeit* bzw. *Eigenschaft* eines Objektes betrachtet. REICHWALD/BEHRBOHM (1983, S. 838) und VOKURKA/O'LEARY-KELLY (2000, S. 485) beziehen sich in ihren Ausführungen auf ein produktionswirtschaftliches System, während MANDELBAUM/BUZACOTT (1990, S. 17), SETHI/SETHI (1990, S. 295), PIBERNIK (2001a, S. 899), DAMISCH (2002, S. 43) und HOCKE (2004, S. 25) allgemein von einem (dynamischen, offenen, sozio-technischen) System sprechen. WILDEMANN (1987, S. 467) nimmt eine Unternehmensperspektive ein (vgl. HOCKE 2004, S. 15).

Tabelle 3: Bestandteile ausgewählter Flexibilitätsdefinitionen

Quelle	Bestandteile			
	Fähigkeit/ Eigenschaft	Umgang mit Veränderungen	Existenz von Handlungsspielräumen	Zielgerichtetheit
REICHWALD/BEHRBOHM (1983, S. 838)		X	X	X
SLACK (1983, S. 7)	X		X	
WILDEMANN (1987, S. 467-468)	X	X		X
MANDELBAUM/BUZACOTT (1990, S. 17)	X	X		
SETHI/SETHI (1990, S. 295)		X		
UPTON (1994, S. 73)	X			X
VOKURKA/O'LEARY-KELLY (2000, S. 485)	X	X		
PIBERNIK (2001a, S. 899)	X	X	X	X
DAMISCH (2002, S. 43)	X		X	X
HOCKE (2004, S. 25)	X	X	X	X

Der *Umgang mit Veränderungen* steht bei einigen Definitionen im Vordergrund. Dabei erwähnen PIBERNIK (2001a, S. 899) und HOCKE (2004, S. 25) außer ursprünglich externen Veränderungen explizit Veränderungen interner Art. REICHWALD/BEHRBOHM (1983, S. 838), WILDEMANN (1987, S. 467) und HOCKE (2004, S. 25) führen ausdrücklich sowohl negative als auch positive Auswirkungen auf die Zielwerte an (vgl. HOCKE 2004, S. 15-17). WILDEMANN (1987, S. 467) und HOCKE (2004, S. 25) bezeichnen diese explizit mit Chancen und Risiken. Während DAMISCH (2002, S. 43) den Bezug zwischen Unsicherheit und Flexibilität herstellt, betrachtet WILDEMANN (1987, S. 467) Flexibilität als Maßnahme zur Reaktion auf eintretende Risiken. Dieser Aspekt wird in dieser Arbeit – insbesondere in Kapitel 2.3.4 – aufgegriffen.

Ein weiterer Bestandteil der Definitionen ist die *Existenz von Handlungsspielräumen*, die von einigen Autoren genannt wird. Schließlich umfassen eine Reihe der Begriffsbestimmungen das Element der *Zielgerichtetheit* (vgl. HOCKE 2004, S. 17-18). Die Zielgerichtetheit weist auf das „Dilemma der Flexibilitätsplanung" hin. Dies besteht darin, dass mit den Flexibilitätsvorteilen in der Regel Kosten verbunden sind, sodass diese beiden Größen immer gegeneinander abgewogen werden müssen (vgl. REICHWALD/BEHRBOHM 1983, S. 840-841).

In einigen Definitionen sind bereits Eigenschaften von Flexibilität enthalten, die in 2.4.1 erläutert werden. So erwähnen REICHWALD/BEHRBOHM (1983, S. 838) Flexibilitätsbedarfe und -potenziale. DAMISCH (2002, S. 43) spricht von der Reaktivität, Aktivität und Proaktivität bezüglich des Einsatzes von Flexibilität sowie von der Handlungsgeschwindigkeit.

Die vorstehende Diskussion zeigt auf, in welcher Hinsicht sich die Begriffsbestimmungen unterscheiden. Dabei kann die Definition von PIBERNIK (2001a, S. 899) sowie diejenige von HOCKE (2004, S. 25) – erweitert um explizit positive sowie negative Störungen – als am umfassendsten angesehen werden. Diejenige von HOCKE (2004, S. 25) lautet: „Flexibilität ist die Fähigkeit eines soziotechnischen Systems, sich auf der Basis seiner Handlungsspielräume an relevante system- und umweltinduzierte Veränderungen, die sowohl Chancen als auch Risiken bedeuten können, zielgerichtet anzupassen." Sie soll daher im Folgenden gelten.

Abgrenzung zu ähnlichen Begriffen

Verschiedene Sachverhalte werden mit dem Begriff Flexibilität erfasst. Zudem werden Konzepte mit ähnlichem Inhalt entweder ergänzend oder auch synonym mit dem Wort Flexibilität bezeichnet (vgl. MINNING 2008, S. 130). EVANS führt flexibles Handeln auf drei Eigenschaften zurück: die Fähigkeit auch unter äußerem Druck zu funktionieren, das Vorhandensein von Kapazität für neue Situationen und die Fähigkeit, Modifikationen vorzunehmen (vgl. MAYER 2001, S. 4). Ferner betont er die Vielschichtigkeit bzw. Polymorphie der Flexibilität, indem er eine Reihe der Flexibilität ähnlichen Konzepte auflistet und die letztgenannten auf die erwähnten Charakteristika hin untersucht (siehe Tabelle 4) (vgl. EVANS 1991, S. 73-75).

Einige der in Tabelle 4 aufgeführten und besonders oft im Zusammenhang mit Flexibilität genannten Begriffe sowie zwei weitere Ausdrücke sollen im Folgenden näher erläutert werden. Das Konzept des agilen Produktionsunternehmens war das Ergebnis eines branchenübergreifenden Workshops im Jahre 1991 und wurde im Rahmen des „21st Century Manufacturing Enterprise Strategy"-Berichtes des Iacocca Institutes (vgl. NAGEL ET AL. 1991, S. 1-58; LUMMUS/DUCLOS/VOKURKA 2003, S. 1; KIDD 2007, S. 1) eingeführt. In vielen Fällen wird Flexibilität als Haupteigenschaft einer agilen Organisation (vgl. CHRISTOPHER 2000, S. 37), als Teilmenge von *Agilität* (vgl. LUMMUS/DUCLOS/VOKURKA 2003, S. 1) oder als Bezugselement von Agilität (vgl. SWAFFORD/GHOSH/MURTHY 2006a, S. 172) angesehen. Laut PRATER/BIEHL/SMITH (2001, S. 824) haften der Agilität zwei Vorstellungen an, nämlich die der Geschwindigkeit und die der Flexibilität. Gleichermaßen äußern WIENDAHL/HERNÁNDEZ/GRIENITZ (2002, S. 12): „Agilität verknüpft Flexibilität und Schnelligkeit." PRATER/BIEHL/SMITH

(2001, S. 824) erläutern ferner, dass Flexibilität auf die Handlungsschnelligkeit bei der Bewältigung der Veränderung sowie auf den Handlungsspielraum herunter gebrochen werden kann, d. h. den Grad der Anpassung. BERNARDES/HANNA (2009, S. 41-42) betrachten Agilität ferner als „philosophischen Ansatz“ zur Organisation und Führung eines Systems.

Tabelle 4: Analyse der Flexibilität: verwandte Begriffe und unterschiedliche Bedeutungen[48] [Hauptbedeutung: ++, Nebenbedeutung +]
Quelle: EVANS (1991, S. 75), deutsche Übersetzung von HORSTMANN (2007, S. 12)

Synonymer Begriff	Inhaltlicher Bedeutungsschwerpunkt		
	Veränderung aufgrund externen Drucks	Freiraum für neue Situationen	Leichtigkeit von Modifikationen
Adaptability (Anpassungsfähigkeit)	++	+	
Agility (Agilität)		++	+
Corrigibility (Korrekturfähigkeit)		+	++
Elasticity (Elastizität)	++		+
Hedging (Absicherung)		+	++
Liquidity (Zahlungsfähigkeit)		+	++
Malleability (Geschmeidigkeit)	+		++
Plasticity (Formbarkeit)	++		+
Pliability (Biegsamkeit)	+		++
Resilience (Regenerationsfähigkeit)	++		+
Robustness (Robustheit)	++	+	
Versatility (Vielseitigkeit)		++	+

In vielen Begriffsbestimmungen der Flexibilität wird der nahe stehende Begriff der *Anpassungsfähigkeit* verwendet. So unterstreichen Unternehmensvertreter die Bedeutung der anpassungsfähigen SC, die schnell auf beschaffungs- und absatzseitige Änderungen und Herausforderungen reagiert (vgl. APICS 2007, S. 45; LUMMUS ET AL. 2007, S. 55). Anpassungsfähigkeit impliziert eine einfache und permanente Ausrichtung an eine veränderte Umwelt (vgl. STIGLER 1939 in EVANS 1991, S. 73). In der Regel wird unter der Anpassungsfähigkeit eine reaktive Handlung verstanden (Anpassungsfähigkeit i.e.S.) (vgl. NAGEL 2003, S. 10-11; DAMISCH 2002, S. 44-45). Werden jedoch auch Chancen genutzt, d. h. ist die Reaktionszeit besonders kurz, kann von der Anpassungsfähigkeit i.w.S. bzw. von Flexibilität gesprochen werden (vgl. VOIGT/SCHORR 2007, S. 47).[49]

Wie oben beschrieben, wurde die Flexibilitätsdiskussion in früheren Zeiten auch unter dem Begriff der *Elastizität* geführt. Heutzutage wird unter der Elastizität ein Anpassen mit an-

[48] HUSDAL (2010, S. 15) stellt die Unterschiede der Flexibilität, Agilität, Robustheit und Regenerationsfähigkeit grafisch dar.

[49] Hier würde der Flexibilität und der Adaptivität die gleiche Bedeutung zugesprochen. Um zwischen diesen zu unterscheiden, schlagen VOIGT/SCHORR (2007, S. 47) folgende Abgrenzung vor: „Die umfassende Fähigkeit, sich adaptiv zu verhalten, liegt in der Flexibilität. Somit ist Flexibilität das Mittel zum Zweck der Adaptivität.“

schließender Rückkehr zum Ausgangszustand bei Entfallen des Anpassungsgrundes verstanden (vgl. EVANS 1991, S. 73; MIRSCHEL 2007, S. 26). SCHNEEWEIß/KÜHN (1990, S. 381) und SCHNEEWEIß (1996, S. 492) bezeichnen die Menge aller durch Aktionsvolumen und Reagibilität erreichbaren Zustände eines Systems als Elastizität.[50] Dieses Verständnis ist allerdings nicht mit der zuvor beschriebenen Auffassung kompatibel, da die Rückkehr zum Ausgangszustand nicht zwangsläufig der Fall sein muss. Von daher wird dieser Meinung nicht gefolgt. Ferner wird Elastizität zur Beschreibung formal-funktionaler Zusammenhänge im Rahmen von Produktionsprozessen und der Volkswirtschaftslehre verwendet, und zwar erfasst sie als Maßzahl die relative Veränderung der abhängigen Variablen bei relativer Veränderung der unabhängigen Variablen (vgl. HORVÁTH/MAYER 1986, S. 69; KALUZA 1993, Sp. 1173-1174; DAMISCH 2002, S. 46).

Anders als Elastizität und Flexibilität kennzeichnet *Robustheit* die Unempfindlichkeit eines Systems gegenüber Entwicklungen, und zwar werden Anpassungshandlungen gar nicht nötig, da keine Anpassungsbedarfe auftreten. Das System besitzt nämlich die Fähigkeit, die Veränderungen zu ertragen bzw. zu absorbieren (vgl. EVANS 1991, S. 73; THIELEN 1993, S. 61; SCHNEEWEIß 1996, Sp. 500). THIELEN (1993, S. 61) betont, dass ein soziales System im Gegensatz zu einem technischen System nicht gesamthaft, sondern nur in Teilbereichen und zeitlich begrenzt, robust sein kann. Flexibilität wird immer dann benötigt, wenn das System nicht robust ist.

Im deutschsprachigen Schrifttum wird Flexibilität häufig in Verbindung mit der *Wandlungsfähigkeit* genannt. Seit Ende der 1990er Jahre wird im Rahmen der Fabrikplanung zur Bestimmung der erforderlichen Flexibilität für die gesamte Fabrik auf das Konzept der Wandlungsfähigkeit zurückgegriffen. REINHART ET AL. betrachten Flexibilität und Reaktionsfähigkeit zusammen genommen als Wandlungsfähigkeit. Für sie kann Flexibilität „als die Möglichkeit zur Veränderung in vorgehaltenen Dimensionen und Szenarien" bezeichnet werden. Im Gegensatz hierzu stellt die Reaktionsfähigkeit ein Potenzial dar, um „jenseits vorgedachter Dimensionen und Korridore zu agieren" (REINHART ET AL. 1999, S. 22; REINHART 2000, S. 38; vgl. WIENDAHL 2002, S. 124; HEINECKER 2006, S. 51; KEIJZER 2007, S. 95-96; MEIER 2003, S. 154).

Vor dem Hintergrund des gesamten Produktionsunternehmens unterscheiden WESTKÄMPER ET AL. die Begriffe Flexibilität und Wandlungsfähigkeit in ähnlicher Weise, und zwar bezeichnen sie ein System als flexibel, „wenn es im Rahmen eines prinzipiell vorgedachten Umfangs von Merkmalen sowie deren Ausprägungen an veränderte Gegebenheiten reversibel anpassbar ist" (WESTKÄMPER ET AL. 2000, S. 24-25; vgl. HEINECKER 2006, S. 51-52; KEIJZER 2007, S. 96; MEIER 2003, S. 154). Hingegen benennen sie ein System als wandlungsfähig, „wenn es aus sich selbst heraus über gezielt einsetzbare Prozess- und Strukturvariabilität sowie Verhaltensvariabilität verfügt. Wandlungsfähige Systeme sind in der Lage, neben reakti-

[50] Auf die Reagibilität bzw. Reaktionsfähigkeit als Handlungsschnelligkeit sowie das Aktionsvolumen als Existenz von Handlungsspielräumen wird als Eigenschaften von Flexibilität in Kapitel 2.4.1 näher eingegangen.

ven Anpassungen auch antizipative Eingriffe vorzunehmen. Diese Aktivitäten können auf Systemveränderungen wie auch auf Umfeldveränderungen hinwirken."[51] GRONAU/LINDEMANN betonen die Eigenschaften der Effizienz und Schnelligkeit bei der Wandlungsfähigkeit und betrachten Adaptivität als eine Zwischenstufe der beiden genannten Konzepte (vgl. GRONAU/LINDEMANN 2009, S. 21-22).

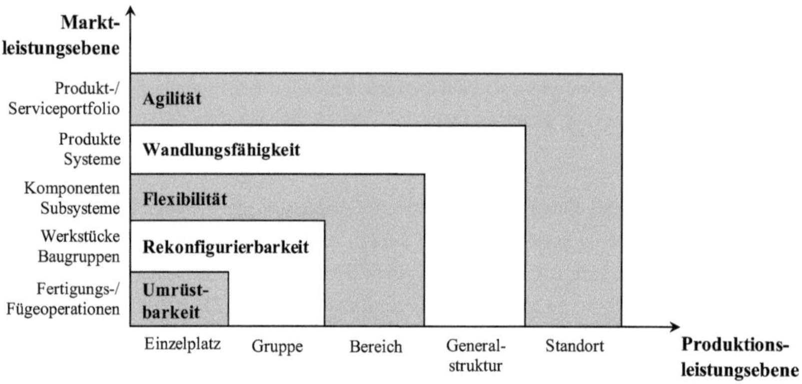

Abbildung 10: Veränderungstypen der Fabrik
Quelle: in Anlehnung an WIENDAHL (2002, S. 126)

In Abhängigkeit der Produktions- und Marktleistung benennt WIENDAHL fünf Veränderungstypen der Fabrik (siehe Abbildung 10). Hierbei bezieht sich Flexibilität auf die taktische Fähigkeit eines Produktions- oder Logistikbereiches zur Umstellung auf eine ähnliche Familie von Komponenten in überwiegend – aber nicht ausschließlich – reaktiver Weise. Wandlungsfähigkeit als umfassenderer Veränderungstyp betrifft die taktische Fähigkeit einer Fabrikstruktur zur Umstellung auf eine ähnliche Produktfamilie sowohl proaktiver als auch reaktiver Art. Die Verhaltenskonzeptionen (aktiv/reaktiv) sind folglich als identisch mit denjenigen von WESTKÄMPER ET AL. beschriebenen anzusehen. Agilität kennzeichnet in dieser Abbildung den größtmöglichen Veränderungstyp und zeigt somit auf, dass es im Vergleich zur Flexibilität – wie vornestehend erläutert – übergreifenderen Charakter hat (vgl. WIENDAHL 2002, S. 126-127; SPATH/HIRSCH-KREINSEN/KINKEL 2008, S. 12-13).

SPATH/HIRSCH-KREINSEN/KINKEL erläutern den Unterschied zwischen Flexibilität und Wandlungsfähigkeit anschaulich für produzierende Unternehmen. Abbildung 11 zeigt links – wie schon bei REINHART ET AL. verbal beschrieben – den vorhandenen vorgehaltenen Spielraum, der hier im Falle der Flexibilität in einem etablierten System mit geringem Reaktionsaufwand genutzt werden kann. Im Rahmen der Wandlungsfähigkeit hingegen wird ein etabliertes Sys-

[51] WESTKÄMPER ET AL. (2000, S. 24) grenzen die beiden Konzepte noch gegenüber der Wandelbarkeit ab und definieren ein System als wandelbar, „wenn seine räumliche Strukturierung sowie sein Verhaltensspektrum aufgrund einer Anpassung des Umfangs an Merkmale sowie deren Ausprägungen auch an zunächst unbekannte Gegebenheiten veränderbar sind". Hier werden also im Vergleich zur Flexibilität zusätzlich räumliche Veränderungen und Anpassungen an künftige Gegebenheiten unterstellt und die Forderung der Reversibilität aufgehoben.

tem schnell und nachhaltig strukturell verändert. In Abbildung 11 sind rechterhand das Verlassen des geplanten Flexibilitätskorridors und das Erreichen eines neuen Niveaus zur Erstellung von Dienstleistungen und Produkten dargestellt (vgl. SPATH/HIRSCH-KREINSEN/KINKEL 2008, S. 11-12).

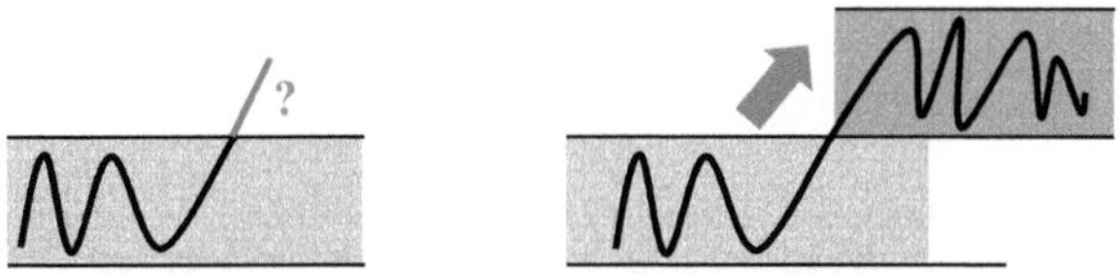

Flexibilität:
- Veränderung in einem gegebenen Korridor (Gültigkeitsbereich)
- Muss vorab installiert werden, d.h. Ressourcen müssen vorgehalten werden

Wandlungsfähigkeit, Wandel:
- Prozess vom Eintreten der Veränderung bis zu umgesetzten, funktionierenden Maßnahmen
- Nachhaltige Veränderung
- Strukturelle Anpassung im Unternehmen
- Potenziale für schonenden Ressourceneinsatz (Kapital, Technik/Material/Energie, Mensch) erschließbar

Abbildung 11: Flexibilität und Wandlungsfähigkeit
Quelle: in Anlehnung an SPATH/HIRSCH-KREINSEN/KINKEL (2008, S. 12)

In ähnlicher Weise beschreiben BERNARDES/HANNA (2009, S. 41-42) Flexibilität als Fähigkeit eines Systems, seinen Zustand innerhalb einer bestehenden Konfiguration mit vorher festgesetzten Parametern zu verändern. Agilität sehen sie als die Fähigkeit eines Systems, sich schnell mit Hilfe einer neuen Reihe Parameter umzugestalten. Insofern kann an dieser Stelle eine Parallele von Agilität und Wandlungsfähigkeit gezogen werden.

Die Diskussion zeigt, dass eine Reihe ähnlicher Konzepte zu Flexibilität existieren. Im Folgenden wird jedoch keiner der Begriffe synonym mit Flexibilität verwendet.

Supply Chain-Flexibilität

Im Vergleich zur Betrachtung innerbetrieblicher Flexibilität ist der Bereich der SC-Flexibilität ein junges Forschungsgebiet. Die Anzahl der verfügbaren Veröffentlichungen spiegelt dieses wider, sodass auch keine derartige Vielfalt an SC-Flexibilitätsdefinitionen vorliegt, wie es beim allgemeinen Flexibilitätsbegriff der Fall ist.

Ausgewählte SC-Flexibilitätsdefinitionen zeigt Anhang III. Anknüpfend an den Umgang mit Veränderungen im Abschnitt „Definition des Begriffs Flexibilität" und ausgehend vom Betrachtungsgegenstand der *direkten SC*, beziehen einige Begriffsbestimmungen – wie die vorliegende von LUMMUS/DUCLOS/VOKURKA (2003, S. 4), aber auch diejenigen von VICKERY/ CALANTONE/DRÖGE (1999, S. 16), KUMAR ET AL. (2006, S. 305) und KUMAR/SHANKAR/YADAV (2008, S. 278) – nur externe Veränderungen ein, während MERSCHMANN (2007, S. 32) sowohl auf Veränderungen der Umgebung als auch auf interne Prozesse verweist.[52] Andere Autoren fokussieren sogar auf die Widerstandsfähigkeit von Zulieferer-Abnehmer-Beziehungen (vgl. DAS/ABDEL-MALEK 2003, S. 172). GARAVELLI (2003, S. 142) betont die Handlungsschnelligkeit bei der Bewältigung der Veränderung und MERSCHMANN (2007, S. 32) unterstreicht „die Leichtigkeit des Wechsels zwischen den Zuständen" sowie explizit auftretende Kosten beim Einsatz von Flexibilität. RÖMER (2004, S. 4) hebt explizit die Komponente der Unsicherheit hervor, da die Umweltzustände nicht prognostiziert werden können.

Auf Basis der vorhergehenden Analysen wird für die vorliegende Arbeit die Flexibilitätsdefinition von HOCKE (2004, S. 25) ausgewählt und für eine SC erweitert: „SC-Flexibilität ist die Fähigkeit einer SC, sich auf der Basis ihrer Handlungsspielräume an relevante SC- und umweltinduzierte Veränderungen, die sowohl Chancen als auch Risiken bedeuten können, zielgerichtet anzupassen." Die Definition enthält sämtliche oben dargelegten Elemente: Flexibilität wird als „Fähigkeit" betrachtet, es handelt sich um die Bewältigung von Veränderungen externen oder internen Ursprungs, aus denen explizit Chancen oder Risiken resultieren können, die Verfügbarkeit von Handlungsspielräumen wird vorausgesetzt und die Zielgerichtetheit berücksichtigt.

2.2 Supply Chain Management

Im Folgenden wird der Stand der Forschung im Bereich SC und SCM erläutert. Insbesondere werden die in Tabelle 5 aufgeführten Fragestellungen untersucht.

Tabelle 5: Fragestellungen im Bereich Supply Chain und Supply Chain Management

Frage	Teilabschnitt, der die Frage(n) beantwortet
• Welche Ziele und Aufgaben verfolgt das SCM? • Welche Rahmenwerke sind in diesem Zusammenhang bekannt?	2.2.1
• Welche Arten der Supply Chain-Gestaltung können unterschieden werden?	2.2.2
• Welche Verfahren und Methoden werden zur Performance-Messung in der SC eingesetzt? • Wie wird Flexibilität in diesen berücksichtigt? • Welcher Ansatz eignet sich für eine Verwendung im Hinblick auf die zu entwickelnde Flexibilitätsmanagement-Methode?	2.2.3

2.2.1 Ziele und Aufgaben des Supply Chain Managements

Das oberste *Ziel von SCM* besteht in der Generierung eines nachhaltigen Wettbewerbsvorteils (vgl. HANDFIELD/NICHOLS 1999, S. 2; STADTLER 2005, S. 11). Nach PORTER (1998c, S. 34-46) können zu dessen Erlangung für die Value Chain zwei Strategien verfolgt werden, nämlich

[52] Auch SHEFFI (2004, S. 85-114) betrachtet ausschließlich Nachfrageunsicherheit.

die Kostenführerschafts- und die Differenzierungsstrategie.[53] Diese werden in der Definition zum SCM von CHRISTOPHER (2005, S. 5) als Ziele der Steigerung des Kundenutzens und der Senkung der Gesamtkosten (siehe Kapitel 2.1.1) ausgedrückt. In diesem Rahmen werden die Optimierung der Effektivität und der Effizienz sowie die Harmonisierung des „strategischen Vierecks" – bestehend aus den Wettbewerbsfaktoren Kosten, Zeit, Qualität und Flexibilität – angestrebt (vgl. WERNER 2008, S. 25-29).[54] STABERHOFER/ROHRHOFER (2007, S. 39-41) stellen ebenfalls in diesem Zusammenhang auf Flexibilität ab. Sie umschreiben das Ziel von SCM abstrakt als Ergebnismaximum, das durch proaktive und reaktive Kundenorientierung verfolgt werden soll, und zwar mit Hilfe der Erhöhung der Flexibilität, Innovationen im Netzwerk und der Reduktion der Transaktionskosten.

DAS/ABDEL-MALEK (2003, S. 175) bzw. LEENDERS ET AL. (2006, S. 509) konstatieren ferner, dass es das Ziel einer SC sein sollte, die Summe der einzelnen Risikoniveaus der Partner bzw. Unsicherheit und Risiko generell zu verringern. Dieses soll mit Hilfe einer verbesserten Kommunikation, Koordination und Planung erreicht werden (vgl. DAS/ABDEL-MALEK 2003, S. 175). Wie ein Risikomanagement in einer SC im Einzelnen durchgeführt werden kann, wird in Abschnitt 2.3 erörtert. Verschiedene Autoren führen eine Reihe weiterer Unterziele auf (siehe z. B. VAHRENKAMP 2005, S. 25; ERDMANN 2003, S. 21-22; RICHERT 2006, S. 22).

CHRISTOPHERS Definition (2005, S. 5) nennt als *Aufgabe von SCM* das Management von Beziehungen entlang der SC. STADTLER (2005, S. 11-12) führt zwei Aktivitäten auf[55]: Auch er erwähnt die Koordination der Güter-, Informations- und Finanzflüsse durch Informations- und Kommunikationstechnologien, Prozessorientierung und Softwareprodukte[56] wie Advanced Planning Systeme. Die zweite Aktivität besteht in der Integration des Unternehmensnetzwerkes mit der Wahl geeigneter Partner, der interorganisationalen Zusammenarbeit und der Abstimmung der Strategien der Partner im Rahmen der SC-Führung. Die SC-Führung kann entweder von einem Netzwerkmitglied wahrgenommen werden, dem fokalen Unternehmen, oder von einem Team, z. B. einem Gremium aus Mitgliedern der SC-Partner (vgl. COOPER/ELLRAM 1993, S. 17; WINKLER 2006, S. 292). Die genannten Aufgaben gilt es, auf strategischer, taktischer und operativer Ebene zu bewältigen (vgl. CORSTEN/GÖSSINGER 2008, S. 111-115). CHOPRA/MEINDL (2004, S. 7-8) bezeichnen diese Stufen mit SC Strategy, SC Planning und SC Operation.

Um die SC und ihre Aufgaben zu strukturieren, analysieren und vergleichen, existieren mehrere Rahmenwerke. Im Folgenden werden die drei am weitesten verbreiteten erläutert.[57] Das *Supply Chain Operations Reference (SCOR) Model* ist ein international bekanntes Referenz-

[53] Die dritte Strategie, die der Autor beschreibt, zielt ab auf die Erlangung einer der genannten oder beider Positionen, allerdings bezogen auf ein bestimmtes Marktsegment (vgl. PORTER 1998c, S. 34-46).

[54] BUSCHER (1999, S. 450) hebt besonders die Wettbewerbsfaktoren Zeit und Flexibilität hervor.

[55] Für näher beschriebene Aufgaben siehe z. B. ERDMANN (2003, S. 22) oder BALLOU (2004, S. 10-11).

[56] WANNENWETSCH (2004, S. 425-429) geht näher auf SCM-Systeme ein.

[57] Neben den drei vorgestellten SCM-Rahmenwerken existieren weitere, wie z. B. diejenigen von MENTZER ET AL. (2001, S. 3-20) und METZ (1997, S. 240-254), deren nähere Erläuterung den Rahmen dieser Arbeit sprengen würde.

modell, das vom 1996 gegründeten Supply Chain Council[58] veröffentlicht wurde und von dem regelmäßig neue Versionen aufgelegt werden. Es ist hierarchisch aufgebaut und beschreibt endkundenorientiert Geschäftsprozesse, die als Bausteine zur Abbildung sowohl einfacher als auch komplexer SC verwendet werden können. Grundsätzlich nimmt es die Sichtweise eines an der SC beteiligten Unternehmens ein, sodass ein Lieferprozess eines Unternehmens mit dem Beschaffungsprozess eines anderen Unternehmens korrespondiert (vgl. SUPPLY CHAIN COUNCIL 2008, S. 1.2.1).

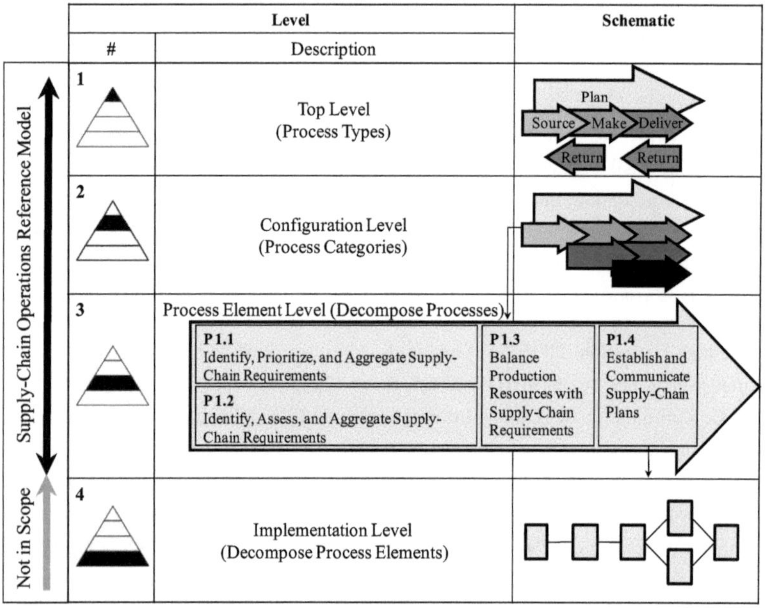

Abbildung 12: Hierarchischer Aufbau des Supply Chain Operations Reference-Modells
Quelle: SUPPLY CHAIN COUNCIL (2008, S. 1.2.2)

Die erste Ebene (Top Level) beinhaltet die fünf Prozesstypen *Plan*, *Source*, *Make*, *Deliver* und *Return* (siehe Abbildung 12). Auf der zweiten Ebene (Configuration Level) werden in der Version 9.0 die Prozesstypen in 31 Prozesskategorien unterschieden, und zwar umfasst der Planungsprozess die SC und jeweils einzeln die vier weiteren Prozesstypen. Die ausführenden Prozesse *Source*, *Make* und *Deliver* differenzieren nach auftragstypischen Prozesskategorien zwischen Fertigung auf Lager, Auftragsfertigung und auftragsspezifischer Entwicklung (hierfür siehe Kapitel 2.2.2) und die Kategorien des *Return*-Prozesses nach fehlerhaften und überschüssigen Produkten. Ferner werden zehn *Enable*-Prozessklassen aufgezeigt, die die Infrastrukturprozesse (d. h. Steuerung und Überwachung der Daten, Leistung und Beziehungen)

---

[58] Der Supply Chain Council zählte zum Zeitpunkt seiner Initiierung durch die Unternehmensberatungen PRTM und AMR 69 Partnerunternehmen. Inzwischen arbeiten etwa 1.000 Unternehmen in diesem gemeinnützigen, weltweiten und unabhängigen Gremium unterschiedlicher Branchen. In der Minderzahl vertreten sind auch Forscher (vgl. SUPPLY CHAIN COUNCIL 2008, S. 1.1.1; WEBER/WALLENBURG 2010, S. 163).

der SC darstellen. Die dritte Ebene (Process Element Level) umfasst zu jeder auf dem vorherigen Level bestimmten Prozesskategorie In- und Outputs, Leistungsmerkmale und Maße sowie Best Practices. Eine vierte Ebene (Implementation Level) erläutert das Referenzmodell nicht. Ab dort sind die Unterschiede zwischen Unternehmen sehr groß, sodass jedes Unternehmen seine spezifischen Prozesse, Systeme und Praktiken verwenden kann (vgl. SUPPLY CHAIN COUNCIL 2008, S. 1.2.2-3.5.64).

Als Fazit zum SCOR-Modell ist festzuhalten, dass es eine Strukturierungshilfe für Unternehmen darstellt und es mit der Zuordnung von Kennzahlen zu den Prozessen ermöglicht, unternehmensübergreifende Benchmarks durchzuführen. Die Berücksichtigung von Best Practices unterstreicht die Aktualität und Anwendungsnähe des Modells. Kritisch angemerkt werden die Gefahren einer Standardisierung der Prozesse, die Aggregierbarkeit zu und die Erhebbarkeit von Kennzahlen sowie die Novität aufgrund der Ähnlichkeiten zum Geschäftsprozessmanagement oder der Technik der Prozesshierarchien (vgl. HEUSLER 2004, S. 83-84; KARRER 2006, S. 40-42).

Dem hauptsächlich auf der Fallstudienforschung nordamerikanischer Unternehmen aufbauenden *Supply Chain Integrative Framework* von BOWERSOX ET AL. liegt die Abstimmung der *vier zentralen Flüsse* von der Ressourcenbasis bis zu den Endkunden zugrunde: Product/ Service Value Flow, Market Accomodation Flow (Weiterleitung von Marktinformationen), Information Flow und Cash Flow. Um effektive und effiziente SC-Flüsse sicherzustellen, sind bestimmte *Kompetenzbereiche* und diesen zugeordnete *unterstützende Fähigkeiten* notwendig. Auch dieses Modell bietet eine Systematisierung der unterschiedlichen Komponenten des SCM. Diese werden allerdings statisch und nicht ablauforientiert beschrieben (vgl. BOWERSOX/CLOSS/COOPER 2007, S. 366-372; KARRER 2006, S. 42-45).

Das *SCM-Framework von COOPER/LAMBERT/PAGH* (1997, S. 5-11) gilt überwiegend in der Wissenschaft als weit verbreitetes Analysemodell. Wie das SCOR-Modell nimmt es die Sichtweise eines einzelnen an der SC beteiligten Unternehmens ein (vgl. HEUSLER 2004, S. 84; KARRER 2006, S. 45). Drei Bestandteile lassen sich unterscheiden: die *SC-Netzwerkstruktur*, die *SC-Geschäftsprozesse* und die *SC-Managementkomponenten* (vgl. COOPER/LAMBERT/ PAGH 1997, S. 5-11; HEUSLER 2004, S. 84-89).[59] Auch das Modell von COOPER/LAMBERT/ PAGH bietet einen Systematisierungsrahmen für die Aufgaben des SCM. Die vorgestellten Managementkomponenten werden allerdings nur vage beschrieben und sind ebenso wie die Prozesse nicht trennscharf voneinander abgegrenzt (vgl. KARRER 2006, S. 45-49).

Im Folgenden soll ausschließlich auf das SCOR-Modell verwiesen werden, da dieses die höchste Akzeptanz in der Praxis aufweist, branchenübergreifend anwendbar ist, durch sehr starke Prozessorientierung sowie einen ausgebildeten Implementierungsbezug gekennzeichnet

[59] Mess- und greifbare Komponenten sind Planning and Control, Work Structure, Organization Structure, Product Flow Facility Structure, Information Flow Facility Structure und Product Structure, während schwierig messbare und bedingt kurzzeitig veränderbare Aspekte Management Methods, Power and Leadership Structure, Risk and Reward Structure und Culture and Attitude darstellen.

ist und eine Reihe von Kennzahlen zur Performance-Messung aufführt. Im Rahmen der Entwicklung der Methode (Kapitel 4) soll es zur Abbildung der SC eingesetzt werden.

2.2.2 Supply Chain-Gestaltung

Zur Gestaltung der Lieferkette untersucht FISHER (1997, S. 105-116) zunächst die Eigenschaften eines Produkts im Hinblick auf die Nachfrageseite. Handelt es sich um ein Produkt mit stabiler, vorhersehbarer Nachfrage, beschränkter Produktvielfalt, langem Produktlebenszyklus und eher geringem Deckungsbeitrag, liegt ein sogenanntes *funktionales Produkt* vor.[60] *Innovative Produkte* hingegen[61] lassen sich kennzeichnen durch die gegenteiligen Charakteristika, d. h. eine schwankende unvorhersehbare Nachfrage, eine hohe Produktvielfalt, einen kurzen Produktlebenszyklus sowie einen eher höheren Deckungsbeitrag. Bei ihnen treten Fehlmengen oder saisonbedingte Preisnachlässe häufiger auf.

Da für funktionale Produkte die Minimierung der physischen Kosten (Produktion, Lagerhaltung, Transport) und somit die Effizienzsteigerung im Vordergrund stehen sollte, empfiehlt sich der Einsatz *physisch-effizienter SC*, deren weitere Ziele ein hoher Auslastungsgrad und eine möglichst geringe Lagerhaltung darstellen. Im Gegensatz hierzu sollten für innovative Produkte *markt-reaktionsfähige SC* zum Einsatz kommen, weil die Betrachtung der physischen Kosten weniger wichtig ist als die Untersuchung der Kosten zur Produktion überschüssiger Produkte wegen zu geringer Nachfrage oder als die Opportunitätskosten aufgrund von Fehlmengen. Das Augenmerk sollte hier auf Verkürzung der Durchlaufzeiten, zusätzliche Fertigungskapazitäten sowie modulare Produktstrukturen gerichtet werden.

		Demand Uncertainty	
		Low (Functional Products)	High (Innovative Products)
Supply Uncertainty	Low (Stable Process)	Efficient supply chains	Responsive supply chains
	High (Evolving Process)	Risk-hedging supply chains	Agile supply chains

Abbildung 13: Supply Chain-Strategien in Abhängigkeit der beschaffungs- und nachfrageseitigen Unsicherheit
Quelle: LEE (2002, S. 114)

Das Modell von FISHER (1997) wurde von einer Reihe von Autoren aufgegriffen und weiterentwickelt. Einerseits werden die Produkteigenschaften ergänzt, während andererseits SC-Strategien erörtert werden. LEE (2002, S. 105-119) betrachtet zusätzlich zur nachfrageseitigen auch die beschaffungsseitige Unsicherheit (siehe Abbildung 13). Im Falle eines *stabilen Beschaffungsprozesses* sind der Fertigungsprozess sowie die zugrunde liegende Technologie ge-

[60] Beispiele umfassen Büroklammern und Tütensuppen.
[61] Diese stammen z. B. aus den Bereichen Mode oder Technologie.

reift und die Lieferantenbasis etabliert. Bei einem *sich entwickelnden Beschaffungsprozess* hingegen entfalten sich der Fertigungsprozess sowie die Technologie noch und der Lieferantenstamm wechselt rasch. Werden die beschaffungs- und nachfrageseitigen Charakteristika kombiniert, kann eine Matrix mit vier Feldern aufgespannt werden.[62] Im ersten Fall (funktional/stabil) ist der Einsatz einer *effizienten SC* angebracht, die Skaleneffekte nutzt, nicht-wertschöpfende Tätigkeiten eliminiert und die Kapazitätsauslastung maximiert. *Risikoabsichernde SC* im zweiten Fall (funktional/sich entwickelnd) bauen Redundanzen z. B. in der Lagerhaltung oder bei den Lieferanten auf. *Reaktionsfähige SC* im dritten Fall (innovativ/stabil) betonen Flexibilität und passen sich ändernden und unterschiedlichen Kundenwünschen (z. B. im Rahmen der kundenindividuellen Massenfertigung) an. Im vierten Fall (innovativ/sich entwickelnd) werden *agile SC* empfohlen, die einerseits flexibel auf Kundenwünsche reagieren, aber andererseits Risiken durch den Aufbau von Redundanzen absichern. Insbesondere die letztgenannten Produkte stellen Unternehmen vor große Herausforderungen, aber auch vor gute Möglichkeiten zur Erzielung von Wettbewerbsvorteilen.

Andere Autoren bezeichnen die zuvor physisch-effizient und markt-reaktionsfähig genannte SC im weiteren Sinne mit schlanker und agiler SC.[63] Der Begriff der schlanken SC geht zurück auf das Konzept des Lean Managements, das von WOMACK und JONES besonders herausgearbeitet wurde.[64] Der Begriff der Agilität wurde im Kapitel 2.1.3 bereits näher erläutert. Die unterschiedlichen Anforderungen, die an die beiden SC-Strategien gestellt werden, können mit Hilfe der Order-Winner/Qualifier-Kriterien von HILL (1993, S. 44) veranschaulicht werden. Die Qualifier-Kriterien demonstrieren die notwendige Bedingung, um einen Auftrag akquirieren zu können, während Winner-Kriterien die hinreichende Bedingung darstellen, um den Zuschlag für den Auftrag zu erhalten. Die Kriterien setzen sich zusammen aus den Kosten, der Qualität, Lieferzeit und dem -bereitschaftsgrad. Das Order-Winner-Kriterium für eine schlanke SC sind Kosten, für eine agile SC hingegen der Lieferbereitschaftsgrad. Die anderen Eigenschaften sind jeweils die Order-Qualifier-Kriterien.

NAYLOR/NAIM/BERRY (1999, S. 112-115) weisen darauf hin, dass es in einigen Fällen sinnvoll sein kann, die beiden Prinzipien zu einer hybriden Lösung zusammenzubringen. Die Wahl einer schlanken SC für Standardprodukte bzw. einer agilen SC für spezielle Produkte, in Anlehnung an FISHER (1997), wäre die erste Möglichkeit. Ferner wäre es nach CHRISTOPHER/PECK/TOWILL (2006, S. 281-282) denkbar, schlanke bzw. agile SC für die Grundnachfrage bzw. Spitzennachfrage eines Produktes zu verwenden. Die SC kann aber auch in Abhängigkeit der Position im Lebenszyklus gestaltet werden.

---

[62] Als Beispiel für funktionale Produkte mit stabilem Beschaffungsprozess können gewöhnliche Lebensmittel, für funktionale Produkte mit sich entwickelndem Beschaffungsprozess wetterabhängige Lebensmittel genannt werden. Innovative Produkte mit stabilem Beschaffungsprozess sind gegebenenfalls modische Kleidungsstücke, ein Beispiel für innovative Produkte mit sich entwickelndem Beschaffungsprozess sind Halbleiter. Für diese unterschiedlichen Anforderungen werden verschiedene SC-Strategien benötigt.

[63] SHEFFI (2004, S. 90) bezeichnet die SC-Typen mit schlank und flexibel/agil.

[64] So führen WOMACK/JONES (1994, S. 93) aus: "By eliminating unnecessary steps, aligning all steps in an activity in a continuous flow, recombining labor into cross-functional teams dedicated to that activity, and continually striving for improvement, companies can develop, produce, and distribute products with *half or less* of the human effort, space, tools, time, and overall expense."

CHRISTOPHER/PECK/TOWILL (2006, S. 282-284) beziehen ebenfalls die Beschaffungsseite mit ein und zeigen eine weitere hybride Strategie auf. Die Gestaltung der SC machen sie von zwei Faktoren abhängig: der Art der Produktnachfrage (stabil, volatil) und der Wiederbeschaffungszeit (kurz, lang).[65] Mit Hilfe der beiden Dimensionen können dann eine Matrix aufgespannt und vier generische Strategien aufgetragen werden. Bei stabiler Nachfrage und kurzer Wiederbeschaffungszeit wäre ein kontinuierlicher Nachschub (*schlanke SC – Typ I*) sinnvoll, während bei stabiler Nachfrage und langer Wiederbeschaffungszeit eine effiziente Planung und Ausführung (*schlanke SC – Typ II*) anzuraten wäre. Im Falle volatiler Nachfrage und kurzer Wiederbeschaffungszeit bietet sich eine *agile SC* mit hoher Reaktionsfähigkeit an. Unterdessen wäre bei volatiler Nachfrage und langer Wiederbeschaffungszeit eine *„leagile" SC* zu empfehlen, d. h. eine Kombination aus lean und agile SC mit schlankem erstem Anteil, strategischer Lagerhaltung und kundenauftragsgetriebenem Anteil der restlichen Lieferkette. Eine leagile SC zeigt Abbildung 14.

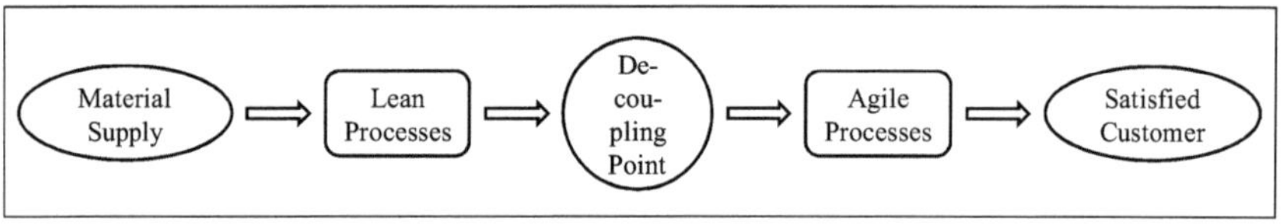

Abbildung 14: Leagile Supply Chain
Quelle: MASON-JONES/NAYLOR/TOWILL (2000, S. 4065)

Der Punkt einer leagile SC, an dem der Teil der prognosegetriebenen Lieferkette an den kundenauftragsgetriebenen Teil grenzt,[66] wird *Kundenauftragsentkopplungspunkt* (Englisch: decoupling point oder order penetration point) (KEP) genannt (vgl. CORSTEN/GÖSSINGER 2008, S. 111). An dieser Stelle in der SC geht es darum, ein optimales Verhältnis der traditionell im Spannungsverhältnis stehenden Kräfte Produktivität und Flexibilität zu finden (vgl. RUDBERG/WIKNER 2004, S. 446). Während der Kundenauftragsentkopplungspunkt eine kundenauftragsbezogene Sichtweise einnimmt, beschreibt der Produktdifferenzierungspunkt aus technischer Perspektive die Stelle, an der die Produktdifferenzierung im Leistungserstellungsprozess eintritt (vgl. MARBACHER 2001, S. 321-325; LAMPEL/MINTZBERG 1996, S. 21-29). Dieser ist eng verbunden mit dem Konzept des Postponements. Im Rahmen des *Postponements* wird der Kundenauftragsentkopplungspunkt so weit wie möglich in Richtung Endkunde verschoben (vgl. NAYLOR/NAIM/BERRY 1999, S. 108).[67] Im genannten Punkt selbst sollte strategische Lagerhaltung betrieben werden, sodass mit den gleichen Komponenten eine Bandbreite von Produkten gefertigt werden kann. Je nachdem, an welcher Stelle sich der

---

[65] Das dritte Kriterium – die Art der Produkte (Standard-, Spezialprodukte) – wird vernachlässigt, da sie oft mit der Art der Produktnachfrage zusammenhängt, d. h. Standardprodukte haben in der Regel eine stabile Nachfrage.
[66] Nach RUDBERG/WIKNER (2004, S. 447) werden an dieser Stelle getroffene Entscheidungen unter Unsicherheit und unter Sicherheit voneinander getrennt.
[67] Streng genommen existieren zwei Kundenentkopplungspunkte: ein materieller, so weit materialflussabwärts wie möglich, in dem strategische Lagerhaltung betrieben wird, und ein informationeller, so weit materialflussaufwärts wie möglich, bis zu dem die Endkundeninformationen vordringen (vgl. CHRISTOPHER 2000, S. 42).

Kundenauftragsentkopplungspunkt in einer Wertschöpfungskette befindet, ergeben sich verschiedene SC-Strukturen, die im Folgenden kurz vorgestellt werden.

HOEKSTRA/ROMME (1992, S. 7) unterscheiden zwischen Purchase and Make-to-Order (PMTO), Make-to-Order (MTO), Assemble-to-Order (ATO), Make-to-Stock (MTS) und Make and Ship-to-Stock (MSTS) (siehe Abbildung 15).[68] Im Falle von PMTO enthalten die Produkte nicht notwendigerweise die gleichen Rohmaterialien, sodass Lagerhaltung unwahrscheinlich ist und Kunden längere Wartezeiten dulden. Bei MTO werden die Produkte aus den gleichen Rohmaterialien gefertigt und später hergestellt, sodass die Wartezeit reduziert wird. Die Nachfrage variiert aber bzgl. der Anzahl und Art der Endprodukte.

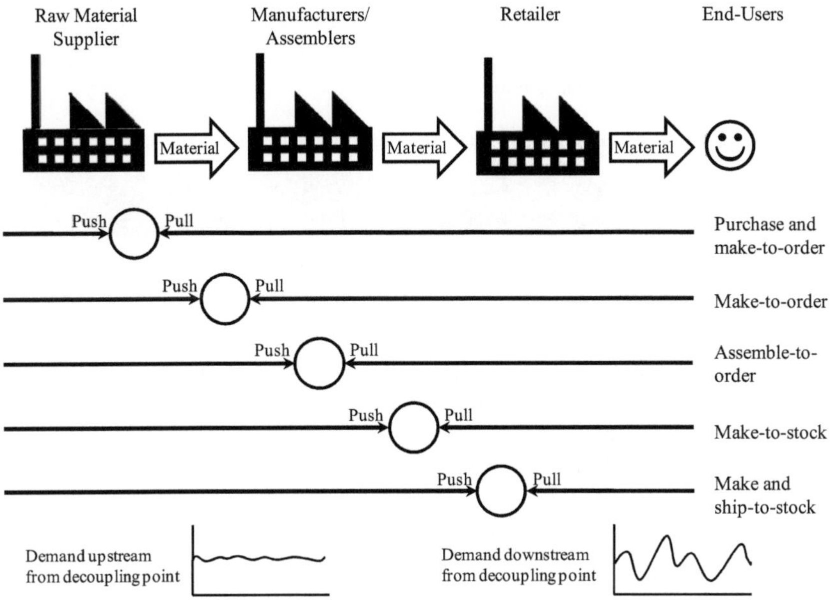

Abbildung 15: Verschiedene Supply Chain-Strategien in Abhängigkeit des Kundenauftragsentkopplungspunkts
Quelle: in Anlehnung an HOEKSTRA/ROMME (1992, S. 7) und NAYLOR/NAIM/BERRY (1999, S. 113)

Eine ATO SC verschiebt die Anpassung an Kundenwünsche weiter nach hinten in die Fertigung, indem sie z. B. Baugruppen und Teile vorhält und anschließend montiert. Im Falle von MTS wird eine konstante Menge eines Standardproduktes für Kunden an unterschiedlichen Standorten mit variierender Nachfrage gefertigt. Eine MSTS-Strategie kann verfolgt werden, wenn die Nachfrage nach einem Standardprodukt auch an unterschiedlichen Kundenorten konstant ist. CORSTEN/GÖSSINGER (2008, S. 112-113) betonen bei der PMTO-Strategie, dass das Produkt individuell konstruiert und produziert wird. Eine MTS SC definieren sie einerseits als Strategie zur Produktion eines Grundproduktes, das nach Eintreffen des Kundenwun-

[68] NAYLOR/NAIM/BERRY (1999, S. 113) nennen PMTO Buy-to-Order und MSTS Ship-to-Stock.

sches angepasst wird, sowie zur Fertigung eines Standardproduktes, das vorrätig auf Lager liegt.

MARBACHER (2001, S. 261) bezeichnet eine erste SC-Strategie als Engineer-to-Order (ETO) und legt wie CORSTEN/GÖSSINGER Wert darauf, dass die Produkte kundenindividuell entwickelt und anschließend gefertigt werden. MTO und ATO erfolgen wie oben vorgestellt. Die vierte Strategie wird MTS oder Deliver-to-Order genannt und im Unterschied zur letzten Strategie (MSTS/Buy-off-the-Shelf) werden die Produkte zentral anstatt dezentral gelagert und an die Kunden geliefert.[69] RUSSELL/TAYLOR (2006, S. 40-41) hingegen listen nur drei der letztgenannten Strategien auf. SCHNEEWEIß (1999, S. 16-17) unterscheidet im Rahmen der Auftragstypen der Fertigung sogar ausschließlich die auftragsgebundene (MTO) und nicht-auftragsgebundene (MTS) Fertigung. Diese Übersicht über die Gestaltung von SC zeigt, dass auch hier keine einheitliche Nomenklatur verwendet wird. Dieses gilt sowohl für die Wissenschaft als auch für die betriebliche Praxis.

Tabelle 6: Fazit zur Supply Chain-Gestaltung im Hinblick auf Flexibilität

Autor (Jahr, Seite)	Bezug zur SC-Flexibilität und zu verwandten Konzepten
FISHER (1997, S. 105-116)	• Innovative Produkte → markt-reaktionsfähige SC
SHEFFI (2004, S. 90)	• Markt-reaktionsfähige SC wird zur agilen SC
HILL (1993, S. 44)	• Order-Qualifier-Kriterien für agile SC sind Kosten, Qualität, Lieferzeit und Order-Winner-Kriterium für agile SC ist Lieferbereitschaft
LEE (2002, S. 105-119)	• Reaktionsfähige SC (innovatives Produkt/stabiler Beschaffungsprozess) und agile SC (innovatives Produkt/sich entwickelnder Beschaffungsprozess)
CHRISTOPHER/PECK/ TOWILL (2006, S. 281-284)	• Schlanke SC für Grundnachfrage und agile SC für Spitzennachfrage • Gestaltung der SC abhängig von der Position des Produktes im Lebenszyklus • Agile SC bei volatiler Nachfrage, kurzer Wiederbeschaffungszeit und leagile SC (mit unterschiedlich möglicher Lage des Kundenauftragsentkopplungspunktes) bei volatiler Nachfrage, langer Wiederbeschaffungszeit

Die für diese Arbeit wichtigsten Ergebnisse der hier erörterten Veröffentlichungen, nämlich der Bezug zur SC-Flexibilität und zu verwandten Konzepten, werden in Tabelle 6 zusammengefasst. Insbesondere für innovative Produkte, die sich durch eine volatile Nachfrage auszeichnen mit stabilem bzw. sich entwickelndem Beschaffungsprozess und kurzer bzw. langer Wiederbeschaffungszeit, wird zumindest eine teilweise flexibel gestaltete SC empfohlen. Ferner kann die Position des Produktes im Lebenszyklus ein Kriterium für die Berücksichtigung von Flexibilität in der SC sein. Schließlich kann sich bei Aufgliederung der Produktnachfrage in Grund- und Spitzennachfrage der Aufbau einer agilen SC zur Bedienung der Spitzennachfrage als sinnvoll erweisen.

[69] RUDBERG/WIKNER (2004, S. 447) differenzieren ebenfalls zwischen den zuvor erläuterten vier SC-Strategien.

Der folgende Abschnitt untersucht die Performance-Messung in der SC, da der Einsatz geeigneter Messgrößen eine hohe Bedeutung hinsichtlich des Designs und der Analyse von SC besitzt (vgl. BEAMON 1998, S. 287). Im Folgenden wird zunächst auf Performance im Allgemeinen eingegangen, bevor Kriterien für die SC Performance-Messung aufgeführt werden und die Berücksichtigung von Flexibilität in bekannten Methoden zur Messung der SC Performance erörtert wird.

2.2.3 Supply Chain Performance

Performance und Performance Measurement

Der Begriff *Performance* beinhaltet den betriebswirtschaftlichen Leistungsbegriff und erweitert ihn gleichzeitig, denn er bezieht sich nicht nur auf das Ergebnis einer betrieblichen Tätigkeit, sondern auch auf den Prozess.[70] Im Folgenden wird der Ausdruck weiter verwendet, da er nicht adäquat in die deutsche Sprache übersetzt werden kann (vgl. KARRER 2006, S. 129; RICHERT 2006, S. 26).

Im Rahmen des *Performance Measurements* werden Messgrößen verwendet, um die Effektivität, d. h. das Ausmaß, zu dem die Kundenwünsche erfüllt werden, sowie die Effizienz, die angibt, wie wirtschaftlich die Unternehmensressourcen genutzt werden, zu bestimmen.[71] Diese beziehen sich auf unterschiedliche Objekte, z. B. SC, Unternehmen, Abteilungen, Prozesse oder Mitarbeiter. Das Performance Measurement bezeichnet den Prozess der Erhebung der Messgrößen, während ein Performance Measurement-System die Menge/Gesamtheit der Messgrößen umfasst (vgl. NEELY/GREGORY/PLATTS 1995, S. 80; ERDMANN 2003, S. 64).[72]

Im Gegensatz zu traditionellen Kennzahlensystemen, die monetär ausgerichtet und vergangenheitsorientiert sind, kann das Performance Measurement als zukunftsorientiert ausgerichtet an den Kundenanforderungen charakterisiert werden.[73] Es dient primär der Leistungsverbesserung und weniger der Kostenreduzierung (vgl. ERDMANN 2003, S. 74-77). Die Abgrenzung des Performance Measurements zum Controlling wird unterschiedlich diskutiert. RICHERT (2006, S. 39) sieht das SC-Controlling als Handlungsrahmen für das Performance Measurement in SC an und weist darauf hin, dass es die Effizienz der SC beurteilen kann, nicht aber die Effektivität. Entscheidungen, die die Effektivität betreffen, sind strategischer Art, mit großer Unsicherheit behaftet und nicht vollständig rational erfassbar.[74] Im Folgenden

---

[70] Für eine Auflistung unterschiedlicher Sichtweisen siehe SCHRÖDER (2010, S. 21-26).

[71] BREDRUP (1995, S. 85) betrachtet als dritte Dimension ferner die Fähigkeit zum Wandel.

[72] Performance Management stellt hingegen einen mehrstufigen Prozess und damit einen Rahmen für das Performance Measurement dar, um die Dimensionen Effizienz und Effektivität mit Hilfe abgestimmter Planungs-, Steuerungs- und Kontrollaktivitäten zu verbessern (vgl. ERDMANN 2003, S. 90). ERDMANN (2003, S. 82-89) zeigt unterschiedliche Performance Management-Modelle.

[73] KARRER (2006, S. 130) betrachtet das heutige Performance Measurement als Folge mehrjähriger Entwicklungsphasen.

[74] Für einen alternativen Standpunkt siehe z. B. STÖLZLE (2002, S. 15-16).

wird das Performance Measurement als ein Instrument des Controllings aufgefasst und greift daher auf dessen Methoden zurück.

Zwar sind die Worte „What you measure is what you get" (KAPLAN/NORTON 1992, S. 71) in Wissenschaft und Praxis bekannt, dennoch können SHEPHERD/GÜNTER (2006, S. 246) mit Hilfe einer Literaturanalyse nur 42 Zeitschriftenartikel und Bücher identifizieren, die sich direkt mit dem SC Performance Measurement befassen. Im Rahmen einer Studie (vgl. APICS 2007, S. 36-37) wird die Entwicklung und Nutzung von SC Performance-Messgrößen als Handlungsbedarf festgestellt. LAMBERT/STOCK/ELLRAM (1998, S. 528) führen für die geringe Anzahl an Veröffentlichungen zu diesem Thema Gründe auf: Sie konstatieren, dass das Messen der SC Performance schwierig sei. Einige Sachverhalte der SC Performance sind ferner schwer zu quantifizieren und Unterschiede in SC sorgen für Hindernisse, um einen allgemeinen Standard zu definieren. KARRER (2006, S. 143) bemängelt die oft fehlende Gesamtstrategie im SCM. Weitere Ursachen sind in den in Abschnitt 2.1.1 aufgeführten Grenzen des SCM zu sehen, wie z. B. Vertrauensbarrieren.[75]

Methoden zur Performance-Messung in Unternehmen werden von ERDMANN (2003, S. 109-157) in Ansätze aus der Unternehmenspraxis, wie z. B. das Tableau de Bord, und Konzepte von Wissenschaftlern und Beratern, wie die Balanced Scorecard (BSC), eingeteilt. Ansätze zur Messung der SC Performance umfassen nach WEBER/WALLENBURG (2010, S. 300) z. B. selektive Kennzahlen, die unternehmensübergreifende Prozesskostenrechnung und die SC-BSC und nach KUMMER (2001, S. 86) ferner die Wertschöpfungskettenanalyse, SC-Costing und SC-Benchmarking. Zur Messung der SC Performance sind bestimmte Kriterien zu berücksichtigen, die nachfolgend erläutert werden.

Kriterien für die SC Performance-Messung

Eine Reihe von Autoren nennen Kriterien zur Bewertung von Performance Measures bzw. Performance Measurement-Systemen (für eine Übersicht siehe ERDMANN 2003, S. 158-167). BEAMON (1999, S. 276) führt vier generelle Charakteristika für Performance Measurement-Systeme auf:

- Ganzheitlichkeit, d. h. alle geeigneten Aspekte werden berücksichtigt
- Allgemeingültigkeit ermöglicht Vergleiche unter verschiedenen Bedingungen
- Messbarkeit, d. h. die Daten müssen quantitativ oder qualitativ messbar sein
- Konsistenz im Hinblick auf die Ziele

NEELY/GREGORY/PLATTS (1995, S. 93-94) konstatieren, dass Managern die Entscheidung, was sie messen sollten, vergleichsweise leicht fällt. Problematisch ist hingegen die Verringerung möglicher Messgrößen auf eine handhabbare Anzahl. Die Leitidee sollte daher sein „so viele Messgrößen wie notwendig, aber so wenige wie möglich" (vgl. GÖBEL 2005, S. 35).

[75] Für Probleme hinsichtlich der Aussagekraft und der Umsetzbarkeit von Leistungskenngrößen im Allgemeinen siehe SCHÖNSLEBEN (2007, S. 53-54).

Bezogen auf SC Performance-Messgrößen erwähnt BEAMON (1999, S. 277-280), dass oft Kosten und eine Kombination aus Kosten und Kundenorientierung (z. B. Zeit, Reaktionsfähigkeit) eingesetzt werden. GUNASEKARAN/PATEL/TIRTIROGLU (2001, S. 72) und KAPLAN/NORTON (1992, S. 71) differenzieren ferner zwischen finanziellen und nicht-finanziellen Messgrößen. KAPLAN/NORTON beziehen sich allerdings generell auf Performance-Messgrößen. Im Hinblick auf die geforderte Ganzheitlichkeit genügt die Untersuchung eines einzelnen Maßes bzw. einer Dimension nicht.[76] Insbesondere im Falle von Kosten als Größe kann z. B. die Inflexibilität der SC nicht erfasst werden. Zudem ist die Abbildung der strategischen Ziele notwendig, um Abweichungen feststellen und die gewählte Zielrichtung verfolgen zu können (vgl. BEAMON 1999, S. 277-280). Die Bedeutung der Abstimmung der Inhalte des Performance Measurement-Systems auf die SC-Strategie unterstützen auch HOEK (1998, S. 191) und GUNASEKARAN/PATEL/TIRTIROGLU (2001, S. 73).[77] GUNASEKARAN/PATEL/TIRTIROGLU (2001, S. 72-73) und ERDMANN (2003, S. 97-103) weisen außerdem auf die Bedeutung der Unterscheidung der Messgrößen auf drei Ebenen (z. B. strategisch, taktisch, operativ) zur Unterstützung von Entscheidungen auf den einzelnen Ebenen hin.[78]

BEAMON (1999, S. 280) kritisiert, dass in vielen SC Performance Measurement-Systemen die Effekte von Unsicherheit vernachlässigt werden. Sie betont daher die explizite Berücksichtigung von Flexibilität im SC Performance Measurement, die im Rahmen einiger Kennzahlensysteme und Balanced Scorecards festgestellt und im Folgenden untersucht werden. Instrumente des SC Performance Measurements, die dieses Kriterium nicht erfüllen, werden nicht näher analysiert.

Berücksichtigung von Flexibilität in den Methoden zur Messung der SC Performance

GÖBEL (2005, S. 27-31) und ADAM (1996, S. 404-505) unterscheiden Verfahren zur Leistungsmessung und -bewertung in qualitative und in deterministische/stochastische quantitative Methoden. Die analysierten Kennzahlensysteme und die Balanced Scorecard gehören zu den deterministischen quantitativen Instrumenten, während z. B. Scoring-Modelle als qualitative Verfahren gelten. Im Folgenden werden Methoden untersucht, die auf Kennzahlen basieren und bei Vorhandensein aufeinander abgestimmter IT-Systeme mit akzeptablem Aufwand festgelegt und implementiert werden können (vgl. A.T. KEARNEY/ELA 2009, S. 25).

Im Rahmen von Kennzahlensystemen werden mehrere Kennzahlen in Ursache-Wirkungs-Beziehung zueinander gestellt (vgl. WEBER/BACHER/GROLL 2002a, S. 41). BEAMON (1999, S. 280-285) hebt die Bedeutung dreier Dimensionen von Kennzahlen zur Messung der SC Performance hervor: Ressourcen, Output und Flexibilität. Als Messgrößen für Flexibilitäts-

[76] KARRER (2006, S. 125-128) und ERDMANN (2003, S. 104-108) sprechen hier von der Mehrdimensionalität des Performance Measurements. Für weitere Eigenschaften von Performance siehe KARRER (2006, S. 129).

[77] NEELY/GREGORY/PLATTS (1995, S. 94), die ihre Aussagen generell für Performance Measurement-Systeme treffen, unterstreichen die Notwendigkeit der Konsistenz zwischen Entscheidungsfindung und Handlung.

[78] Für weitere Anpassungsbedarfe im SC-Kontext siehe KARRER (2006, S. 144) und SHEPHERD/GÜNTER (2006, S. 246). WEBER/BACHER/GROLL (2002a, S. 40) verweisen ausschließlich auf die strategische/operative Ebene.

kennzahlen werden in Anlehnung an SLACK (1991, S. 83) Volumen-, Liefer-, Mix- und Neuproduktflexibilität vorgeschlagen. HAUSMAN (2003, S. 66-72) führt drei Dimensionen für SC Performance-Messgrößen auf, wovon die Dimension Geschwindigkeit die lieferantenseitige Flexibilität umfasst. HINES (2004, S. 247) listet fünf Schlüsselbereiche für die SC Performance-Messung auf, darunter auch Flexibilität. CHAN (2003, S. 536-542) unterscheidet sieben Gebiete für SC Performance-Messgrößen, d. h. quantitative und qualitative Messgrößen wie Flexibilität. Inputflexibilität wird abgebildet durch die Arbeits- und Maschinenflexibilität, Prozessflexibilität anhand der Materialtransport-, Ablaufplanungs- und Arbeitsgangflexibilität, Outputflexibilität mit Hilfe der Volumen-, Mix- und Lieferflexibilität sowie Neuerungsflexibilität mittels der Modifikations-, Neuprodukt- und Expansionsflexibilität. CHAN/QI (2003, S. 214) nennen Lieferflexibilität im Bereich Beschaffung, Transportflexiblität im Rahmen der Beschaffungslogistik, Produktionsflexibilität in der Produktion und Bestellflexibilität im Gebiet Absatz.

Im Gegensatz zu den soeben vorgestellten Ansätzen weisen andere Autoren auf die Aufgabe des SC-Controllings zur Einnahme einer flussorientierten Sichtweise (vgl. WEBER/BACHER/GROLL 2002b, S. 41) hin.[79] Dieses erfolgt z. B. bei dem SCOR-Modell oder in geringerem Ausmaß bei der Balanced Scorecard, die im Anschluss an das SCOR-Modell untersucht wird.

Das bereits in Kapitel 2.2.1 erläuterte SCOR-Modell enthält in der Version 9.0 fünf Leistungsattribute, d. h. die kundenbezogene/externe Lieferzuverlässigkeit, Reaktionsfähigkeit und Agilität[80] sowie die unternehmensbezogenen/internen Lieferkettenkosten und den Kapitaleinsatz. Diese Bereiche sind mit insgesamt zehn Kennzahlen der ersten Ebene verknüpft. Für den Bereich der Agilität werden drei Messgrößen aufgelistet. Es handelt sich hierbei um die lieferantenseitige Flexibilität sowie um die lieferanten- und kundenseitige Anpassungsfähigkeit. Diese setzen sich wiederum zusammen aus 13 Indikatoren der zweiten Ebene, die aus 81 Kennzahlen der dritten Ebene gebildet werden. Liegen Benchmarking-Daten derselben Branche vor, können Optimierungspotenziale identifiziert werden (vgl. SUPPLY CHAIN COUNCIL 2008, S. 2.3.1-2.3.58; WEBER/WALLENBURG 2010, S. 167-169).

GUNASEKARAN/PATEL/TIRTIROGLU (2001, S. 73-85) stellen ein Bezugssystem für SC Performance-Messgrößen auf, das diese nach den drei Ebenen strategisch, taktisch, operativ, den fünf Kernprozessen des SCOR-Modells (plan, source, make, deliver, return – customer service and satisfaction) und SC-Finanzierung/Logistikkosten sowie der Angabe finanziell/nicht finanziell strukturiert. Zur Beschreibung des „source-Prozesses" wird die Fähigkeit der Lieferanten, auf Qualitätsprobleme zu reagieren, und für den „deliver"-Prozess u. a. die Flexibilität der Liefersysteme zur Erfüllung der Kundenbedürfnisse durch Gruppierung der Kunden hinsichtlich ihrer Bedürfnisse angegeben. Flexibilität wird ferner im „return"-Prozess berück-

[79] Weitergehend fordern HOEK (1998, S. 189) und BECHTEL/JAYARAM (1997, S. 24) die Berücksichtigung integrierter Messgrößen zur Erfassung gesamter Prozesse. WEBER/BACHER/GROLL (2002a, S. 40) differenzieren zur Abbildung der Aspekte einer SC die SC-, relationale und Unternehmensebene.

[80] Um Verwirrung aufgrund der Teilmengen Anpassungsfähigkeit und Flexibilität zu vermeiden, wurde der in Vorversionen mit Flexibilität bezeichnete Bereich in Agilität umbenannt (vgl. SUPPLY CHAIN COUNCIL 2008, S. 1.2.4).

sichtigt und kann mit Hilfe der Durchlaufzeit der Produktentwicklung, der Maschinenrüstzeit, Diversifikationsvorteilen und dem Lagerumschlag erfasst werden (vgl. GUNASEKARAN/PATEL/MCGAUGHEY 2004, S. 335-339). STEWART (1995, S. 38-44) ergänzt in diesem Zusammenhang die SC-Durchlaufzeit/-Reaktionszeit und die Produktionsflexibilität. SHEPHERD/GÜNTER (2006, S. 247) stellen SC Performance-Messgrößen ebenfalls u. a. in einer Tabelle strukturiert nach den SCOR-Prozessen dar. Sie merken an, dass sich 10% der Maße auf Flexibilität beziehen. Zuzüglich der Flexibilitätsmessgrößen der zuvor aufgeführten Autoren erwähnen SHEPHERD/GÜNTER die Lagerreichweite und die Kapazitätsflexibilität (siehe auch SCHÖNSLEBEN 2007, S. 191). Anhang IV zeigt sämtliche bisher vorgestellten SC Performance-Messgrößen zur Flexibilität.

Im Folgenden wird die Balanced Scorecard kurz erläutert, die von WINKLER/SOBERNIG (2008, S. 4-10) zur Flexibility Scorecard weiterentwickelt wurde. Die Balanced Scorecard (BSC) wurde zuerst von KAPLAN und NORTON gemeinsam mit Unternehmensvertretern formuliert. Als Kennzahlensystem stellt sie ein strategisches Managementsystem für Unternehmen dar und beinhaltet sowohl finanzielle als auch nicht-finanzielle Messgrößen.[81] Zusammen mit Zielen, Vorgaben und Maßnahmen werden die Messgrößen im Rahmen vierer Perspektiven abgebildet: finanzielle, Kunden-, interne Geschäftsprozess- sowie Lern- und Entwicklungsperspektive (vgl. KAPLAN/NORTON 1992, S. 71-72; KAPLAN/NORTON 1996, S. 75-76). KAPLAN/NORTON (1996, S. 85) betonen die Notwendigkeit, die BSC an die Unternehmensstrategie anzupassen, die Strategie mit den Zielen zu verknüpfen und zu kommunizieren. NEELY/GREGORY/PLATTS (1995, S. 97) kritisieren allerdings, dass es der BSC an einer Berücksichtigung des Wettbewerbs, d. h. an einer Wettbewerbsperspektive mangelt.

Mehrere Autoren schlagen vor, die BSC auf unterschiedliche Art und Weise inhaltlich und/oder strukturell für die SC anzupassen (vgl. WERNER 2008, S. 358-367).[82] Zudem wird befürwortet, die BSC mit dem Risikomanagement zu verbinden. Hierzu existieren bereits erste Ansätze, die ebenfalls inhaltliche und/oder strukturelle Änderungen an der klassischen BSC vornehmen (siehe TEWALD 2005, S. 18-19). Ferner existieren erste Überlegungen, beide Bereiche zu integrieren, d. h. die BSC für ein SCRM zu nutzen.[83]

WINKLER/SOBERNIG (2008, S. 4-10) stellen eine Flexibility Scorecard, d. h. die Verbindung einer BSC mit dem Themenbereich Flexibilität, vor. Sie enthält eine Potenzialperspektive für Technologie, Personal und Struktur anstelle einer Lern- und Entwicklungsperspektive und auf Flexibilität abgestimmte Ziele, Indikatoren und Maßnahmen innerhalb der Dimensionen. Ansätze bzgl. des Einsatzes einer BSC für ein SC-Flexibilitätsmanagement – parallel zum

[81] Während sich finanzielle Messgrößen auf die Vergangenheit beziehen, betreffen operative Messgrößen die Zukunft (vgl. KAPLAN/NORTON 1992, S. 71).

[82] Oft wird empfohlen, eine Perspektive, die die SC-Partner berücksichtigt, einzurichten, und SC-relevante Kennzahlen sowie ggf. darauf aufbauend ein Benchmarking einzuführen (vgl. BREWER/SPEH 2000, S. 84; STÖLZLE/HEUSLER/KARRER 2001, S. 80-82; ERDMANN 2003, S. 182; RICHERT 2006, S. 89-90 WEBER/BACHER/GROLL 2002a, S. 40-41; WERNER 2008, S. 366-367; 381; WINKLER 2006, S. 294; BECKER 2006, S. 19-20).

[83] Siehe KAJÜTER (2003a, S. 126-127) und JEHLE (2005, S. 94; 159-160).

SCRM – sind nicht bekannt. Flexibilitätsspezifische Messgrößen, die im Rahmen der SC-BSC von den aufgeführten Autoren genannt werden, sind ebenfalls in Anhang IV dargestellt.

Die Zusammenstellung verdeutlicht, dass Flexibilität bisher in einigen Kennzahlensystemen berücksichtigt wurde. Hierbei ist allerdings zu beachten, dass den Systemen unterschiedliche Auffassungen von Flexibilität zugrunde liegen. Wie STÖLZLE/HEUSLER/KARRER (2001, S. 82) äußern und bereits in Abschnitt 2.1.1 dargelegt, bestehen in der unternehmerischen Praxis Probleme bei der Festlegung der strategischen Ziele in der SC bzw. aufgrund mangelnder Zielvereinbarungen. Daher erscheint es sinnvoller, im Rahmen der zu entwickelnden Methode in Kapitel 4 Kennzahlen einzusetzen, als eine BSC zu formulieren.

2.3 Risikomanagement und Supply Chain Risk Management

Der folgende Abschnitt stellt den Stand der Forschung im Bereich Risikomanagement und SCRM dar. Insbesondere werden die in Tabelle 7 aufgeführten Fragen beantwortet.

Tabelle 7: Fragestellungen im Bereich Risikomanagement und Supply Chain Risk Management

Frage	Teilabschnitt, der die Frage(n) beantwortet
• Welche gesetzlichen Rahmenbedingungen bestehen für die Durchführung eines Risikomanagements bzw. SCRM?	2.3.1
• Welche Arten von Risiken gibt es bzw. wie lassen sich Risiken systematisieren?	2.3.2
• Wie sieht ein idealtypischer SCRM-Prozess aus? Wie wird die Risikosteuerung in diesem berücksichtigt? • Wie können die Phasen ausgestaltet werden, d. h. welche Instrumente können eingesetzt werden und welche Möglichkeiten der Risikosteuerung gibt es im SCRM?	2.3.3
• Inwiefern wird Flexibilität in den Maßnahmen und Strategien der (SC-)Risikosteuerung berücksichtigt?	2.3.4

2.3.1 Gesetzliche Notwendigkeit von Risikomanagement und Supply Chain Risk Management

Eine Reihe spektakulärer Unternehmenskrisen und -insolvenzen[84] unterstrich in den 1990er Jahren die betriebswirtschaftliche Bedeutung von Risikomanagement und rückte es weiter in den Blickpunkt der Öffentlichkeit. Als Reaktion wurde 1998 – in diesem Jahr stieg die Zahl der Insolvenzen in Deutschland auf ein Rekordniveau von 27.828 (vgl. ANGELE 2008, S. 305) – das Gesetz zur Kontrolle und Transparenz im Unternehmensbereich (KonTraG) erlassen, das als Artikelgesetz u. a. das Aktiengesetz (AktG) sowie das Handelsgesetzbuch (HGB) än-

[84] Zu den gefährdeten und z. T. zusammengebrochenen Unternehmen zählten in Deutschland u. a. *Holzmann, Herlitz und Kirch-Media* (vgl. BECKER/KÖSTER/RIBBERT 2005, S. 709; PFOHL 2002, S. 3).

dert. Ziel des Gesetzes ist eine verbesserte Unternehmensüberwachung, auch Corporate Governance genannt (vgl. HENSELMANN 2001, S. 31).

Seit Inkrafttreten des KonTraG hat nach § 91 Abs. 2 AktG der Vorstand von Aktiengesellschaften bzw. die oberste Führung anderer Gesellschaftsformen „geeignete Maßnahmen zu treffen, insbesondere ein *Überwachungssystem* einzurichten“, um existenzbedrohende Risiken zu identifizieren. Die Erfüllung dieser Verpflichtung sowie die Zweckerfüllung des Überwachungssystems sind Gegenstand der *Abschlussprüfung* bei allen börsennotierten Aktiengesellschaften (§ 317 Abs. 4 HGB in Verbindung mit dem Transparenz- und Publizitätsgesetz (TransPuG) vom 19.7.2002). Im *(Konzern-)Lagebericht* sind ferner die „Risiken der künftigen Entwicklung“ aufzuführen (§§ 289 Abs. 1 und 315 Abs. 1 HGB), was wiederum im Rahmen der Abschlussprüfung kontrolliert wird (§ 317 Abs. 2 Satz 2 HGB). Diese Regelungen betreffen Aktiengesellschaften sowie Kommanditgesellschaften auf Aktien direkt. Indirekt erwartet der Gesetzgeber jedoch eine Ausstrahlungswirkung auf andere Rechtsformen (vgl. WALL 2002, S. 374; HENSELMANN 2001, S. 32; DIEDERICHS 2004, S. 31, 38-39).

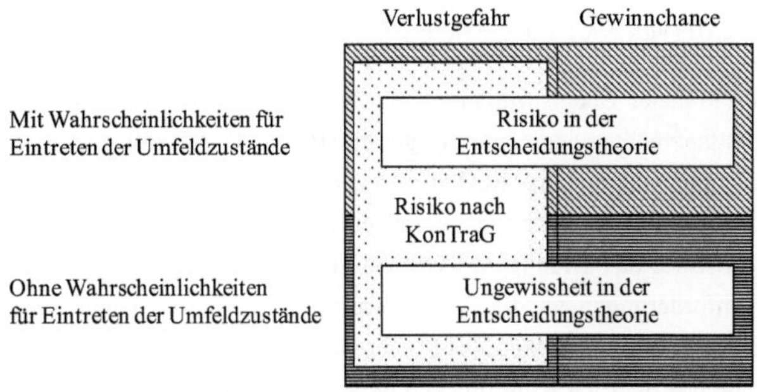

Abbildung 16: Risikobegriff nach dem Gesetz zur Kontrolle und Transparenz im Unternehmensbereich
Quelle: WALL (2001, S. 212)

Der Risikobegriff wird im KonTraG nicht definiert. Dennoch ist aus dem Zusammenhang zu lesen und, da nach deutscher Auffassung der Rechnungslegung ein Gläubigerschutz zugesprochen wird, davon auszugehen, dass die Einbeziehung von Chancen nicht gefordert wird. Auch die genaue Bestimmung der Eintrittswahrscheinlichkeit ist für das Vorliegen eines Risikos nach dem KonTraG irrelevant (siehe Abbildung 16) (vgl. DIEDERICHS 2004, S. 31; WALL 2001, S. 211-212; WEBER/WEIßENBERGER/LIEKWEG 2001, S. 49). Die Ausgestaltung des Überwachungssystems[85] und seiner Instrumente wird weitgehend offen gelassen und bietet Interpretationsspielraum (vgl. HENSELMANN 2001, S. 31; WALL 2002, S. 373-374).

---

[85] Nach WALL (2002, S. 373) wird bei der Einrichtung eines Überwachungssystems auf die Einführung eines Risikofrüherkennungssystems, eines internen Überwachungssystems sowie eines Risikocontrollings geschlossen. HENSELMANN (2001, S. 31) hingegen bezeichnet ein Überwachungssystem gleichzeitig als (Risiko-)Frühwarnsystem. DIEDERICHS (2004, S. 31) versteht unter den im Gesetz genannten „geeigneten Maßnahmen“ ein Risikofrüherkennungs- und -überwachungssystem und weist darauf hin, dass der häufig synonym verwendete Ausdruck „Risikomanagementsystem“ im Gegensatz hierzu auch Aktivitäten zur Risikobewältigung einschließt.

Entsprechende Regelungen wurden auch in anderen Ländern verabschiedet. In den USA wurden z. B. 2002 der Sarbanes-Oxley Act (SOX/SOA) als Gesetz und von der US-Börsenaufsichtsbehörde United States Securities and Exchange Commission (SEC) Verordnungen erlassen.[86] Zudem gibt es – wie den Deutschen Corporate Governance Kodex (DCGK) – auch zahlreiche Standards und Empfehlungen im Ausland: z. B. den Turnbull Report (1999) und eine Neuauflage des Turnbull Reports in Großbritannien (2005), das COSO (Committee of Sponsoring Organizations of the Treadway Commission) Enterprise Risk Management-Integrated Framework (2004) in den USA, JIS (Japanese Industrial Standard) Q 2001 (Guidelines for development and implementation of risk management system) in Japan, die österreichische Risikomanagement-Standardserie ONR (Österreichisches Normungsinstitut Regel) 49000ff. und die australisch-neuseeländische Risikomanagement-Norm AS/NZS (Australian/ New Zealand Standard) 4360:2004 (vgl. BECKER/KÖSTER/RIBBERT 2005, S. 709-712; KAJÜTER 2007, S. 20-21; WINTER 2007, S. 71-73, 138-141).[87] Die aufgeführten Gesetze sowie Standards weisen z. T. ähnliche Aspekte auf, unterscheiden sich allerdings z. B. im Hinblick auf den Gültigkeitsbereich sowie das Begriffsverständnis: Während die AS/NZS 4360:2004 neben Risiken auch Chancen einbezieht, unterstellt das KonTraG – wie oben erläutert – den reinen Risikobegriff (vgl. KAJÜTER 2004, S. 20; SCHMID 2005, S. 25).

Auch auf transnationaler Ebene wurden in den letzten Jahren Fortschritte erzielt: So ist im Mai 2009 das Bilanzrechtsmodernisierungsgesetz (BilMoG) in Kraft getreten, das die 4., 7. und 8. EU-Richtline[88] in deutsches Recht umsetzt (vgl. KPMG 2008, S. 2). Die Intention der EG zum Erlass der Richtlinien war es, grenzüberschreitende Investitionen zu erleichtern, die Vergleichbarkeit sowie das öffentliche Vertrauen in Abschlüsse und Lageberichte zu verbessern und die Anforderungen an die Abschlussprüfung zu harmonisieren (vgl. RICHTLINIE 2006/46/EG, S. 3; RICHTLINIE 2006/43/EG, S. 1). Kapitalgesellschaften müssen nun die essenziellen Merkmale des internen Kontroll- und des Risikomanagementsystems im Hinblick auf den Rechnungslegungsprozess darstellen (vgl. §§ 289, 315 HGB; Artikel 1 BilMoG). Der Aufsichtsrat einer Aktiengesellschaft kann einen Prüfungsausschuss einrichten, der den Rechnungslegungsprozess und die Abschlussprüfung überwacht. Außerdem überprüft er die Wirksamkeit des internen Kontrollsystems, des Risikomanagementsystems und des internen Revisionssystems (vgl. § 107 Abs. 3 Satz 2 AktG; Artikel 5 BilMoG; ERNST & YOUNG 2009, S. 7-9). Die Anforderungen des BilMoG gehen also entscheidend weiter als die des KonTraG.

Im September 2007 wurde der International Organization for Standardization (ISO)-Standard 31000 „Risk Management – Principles and guidelines" in einer Abstimmung innerhalb der ISO-Organisationen mit großer Mehrheit angenommen. Die Schaffung eines global abgestützten Regelwerks war erwünscht und ermöglicht eine breite Anerkennung. Es entstand vor al-

---

[86] Dieser zielt allein auf die Shareholder Value-Optimierung ab, während der Stakeholder-Ansatz, den das deutsche Gesetz unterstellt, ebenfalls die Gläubiger, die Mitarbeiter und die Öffentlichkeit berücksichtigt.

[87] Für weitere Ausführungen siehe z. B. WINTER 2007, S. 135-154.

[88] Mit Hilfe der RICHTLINIE 2006/43/EG und der RICHTLINIE 2006/46/EG des Europäischen Parlaments und des Rates werden die vierte (78/660/EWG) und die siebte Richtlinie (83/349/EWG) abgeändert und die ursprüngliche achte Richtlinie (84/253/EWG) aufgehoben und ersetzt (vgl. RICHTLINIE 2006/43/EG, S. 1 und RICHTLINIE 2006/46/EG, S. 2).

lem aus der österreichischen Risikomanagement-Standardserie sowie der australisch-neuseeländischen Risikomanagement-Norm (vgl. BRÜHWILER 2008, S. 14-16). Abzuwarten bleibt, wie dieser Standard angenommen wird.

Einerseits betreffen die erläuterten gesetzlichen Anforderungen nur einige Unternehmensformen, d. h. insbesondere kleine und mittlere Unternehmen sind nicht eingeschlossen, aber indirekt von den Gesetzen betroffen (siehe § 93 Abs. 1 Satz 2 AktG; § 130 Abs. 1 Gesetz über Ordnungswidrigkeiten (OWiG)). Andererseits zielen sämtliche erläuterten Vorschriften nur auf die rechtliche Einheit eines Unternehmens bzw. die fiktive rechtliche Einheit eines Konzerns ab und gelten nicht für unternehmensübergreifende Geschäftsformen wie eine SC. Dennoch ist die Durchführung eines SCRM von Vorteil, das z. B. durch den Ausbau des internen Risikomanagements eines Unternehmens entwickelt werden kann. Grundlage hierfür ist eine gute, partnerschaftliche Kooperation (vgl. KAJÜTER 2003a, S. 109; KAJÜTER 2007, S. 21).

Ein SCRM kann für ein verstärktes Verständnis und ein verbessertes Bewertungsergebnis im internen oder externen Rating sorgen. Da durch die Interdependenzen innerhalb der SC im Falle eines Risikos immer verschiedene Bereiche betroffen sind, kann ein SCRM die erforderliche Informationstransparenz sowie die organisatorische Basis liefern. Anders als bei dem im Jahre 1988 vom Basler Ausschuss für Bankenaufsicht[89] eingeführten Ersten Baseler Akkord (Basel I), in dessen Rahmen Kredite durch die Banken zur Verringerung des Insolvenzrisikos mit einem durchschnittlichen Prozentsatz des Eigenkapitals abgesichert werden mussten, fordert der 2006 in der EU in Kraft getretene Zweite Baseler Akkord (Basel II) neben der später eingeführten Berücksichtigung von Markt- und Kreditrisiken die Beachtung der operativen Risiken des Kreditnehmers zur Festsetzung der Eigenkapitalhinterlegung der Bank. Seit Basel II sind bei der Beurteilung von Unternehmen auch weiche Faktoren wie der Führungsstil von Bedeutung (vgl. BACKFISCH/KULLA 2003, S. 120-121; GRANDJOT 2006, S. 23).[90] Ein SCRM kann also zu einem besseren Zugang zu den Kapitalmärkten und zu verbesserten Finanzierungskonditionen führen.

2.3.2 Risikoarten und -klassifizierungen

Im Folgenden werden die verschiedenen potenziell auftretenden Risiken diskutiert. Dabei ist es nicht das Ziel, eine vollständige Auflistung von SC-Risiken aufzuführen, sondern vielmehr die Risiken nach ihrer Art zu unterscheiden. Eine allgemein gültige und überschneidungsfreie Einteilung existiert in der Literatur nicht (vgl. EBERLE 2005, S. 40). In Kapitel 2.1.2 wurden bereits die ursachen- und wirkungsbezogene Sicht (Risikoquelle vs. Risikofolge) vorgestellt sowie das reine Risiko gegenüber dem spekulativen Risiko abgegrenzt. Verschiedene Autoren

[89] Der Basler Ausschuss für Bankenaufsicht umfasst Vertreter der Zentralbanken bzw. Bankenaufsichten von 27 Industrienationen und verfasst Richtlinien und spricht Empfehlungen bzgl. bewährter Methoden aus. Diese Veröffentlichungen sind allerdings nicht rechtlich bindend (vgl. BANK FOR INTERNATIONAL SETTLEMENTS 2010).

[90] Ähnliche Ziele wie Basel II hat Solvency II im Versicherungsbereich (vgl. RISKNET 2010). Als Reaktion auf die Finanz- bzw. Weltwirtschaftskrise werden derzeit strengere Regulierungen als bisher diskutiert, die in der Presse mit „Basel III" benannt werden (vgl. HANDELSBLATT 2010; THE ECONOMIST 2010).

stellen weitere Risikoklassifikationen vor, die sie je nach Auffassung und Zweck aufführen und nur zum Teil ableiten. Zielsetzung bei der Bildung der Klassen ist es, dass sie sich möglichst stark unterscheiden, während die einer Klasse zugeordneten Risiken ein gleiches Charakteristikum aufweisen sollten.

Tabelle 8 gibt einen Überblick über die Breite an Klassifizierungsansätzen in der Literatur. Während PFOHL (2002, S. 11-13), ROGLER (2002, S. 9-19) und EBERLE (2005, S. 38-40) in ihren Zusammenstellungen von Risikoarten grundsätzlich das Klassifizierungskriterium beschreiben, ist dieses bei anderen Verfassern nicht der Fall. In Tabelle 8 sind gegebenenfalls die Kriterien ergänzt und erläutert.

Zwischen den dargestellten Risikoklassifizierungen bestehen Zusammenhänge. So ist die Häufigkeit eines Risikoeintritts relevant für die Messbarkeit. In der Regel können subjektive bzw. objektive Wahrscheinlichkeiten eher für Risiken angegeben werden, die häufiger eintreten. Außerdem sind oftmals beeinflussbare Risiken abwälzbar (vgl. ROGLER 2002, S. 11-12). Allerdings muss hierbei beachtet werden, dass die Beeinflussbarkeit sich auf die Eintrittswahrscheinlichkeit des Risikos bzw. die Schadenshöhe bezieht, während die Abwälzbarkeit auf die Übertragung des Schadens abzielt.

Tabelle 8: Auflistung verschiedener Risikoklassifizierungen[91]

Kriterium und Erläuterung	**Klassen**	**Autor(en)**
Quelle Funktionsbereich, in dem der Schaden auftritt	Forschungs- und Entwicklungs-/Absatz-/ Management-/Produktions-/Personal-/Beschaffungs-/ finanzwirtschaftliche Risiken	PFOHL (2002)
	Supply/Demand/Control/Process/Environment Internal to the Firm/External to the Firm but Internal to the Network/External to the Network	CHRISTOPHER/ PECK (2004)
	Endogene/exogene Risiken	PFOHL (2002); EBERLE (2005)
Treiber Charakteristika, die ein Risiko bestimmen	Seasonal Imbalances/Fad Volatility/New Product Adoption/Short Product Life/Manufacturing Capacity/Logistics Capacity/Currency Fluctuations/Supply Disruptions from Political Issues	JOHNSON (2001)
Schadensart Art der Schadensauswirkung	Cost/Quality/Delivery/Relationship	HAYWOOD/ PECK (2003)
	Financial/Performance/Physical/Psychological/ Social/Time loss	HARLAND/BRENCH-LEY/WALKER (2003)
Wirkung Wirkung eines Risikos im Zusammenhang mit anderen Risiken	Kumulative/additive/singuläre Risiken	KAJÜTER (2003a)

[91] Die Klassifizierungen der Autoren CHRISTOPHER/PECK (2004), JOHNSON (2001), HAYWOOD/PECK (2003), HARLAND/BRENCHLEY/WALKER (2003), NARASIMHAN/SAHASRANAM (2007), TUMMALA/LEUNG (1996) und WU/BLACKHURST/CHIDAMBARAM (2006) wurden in KERSTEN ET AL. (2009b) bereits den aufgeführten Kriterien zugeordnet. BÖGER (2010, S. 16-17) teilt KAJÜTER (2003a) dem Kriterium „Beziehungen – Beziehungen zwischen einzelnen Risiken“ und einige von ROGLER (2002) genannte Klassen den Kriterien „Risikograd“, „Häufigkeit/Wahrscheinlichkeit“, „Messbarkeit“, „Beeinflussbarkeit“ und „Abwälzbarkeit“ zu.

Kriterium und Erläuterung	Klassen	Autor(en)
Betroffener Fluss Teilsystem der SC, in dem die Zielabweichung auftritt	Güterwirtschaftliche/finanzielle/informatorische/ rechtliche Risiken	PFOHL (2002); EBERLE (2005)
Entscheidungsebene Zeithorizont bei der Ziel- bzw. Entscheidungs-beeinträchtigung	Strategische/taktische/operative Risiken Strategic/Tactical/Operational Risks	PFOHL (2002); EBERLE (2005) NARASIMHAN/ SAHASRANAM (2007)
Risikograd Ausmaß eines Risikos bzw. Schweregrad eines Schadens	Bagatell-/Klein-/Mittlere/Groß-/Existenzrisiken Existenzgefährdende/nicht existenzgefährdende Risiken Disaster/Disruption/Deviation	PFOHL (2002); EBERLE (2005); ROGLER (2002) NARASIMHAN/ SAHASRANAM (2007)
Häufigkeit/ Wahrscheinlichkeit Frequenz/Regelmäßigkeit des Risikoeintritts	Gleichmäßig/verhältnismäßig unregelmäßig/stoßartig auftretende Risiken Frequent/Probable/Occasional/Remote/Improbable	ROGLER (2002) TUMMALA/ LEUNG (1996)
Messbarkeit Verfügbarkeit subjektiver/ objektiver Wahrscheinlich-keiten bzgl. des Risikoeintritts	Leicht/schwer/kaum/nicht messbare Risiken	ROGLER (2002)
Beeinflussbarkeit Möglichkeit der Einfluss-nahme im Rahmen der Steuerung eines Risikos	Leicht beeinflussbare/schwer beeinflussbare/nicht beeinflussbare Risiken Internal Controllable/Internal Partially Controllable/ Internal Uncontrollable/External Controllable/External Partially Controllable/External Uncontrollable	ROGLER (2002) WU/BLACKHURST/ CHIDAMBARAM (2006)
Abwälzbarkeit Möglichkeit der Übertragbarkeit des Schadens auf Dritte	Abwälzbare/nicht abwälzbare Risiken	ROGLER (2002)
Versicherbarkeit Möglichkeit des Abschlus-ses einer Versicherung zur Steuerung eines bestimmten Risikos	Versicherbare/nicht versicherbare Risiken	PFOHL (2002); EBERLE (2005)

Versicherungsunternehmen bieten meist Versicherungen für häufig auftretende Risiken an, und zwar bezogen auf die Gesamtheit der Versicherungsnehmer. Von daher kann ein Zusammenhang zwischen den Kriterien Versicherbarkeit und Häufigkeit festgestellt werden. Ein Versicherungsnehmer wird darum bemüht sein, Risiken zu versichern, die einen großen Schaden nach sich ziehen bzw. existenzgefährdend sind, sodass hier die Kriterien der Versicherbarkeit und des Risikogrades gemeinsam betrachtet werden (vgl. ROGLER 2002, S. 12-13). Hier ist allerdings zu beachten, dass sich allgemeine Geschäftsrisiken nicht versichern lassen.

Im Gegensatz zu den bisher betrachteten Risikoklassifikationen werden in einigen anderen Fällen nicht nur ein, sondern sogar mehrere Kriterien für Kategorisierungen gleichzeitig angewandt (siehe z. B. HARLAND/BRENCHLEY/WALKER 2003 und SIMCHI-LEVI/CACHON 2004), sodass eine eindeutige Zuordnung eines Risikos zu einer Klasse nicht möglich ist. In vielen Fällen umfassen die Risikoklassifikationen nur eine sehr abstrakte Ebene (vgl. KERSTEN ET AL. 2009b, S. 27-28) (siehe die dunkel unterlegten Risiken in Abbildung 17). Eine detaillierte Klassifizierung von SC-Risiken liefern KERSTEN ET AL. (2009b). Sie untergliedern die von CHRISTOPHER/PECK (2004) aufgeführte und nach dem Kriterium der Risikoquelle unterschiedene SC-Risikoklassifikation auf bis zu vier weitere Ebenen. Hierfür werden einzelne Risiken aus 70 Literaturquellen zur Hilfe genommen. Die erste Subebene der Kategorisierung wird in Abbildung 17 gezeigt.

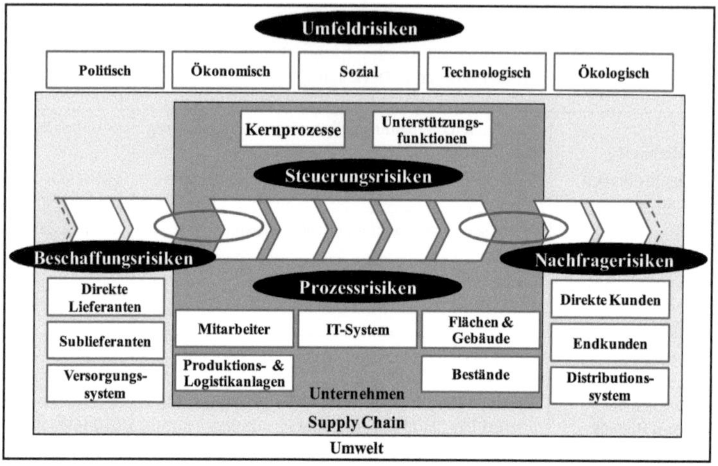

Abbildung 17: Klassifizierung von Supply Chain-Risiken
Quelle: KERSTEN/SINGER (2010a, S. 192) in Anlehnung an CHRISTOPHER/PECK (2004, S. 4-6) und KERSTEN ET AL. (2009b, S. 28, 113-123)

Während die Auswirkungen von *Beschaffungsrisiken* bei den direkten Lieferanten, den Sublieferanten sowie dem logistischen Versorgungsnetzwerk beobachtet werden können, können *Nachfragerisiken* analog bei den direkten Kunden, den Endkunden und dem Distributionssystem auftreten. Diese beiden Risikoarten haben ihren Ursprung im Wertschöpfungsnetzwerk. Die beiden folgenden Risikoklassen stammen hingegen aus dem betrachteten Unternehmen. So gehen *Prozessrisiken* auf die Aufgabenerfüllung zurück und betreffen Mitarbeiter, das IT-System, Flächen und Gebäude, Produktions- und Logistikanlagen oder Bestände. *Steuerungsrisiken* hingegen, deren Ursprung auf das Management zurückzuführen ist, beziehen sich auf die Kernprozesse oder die Unterstützungsfunktionen. *Umfeldrisiken* schließlich gehen aus der Umwelt hervor und können politischer, ökonomischer, sozialer, technologischer oder ökologischer Art sein (vgl. KERSTEN/SINGER 2010a, S. 192-193; KERSTEN/SINGER 2010b, S. 8; KERSTEN ET AL. 2009b, S. 27-29).

Bei den Systematisierungsansätzen von Risiken zeigt sich, dass für die SC und ein beteiligtes Unternehmen nicht zwangsweise identische Risikoabgrenzungen folgen müssen, denn ein SC-internes Risiko kann für den Lieferanten ein externes sein. Die unterschiedlichen Klassen von

Risiken zeigen ferner, welche verschiedenen Anforderungen diese an das Management stellen und dass folglich im Rahmen der Risikosteuerung jeweils angemessene Methoden gewählt werden müssen (vgl. KAJÜTER 2003a, S. 113).

Während der Einsatz der beiden in Tabelle 8 zuerst genannten Kriterien und zugehörigen Klassen im Rahmen der Risikoidentifikation hilfreich ist, unterstützen die Unterscheidungen nach Risikograd, Häufigkeit/Wahrscheinlichkeit und Messbarkeit die Risikobewertung. Die Klassifizierungen nach den Kriterien der Versicherbarkeit, Beeinflussbarkeit sowie der Abwälzbarkeit sind bei der Risikosteuerung sinnvoll. Die Schritte des SCRM-Prozesses werden im folgenden Abschnitt näher erläutert.

2.3.3 Der Supply Chain Risk Management-Prozess

Der Risikomanagementprozess

Zunächst wird der Risikomanagementprozess für ein Unternehmen dargestellt, bevor er zum SCRM-Prozess weiterentwickelt wird. Der Risikomanagementprozess ist ein systematischer Ansatz zur Behandlung von Risiken, der einzelne Prozessphasen angelehnt an die in Kapitel 2.1.1 beschriebenen Managementprozesse strukturiert.[92] Die Prozessphasen unterscheiden sich je nach Verfasser in der Anzahl, der Benennung und den genauen Inhalten. Tabelle 9 zeigt unterschiedliche Phasenmodelle des Risikomanagementprozesses.

Tabelle 9: Unterschiedliche Phasenmodelle des Risikomanagementprozesses

TUMMALA/ LEUNG (1996, S. 55)	WEBER/WEIßENBERGER/LIEKWEG (2001, S. 52)[93]	BURGER/ BUCHHART (2002, S. 31)	ROGLER (2002, S. 29)	ROMEIKE (2003a, S. 153)
Risk identification	Chancen/Risiko-Strategie	Risikoidentifikation	Analyse der Risiken	Strategisches Risikomanagement
Risk measurement	Chancen/Risiko-Identifikation	Risikobeurteilung bzw. -bewertung	Auswahl der risikopolitischen Maßnahmen	Systematische Risikoidentifikation
Risk assessment	Chancen/Risiko-Bewertung	Risikosteuerung	Durchführung der risikopolitischen Maßnahmen	Risikobewertung und -aggregation
Risk evaluation	Chancen/Risiko-Berichterstattung	Risikoüberwachung und -kontrolle		Risikosteuerung und -kontrolle
Risk control and monitoring	Chancen/Risiko-Steuerung und Überwachung			

[92] Für eine Erläuterung, wie die Aktivitäten des Risikomanagements direkt in die Phasen des Führungsprozesses eingebunden werden können siehe MIKUS (2001b, S. 69-93) bzw. GABRIEL (2007, S. 50).

[93] Wie in Kapitel 2.1.2 als generelles Risikomanagement erläutert, beziehen WEBER/WEIßENBERGER/LIEKWEG (2001, S. 52) explizit neben den Risiken auch Chancen mit ein.

Die grundlegende Strukturierung in eine Analyse-, Steuerungs- und Kontrollphase ist im Rahmen der vorgestellten Phasenmodelle vergleichbar. ROGLER (2002, S. 29) bezeichnet mit der Analyse der Risiken die Schritte der Identifikation und Bewertung sowie die Auswahl der Risiken. Die Auswahl der risikopolitischen Maßnahmen sowie ihre Durchführung (vgl. ROGLER 2002, S. 29) werden bei anderen Autoren auch als Risikosteuerung aufgefasst.

Während vor dem Durchlauf des Prozesses bzw. in der ersten Phase die *Risikopolitik/-strategie*, d. h. Richtlinien zum allgemeinen Umgang mit Risiken, zur maximalen Risikotragfähigkeit, zu den Handlungsanweisungen und der Zuordnung zu Aufgabenträgern festgelegt werden, erfolgt im Anschluss und während des Prozessdurchlaufs die *Überwachung des Prozesses* (vgl. DIEDERICHS 2004, S. 16). In ihrem Rahmen werden Schwachstellen u. a. in den Abläufen und bei der Verwendung der Instrumente analysiert. Die Kontrolle dessen sowie der Prämissen und des strategischen Grundkonzepts erfolgt sowohl prozessintern als auch -extern u. a. durch die in Kapitel 2.3.1 genannten Instanzen, wie Aufsichtsrat und Abschlussprüfer (vgl. BURGER/BUCHHART 2002, S. 54-55; WEBER/WEIßENBERGER/LIEKWEG 2001, S. 63). So kann der Prozess kontinuierlich verbessert, weiterentwickelt und an die Eigenheiten des Unternehmens sowie die Änderungen in der Umwelt angepasst werden. Es entsteht ein zyklischer Prozess, der regelmäßig zu durchlaufen ist, zumal sich Risiken im Zeitablauf verändern oder neue Risiken auftreten können. Die Erkenntnisse und Daten des vorherigen Durchlaufs stellen jeweils den Input des neuen Durchlaufs dar (vgl. DIEDERICHS 2004, S. 16; BURGER/ BUCHHART 2002, S. 31).

Von besonderer Bedeutung für den Erfolg des Risikomanagements ist die prozessbegleitende *Kommunikation* (vgl. MULLAI 2008, S. 87). Einerseits sollten wichtige Informationen rechtzeitig an die Zuständigen weitergeleitet und andererseits das Risikobewusstsein und eine offene Kommunikation der Beteiligten gestärkt werden (vgl. KAJÜTER 2003b, S. 328). WEBER/ WEIßENBERGER/LIEKWEG (2001, S. 52-59) führen eine Prozessphase „Berichterstattung" ein.

Was die *organisatorische Durchführung* des Prozesses betrifft, ist es besonders effizient, die Stufen des Prozesses in alle Aktivitäten des Unternehmens zu integrieren, sodass das Risikomanagement nicht in einem zusätzlichen, von anderen Abläufen im Unternehmen getrennten Prozess durchgeführt wird (vgl. EBERLE 2005, S. 47). Dabei können einige Schritte des Prozesses simultan ausgeführt werden, andere können gegebenenfalls ausgelassen werden und es kann zu vorherigen Schritten zurückgekehrt werden. Dieses hängt u. a. von der Verfügbarkeit von oder dem Zugang zu risikorelevanten Informationen ab (vgl. MULLAI 2008, S. 87).

Der SCRM-Prozess

Wird der Risikomanagementprozess für die SC übernommen, müssen einige Anpassungen vorgenommen werden. BÖGER (2010, S. 51-56) untersucht, inwiefern der Prozess des Risikomanagements auf die SC übertragen wird. Eine Reihe von Autoren führt nicht explizit auf, wie die organisatorische Umsetzung des SCRM-Prozesses durch die beteiligten Unternehmen erfolgen soll und ob sowie an welchen Punkten sich Schnittstellen zu den Partnerunternehmen ergeben sollen. Dennoch geben sie z. T. wertvolle Hinweise für die Ausgestaltung eines SCRM. In den meisten Fällen sind die einzelnen Phasen als identisch mit denjenigen der oben dargestellten Risikomanagementprozesse anzusehen. Im Folgenden wird analysiert, in welcher Weise die Risikosteuerung in den Ansätzen berücksichtigt wird.

TULIP (2003, S. 49) und WATERS (2007, S. 89) stellen jeweils einen dreistufigen SCRM-Prozess vor, von denen der dritte Schritt die Risikosteuerung beinhaltet. TULIP (2003, S. 49) erwähnt im Rahmen des letzten Schrittes außer einem Continuity Management den Aufbau eines Wissensmanagementsystems. PFOHL (2002, S. 10) präsentiert ebenfalls drei Stufen zur Anwendung in der SC, von denen die zweite und dritte Stufe die Risikosteuerung betreffen: Identifizierung und Erfassung von Risiken, Entwicklung von strategischen Handlungsoptionen und Vorschlag verschiedener Maßnahmen für die Steuerung.

Weitere Autoren erläutern vier Phasen eines SCRM-Konzepts. JÜTTNER/PECK/CHRISTOPHER (2003, S. 201) fokussieren auf die Analyse der Risikoquellen und -treiber, bevor im letzten Schritt die Risiken gesteuert werden. KAJÜTER (2003b, S. 330-331) beschreibt die Risikosteuerung als dritten von vier Schritten. Er enthält vier Strategien, innerhalb derer Maßnahmen getroffen werden. Als Kombination zweier aufgeführter Strategien können Risiken partnerschaftlich geteilt werden. Einen fünfstufigen SCRM-Prozess beschreiben BAUMGARTEN/KRYSTEK/RICHTER (2005, S. 14) und MANUJ/MENTZER (2008a, S. 137). Die erstgenannten Autoren fassen die Risikosteuerung mit der Kontrolle in der vierten Phase zusammen, wie auch WEBER/WEIßENBERGER/LIEKWEG (2001, S. 52) für das Risikomanagement im Unternehmen. MANUJ/MENTZER (2008a, S. 137) betonen die Phase der Risikosteuerung, die sie in die Schritte der Auswahl und Umsetzung der Strategien sowie des Aufsetzens eines Notfallplans detaillieren.

Die Wissenschaftlergruppe der CRANFIELD UNIVERSITY (2003, S. 53-56) legt ihrem SC-Prozessrisikomanagement die Six Sigma-Prozessphasen zugrunde, die üblicherweise im Qualitätsmanagement verwendet werden.[94] Die Risikosteuerung erfolgt im operativen Zyklus. NORRMAN/JANSSON (2004, S. 442-451) erläutern, wie die Firma Ericsson ihr SCRM ausgestaltet, nachdem sie hohe finanzielle Einbußen aufgrund des Ausfalls ihres Sublieferanten erlitt. Nach den üblichen Risikomanagementphasen wird ein letzter Schritt des Krisenmanagements, nämlich „Incident handling and business continuity planning" eingeführt, in dem Prozesse und Formblätter für Notsituationen vorgestellt werden.

In einer ersten Phase des „Supply Network Risk Tool" von HARLAND/BRENCHLEY/WALKER (2003, S. 56), das auch ZSIDISIN (2003, S. 223) und CUCCHIELLA/GASTALDI (2006, S. 707, 709) ihren Arbeiten zum Umgang mit Beschaffungsrisiken bzw. SC-Risiken allgemein zugrunde legen, erfolgt die Abbildung des Netzwerks als Grundlage für die Risikoanalyse. Im Rahmen der Risikosteuerung werden Alternativen und eine gemeinsame SC-Risikostrategie

---

[94] Diese sind Define, Measure, Analyse, Improve, Control. Die Gruppe bildet zunächst einen taktischen Zyklus, auf den der operative Zyklus folgt.

erarbeitet und umgesetzt. Diese Vorgehensweise erfolgt im Idealfall gemeinsam mit den SC-Partnern.

ZIEGENBEIN (2007, S. 67-124) beschreibt ein SCRM-Phasenmodell, dessen drei Stufen auf einer Unterebene weiter detailliert werden (siehe Abbildung 18). Innerhalb der Phasen werden potenzielle Methoden zur Anwendung vorgestellt und Beispiele gegeben. Auch hier ist eine Abbildung der SC inbegriffen (Phase 1.2). Zu Beginn jeder der drei Phasen sollen Workshops mit Vertretern der SC-Partner stattfinden. Die Phase der Risikosteuerung umfasst zwei Schritte zur Steuerung selbst (Phasen 3.1 und 3.2) sowie die Überwachung der erfassten Risiken.

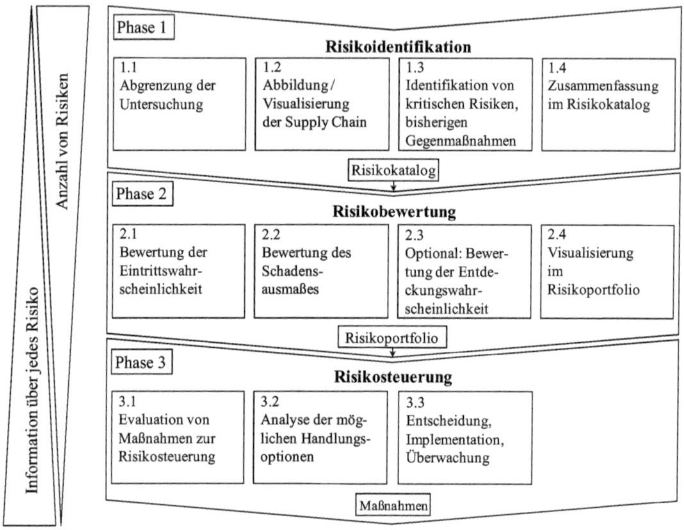

Abbildung 18: Phasenmodell zum Management von Supply Chain-Risiken
Quelle: in Anlehnung an ZIEGENBEIN (2007, S. 69)

PFOHL/GALLUS/KÖHLER (2008a, S. 462-467) erläutern neun Bausteine für die Umsetzung eines SCRM in einem Wertschöpfungsnetzwerk. Der fünfte Baustein beschreibt den Kern, nämlich einen gemeinsamen Prozess, in dessen Rahmen die einzelnen Phasen detailliert werden. Über die Steuerungsmaßnahmen wird mit den Partnern zusammen in den folgenden Schritten entschieden: Suche und Entwicklung von Steuerungsmaßnahmen, Bewertung und Auswahl der Maßnahmen, Entscheidung über Verantwortlichkeit und Dokumentation der Maßnahmen im Risikostrukturblatt. Die Umsetzung geschieht in den einzelnen Unternehmen, die den Erfolg der Maßnahmen mit Hilfe von festgelegten Indikatoren bestimmen und gemeinsam kontrollieren. HALLIKAS ET AL. (2004, S. 52-55) empfehlen, einige Maßnahmen gemeinsam und andere hingegen am besten durch jedes Unternehmen selbst zu ergreifen.

KERSTEN ET AL. (2006, S. 8) weisen darauf hin, dass die Zyklen auf Unternehmens- und SC-Ebene parallel durchgeführt und nach jedem Prozessschritt die Ergebnisse der einzelnen Partner mit der SC-Ebene abgestimmt werden sollen. Die SC-Risikosteuerung wird als vierter von fünf Prozessschritten bezeichnet. Auch nach GÖTZE/MIKUS (2007, S. 54) soll die Risikosteuerung einerseits auf Unternehmens- und andererseits auf SC-Ebene durchgeführt und in einem unternehmensübergreifenden Risikomanagement abgeglichen werden. Die Risikosteuerung umfasst die Entwicklung, Bewertung und Auswahl von Maßnahmen, für die sie jeweils Hinweise aufführen, die beachtet werden sollten.

Tabelle 10: Behandlung der Risikosteuerung in den Literaturbeiträgen

Quelle	Behandlung der Risikosteuerung
BAUMGARTEN/KRYSTEK/RICHTER (2005, S. 14)	★☆☆☆☆
CRANFIELD UNIVERSITY (2003, S. 53-56)	★★☆☆☆
GÖTZE/MIKUS (2007, S. 54)	★★★★☆
HALLIKAS ET AL. (2004, S. 52-55)	★★★☆☆
HARLAND/BRENCHLEY/WALKER (2003, S. 56); CUCCHIELLA/GASTALDI (2006, S. 707, 709); ZSIDISIN (2003, S. 223)	★★★★☆
JÜTTNER/PECK/CHRISTOPHER (2003, S. 201)	★★☆☆☆
KAJÜTER (2003b, S. 330-331)	★★☆☆☆
KERSTEN ET AL. (2006, S. 8)	★★☆☆☆
MANUJ/MENTZER (2008a, S. 137)	★★★★☆
NORRMAN/JANSSON (2004, S. 442-451)	★★★☆☆
PFOHL (2002, S. 10)	★★★☆☆
PFOHL/GALLUS/KÖHLER (2008a, S. 462-467)	★★★★☆
TULIP (2003, S. 49)	★☆☆☆☆
WATERS (2007, S. 89)	★★☆☆☆
ZIEGENBEIN (2007, S. 67-124)	★★★★☆

Legende

★★★★★ Risikosteuerungsphase wird methodisch umfangreich mit Hilfe eines Auswahlprozesses unterstützt.
★★★★☆ Risikosteuerungsphase ist in mehrere (Sub-)Prozessschritte aufgeteilt und wird erläutert.
★★★☆☆ Risikosteuerungsphase wird als eine Phase aufgeführt, aber die Subschritte werden kurz erläutert.
★★☆☆☆ Risikosteuerungsphase wird als eine Phase aufgeführt und behandelt.
★☆☆☆☆ Risikosteuerungsphase enthält (auch dem Titel nach) weitere Aktivitäten, wie z.B. Risikokontrolle.

Bei der Analyse der aufgeführten Beiträge zum SCRM-Prozess konnte Folgendes festgestellt werden:

- Es ist auffällig, dass sich nur wenige Autoren im Detail mit der Phase der Risikosteuerung auseinandersetzen und diese feiner untergliedern (siehe Veröffentlichungen, die in Tabelle 10 mit vier Sternen beurteilt wurden). Diejenigen wurden im Text bereits hervorgehoben. Ferner konnte im Rahmen der generellen Literaturanalyse zum Risiko- und SCRM festgestellt werden, dass Beiträge, die sich auf einzelne Prozessschritte konzentrieren, in vielen Fällen auf die Risikoanalyse (im Folgenden wird hierunter die Risikoidentifikation und -bewertung verstanden) und seltener auf die Risikosteuerung fokussieren. Die Entwicklung einer systematischen Vorgehensweise zur Auswahl von

Maßnahmen und Strategien bietet somit Forschungsbedarf (vgl. KERSTEN ET AL. 2009b, S. 69 und siehe Tabelle 10).

- In einigen Beiträgen werden ausschließlich bestimmte Risikokategorien berücksichtigt (vgl. HALLIKAS ET AL. 2004, S. 52-55; HARLAND/BRENCHLEY/WALKER 2003, S. 56; ZSIDISIN 2003, S. 223), während die anderen in Tabelle 10 genannten Autoren keinen Schwerpunkt auf eine bestimmte Risikokategorie setzen.

Methoden des (SC-)Risikomanagements

Im Folgenden werden die einzelnen Methoden des Risikomanagements bzw. des SCRM getrennt nach Prozessschritten näher erläutert.

Die Anzahl an Verfahren, die im Rahmen des Risikomanagements bzw. des SCRM verwendet werden, ist hoch.[95] Sie stammen in der Regel aus dem Controlling, der Finanzierung, der Produktentwicklung, dem Qualitätsmanagement und dem strategischen Management (vgl. BURGER/BUCHHART 2002, S. 63; ZIEGENBEIN 2007, S. 50). Zum Teil sind die traditionellen Methoden des Risikomanagements auch im unternehmensübergreifenden Fall ausführbar. Anderenfalls ist hingegen eine Weiterentwicklung bzw. Anpassung der Methoden erforderlich, da sich bei der Anwendung in der SC spezifische Anforderungen ergeben (vgl. KAJÜTER 2003a, S. 118-120). Hier besteht noch Forschungsbedarf (vgl. KERSTEN ET AL. 2009b, S. 69).

Ziel der *Risikoidentifikation* ist die systematische Erfassung der für das Unternehmen/die SC bedeutenden Risiken. Hierbei sind jedoch einige Einschränkungen zu beachten. Erstens ist die Identifikation aller Risiken nicht realistisch und zweitens verursacht die Risikoerfassung auch Kosten, sodass die Kosten der Informationsbeschaffung und -analyse in einem ausgewogenen Verhältnis zum unterstellten Nutzen stehen sollten. Andererseits besteht insbesondere beim SCRM die Gefahr der Kumulierung harmlos wirkender Risiken, deren Auswirkungen beträchtlich sein können. Werden derartige Risiken nicht identifiziert, kann dieses schwerwiegende Folgen haben. Hier wird die Relevanz der Identifikationsphase deutlich. Nicht erfasste Risiken können weder bewertet noch gesteuert werden, d. h. die Risikoidentifikation hat unmittelbare Wirkung auf die Effektivität des gesamten Prozesses. Grundsätzlich sollte diese Prozessphase – wie auch der Zyklus selbst – kontinuierlich durchgeführt werden, da Unternehmen und Umwelt stetigen Veränderungen ausgesetzt sind (vgl. EBERLE 2005, S. 46-50).

Zunächst ist es sinnvoll, den Untersuchungsbereich abzugrenzen. Im Anschluss sollte die SC abgebildet werden, sodass die beteiligten Unternehmen und insbesondere die Informations- und Materialflüsse grafisch dargestellt werden (vgl. ZIEGENBEIN 2007, S. 71-74; HARLAND/BRENCHLEY/WALKER 2003, S. 56). Gegebenenfalls bietet sich dann eine weitere Eingrenzung des Untersuchungsobjekts an.[96]

---

[95] Im Rahmen dieser Arbeit wird nicht zwischen Instrumenten, Methoden und Verfahren unterschieden.

[96] Zur Erstellung der Prozessstruktur im Rahmen der Failure Mode and Effect Analysis (FMEA) siehe z. B. NEUMANN 2009, S. 23.

Verfahren zur Risikoidentifikation können nach ROMEIKE (2003b, S. 174) in Kollektions- und Suchmethoden differenziert werden (siehe Abbildung 19).[97] Die Anwendung von Kollektionsmethoden empfiehlt sich zur Erfassung bestehender bzw. offensichtlicher Risiken, während mit Hilfe von Suchmethoden eher zukünftige und bislang unerkannte Risikopotenziale aufgedeckt werden können. Letztere umfassen analytische Methoden und Kreativitätsmethoden. Häufig werden zur Risikoidentifikation zusätzlich Frühwarnsysteme eingesetzt.[98] Da die Kategorien von Risikoidentifikationsmethoden unterschiedliche Risiken schwerpunktmäßig erfassen, wird die Anwendung eines Methodenmixes empfohlen. Sollten dennoch nur bestehende Risiken erkannt werden, kann die Ursache bei den beteiligten Mitarbeitern gefunden werden, die sich evtl. stark auf ihren Bereich fokussieren (vgl. EBERLE 2005, S. 49). Abhängig von der Wahl der Erfassungsmethode kann der Einsatz von in Kapitel 2.3.2 beschriebenen Risikoklassifikationen an bestimmten Stellen bzw. im Anschluss zur Strukturierung helfen. Ergebnis der Phase ist die Dokumentation der Risiken in einem Katalog, auch Risikoinventar genannt, der die Basis für die Risikobewertung bildet (vgl. ROMEIKE 2003b, S. 179; EBERLE 2005, S. 46-50).

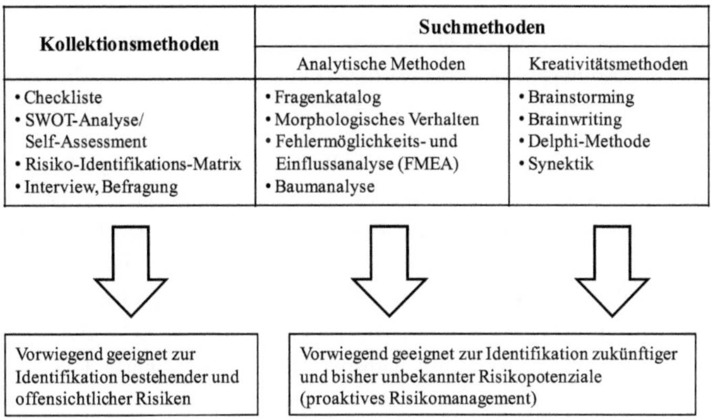

Abbildung 19: Methoden zur Risikoidentifikation[99]
Quelle: in Anlehnung an ROMEIKE (2003a, S. 157)

Die *Risikobewertung* zielt auf die quantitative Messung bzw. die qualitative Einschätzung der Risiken ab, um diese in einem Risikoportfolio abbilden (vgl. ROMEIKE 2003c, S. 183) und damit priorisieren zu können. Zur Messung der in Kapitel 2.1.2 erläuterten Dimensionen Eintrittswahrscheinlichkeit und Auswirkung bzw. Schaden können Ordinal- oder Kardinalskalen eingesetzt werden, sodass sich die Methoden zur Bewertung von Risiken in qualitative und

[97] BURGER/BUCHHART (2002, S. 68) unterscheiden Methoden zur Risikoidentifikation hingegen nach der Art der Erfassung, d. h. systematisch und unsystematisch, während ZIEGENBEIN (2007, S. 50) sie in kreativ-intuitive und analytisch-strukturierte Techniken gliedert. Nähere Informationen zu den einzelnen Verfahren finden sich ebenfalls in den genannten Literaturquellen.

[98] Für weitere Angaben siehe BAUMGARTEN/KRYSTEK/RICHTER (2005, S. 14-19), EBERLE (2005, S. 89-128).

[99] SWOT steht für Strengths, Weaknesses, Opportunities, Threats.

quantitative Verfahren unterscheiden lassen.[100] Ferner kann zwischen Top-Down- und Bottom-Up-Instrumenten differenziert werden, wobei Top-Down-Methoden vordergründig die Folgen der Risiken betrachten, wohingegen Bottom-Up-Verfahren von den Risikoquellen ausgehen und die Folgen herzuleiten und zu bewerten versuchen. Der zweite Ansatz ist allerdings deutlich aufwendiger durchzuführen.[101]

Grundsätzlich ist festzuhalten, dass quantitative Methoden nur sinnvoll anwendbar sind, wenn eine ausreichende Menge an Vergangenheitsdaten vorliegt. Schwierigkeiten ergeben sich z. B. im Falle sehr selten eintretender Risiken mit einem hohen Schaden oder bei der Bewertung von Imageschäden. Handelt es sich um Risiken mit einem geringen Schaden, ist es ggf. schwierig, diesen von denen anderer Einflüsse zu unterscheiden. Qualitativen Verfahren werden subjektive erfahrungsbezogene Beurteilungen zugrunde gelegt, deren Nachteil genau in diesem Punkt besteht. Um Risiken quantitativ vergleichen zu können, besteht die Möglichkeit, nicht quantifizierbare Risiken mit einem Benchmark qualitativ zu gewichten (vgl. ROMEIKE 2003c, S. 185-196). Wie auch bei der Risikoidentifikation weisen die einzelnen Bewertungsmethoden Vor- und Nachteile auf, sodass die Wahl der Instrumente situativ erfolgen sollte und die Anwendung eines Methodenmixes sinnvoll ist. Ferner bestehen Unterschiede bzgl. der einzusetzenden zeitlichen und finanziellen Ressourcen. So konstatiert ZIEGENBEIN (2007, S. 81; 88), dass in der Praxis aus Effizienzgründen oft qualitative Verfahren vorzuziehen sind.[102]

Nach der Bewertung der Einzelrisiken kann eine Risikoaggregation durchgeführt werden, um das Gesamtrisikoausmaß eines Unternehmens bzw. einer SC zu bestimmen. Wären die Risiken unabhängig voneinander, könnten die Erwartungswerte addiert werden. Da sie jedoch häufig durch Wechselwirkungen miteinander verflochten sind, können sie sich gegenseitig ausgleichen oder ihre Wirkung kann sich kumulieren (kumulative Risiken, siehe Kapitel 2.3.2). Nach ROMEIKE (2003c, S. 193-196) bzw. KAJÜTER (2003a, S. 123-125) kann die Monte-Carlo-Simulation im Falle von quantifizierbaren Risiken zur Ermittlung der Gesamtrisikoposition im Unternehmen bzw. in der SC eingesetzt werden.

Zur Visualisierung der Einzelrisiken können Risk Maps verwendet werden, auf deren Achsen die Eintrittswahrscheinlichkeit sowie der potenzielle Schaden aufgetragen werden (siehe Abbildung 20 oben). Die Skala ist individuell anzupassen. Die Risiken werden jeweils nach getroffener Maßnahme aufgeführt (siehe Abbildung 20 Risiko 3 in der Risk Map Lieferant).

[100] WILDEMANN (2006, S. 148) differenziert quantitative, semi-quantitative und qualitative Verfahren in der Beschaffung. Abhängig von der Quelle und der Art der Zusammenstellung werden wenige bis über 100 Methoden zur Risikoanalyse aufgeführt, die bei näherer Betrachtung aber viele inhaltliche Überschneidungen aufweisen. Für eine Auflistung (auch für kleine und mittlere Unternehmen) geeigneter Verfahren siehe KERSTEN ET AL. (2009b, S. 124-125).

[101] Mögliche Erweiterungen zur Risikobewertung, die über die dargestellten Methoden hinausgehen, stellen die Quantifizierung der Entdeckenswahrscheinlichkeit und ggf. die Berechnung der Risikoprioritätszahl (Produkt aus Erwartungswert und Entdeckenswahrscheinlichkeit) oder die Darstellung der Kosten für bisherige Maßnahmen zur Risikosteuerung dar (vgl. ZIEGENBEIN 2007, S. 100; CHRISTOPHER 2005, S. 247).

[102] ROMEIKE (2003c, S. 196) weist ferner darauf hin, dass soziale Aspekte und das Verhalten von Individuen bei der Risikobewertung nicht zu vernachlässigen sind.

Unterschiedliche Prioritäten (A-, B- und C-Risiken) geben den Handlungsbedarf an (vgl. KAJÜTER 2003a, S. 120-121). Während die oberen Risk Maps für einzelne Unternehmen gelten, zeigt das untere SC-Risikoportfolio die gleichen Risiken bezogen auf die SC. ZIEGENBEIN (2007, S. 101) empfiehlt ein Risk Map-ähnliches Portfolio ebenfalls für SC, während KAJÜTER (2003a, S. 121-122) das SC-Risikoportfolio abwandelt, da sich die Wesentlichkeitsgrenzen für verschiedene Unternehmen unterscheiden. Eine Dimension zeigt die Klassifikation nach A-, B- und C-Risiken beruhend auf den Risk Maps für ein Unternehmen an. Auf der anderen Achse wird die Auswirkung auf die SC betrachtet. Um die Risiken einordnen zu können, müssen die Risikobewertungen standardisiert sein, d. h. die Art der Priorisierung muss übereinstimmen. Wirken sich Risiken auf mehrere Unternehmen aus, ist zu klären, welche Stufe abgebildet wird. Das Portfolio kann einen guten Überblick über die Risikosituation zu einem Zeitpunkt geben, es berücksichtigt allerdings weder den Zeitablauf noch Wechselwirkungen zwischen den Risiken (vgl. KAJÜTER 2003a, S. 122).

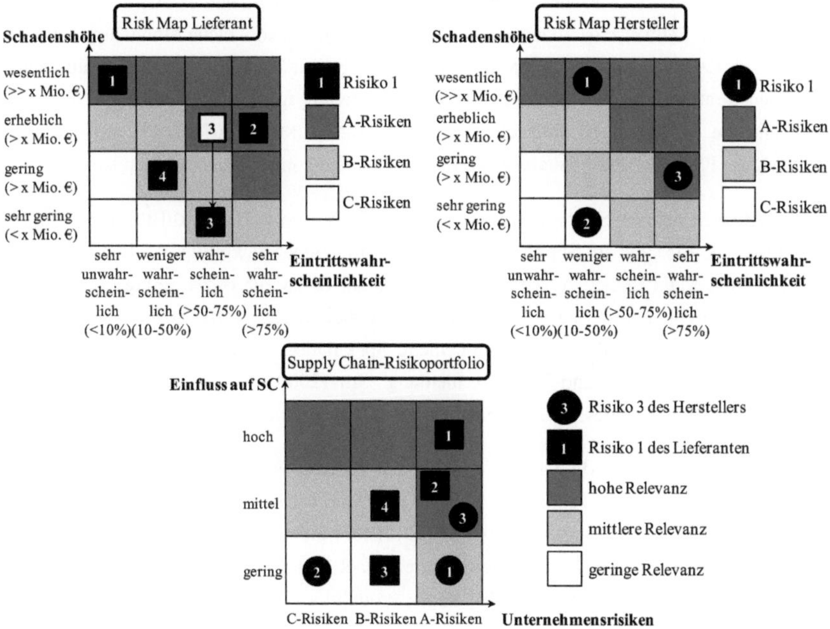

Abbildung 20: Risk Maps und Supply Chain-Risikoportfolio
Quelle: in Anlehnung an KAJÜTER (2003a, S. 121)

Im Anschluss an die Bewertung der Risiken und nach Feststellen der Dringlichkeit des Handlungsbedarfs folgt die *Risikosteuerung*. Diese Schlüsselphase im Prozess hat das Ziel, die Risikolage positiv zu beeinflussen bzw. derart zu verändern, dass Risiken und Chancen in einem ausgeglichenen Verhältnis zueinander stehen (vgl. ROMEIKE 2003d, S. 235). Dabei muss grundsätzlich den in der Risikopolitik und im Unternehmen/in der SC festgelegten Zielen gefolgt werden. Ferner muss der Nutzen der Maßnahmen, der sich aus den beiden in der Bewertungsphase bestimmten Dimensionen zusammensetzt, den Kosten gegenüber gestellt werden. Einerseits treten bei Ergreifen einer Maßnahme direkte Kosten auf, z. B. im Bereich Personal, andererseits sind indirekte Kosten zu verzeichnen, z. B. durch die Entstehung neuer Risiken, denen gegengesteuert werden muss (vgl. EBERLE 2005, S. 168; KERSTEN ET AL. 2009b, S. 44). Es gilt ferner, den in der Theorie sogenannten „optimalen Sicherheitsgrad" des Unternehmens/der SC zu ermitteln.[103]

In den Beiträgen zu Strategien und Maßnahmen der Risikosteuerung werden die Begriffe „Strategie" und „Maßnahme" oft gleichbedeutend verwendet und nicht voneinander abgegrenzt. Nach PORTER (1998b, S. 55) bezeichnet eine Strategie "[...] the creation of a unique and valuable position, involving a different set of activities." Im Folgenden wird eine Strategie als ein Maßnahmenbündel aufgefasst (vgl. STROEDER 2008, S. 345). Einer Strategie sind somit einzelne Maßnahmen zugeordnet.[104]

In der Regel hängt die Auswahl der Maßnahmen vom Unternehmen/der SC, den Zielen und den Risiken ab. Fallweise ist zu entscheiden, bei welchem Risiko welche Maßnahme einzusetzen ist (vgl. KERSTEN/SINGER 2010a, S. 193; CHOPRA/SODHI 2004, S. 54). Die Anzahl an aufgeführten Strategien und Maßnahmen zur Risikosteuerung in den Beiträgen zum SCRM ist hoch und die Auffassungen unterscheiden sich. GÖTZE/MIKUS (2007, S. 46) weisen darauf hin, dass die Phase der Risikoanalyse bereits als Maßnahme interpretiert werden kann.

Einige Autoren nennen Strategien in Aufzählungsform, wie z. B. ZENG/BERGER/GERSTENFELD (2005, S. 145), die auf Supplier Choice, Diversification, Stockpiling, Pooling Resources, Legal Action, Maintenance Agreements und Residual Risks zur Bewältigung von beschaffungsseitigen Risiken abstellen. MANUJ/MENTZER (2008b, S. 202) differenzieren sechs Strategien für globale SCRM-Risiken: Postponement, Spekulation, Hedging, Risikokontrolle/-teilung/-transfer, Sicherheit und Risikovermeidung. SHI (2004, S. 223) führt Organizational Changes, Strategic Changes, Operational Changes, Hedging und Insurance auf.

Andere Autoren ordnen Maßnahmen bestimmten Risiken zu, wie z. B. BILLINGTON/LEE/TANG (1998, S. 19-20) für Produkt-/Angebots- und Markt-/Nachfragerisiken bei der Neueinführung von Produkten. JOHNSON (2001, S. 122) listet Maßnahmen für bestimmte Angebots- und Nachfragerisiken in der Spielzeugindustrie auf. ROGLER (2002, S. 42-398) nennt Maßnahmen für Unterkategorien von Beschaffungs-, Produktions- und Absatzrisiken.

Weitere Beiträge klassifizieren Maßnahmen. So unterscheidet TANG (2006a, S. 454) vier Kategorien nach SCM-Bereichen: Supply Management, Demand Management, Product Management und Information Management. Mit Hilfe der Planungsebene als weitere Dimension (strategisch und taktisch) spannt er eine Matrix auf und führt an den Schnittstellen Maßnahmen an (vgl. KERSTEN/SINGER 2010a, S.193-194). Auch SHI (2004, S. 232-233) verfährt nach

[103] ROMEIKE (2003e, S. 254) zeigt graphisch, dass der Grenznutzen der risikopolitischen Maßnahmen mit zunehmendem Sicherheitsgrad sinkt.
[104] Zur Unternehmensstrategie siehe STEINMANN/SCHREYÖGG (1997, S. 149-245); STAEHLE (1999, S. 601-670).

einem ähnlichen Prinzip. Wie die beiden vorhergehenden Autoren erstellen GÖTZE/MIKUS (2007, S. 51) eine Matrix für Maßnahmen der Risikosteuerung und differenzieren bei der Festlegung der Dimensionen zwischen unternehmensbezogenen exogenen, unternehmensübergreifenden exogenen sowie SC-exogenen Risiken auf der einen Seite und ursachenbezogenen bzw. wirkungsbezogenen Maßnahmen auf der anderen Seite.

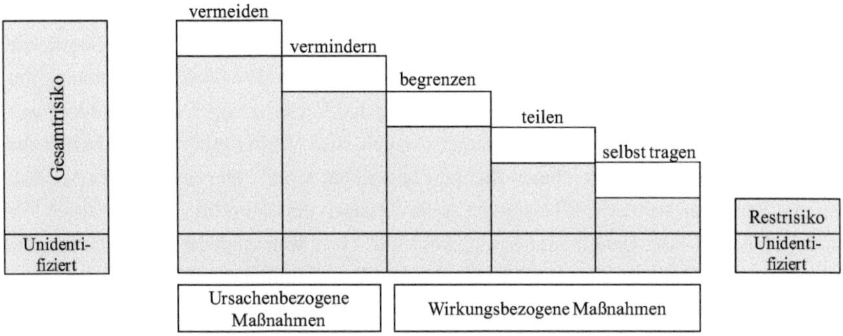

Abbildung 21: Strategien der Risikosteuerung nach ihrer Wirkung
Quelle: PFOHL/GALLUS/KÖHLER (2008b, S. 66) in Anlehnung an HALLER (1986, S. 10)

Die letztgenannte Unterscheidung der Maßnahmen nach der Wirkungsrichtung wird in verschiedenen Beiträgen herausgestellt. Dabei wird bei Anwendung der Strategien und Maßnahmen beabsichtigt, entweder die Eintrittswahrscheinlichkeiten von Risiken zu verringern (ursachenbezogene Maßnahmen) oder darauf abzuzielen, bei Eintritt von Risiken Schäden zu vermindern, begrenzen oder kompensieren (wirkungsbezogene Maßnahmen) (vgl. PFOHL/GALLUS/KÖHLER 2008b, S. 66-68). Die erste Kategorie umfasst aktive/präventive Maßnahmen (vgl. ROMEIKE 2003a, S. 160), die einerseits der Risikovermeidung dienen können, d. h. die Risikoursache wird dadurch beseitigt, dass eine Handlung nicht ausgeführt und somit auch auf Chancen verzichtet wird. Andererseits unterstützen die Maßnahmen die Risikoverminderung durch Anwendung von personalpolitischen-, Sicherungs- oder Kontroll-Maßnahmen sowie durch Maßnahmen zur Bewältigung der Nachfrageunsicherheit (z. B. enge Bindung an Lieferanten). Die zweitgenannte Kategorie beinhaltet passive Risikobewältigungsmaßnahmen (vgl. ROMEIKE 2003a, S. 160), die durch den Abschluss von Versicherungen[105] oder die Aufnahme bestimmter Vertragsklauseln auf die Risikobegrenzung und -übertragung abzielen. Ferner kann bewusst keine aktive Risikopolitik verfolgt werden, sodass Risiken selbst getragen werden. Letztendlich können die Risikobegrenzung und -übertragung sowie das Selbsttragen von Risiken in der Risikoteilung kombiniert werden, wenn die SC dementsprechend konfiguriert wird, z. B. durch das Vorhalten von alternativen Lieferanten (vgl. PFOHL 2002, S. 41-46; KAJÜTER 2003b, S. 332-333). Die genannten generischen Strategien werden in Abbildung

[105] Für spekulative Risiken, z. B. eine geringere Nachfrage aufgrund einer Rezession, existieren in der Regel keine Versicherungen. Weiterhin deckt eine Versicherung nur den Schaden, der beim versicherten Unternehmen auftritt, nicht aber denjenigen bei SC-Partnern. Außerdem kann es zum Ausspielen von Machtpositionen kommen, sodass der schwächere Partner ein höheres Risiko tragen muss, was allerdings nicht der Optimierung der SC entspricht (vgl. PFOHL 2002, S. 41; KAJÜTER 2003b, S. 332-333).

21 von HALLER (1986, S. 10) bzw. PFOHL/GALLUS/KÖHLER (2008b, S. 66) graphisch dargestellt. ROGLER (2002, S. 23-24) kritisiert im Rahmen dieser Unterscheidung von Maßnahmen allerdings, dass die Zuteilung zu den Kategorien nicht immer einheitlich erfolgt.

KERSTEN ET AL. (2009b, S. 37-44) entwickeln einen umfassenden Maßnahmenbaukasten mit den Klassen generische Strategien, Personalstrategien, Informations- und Kommunikationspolitik sowie Krisenplanung und -vorbeugung für Risiken allgemein. Für Beschaffungsrisiken wird zwischen den folgenden Kategorien differenziert: Lieferanten-/Logistikdienstleister (LDL)-Portfolio/Make or buy, Lieferanten-/LDL-Management, Prognose und Planung, Verträge, Kalkulation, Produkt, Transport, Lagerhaltung und Versicherung. Die Maßnahmen werden ferner nach der Wirkungsrichtung unterschieden, also Wirkungsbezug vs. Ursachenbezug. Es können allerdings auch beide Richtungen denkbar sein.[106] Die aufgeführten Maßnahmen und Strategien wurden auf bestimmte Anforderungen hin überprüft (z. B. logisches Verständnis, hinreichender Detaillierungsgrad, Ausschluss von Methoden der Risikoanalyse) und entsprechend übernommen, untergliedert, verdichtet bzw. eliminiert und ergänzt um Ergebnisse aus Gesprächen mit Praxisvertretern (vgl. KERSTEN ET AL. 2009b, S. 37-44).Eine geringe Anzahl an Autoren entwickelt mit Hilfe von Portfolios dargestellte Normstrategien zur Auswahl von Maßnahmen bei der Bewältigung von Risiken. So empfiehlt ZIEGENBEIN (2007, S. 103-104) bei Risiken mit hoher Eintrittswahrscheinlichkeit und geringem Schaden das Ergreifen ursachenorientierter Maßnahmen. Für Risiken mit geringer Eintrittswahrscheinlichkeit und hohem Schaden sollten wirkungsorientierte Maßnahmen angewendet werden. Nehmen beide Dimensionen einen hohen Wert an, sollten beide Arten von Maßnahmen eingeleitet werden. ROMEIKE (2003e, S. 252) kommt zu ähnlichen Ergebnissen. Für den letztbeschriebenen Fall regt er allerdings ausschließlich den Einsatz ursachenbezogener Maßnahmen an (Risikovermeidung/Risikoverminderung). Dieses zeigt, dass die allgemeine Betrachtung von Maßnahmen und Risiken ihre Grenzen hat.[107]

ZIEGENBEIN (2007, S. 103) stellt eine Morphologie von Maßnahmen zur Risikosteuerung in der SC auf und erläutert diese anhand von Beispielen. Neben den oben vorgestellten Kriterien der Risikostrategie und Wirkungsrichtung beinhaltet die Morphologie die Planungsebene, d. h. den Zeitbezug, sowie die Kosten und den Nutzen der Maßnahme (siehe Tabelle 11). Ferner wird die Handlungsstrategie aufgeführt, nämlich differenziert ZIEGENBEIN (2007, S. 103-105) an dieser Stelle zwischen Redundanz, Flexibilität und Planung/Organisation. Flexibilität umfasst hier die Eigenschaft, schnell bzgl. Ausmaß und Zeit auf externe oder interne Veränderungen reagieren zu können. Weitere Ausführungen über die Berücksichtigung von Flexibilität und verwandten Konzepten in der Risikosteuerung des SCRM folgen im Kapitel 2.3.4. Die Wirkungsart bleibt in der Tabelle unberücksichtigt (vgl. KERSTEN/SINGER 2010a, S. 194).

[106] Zur Erstellung der Maßnahmentabelle wurden ca. 700 Literaturquellen zum SCRM untersucht, von denen etwa ein Zehntel für Maßnahmen und Strategien im SCRM als relevant erachtet wurden. KERSTEN ET AL. (2009b, S. 130-132) zeigen die Quellen in tabellarischer Form, die zur Erstellung der Liste verwendet wurden.

[107] BRAUN/DIETSCHE (2009, S. 263-265) formulieren ferner Risikostrategien in Abhängigkeit vom Grad der Vernetzung der Unternehmen sowie der Exponiertheit und CHOPRA/SODHI (2004, S. 59-60) empfehlen vier generische Strategien abhängig von den Kosten der Maßnahmen sowie der Eintrittswahrscheinlichkeit des Risikos.

Tabelle 11: Morphologie von Maßnahmen zur Steuerung von Supply Chain-Risiken
Quelle: ZIEGENBEIN (2007, S. 103)

Merkmal	Ausprägungen				
Wirkung Risikostrategie	vermeiden	reduzieren	teilen/überwälzen		
Wirkung Wirkungsrichtung	ursachenbezogen	wirkungsbezogen			
Zeitbezug Planungsebene	strategisch (langfristig)	taktisch (mittelfristig)	operativ (kurzfristig)		
Mittel Handlungsstrategie	Redundanz	Flexibilität	Planung / Organisation		
Wirtschaftlichkeit Kosten der Maßnahme	sehr gering	gering	mittel	hoch	sehr hoch
Wirtschaftlichkeit Nutzen der Maßnahme	sehr gering	gering	mittel	hoch	sehr hoch

Innerhalb der Risikosteuerung sollten außerdem Krisenpläne (Contingency Plans) für Risiken entworfen werden, die die SC ganz oder teilweise selbst trägt. Diese sind speziell für Risiken mit geringer Eintrittswahrscheinlichkeit und hohem Schadensausmaß relevant (vgl. BAUMGARTEN/KRYSTEK/RICHTER 2005, S. 13; WEBER/WEIßENBERGER/LIEKWEG 2001, S. 62).[108] Insgesamt kann – wie auch ZIEGENBEIN (2007, S. 63) konstatiert – festgehalten werden, dass die Literatur keine Systematik von Strategien und Maßnahmen in der Risikosteuerung aufweist, die bei der Bewertung von diesen zur Unterstützung herangezogen werden kann.

Ziel der *Risikokontrolle* ist die Sicherstellung der Effektivität der Maßnahmen im Rahmen der Risikosteuerung. Hierzu wird die tatsächliche der geplanten Risikosituation auf Unternehmens-/SC-Ebene gegenübergestellt und geprüft, ob die Maßnahmen tatsächlich getroffen wurden. Gegebenenfalls müssen zusätzliche Maßnahmen ergriffen werden, wenn sich die Umweltbedingungen geändert haben. Instrumente, die hierfür eingesetzt werden können, sind z. B. Soll-Ist-Vergleiche, Soll-Wird-Vergleiche oder die in Kapitel 2.2.3 vorgestellte Balanced Scorecard (vgl. KAJÜTER 2003b, S. 333; BRAUN 1984, S. 264; EBERLE 2005, S. 53). Ein Berichtswesen unterstützt den letzten Kontrollschritt (vgl. KAJÜTER 2003b, S. 333).

Nachfolgend wird untersucht, inwiefern Flexibilität in den Maßnahmen und Strategien der (SC-)Risikosteuerung berücksichtigt wird.

[108] NORRMAN/JANSSON (2004, S. 439) und ENGEL (2005, S. 39-45) führen auf, welche Bestandteile ein Business Continuity Management (BCM) üblicherweise enthält. Die Erläuterung der Bedeutung von BCM und eine Checkliste für Lieferanten findet sich in WOISETSCHLÄGER (2009, S. 30-31).

2.3.4 Flexibilität als Grundmuster in der Supply Chain-Risikosteuerung

Flexibilität und (SC-)Risiko

Wie der ARBEITSKREIS EXTERNE UND INTERNE ÜBERWACHUNG DER UNTERNEHMUNG DER SCHMALENBACHGESELLSCHAFT FÜR BETRIEBSWIRTSCHAFT (2010, S. 1245) konstatiert, „[...] besteht eine kausale Beziehung zwischen Flexibilität und Risiko, da mit zunehmender Flexibilität des Unternehmens das Risiko sinkt." In der Forschung sowie in der betrieblichen Praxis wird Flexibilität in einer Reihe von Fällen als Möglichkeit zur Beherrschung von SC-Risiken bzw. zur Bewältigung von Unsicherheit genannt. Insbesondere die Literatur für Praktiker behandelt häufig die Bedeutung von (SC-)Flexibilität für Risiken bzw. Krisenzeiten (siehe z. B. AUGUSTINE 2008; CHOPRA/SODHI 2004, S. 55; KUMAR 2005, S. 1-5; A.T. KEARNEY/ELA 2009, S. 33-35; MCKINSEY & COMPANY 2010, S. 26; PRTM 2009, S. 1; WIELAND/WALLENBURG 2011, S. 12-13[109]) und in einigen Fällen für die Krise und den Aufschwung (siehe GLATZEL/HELMCKE/WINE 2009, S. 1-4; PRTM 2011, S. 5; PRTM 2010, S. 4; PWC 2010, S. 8-14).

Im Folgenden finden Veröffentlichungen Berücksichtigung, die explizit Flexibilität in der Risikosteuerung aufführen. Der Fokus liegt auf der SC-Risikosteuerung, die aber ergänzt wird durch die aufgeführten Ergebnisse aus der Perspektive eines einzelnen Unternehmens.

Abgrenzung der Strategie der Flexibilitätsanpassung von anderen Strategien der (SC-) Risikosteuerung

Tabelle 12 stellt die Abgrenzungen der Strategien der Flexibilitätsanpassung von anderen Strategien bezogen auf ein Unternehmen dar. HERMANN (1996, S. 75-89) unterscheidet zwei Möglichkeiten im Rahmen der ungerichteten Risikobewältigung: Entweder wird Einfluss auf die allgemeine informationelle Fundierung der Entscheidung genommen, also nicht auf ein bestimmtes Risiko, oder es findet eine Steigerung der unternehmerischen Flexibilität statt, d. h. eine innengerichtete Schaffung und Sicherung von Handlungsspielräumen. Dabei kann an der Unternehmensstrategie, den -systemen, der -struktur und der -kultur angesetzt werden.

HILLMER (1987, S. 45-47) differenziert zwischen Flexibilität und Stabilitätsstreben und unterscheidet sechs Handhabungsstrategien, von denen eine der Flexibilität und die weiteren fünf dem Stabilitätsstreben zuzuordnen sind. Die ersten beiden Politiken sind aktiver Art und betreffen Flexibilität. Die letzten vier Strategien sind passiver Art. BRAUN (1984, S. 107-115) erläutert in Anlehnung an KOCH (1976, S. 332-335) und ULRICH (1976, S. 67-70) zwei sehr ähnliche Strategierichtungen, und zwar die Stabilisierung des Unternehmens sowie die Erhöhung der Flexibilität im Sinne der Umstellungsfähigkeit. Die erstgenannte strategische Vorgehensweise umfasst externe Maßnahmen, wie die Risikoteilung, -begrenzung und -übertragung, und interne Maßnahmen zur Risikostreuung bzw. Reduzierung der Abhängigkeit bestimmter Marktpartner. Die zweite Strategie beinhaltet die Rücklagen- und Reservenbildung

[109] WIELAND/WALLENBURG (2011, S. 12-13) verwenden die Begriffe Agilität bzw. Robustheit.

(passive Vorgehensweise) sowie die Gestaltung flexibler Systeme (aktive Vorgehensweise) mit besonderem Augenmerk auf die Produktion. STREITFERDT (1973, S. 26-49) ordnet die Maßnahmen zur Gestaltung der betrieblichen Flexibilität in die Gestaltung der Werte ein und fasst darunter – wie BRAUN (1984, S. 107-115) – die Reservenbildung.[110]

Tabelle 12: Abgrenzungen der Flexibilitätsanpassung von anderen Strategien der Risikosteuerung

<table>
<tr><th>Autor (Jahr)
Bezug</th><th colspan="24">Abgrenzung der Strategien</th></tr>
<tr><td rowspan="2">HERMANN (1996)
Optionen der Risikobewältigung</td><td colspan="12">gerichtete</td><td colspan="12">ungerichtete</td></tr>
<tr><td colspan="4">opportunistische</td><td colspan="4">deterministische</td><td colspan="4">reaktionistische</td><td colspan="6">informatorische</td><td colspan="6">Schaffung/Steigerung der Flexibilität</td></tr>
<tr><td rowspan="2">HILLMER (1987)
Handhabungsstrategien bei Umweltveränderungen</td><td colspan="12">aktive</td><td colspan="12">passive</td></tr>
<tr><td colspan="6">reaktiv/ präventiv zur Verfügung gestellte Flexibilität</td><td colspan="6">Vermeidung/ Senkung Notwendigkeit Flexibilität</td><td colspan="3">Verzicht Umweltbeeinflussung</td><td colspan="3">keine Kenntnisnahme/ Informationen</td><td colspan="3">Ohnmacht ggü. Veränderungen</td><td colspan="3">Risikoabwälzung/ -streuung</td></tr>
<tr><td>BRAUN (1984)/
KOCH (1976)/
ULRICH (1976)
Strategien zur Unternehmenssicherung</td><td colspan="12">Stabilisierung des Unternehmens</td><td colspan="12">Erhöhung der Flexibilität im Sinne der Umstellungsfähigkeit</td></tr>
<tr><td rowspan="2">STREITFERDT (1973)
Risikopolitische Maßnahmen</td><td colspan="12">Beeinflussung der Unsicherheit</td><td colspan="12">Gestaltung der Werte</td></tr>
<tr><td colspan="6">Informationsbeschaffung/ -verarbeitung</td><td colspan="6">direkte Beeinflussung der Wahrscheinlichkeiten</td><td colspan="4">Risikoübertragung/ -abwälzung</td><td colspan="4">Gestaltung der betrieblichen Flexibilität</td><td colspan="4">Risikostreuung</td></tr>
</table>

Im Rahmen der Abgrenzungen der Strategien der Flexibilitätsanpassung von anderen Strategien für die SC-Risikosteuerung (siehe Tabelle 13) wird hingegen zwischen den Strategien zur Erhöhung der Flexibilität und zum Aufbau von Redundanzen differenziert. JÜTTNER/PECK/CHRISTOPHER (2003, S. 206-207) stellen zur Risikobewältigung vier Strategien mit Beispielen vor: Vermeidung von geografischen Gebieten/Produkten/Organisationen, Kontrolle (erkannter Unsicherheiten) durch zusätzliche Lagerbestände/vertragliche Absicherung, Zusammenarbeit zur Erarbeitung von Business Continuity-Plänen/zum Austausch risikobezogener Informationen/zur Verbesserung der SC-Transparenz und Flexibilität (zur Erhöhung der Reaktionsfähigkeit bei nicht geplanten Ereignissen) durch Postponement/Multiple Sourcing/Local Sourcing.[111]

[110] Bezogen auf ein Unternehmen trennt AMEND (2000, S. 41-52) einerseits Lagerhaltung und Redundanz sowie andererseits Flexibilität. Da er nur Beispiele auflistet, wird er in der Tabelle und im Text vernachlässigt.

[111] WAGNER (2010, Folie 23) unterscheidet ebenfalls zwischen Flexibilität und Redundanz (u. a. Lagerhaltung). SIMCHI-LEVI (2007, Folien 5-28) trennt u. a. zwischen Redundanz und Flexibilität, erläutert aber, dass SC-Flexibilität z. B. durch Lagerhaltung erlangt werden kann. Da der Aufbau eines Lagers grundsätzlich auch die Schaffung von Redundanzen bedeutet, sind diese Strategien nicht scharf voneinander abgegrenzt.

Tabelle 13: Abgrenzungen der Flexibilitätsanpassung von anderen Strategien der Supply Chain-Risikosteuerung

<table>
<tr><th>Autor (Jahr)
Bezug</th><th colspan="6">Abgrenzung der Strategien</th></tr>
<tr><td>JÜTTNER/ PECK/CHRISTOPHER (2003)[112]
Strategien der Risikobewältigung</td><td>Vermeidung</td><td colspan="2">Kontrolle</td><td colspan="2">Zusammen-arbeit</td><td>Flexibilität</td></tr>
<tr><td rowspan="2">SHEFFI/RICE (2005); RICE/CANIATO (2003); SHEFFI (2005a/b)
Verringerung der Verwundbarkeit einer SC</td><td colspan="3" rowspan="2">Reduzierung der Eintrittswahrscheinlichkeit (Erhöhung der Sicherheit)</td><td colspan="3">Erhöhung der Widerstandsfähigkeit</td></tr>
<tr><td colspan="2">Aufbau von Redundanzen</td><td>Steigerung der Flexibilität</td></tr>
<tr><td>ZIEGENBEIN (2007)
Maßnahmen zur SC-Risikosteuerung</td><td colspan="2">Redundanz</td><td colspan="2">Flexibilität</td><td colspan="2">Planung und Organisation</td></tr>
<tr><td>TANG (2006b)
Erzielung widerstandsfähiger SC</td><td colspan="2">Erhöhung der Flexibilität</td><td colspan="2">Verbesserte Verfügbarkeit der Produkte</td><td colspan="2">Unterstützung des Absatzes der Produkte</td></tr>
<tr><td>PRÜMPER/BOHN/POHL (2006)
Strategien zur Bewältigung von Unsicherheit und Dynamik im Logistiksystem</td><td>Vermeidung</td><td colspan="2">Planung</td><td colspan="2">Absicherung</td><td>Flexibilisierung</td></tr>
</table>

Nach SHEFFI/RICE (2005, S. 41) kann die Erhöhung der Widerstandsfähigkeit („resilience“) mittels des Aufbaus von Redundanzen[113] oder der Steigerung der Flexibilität erreicht werden. Die erste Strategie verursacht allerdings Kosten, die einem begrenzten Nutzen gegenüber stehen, sofern keine Störung eintritt. Durch das Schaffen von Flexibilität im Rahmen der Infrastruktur und Ressourcen wird dagegen auch im regulären Betriebsablauf ein Wettbewerbsvorteil generiert, sodass hierfür anfallende Kosten ausschließlich auf dieser Basis gerechtfertigt werden können. Flexibilität kann erzielt werden durch die Auswahl einer geeigneten Beschaffungsstrategie (enge Beziehung mit wenigen vs. weniger starke Bindung an mehrere Lieferanten), Standardisierung von Teilen/Prozessen/Produktionssystemen, geschickte Kundenauswahl und -Kommunikation bei angebotsübersteigender Nachfrage, Postponement mit Preiswahl nach Verfügbarkeit, Einsatz von Systemen zur Transparenz auf dem Transportwege sowie ggf. Wahl alternativer Routen und der Förderung der Unternehmenskultur[114] (vgl. RICE/ CANIATO 2003, S. 23-30; SHEFFI 2005a, S. 181-266; SHEFFI 2005b, S. 28-29). ZIEGENBEINS Klassifikation (2007, S. 104), die bereits in Kapitel 2.3.3 erwähnt wurde, baut auf dieser Unterscheidung auf und benennt als dritte Strategie die Planung und Organisation.

TANG (2006b, S. 38-42) führt robuste Strategien zur Erzielung widerstandsfähiger SC auf. Diese beabsichtigen im normalen Betriebsablauf Kosten zu reduzieren und die Kundenzufrie-

[112] Die aufgeführten Strategien basieren auf den fünf von MILLER (1992, S. 319-320) dargestellten: Vermeidung, Kontrolle, Kooperation, Imitation und Flexibilität. In einer anderen Veröffentlichung führt JÜTTNER (2003) nur die drei Strategien Vermeidung, Kontrolle und Flexibilität auf.

[113] Redundanz umfasst hier das Schaffen zusätzlicher Kapazitäten, die genutzt werden oder nicht.

[114] So sollte für eine kontinuierliche Kommunikation zwischen den Mitarbeitern, für verteilte Entscheidungsbefugnis, Leidenschaft und die Vorbereitung auf Störungen gesorgt sein.

denheit zu erhöhen, während sie im Falle gravierender Störungen für die Aufrechterhaltung des Geschäftsbetriebs sorgen. Vier der Strategien dienen der Erhöhung der Flexibilität, d. h. Postponement, der Aufbau einer flexiblen Lieferantenbasis, die Möglichkeit zur kurzfristigen Eigenfertigung sowie der flexible Transport durch unterschiedliche Transportmodi/Logistikdienstleister/Routen. Die anderen Strategien streben die verbesserte Verfügbarkeit von Produkten (u. a. auch die strategische Lagerhaltung) bzw. die Unterstützung des Absatzes an.

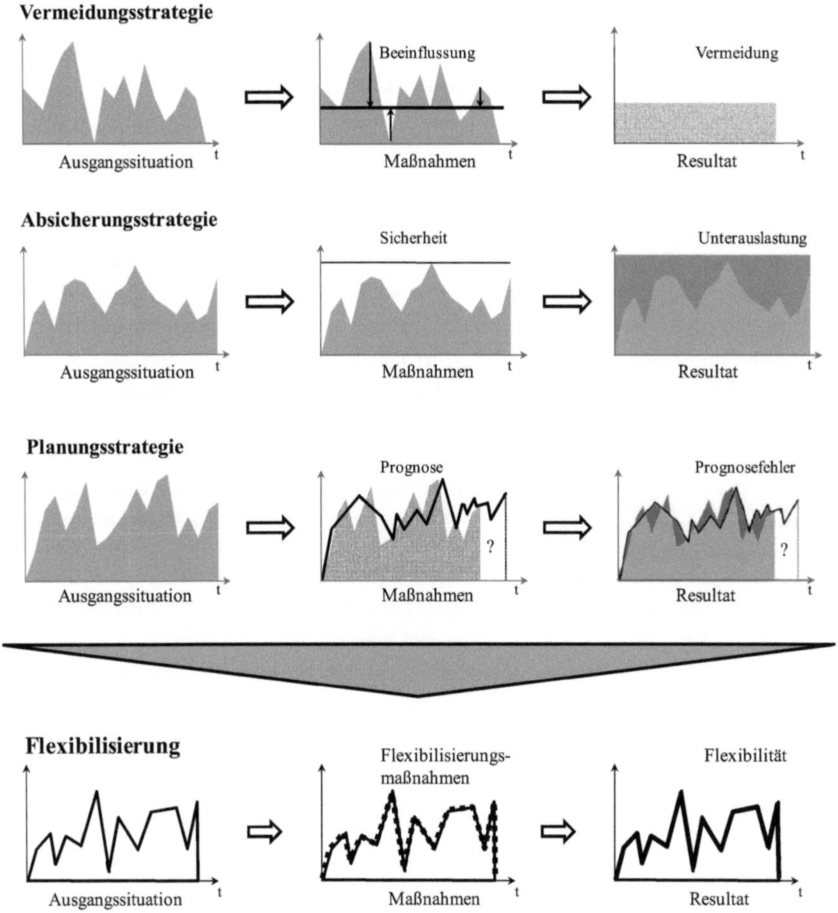

Abbildung 22: Strategien zur Bewältigung von Unsicherheit und Dynamik
Quelle: PRÜMPER/BOHN/POHL (2006, S. 9)

PRÜMPER/BOHN/POHL (2006, S. 9-14) untersuchen vier Strategien zur Bewältigung von Unsicherheit und Dynamik (siehe Tabelle 13 und Abbildung 22). Durch Vermeidung unsicherer Situationen liegen die Maßnahmen der gleichnamigen Strategie außerhalb der logistischen

Entscheidungsbefugnis, sodass die Strategie für die Logistik nicht geeignet ist. Maßnahmen im Rahmen der Absicherungsstrategie umfassen Lagerhaltung oder den Aufbau zusätzlicher Logistikkapazitäten und werden von den Autoren als Notlösung betrachtet, da sie dem SCM widersprechen und die Effizienz verringern. Die Planungsstrategie versucht mittels Prognosen zukünftige Absatzentwicklungen zu antizipieren. Eine Abweichung vom tatsächlichen Zustand ist dabei sehr wahrscheinlich, sodass auch diese Strategie ihre Grenzen hat. Als Strategie des aktiven Handelns wird hingegen die Flexibilisierung vorgeschlagen, die logistische Systeme durch Reaktions- und Anpassungsfähigkeit kennzeichnet. Maßnahmen hierzu betreffen Logistiktechnologien, Arbeitszeitmodelle, die Logistikstruktur, Outsourcing, Produkt- und Produktionsgestaltung sowie Transparenz in der SC.

Beispiele für Strategien zur Erhöhung der Flexibilität

Weitere Autoren führen Strategien zur Erhöhung der Flexibilität in der SC-Risikosteuerung auf, ohne diese allerdings von anderen Strategien abzugrenzen. TANG/TOMLIN (2008a, S. 14-24) setzen beim „Triple-A"-Prinzip von LEE (2004, S. 102-112) an, der zwischen drei Strategietypen zur Verringerung von SC-Risiken unterscheidet. Im Rahmen von „Agility" wird angestrebt, die negativen Folgen kurzzeitiger Angebots- oder Nachfrageänderungen z. B. mit folgenden fünf Maßnahmen zur Erhöhung der Flexibilität in der SC abzufedern: Vorhalten mehrerer Lieferanten, Abschließen flexibler Lieferantenverträge, Umstellung auf flexible Produktionsprozesse, Einführen des Postponement-Prinzips für Produkte und Einsetzen der dynamischen Preisfindung zur Beeinflussung der Kundennachfrage. TANG/TOMLIN (2008b, S. 172) erwähnen ferner die zentrale Lagerhaltung sowie die vielseitige Qualifikation von Mitarbeitern und zeigen analytisch, dass schon ein geringes Maß an Flexibilität ausreicht, um einen großen Nutzen zu erzielen.

Nach MARTHA/SUBBAKRISHNA (2002, S. 19-23) ist es zur Bewältigung von Risiken aufgrund des Kostenanstiegs von Versicherungen das Ziel, eine flexible und robuste SC zu generieren. Hierfür schlagen sie verschiedene Strategien inkl. zu ergreifender Maßnahmen vor: Vorhalten alternativer Lieferanten und Pflege dieser Beziehungen, Aufstellung alternativer Transportmöglichkeiten, Beeinflussung der Kundenwahl durch gezielte Steuerung der Absatzpreise, Einrichten kurzer Reaktionszeiten auf Nachfrageänderungen, Ermittlung der optimalen Lagermenge durch Anpassung operativer Einflussfaktoren.[115]

LEE/WOLFE (2003, S. 17-20) erläutern eine Reihe flexibler Beschaffungsstrategien (Vorhalten alternativer Lieferanten, Rekrutierung eines lokalen Zulieferers, Vorhalten mehrerer Lieferanten mit zusätzlichen Produktionskapazitäten und Auswahl von Lieferanten mit mehreren Produktionsorten) neben fünf weiteren Strategien (u. a. Bestimmung der angemessenen Lagermenge), um mit Störungen in der Lieferkette umzugehen.

[115] Auch die Wissenschaftlergruppe der University of Pennsylvania betrachtet die Schaffung von Redundanz im Rahmen der Lagerhaltung bzw. alternativen Transportmöglichkeiten als Strategien zur Erhöhung von Flexibilität (vgl. KNOWLEDGE@WHARTON 2006).

Handlungsoptionen im Rahmen der SC-Risikosteuerung

Im Abschnitt 2.3.3 wurden im Zusammenhang mit den Strategien der Risikosteuerung bereits Handlungsoptionen erwähnt. Im Folgenden sollen diese in Verbindung mit Flexibilität aufgeführt werden. MANUJ/MENTZER (2008b, S. 203-204) erläutern, dass Unternehmen, die ein stärkeres Maß an Flexibilität aufweisen, über eine höhere Anzahl strategischer Risikomanagement-Optionen verfügen. Sie können Ressourcen leicht und schnell umverteilen, sodass sie besser mit internen und Umweltrisiken umgehen. Die Autoren führen auf, dass das Schaffen von Flexibilität nicht in allen Fällen nützlich, sondern abhängig vom Risikograd ist.

Die Wissenschaftlergruppe der CRANFIELD UNIVERSITY (2003, S. 45-46) um CHRISTOPHER und PECK empfiehlt im Rahmen des SC (Re)Engineering, dass für das SC Design verstärkt Widerstandsfähigkeit berücksichtigt werden sollte. Dabei sollten SC-Strategien gewählt werden, die mehrere Optionen offen halten, sodass sie ggf. zwar höhere Kosten, aber dafür geringere Risiken verursachen. Auch CUCCHIELLA/GASTALDI (2006, S. 706-713) stellen ausgewählten Risiken Optionstypen als Strategievorschläge beispielhaft gegenüber. Hier wird also im Rahmen der Risikosteuerung die in Abschnitt 2.3.3. fehlende Wirkungsart der Maßnahmen und Strategien berücksichtigt.

Fazit zur Flexibilität im Rahmen der (SC-)Risikosteuerung

Die genannten Ausführungen und Beispiele zeigen, dass keine einheitliche Sichtweise von Flexibilität im Rahmen der Risikosteuerung existiert. Die Autoren nennen unterschiedliche Maßnahmen und Strategien. Es gibt jedoch keinen einheitlichen Ordnungs- und Klassifizierungsrahmen. Dieses zeigt sich z. B. an der Berücksichtigung der Lagerhaltung bezogen auf ein Unternehmen als Strategie zur Erhöhung der Flexibilität bzw. in der Regel an der Nicht-Berücksichtigung im Rahmen der SC-Risikosteuerung. Im Folgenden soll der Aufbau von Notfallreserven als Strategie zur Anpassung der Flexibilität verstanden werden.

Anknüpfend an die Unterscheidung in ursachen- und wirkungsbezogene Maßnahmen (Kapitel 2.3.3) können die Maßnahmen zur Steigerung der Flexibilität meist den wirkungsbezogenen zugeordnet werden. Der Einsatz flexibler Arbeitskräfte und die Möglichkeit, diese zu verlagern, die Verwendung universeller Arbeitsmittel und auch das Vorhalten von Notfallreserven können aufgefasst werden als Risikoselbsttragung und somit als wirkungsbezogene Maßnahmen. In die gleiche Richtung geht die Aufrechterhaltung „loser“ Beziehungen zu weiteren Lieferanten oder Produktionsstätten, um diese ggf. zu nutzen (Risikoteilung) (vgl. PFOHL 2002, S. 42; GÖTZE/MIKUS 2007, S. 50-51). Falls bei einem Ausfall oder bei Qualitätsproblemen der Hauptproduzent nicht liefern kann, ist es möglich, die Produktion an einen anderen Produktionsort zu verlagern. Wird diese Möglichkeit jedoch von vornherein ausgeschöpft, dient die Maßnahme der Risikodiversifikation und bezeichnet eine ursachenbezogene Maßnahme (vgl. ROMEIKE 2003d, S. 238).[116]

Flexibilität bietet Unternehmen die Möglichkeit, sich mehrere Optionen offen zu halten. Allerdings ist das Schaffen von Flexibilität kostspielig, sodass sich die Frage nach einem geeigneten Grad stellt. Bisher gibt es keinen SCRM-Prozess, der die Anpassung der Flexibilität explizit berücksichtigt. Diesen Aspekten geht daher das Kapitel 4 nach.

2.4 Flexibilitätsmanagement und Supply Chain-Flexibilitätsmanagement

Das nachfolgende Kapitel analysiert den Stand der Forschung in den Bereichen Flexibilitätsmanagement und Supply Chain-Flexibilitätsmanagement anhand der in Tabelle 14 dargestellten Fragen.

Tabelle 14: Fragestellungen im Bereich Flexibilitätsmanagement und Supply Chain-Flexibilitätsmanagement

Frage	Teilabschnitt, der die Frage(n) beantwortet
• Welche Eigenschaften besitzt Flexibilität? • Welche Aspekte sind im Rahmen des Flexibilitätsmanagements zu berücksichtigen?	2.4.1
• Welche Arten von Flexibilität und SC-Flexibilität gibt es bzw. welche Dimensionen lassen sich aufführen?	2.4.2
• Was ist bei der Messung und Bewertung von Flexibilität und SC-Flexibilität zu beachten? Welche Ansätze existieren bisher?	2.4.3
• Welche Ansätze zur Gestaltung der SC-Flexibilität existieren bisher?	2.4.4
• Welche Ergänzungen aus dem Flexibilitätsmanagement sind für die Entwicklung der Methode hilfreich?	2.4.5

2.4.1 Flexibilitätsbedarf und -potenzial

Eigenschaften von Flexibilität

Im Zusammenhang mit der Definition von Flexibilität in Kapitel 2.1.3 wurde der *Bedarf an Flexibilität* mit der Bewältigung von internen und externen Veränderungen (Flexibilitätsimpulsen) begründet (vgl. BREHM 2003, S. 88). Das heißt, dass Flexibilität in enger Beziehung zum Problem der Unsicherheit steht und benötigt wird, weil die zukünftigen Ereignisse nicht mit Sicherheit vorhergesehen werden können (vgl. MEFFERT 1969, S. 784; RATHJE 2007, S. 17). Flexibilität ist aus diesen Gründen nicht als absolute Größe zu sehen (vgl. MINNING 2008, S. 130). Der Flexibilitätsbedarf erfordert wiederum ein *Flexibilitätspotenzial*, das dann

[116] THOM (2008, S. 1-2) hingegen erwähnt das Flexibilitätsmanagement – wie auch das Krisenmanagement – ausschließlich im Zusammenhang mit der reaktiven Risikobegegnung.

zur Deckung aktiviert wird. Abbildung 23 stellt die Wirkungsbeziehungen zwischen Flexibilitätsbedarf und -potenzial grafisch dar.

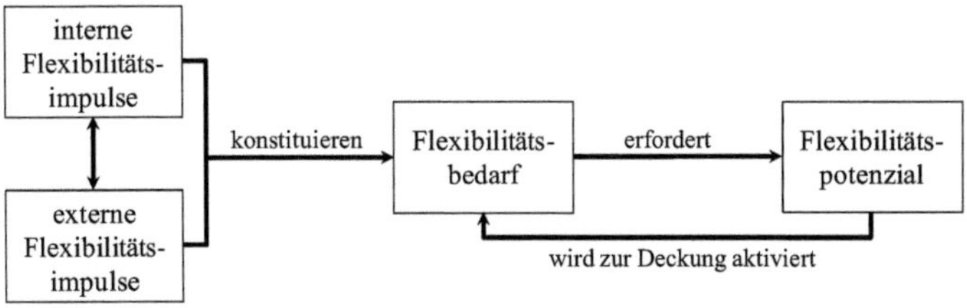

Abbildung 23: Beziehung von Flexibilitätsbedarf und -potenzial
Quelle: in Anlehnung an BREHM (2003, S. 88)

Schon MEFFERT (1985a, S. 7) stellt fest, dass Flexibilität auf unterschiedliche Weise systematisiert werden kann. Merkmalskataloge, um (produktionswirtschaftliche) Flexibilitätsbedarfe bzw. -potenziale zu beschreiben, finden sich z. B. bei REICHWALD/BEHRBOHM (1983, S. 842-846), BEHRBOHM (1985, S. 202; 216), HOCKE (2004, S. 26-43) und GÖBEL (2005, S. 68-76).[117] Im Folgenden wird ausschließlich auf die Charakterisierung von produktionswirtschaftlicher Flexibilität nach UPTON und auf die Unterscheidung des Handlungsspielraums, der Handlungsbereitschaft und Handlungsschnelligkeit eingegangen. Hierin kommen die wesentlichen Zusammenhänge zwischen Flexibilitätsbedarf und -potenzial anschaulich zum Ausdruck.

In der englischsprachigen Literatur ist die *Charakterisierung der Flexibilitätspotenziale von UPTON* (1994, S. 76-81) verbreitet. Zur Systematisierung ist die Beantwortung dreier Fragengruppen wesentlich:

1. Was soll verändert oder angepasst werden, d. h. welche *Dimension* ist betroffen? Die Beschaffenheit kann entweder kontinuierlicher (z. B. Ausbringungsmenge) oder diskreter Art (z. B. Auswahl zwischen bestimmten Lieferanten) sein (vgl. UPTON 1994, S. 77).
2. Welcher *Zeithorizont* soll den Änderungen zugrunde liegen, d. h. wie oft sollen Anpassungen vorgenommen werden? Hierbei können kurzfristige (operative Flexibilität), mittelfristige (taktische Flexibilität) und langfristige (strategische Flexibilität) Anpassungen unterschieden werden (vgl. UPTON 1994, S. 77-79).
3. Welche *Elemente* der Flexibilität sind in welchem Ausmaß erforderlich bzw. existent?
   - Die *Bandbreite* (range) umfasst nach SLACK (1987, S. 39) und UPTON (1994, S. 80) die Menge der denkbaren Zustände, die das System annehmen kann. KOSTE/ MALHOTRA (1999, S. 78-79) differenzieren ferner zwischen Bandbreiten-Anzahl (range – number) und Bandbreiten-Verschiedenartigkeit (range – heterogeneity),

[117] MAYER (2001, S. 55-69) führt Ursachen für Flexibilitätsbedarf und -potenziale auf. HILLMER (1987, S. 72-77) typisiert den Flexibilitätsbedarf.

wobei erstere die Anzahl der möglichen Optionen bezeichnet und letztere angibt, inwiefern sich die Optionen voneinander unterscheiden.

- Die *Mobilität* (mobility) betrifft die Leichtigkeit des Wechsels zwischen den Zuständen und kann in Zeit- und Kostengrößen gemessen werden (vgl. UPTON 1994, S. 80; KOSTE/MALHOTRA 1999, S. 78-79).[118]
- Die *Gleichmäßigkeit* (uniformity) der Leistungsfähigkeit des Systems wird z. B. mit Hilfe der Effizienz, Produktivität, Qualität, Produktkosten oder Durchlaufzeit angegeben. Im Rahmen der Bandbreite der Zustände ist die Leistungsfähigkeit eines flexiblen Systems konstant (vgl. UPTON 1994, S. 80; KOSTE/MALHOTRA 1999, S. 79).
- HOCKE (2004, S. 42-43) ergänzt als letztes Element die von SLACK (1983, S. 7) aufgeführten *Bereitstellungskosten* (cost of providing). Damit werden die Investitionen für die Flexibilitätspotenziale berücksichtigt, die zwar nicht direkt mit dem Anpassungsprozess zusammenhängen, aber notwendig sind, um die Flexibilitätspotenziale umfassend zu beschreiben.

Anknüpfend an die Elemente zur Beschreibung von Flexibilitätspotenzialen in der englischsprachigen Literatur werden in der deutschsprachigen Literatur drei Flexibilitätskomponenten[119] herausgestellt, nämlich der Handlungsspielraum, die Handlungsbereitschaft und die Handlungsschnelligkeit. Durch die Verfügbarkeit von *Handlungsspielräumen* ist ein System in der Lage, verschiedene Zustände anzunehmen.[120] Der Handlungsspielraum ist abhängig von den Freiheitsgraden des Systems, d. h. der Anzahl der Eigenschaftsmerkmale und ihren Ausprägungen. Je größer die Menge der Merkmalsausprägungen ist, desto mehr Alternativen bestehen für Systemzustände und desto flexibler ist das System. Ferner ist die Verschiedenartigkeit der Ausprägungen von Relevanz (vgl. NAGEL 2003, S. 12; JANSSEN 1997, S. 18; MINNING 2008, S. 130). Hier kann eine Parallele zur Bandbreite (s. o.) gezogen werden.

Die *Handlungsbereitschaft* hängt von den Systemmitgliedern ab, die die Entscheidungen treffen und umsetzen, d. h. genauer von ihrer Kompetenz und ihrem Willen. Dies bedeutet, dass problemadäquate bzw. risikorelevante Informationen verfügbar sein müssen, die als solche erkannt werden, um anschließend Anpassungsmaßnahmen vornehmen zu können (vgl. NAGEL 2003, S. 12-13; HILLMER 1987, S. 24-27.[121]

---

[118] SLACK (1987, S. 39) bezeichnet dieses Element als Leistungsfähigkeit (response).

[119] Die Anzahl der Flexibilitätskomponenten variiert bei den verschiedenen Autoren zwischen zwei und vier.

[120] In einigen Veröffentlichungen entspricht der Handlungsspielraum der Flexibilität (vgl. BREHM 2003, S. 105). SCHNEEWEIß/KÜHN (1990, S. 379) bezeichnen den Handlungsspielraum mit „Aktionsvolumen“, MEFFERT (1985b, S. 126) die Menge der Handlungsspielräume als „Aktionsflexibilität“.

[121] Während NAGEL und HILLMER dem Begriffsverständnis dieser Arbeit entsprechen und die Verfügbarkeit der notwendigen Informationen unter der Handlungsbereitschaft subsumieren, benennt THIELEN hierfür eine vierte Komponente, die Handlungsvorbereitung (vgl. NAGEL 2003, S. 12-13; HILLMER 1987, S. 24-27; THIELEN 1993, S. 119). MEFFERT (1985b, S. 126) bezeichnet die Handlungsbereitschaft als Strukturflexibilität, bezieht allerdings im Gegensatz zu THIELEN (1993, S. 119) neben dem Personal und den Führungssystemen den Bereich der Organisation ein. Die vorliegende Arbeit folgt in diesem Falle der Auffassung MEFFERTS. JANSSEN (1997, S. 24) berücksichtigt diese Komponente nicht, sondern betrachtet die Differenz zwischen den Flexibilitätspotenzialen einer Unternehmung und der (nutzbaren) Flexibilität als Handlungsbereitschaft.

Damit die Maßnahmen zum richtigen Zeitpunkt wirksam werden, ist die *Handlungsschnelligkeit* relevant, die auch als Handlungsgeschwindigkeit, Reagibilität oder Prozessflexibilität bezeichnet wird. Die Komponente betrifft den Zeitraum, der für die Anpassung benötigt wird (vgl. MEFFERT 1985b, S. 126; SCHNEEWEIß/KÜHN 1990, S. 379; MIRSCHEL 2007, S. 30-31; HILLMER 1987, S. 23-24; NAGEL 2003, S. 13; JANSSEN 1997, S. 18-19). Verschiedene Autoren haben ihn auf unterschiedliche Weise gegliedert.[122]

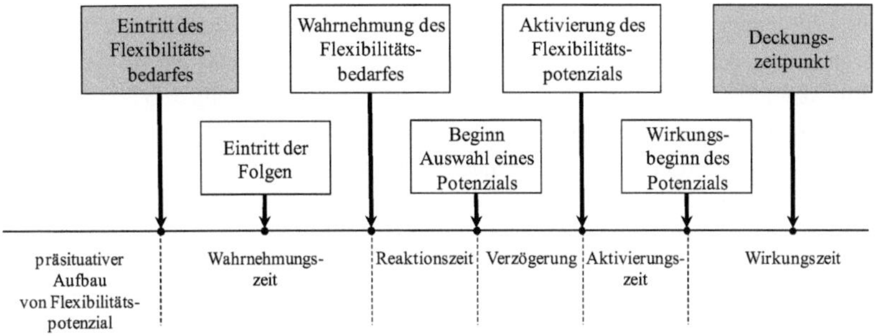

Abbildung 24: Zeitpunkte und Zeiträume des Flexibilitätsprozesses
Quelle: in Anlehnung an BREHM (2003, S. 107)

Abbildung 24 zeigt die Zeitpunkte und Zeiträume des Flexibilitätsprozesses nach BREHM (2003, S. 107). Der Autor differenziert zwischen Wahrnehmungszeit, Reaktionszeit, Verzögerung, Aktivierungszeit und Wirkungszeit. REICHWALD/BEHRBOHM (1983, S. 839) stellen zudem den Fall dar, dass die Wahrnehmung des Flexibilitätsbedarfs und die Aktivierung des Flexibilitätspotenzials vor dem Eintritt des Flexibilitätsbedarfs liegen.[123]

Aspekte zur Berücksichtigung im Rahmen des Flexibilitätsmanagements

Die Abstimmung bzw. der bestmögliche Ausgleich der Flexibilitätsbedarfe und -potenziale ist Ziel des *Flexibilitätsmanagements*. In der Literatur werden in einigen Fällen anstelle des Flexibilitätsmanagements die Ausdrücke Flexibilitätsplanung und Flexibilitätspolitik verwendet (vgl. HOCKE 2004, S. 26). Im Folgenden werden sie daher als Synonyme gebraucht.

Wie in Kapitel 2.1.3 im Rahmen der Definition von Flexibilität mit dem Merkmal „Zielgerichtetheit" angedeutet, wird Flexibilität nicht als eigene Zielgröße angesehen, sondern als „Unterziel von Qualitäts-, Zeit- und Kostenzielen" und somit als ein *Mittel zur Zielerreichung* (vgl. GÖBEL 2005, S. 23; NAGEL 2003, S. 14). Da das Dilemma der Flexibilitätsplanung darin besteht, dass der Erhöhung der Flexibilität auch höhere Kosten gegenüberstehen, fordert MEFFERT (1985a, S. 4), dass Flexibilität nicht als Selbstzweck aufgefasst, sondern als ziel-, strategie- und situationsabhängig betrachtet werden sollte. EVERSHEIM/SCHAEFER (1980, S. 235)

[122] Hierfür siehe z. B. NAGEL (2003, S. 13), MIRSCHEL (2007, S. 30-31), THIELEN (1993, S. 122) oder BREHM (2003, S. 107).
[123] Neben dem Handlungsspielraum und der Handlungsgeschwindigkeit stellt BREHM (2003, S. 108-110) ferner die Universalität als Flexibilitätskomponente vor, die die „instrumentelle Tauglichkeit bzw. sachliche Zweckmäßigkeit" des Potenzialträgers charakterisiert.

konstatieren, dass nach dem Grundsatz „so starr wie möglich und (nur) so flexibel wie nötig" gehandelt werden sollte. Dieser Richtsatz wird in Kapitel 4 aufgegriffen.

Kosten für Flexibilität entstehen einerseits durch den Aufbau und die Aufrechterhaltung von Flexibilitätspotenzialen und andererseits durch ihre Nutzung (vgl. HORVÁTH/MAYER 1986, S. 75; PIBERNIK 2001b, S. 55). HORVÁTH/MAYER (1986, S. 75) bezeichnen den Aufbau der Potenziale als Versicherungsprämie gegen zukünftige Veränderungen. THIELEN (1993, S. 101-102) unterteilt die hieraus resultierenden Kosten auch in tatsächliche und Opportunitätskosten, d. h. der Gewinnentgang, der dadurch entsteht, dass keine anderen Chancen genutzt werden können. Bestehen hingegen keine ausreichenden Flexibilitätspotenziale und entgeht aufgrund dessen Gewinn, können diese Auswirkungen als Kosten der Inflexibilität verbucht werden (vgl. NAGEL 2003, S. 16; PIBERNIK 2001b, S. 55-56).

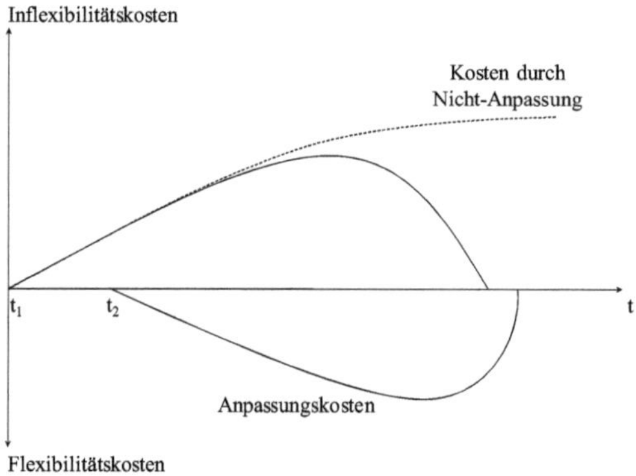

Abbildung 25: Kostenwirkungen im Zeitablauf eines Flexibilitätsprozesses
Quelle: in Anlehnung an EPPINK (1978, S. 11) und SCHAUERHUBER (1998, S. 66)

Abbildung 25 veranschaulicht die Kostenwirkungen der Flexibilität und der Inflexibilität im Zeitablauf eines Flexibilitätsprozesses. t_1 kennzeichnet den Eintritt des Flexibilitätsbedarfs, ab dem Kosten der Inflexibilität auftreten. Im Zeitpunkt t_2 wird das Flexibilitätspotenzial aktiviert und beginnt zu wirken. Zwar werden ab t_2 Flexibilitätskosten für die Anpassung induziert; gleichzeitig werden aber die Kosten der Inflexibilität verringert (vgl. SCHAUERHUBER 1998, S. 66-67).

Im Gegensatz zur Bestimmung der Flexibilitätskosten führt die Bewertung des *Nutzens* zu Problemen und wird deutlich seltener in der Literatur behandelt (vgl. KALUZA 1995, S. 38). KALUZA (1995, S. 38) betrachtet den Flexibilitätsnutzen als positive Wirkung auf die Zielerreichung des Unternehmens. Eine derartige Bestimmung des Flexibilitätsnutzens ist ebenso schwierig wie die alternative Ermittlung der Kosten der Inflexibilität, die vermieden werden. SCHAUERHUBER (1998, S. 87-88) und DAMISCH (2002, S. 117-118) hingegen konstatieren, dass der Flexibilitätsnutzen einerseits in der Verringerung von Unsicherheit sowie der Bewältigung von Risiken liegt. Somit werden Wettbewerbsnachteile und evtl. Absatzeinbußen, d. h.

Inflexibilitätskosten, vermieden. Andererseits können Chancen genutzt werden, die ohne Flexibilität nicht ergriffen werden könnten und infolgedessen die Wettbewerbsposition verbessern und zu zusätzlichen Marktanteilen führen.[124]

SCHAUERHUBER (1998, S. 88-89) führt ferner auf, wie das optimale Maß an Flexibilität und der Flexibilitätsnutzen formal ermittelt werden können; für die Praxis scheinen derartige Möglichkeiten allerdings weniger relevant. KALUZA (1995, S. 38) schlägt daher die Verwendung heuristischer Lösungsansätze, wie die Argumentenbilanz u. a. bei WILDEMANN (1986, S. 31-33), oder die Sichtweise der Flexibilitätskosten als Versicherung vor.

KALUZA/BLECKER (2005, S. 4-5) ermitteln neben Kosten, Qualität, Zeit, Erzeugnisvielfalt und Service als weiteren strategischen *Erfolgsfaktor* die Flexibilität. Ferner gibt es bereits eine Reihe von Autoren, die den Zusammenhang zwischen Flexibilität und dem Unternehmensergebnis, der -performance bzw. der SC-Leistung untersuchen (vgl. VOKURKA/O'LEARY-KELLY 2000, S. 487; SÁNCHEZ/PÉREZ 2005, S. 693-695; VICKERY/CALANTONE/DRÖGE 1999, S. 22; MERSCHMANN 2007, S. 165).[125]

Neben den Kosten gibt es ein weiteres Konstrukt, das mit der Flexibilität in einem Spannungsverhältnis steht, nämlich die *Komplexität*. Einerseits folgt aus dem Aufbau von Flexibilitätspotenzialen eine gesteigerte Komplexität, da die Vielfalt an Elementen und Anzahl der Verbindungen untereinander zunimmt, z. B. indem weitere alternative Lieferanten betreut werden, die im Bedarfsfall aktiviert werden können. Andererseits resultiert Komplexität selbst aufgrund von Unsicherheit, Kompliziertheit und Dynamik (vgl. WESTPHAL 2000, S. 19). Unsicherheit führt wiederum zu einem Flexibilitätsbedarf. Nach dem Erreichen eines kritischen Punktes kann die Flexibilität eines Systems aufgrund der Unübersichtlichkeit allerdings nicht mehr ansteigen, sondern erhöht sich dann nur noch durch die Verringerung der Komplexität und des Flexibilitätsbedarfs (vgl. MIRSCHEL 2007, S. 28-29).

Auch Komplexität verursacht Kosten, und zwar lässt sie die Effizienz des Systems sinken, was sich auf der Produkt-, Prozess- und Ressourcenebene zeigt (vgl. NAGEL 2003, S. 17). Deshalb lässt sich ein dreidimensionales Spannungsfeld mit den Komponenten Flexibilität, Komplexität und Kosten abbilden (siehe Abbildung 26).

[124] MEFFERT (1985b, S. 122-123) erläutert, dass lange Zeit ausschließlich der Risikoaspekt betrachtet wurde und erst ab den 1980er Jahren das Ergreifen von Chancen mit herangezogen wurde.

[125] VOKURKA/O'LEARY-KELLY (2000, S. 487) stellen fest, dass die Fertigungsflexibilität das Unternehmensergebnis beeinflusst und die Variablen Strategie, Umweltfaktoren, organisationelle Attribute und Technologie direkt bzw. moderierend über die Fertigungsflexibilität auf die Unternehmensperformance wirken. SÁNCHEZ/PÉREZ (2005, S. 693-695) und VICKERY/CALANTONE/DRÖGE (1999, S. 22) ermitteln eine positive Korrelation von SC-Flexibilität und der Unternehmensperformance und SÁNCHEZ/PÉREZ (2005, S. 693-695) finden heraus, dass eine positive Korrelation zwischen der Unsicherheit der Umwelt und der SC-Flexibilität besteht. MERSCHMANN (2007, S. 165) kommt zu dem Ergebnis, dass die Abstimmung der SC-Flexibilität auf den Grad der SC-Unsicherheit nicht nur zu einer höheren SC-Leistung, sondern auch zu einem höheren Unternehmenserfolg führt.

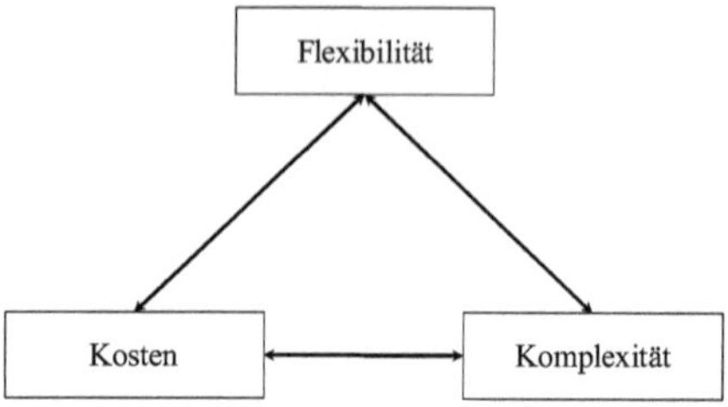

Abbildung 26: Dreidimensionales Spannungsfeld aus Flexibilität, Kosten und Komplexität

Zum Umgang mit Unsicherheit können grundsätzlich zwei unterschiedliche Methoden gewählt werden, die in einer engen Sichtweise wie Gegensätze wirken und schon im Rahmen der Strategien der Risikosteuerung in Abschnitt 2.3.4 erwähnt wurden: Nach dem Prinzip der Stabilisierung wird versucht, sich im Gegensatz zum Prinzip der Flexibilisierung nicht an einwirkende Kräfte anzupassen. Unternehmerische Handlungen setzen sich daher stets aus der Stabilität und der Flexibilität zusammen (vgl. KLIMECKI/GMÜR 1993, S. 5-6; VOIGT 2008, S. 194-199; HOPFMANN 1989, S. 33). Wird *Stabilität* im Hinblick auf die unternehmerische Zielerreichung betrachtet, wird darunter die Fähigkeit verstanden, Gleichgewichtszustände anzunehmen bzw. ein Mindestzielniveau zu erreichen. Zur Sicherstellung dessen stellt das Flexibilitätspotenzial ein Mittel dar. Stabilität kann dann als Angepasstsein und die Nutzung des Flexibilitätspotenzials als Prozess der Anpassung aufgefasst werden (vgl. MIRSCHEL 2007, S. 27; BREHM 2003, S. 43-45; THIELEN 1993, S. 95-100).

Folglich resultiert die angestrebte Flexibilität eines Systems aus der unternehmens- und situationsspezifisch berücksichtigten wirtschaftlich vertretbaren Flexibilität, die bestimmt wird durch die Beachtung von Kosten und Nutzen, der erforderlichen Flexibilität zur Erreichung eines dynamischen Gleichgewichts von Flexibilität und Stabilität sowie der zweckorientierten Flexibilität. Diese zieht das situative Umfeld, die eigenen Ziele und die Denkhaltung in Betracht (vgl. THIELEN 1993, S. 106).

2.4.2 Flexibilitätsarten und -dimensionen

Wie bereits im vorherigen Abschnitt erwähnt, existieren in der Literatur zahlreiche Systematisierungen von Flexibilität. Zunächst sollen Flexibilitätsarten erläutert werden, bevor auf eine unternehmensbereichsbezogene Abgrenzung der Flexibilität eingegangen wird.

Flexibilitätsarten

Im Folgenden werden sieben Unterscheidungen aufgeführt und in Abbildung 27 als Übersicht dargestellt. Vier von ihnen werden von KALUZA (1995, S. 5-8) und drei von HORSTMANN

(2007, S. 13-18) kategorisiert.[126] Nachstehend kann ausschließlich auf die Differenzierungen nach der Wirkungszeitdauer, der Wirkungsweise und -ebene eingegangen werden.[127]

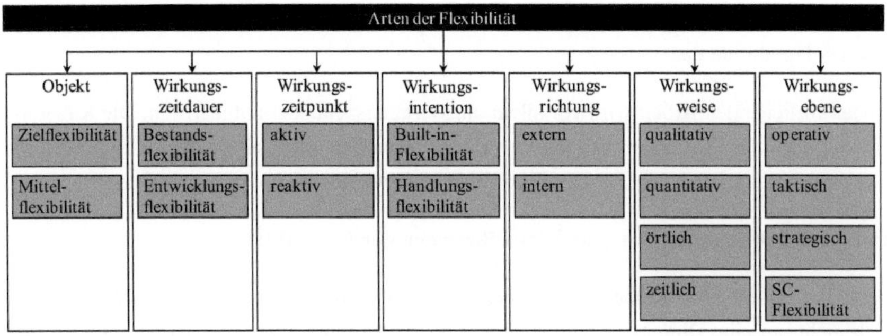

Abbildung 27: Arten der Flexibilität
Quelle: Eigene Darstellung in Anlehnung an KALUZA (1995, S. 5-8) und HORSTMANN (2007, S. 13-18)

Hinsichtlich der *Wirkungszeitdauer* führt JACOB (1974, S. 322-323) die Bestands- und die Entwicklungsflexibilität auf. Die kurzfristige Anpassungsfähigkeit im Rahmen der vorhandenen Kapazitäten wird zeitlich-horizontale oder Bestandsflexibilität genannt. Die mittel- bis langfristige Anpassungsfähigkeit an die zukünftig eintretende Datenentwicklung durch Auswahl und Anwendung von Instrumenten und Maßnahmen des Flexibilitätsmanagements wird mit zeitlich-vertikaler oder Entwicklungsflexibilität bezeichnet (vgl. JACOB 1974, S. 322-323; KALUZA 1995, S. 6).[128] Die im Abschnitt 2.4.1 von UPTON (1994, S. 77-79) genannten Anpassungsarten, d. h. operative Flexibilität, taktische Flexibilität und strategische Flexibilität, betreffen ebenfalls die Zeitdimension und können gleichermaßen unter dieses Gliederungskriterium gefasst werden.

HORSTMANN (2007, S. 16) führt im Rahmen der *Wirkungsweise* die Differenzierung zwischen quantitativer und qualitativer Anpassungsfähigkeit auf. Während die Quantität z. B. die Anzahl der Mitarbeiter umfasst, betrifft die Qualität die Möglichkeiten zum Einsatz der Mitarbeiter aufgrund der Ausbildung.[129] PAULI (1987, S. 38-41) gliedert nach der quantitativen, qualitativen, örtlichen und zeitlichen Flexibilität.

Bezogen auf die *Wirkungsebene* lassen sich die Begrifflichkeiten operativ und strategisch nennen (vgl. HORSTMANN 2007, S. 13-14). STEVENSON/SPRING (2007, S. 692) fügen zwei

[126] Alternativ unterscheidet HOPFMANN (1989, S. 34-44) den Einsatz-, Potenzial-, Wirkungs- und Zeitaspekt.

[127] Siehe KALUZA (1995, S. 5); BURMANN (2001, S. 174); MEFFERT (1969, S. 787-793) hinsichtlich des Objekts, HORSTMANN (2007, S. 14-15); THIELEN (1993, S. 54-56) bzgl. des Wirkungszeitpunktes, MEFFERT (1985a, S. 7-27); MEFFERT (1985b, S. 124-133); THIELEN (1993, S. 64-67); AMEND (2000, S. 19-20) im Hinblick auf die Wirkungsintention bzw. ANSOFF (1976, S. 136-140); THIELEN (1993, S. 62-64); KALUZA (1995, S. 8) zur Wirkungsrichtung.

[128] Für alternative Begriffe siehe PAULI (1987, S. 35-37), THIELEN (1993, S. 67-68) und HEINECKER (2006, S. 49). JACOB (1990, S. 18-59) verfeinert diese beiden Flexibilitätsarten in vier Stufen: Bestandsflexibilität I und II und Entwicklungsflexibilität I und II (oder strategische Flexibilität).

[129] BERNARD (2000, S. 70-71) unterscheidet wie die OECD die interne, externe, numerische und funktionale Flexibilität.

weitere Hierarchieebenen hinzu, nämlich die taktische und die SC-Flexibilität. Während sich die operative Flexibilität auf die Betriebsmittel bezieht, betrifft die taktische Flexibilität die Betriebsebene, die strategische Flexibilität die Unternehmensebene und die SC-Flexibilität die Netzwerkebene. Die letztgenannte stellt nach Ansicht der Autoren einen Sonderfall der strategischen Flexibilität dar.

In der vorliegenden Arbeit wird vor allem die Wirkungszeitdauer aufgegriffen. Die Kategorisierung nach der Wirkungsebene wird als missverständlich eingeschätzt, da die SC-Flexibilität von den Autoren als strategische Flexibilität angesehen wird.

Unternehmensbereichsbezogene Klassifikationen der Flexibilität

Wird Flexibilität unternehmensbereichsbezogen gegliedert, kann konstatiert werden, dass es sich nicht um eine Dimension handelt, sondern um eine Reihe von Spezialflexibilitäten, die sich gegenseitig beeinflussen. Ferner können unterschiedliche hierarchische Ebenen von Flexibilität festgestellt und näher betrachtet werden (vgl. SCHAUERHUBER 1998, S. 55).

Die Erreichung von Flexibilität in Unternehmen setzt voraus, dass die Unternehmen in der Lage sind, sich anzupassen. Übergreifend können drei Bereiche der *Flexibilität in der Unternehmensführung* unterschieden werden: Die Planungs- und Entscheidungsflexibilität, die Aspekte betrifft wie die „Flexibilität der Planung“ und die „Planung der Flexibilität“ sowie die Verbesserung der Handlungsschnelligkeit beim Treffen von Entscheidungen, die Organisationsflexibilität und die Kontrollflexibilität (vgl. KALUZA 1995, S. 9-13).

Ferner spielt *Flexibilität in den Funktionsbereichen der Unternehmen* eine große Rolle. So sollten Flexibilitätspotenziale im Rahmen der Beschaffung, der Produktion, des Absatzes, der Finanzen und des Personals eines Produktionsunternehmens vorhanden sein (vgl. HORVÁTH/MAYER 1986, S. 70-74; KALUZA 1993, Sp. 1177). Wie bereits in Kapitel 2.1.3 erläutert, wurde Flexibilität bezogen auf die Produktion bisher am intensivsten diskutiert, daher soll es kurz anhand von Ausprägungen der Flexibilität aus diesem Bereich veranschaulicht werden, bevor die Dimensionen der SC-Flexibilität aufgeführt werden. KALUZA (1993, Sp. 1178-1180) beschreibt für die *produktionswirtschaftliche Flexibilität* einerseits die reale und andererseits die dispositive Flexibilität. Flexibilitätsträger der realen Flexibilität sind die menschliche Arbeitsleistung, Betriebsmittel und Werkstoffe. Die dispositive Flexibilität besteht aus der Flexibilität der Produktionsplanung und der -steuerung, denen auch jeweils Instrumente zugeordnet werden können (vgl. KALUZA 1993, Sp. 1178-1180).[130]

Die beiden im Folgenden vorgestellten Klassifikationen von Fertigungsflexibilität lassen sich jeweils im Rahmen eines hierarchischen Modells aufführen, wobei die Dimensionen der unteren Ebenen als Bausteine für die Arten der höheren Ebenen dienen. SETHI/SETHI (1990, S. 296-315) benennen elf Dimensionen der Flexibilität und geben Beispiele zu deren Messung an. Dabei trägt die Flexibilität der Komponenten zu derjenigen des Systems bei, das wiede-

[130] GROB (1986, S. 20-24) führt mögliche Beziehungen zwischen Bereichen, Flexibilitäten und Maßnahmen auf.

rum die aggregierte Flexibilität beeinflusst. VOKURKA/O'LEARY-KELLY (2000, S. 486-495) fügen diesen elf Dimensionen noch vier weitere hinzu und stellen ein Modell auf, das die bisherige Forschung zur Fertigungsflexibilität zusammenfasst.

Die von KOSTE/MALHOTRA (1999, S. 79-88) vorgestellte Hierarchie beinhaltet zehn Flexibilitätsdimensionen aus dem Bereich der Produktion (siehe Abbildung 28), die jeweils anhand von vier Elementen der Flexibilität (siehe Abschnitt 2.4.1) gemessen werden können. Außerdem werden eine funktionale Ebene mit weiteren fünf Flexibilitätsarten und eine strategische Ebene eingefügt. Diese beiden Stufen zeigen, dass die Fertigungsflexibilität auf weitere Funktionen ausgedehnt wird.[131]

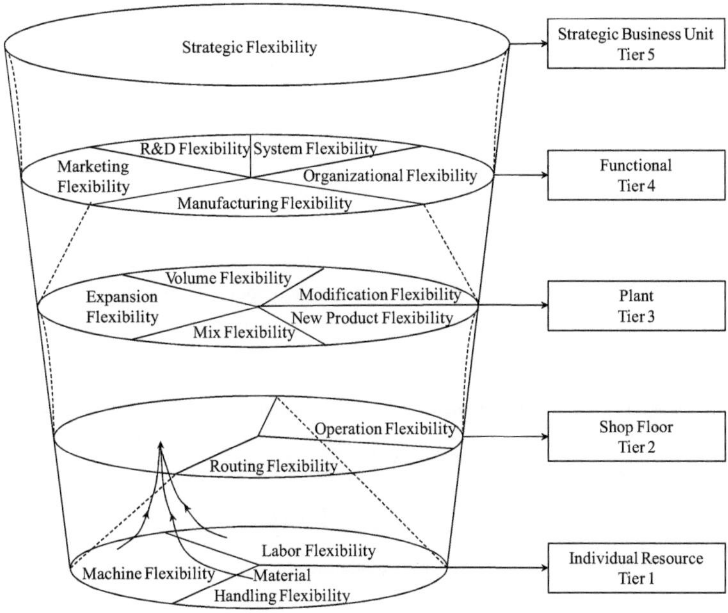

Abbildung 28: Hierarchie von Flexibilitätsdimensionen aus der Produktion
Quelle: KOSTE/MALHOTRA (1999, S. 87)

Die beiden bekanntesten Modelle zur SC-Flexibilität stammen von VICKERY/CALANTONE/DRÖGE (1999, S. 16) und von DUCLOS/VOKURKA/LUMMUS (2003, S. 451) bzw. LUMMUS/DUCLOS/VOKURKA (2003, S. 5). Auf mindestens eines dieser Modelle beziehen sich die weiteren folgenden. *SC-Flexibilität* wird von VICKERY/CALANTONE/DRÖGE (1999, S. 16) aus einer kundenorientierten Perspektive gesehen und umfasst Flexibilitäten, die direkte Auswirkungen auf den Kunden haben und mindestens zwei Funktionen der SC betreffen. Demnach werden die Produktflexibilität (Fähigkeit, die Produkte an den Kundenbedarf anzupassen),

[131] Für eine Kritik der beiden hierarchischen Modelle siehe z. B. MIRSCHEL (2007, S. 44-75), der eine eigene hierarchische Flexibilitätspotenzialsystematik entwickelt.

Volumenflexibilität (Fähigkeit, die Produktionskapazitäten an die Kundennachfrage anzupassen), Produkteinführungsflexibilität (Fähigkeit, schnell neue Produkte oder Varianten anzubieten), Distributionsflexibilität (Fähigkeit, eine umfassende Vertriebsabdeckung zu erreichen) und Marktflexibilität (Fähigkeit, auf die Zielmärkte einzugehen) als Dimensionen bestimmt. Im Vergleich zu denen der Fertigungsflexibilität ist die Distributionsflexibilität neu. DUCLOS/VOKURKA/LUMMUS (2003, S. 450) und LUMMUS/DUCLOS/VOKURKA (2003, S. 4) kritisieren an diesem Modell, dass die übergreifende Sichtweise des SCM vernachlässigt wird, indem die Verantwortung der meisten Flexibilitätsarten bei nur einer Funktion liegt, so ist z. B. das Marketing zuständig für die Distributionsflexibilität.[132]

LUMMUS/DUCLOS/VOKURKA (2003, S. 5) schlagen daher ein Modell vor, das die Flexibilität der SC als Ergebnis der operativen Flexibilität (Fähigkeit, auf Kundenbedürfnisse mit Hilfe von Produkt- und Volumenänderungen zu reagieren), der Logistikflexibilität (Fähigkeit, bei wechselnden Kunden und Lieferanten, kosteneffektiv Produkte zu liefern) und der Beschaffungsflexibilität (Fähigkeit, Lieferantenbeziehungen zu ändern) abbildet. Ob diese Charakteristika zu einer flexiblen SC führen, hängt ferner von der Organisationsflexibilität (Fähigkeit, Organisationsstruktur oder Personalstärke bzw. -fähigkeiten zu ändern) und der Informationssystemflexibilität (Fähigkeit, Systeme oder ihre Architekturen zu ändern) ab. Die erhöhte Flexibilität der SC wiederum führt zu einer verbesserten Kundenzufriedenheit. DUCLOS/VOKURKA/LUMMUS (2003, S. 451) benennen als sechste Komponente die Marktflexibilität (Fähigkeit, neue kundenorientierte Produkte herzustellen und enge Kundenbeziehungen zu führen), die LUMMUS/DUCLOS/VOKURKA (2003, S. 4) als Ergebnis einer flexiblen SC ansehen.

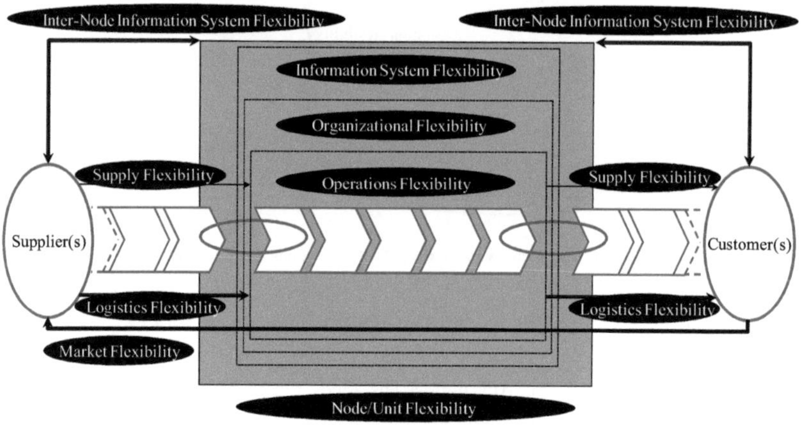

Abbildung 29: Dimensionen der Supply Chain-Flexibilität nach DUCLOS/VOKURKA/LUMMUS
Quelle: Eigene Darstellung in Anlehnung an DUCLOS/VOKURKA/LUMMUS (2003, S. 451)

132 Das von SÁNCHEZ/PÉREZ (2005, S. 685-686) entwickelte hierarchische Modell basiert auf den ersten beiden bekanntesten Modellen und erweitert insbesondere dasjenige von VICKERY ET AL. Es beinhaltet drei Ebenen, wie schon bei SETHI/SETHI. Dies sind die Basisflexibilität (Produktionsflexibilität), die Systemflexibilität (Unternehmensebene) und die aggregierte Flexibilität (SC), die jeweils verschiedene Komponenten umfassen. Ferner bildet das Modell die Prozessflexibilität und Logistikflexibilität ab.

Abbildung 29 zeigt den Zusammenhang der einzelnen Komponenten im SC-Modell. Dabei enthält jedes beteiligte Unternehmen (d. h. jeder einzelne Knotenpunkt) die internen Komponenten operative, Organisations- und Informationssystemflexibilität, während die Beschaffungs-, Logistik- und Informationssystemflexibilität zwischen den Unternehmen von hoher Bedeutung sind. Die Marktflexibilität verläuft hingegen durch alle Knoten. Eine prozessorientierte Sichtweise herrscht auch bei PUJAWAN (2004, S. 82-86), SWAFFORD ET AL. (2006a, S. 172-173), PRATER/BIEHL/SMITH (2001, S. 824-827), SHEFFI (2004, S. 106-114), ZHANG/ VONDEREMBSE/LIM (2002, S. 562-563) und KUMAR ET AL. (2006, S. 311-312) vor.[133]

Die aufgeführten Klassifikationen der SC-Flexibilität zeigen, dass in vielen Fällen eine Prozesssicht eingenommen wird und Komponenten entlang der Lieferkette enthalten sind. Insbesondere der Marktflexibilität, d. h. dem Eingehen auf Kundenbedürfnisse, wird eine hohe Bedeutung beigemessen. Wird das Modell von DUCLOS/VOKURKA/LUMMUS (2003) bzw. LUMMUS/DUCLOS/VOKURKA (2003) mit den anderen verglichen, ist auffällig, dass dieses im weitesten Sinne alle Dimensionen umfasst. Aus den genannten Gründen soll das Modell im weiteren Verlauf der Arbeit Berücksichtigung finden. In 2.2.3 wurde untersucht, inwiefern Flexibilität in den Methoden zur SC Performance-Messung berücksichtigt wird. Im Folgenden werden Möglichkeiten zur Messung der Flexibilität und SC-Flexibilität aus dem Flexibilitätsmanagement aufgeführt, nachdem zunächst die Schwierigkeiten hierbei aufgezeigt werden.

2.4.3 Messung von Flexibilität und Supply Chain-Flexibilität

Hindernisse bei der Messung von Flexibilität und SC-Flexibilität

Die Messung von Flexibilität gilt als schwierig. Die zentralen Ursachen hierfür liegen in unterschiedlichen bereits einzeln erläuterten Charakteristika:

- Hinsichtlich des Begriffs „Flexibilität“ besteht keine Einigkeit (vgl. Kapitel 2.1.3 und SETHI/SETHI 1990, S. 289).
- Flexibilität gibt ein Potenzial an und muss folglich nicht immer zwingend sichtbar sein (vgl. Kapitel 2.4.1 und SLACK 1983, S. 12).
- Flexibilität umfasst mehrere Dimensionen, über die ebenfalls kein Konsens besteht und die ggf. auf verschiedenen Ebenen angesiedelt sind, sodass das Konstrukt nicht mit Hilfe einer Messgröße erfassbar ist (vgl. Kapitel 2.4.1 und 2.4.2 sowie SLACK 1983, S. 12; GERWIN 1993, S. 401; MORE/BABU 2009, S. 53).

[133] PUJAWAN (2004, S. 82-86) wählt die Beschaffungs-, Produktions-, Distributions- und Produktentwicklungsflexibilität. Die nach außen gerichtete SC-Agilität bei SWAFFORD ET AL. (2006a, S. 172-173) setzt sich aus der internen Beschaffungs-, Produktions- und Distributionsflexibilität zusammen. Bei PRATER/BIEHL/SMITH (2001, S. 824-827) ist die SC-Agilität durch diese drei Komponenten charakterisiert. Zuzüglich zu den drei letztgenannten Flexibilitätsarten berücksichtigt SHEFFI (2004, S. 106-114) die Flexibilität des gesamten SC-Kontrollsystems. ZHANG/VONDEREMBSE/LIM (2002, S. 562-563) wählen die Produktentwicklungs-, Produktions- und Logistikflexibilität und eine umfassende Flexibilität als Einteilung. Nach KUMAR ET AL. (2006, S. 311-312) setzt sich die SC-Flexibilität aus der Produkt- (hier letztendlich eine Produktionsflexibilität (vgl. MERSCHMANN 2007, S. 40), Beschaffungs- und Logistikflexibilität zusammen. Die Produktentwicklungs- und die Marktflexibilität wirken übergreifend.

Diese Gründe lassen vermuten, dass eine unkomplizierte Messung der Flexibilität nicht möglich ist. Wird zudem das Forschungsgebiet im Rahmen der SC betrachtet, ergeben sich zusätzliche Probleme, wie im Abschnitt über das SC Performance Measurement beschrieben (vgl. Kapitel 2.2.3).

Ansätze zur Messung von Flexibilität und SC-Flexibilität

Zur Messung der Flexibilität und der SC-Flexibilität werden in der Literatur verschiedene Instrumente vorgestellt, die sich auf unterschiedliche Weise kategorisieren lassen. Für die weitere Analyse wird der Einteilung von PIBERNIK (2001b, S. 92-138) gefolgt, der zwischen der Flexibilitätsmessung anhand von Indikatoren, zulässigen Strategien, realisierten Zielwerten und optionsbasierten Ansätzen differenziert.[134] Ergänzt werden ferner traditionelle und qualitative Bewertungsverfahren.

Bei der Flexibilitätsmessung mittels *Indikatoren* werden Kennzahlen oder Kennzahlensysteme zur Erfassung der Flexibilität herangezogen, von denen angenommen wird, dass sie einen Rückschluss auf das Flexibilitätspotenzial erlauben (vgl. JACOB 1990, S. 25). EVERSHEIM/ SCHÄFER (1980, S. 235-247) setzen Kapazitätsmaße als quantifizierbare Kennzahlen für die Ableitung der Flexibilitätsanforderungen sowie die Ermittlung der wirtschaftlich vertretbaren Flexibilität ein. HORVÁTH/MAYER (1986, S. 75) beschreiben theoretisch die Bildung eines Flexibilitätskoeffizienten mit Hilfe des Änderungsumfangs und des -zeitfaktors. CHEN/CHUNG (1996, S. 381-383) schlagen Messgrößen zur Ermittlung der Maschinen- und Ablaufplanungsflexibilität im Bereich Produktion vor. SÁENZ/LAMBÁN/NAVARRO (2010, S. 222-224) ordnen (Performance-)Messgrößen anderer Autoren dem Plan-Prozess sowie Subprozessen des SCOR-Modells zu, u. a. von ZHANG/VONDEREMBSE/LIM (2005, S. 73-77), die die Dimensionen von UPTON (1994) (siehe Abschnitt 2.4.1) für die Logistikflexibilität anwenden und in Anhang IV gezeigt werden. WINKLER (2008, S. 20-21) identifiziert Transparenz, Einfachheit, Reaktionsfähigkeit/Agilität und Sicherheit/Zuverlässigkeit als Parameter, die die SC-Flexibilität bestimmen sowie einen multiplikativen Zusammenhang aufweisen, und gibt für diese z. T. Kennzahlen bzw. eine Funktion an.

Kennzahlen, die WINKLER/SOBERNIG/KALUZA (2007, S. 20-22) für die personelle, technologische, arbeitsstrukturbedingte, anlagenstrukturbedingte sowie informations- und kommunikationsstrukturbedingte Flexibilität entwickeln und die sie auch für die BSC aufführen (vgl. WINKLER/SOBERNIG 2008, S. 7) wurden bereits in Abschnitt 2.2.3 erwähnt und werden in Anhang IV aufgelistet. Weitere Kennzahlensysteme stammen von AAKER/MASCARENHAS (1984, S. 78-79), PAULI (1987, S. 88-135), OST (1993, S. 51-79; 1995, S. 153-158), HORSTMANN (2007, S. 202-218) und RATHJE (2007, S. 71; 211-214).[135]

[134] Für andere Kategorisierungen siehe GUPTA/GOYAL (1989, S. 121-133); BELLMANN/HIMPEL/BÖHM (2009, S. 233).

[135] SETHI/SETHI (1990, S. 296-315) führen als Überblick Indikatoren zur Messung der Produktionsflexibilität auf.

AAKER/MASCARENHAS (1984, S. 78-79) entwickeln ein Flexibilitätsaudit, das die Funktionsbereiche Forschung & Entwicklung, Finanzierung, operatives Geschäft, Absatz, Internationales und Management abdeckt und hierfür objektiv bewertbare Kennzahlen sowie z. B. hinsichtlich Fähigkeiten subjektiv zu beurteilende Indikatoren abbildet. Zur Bewertung der Veränderungsfähigkeit des Unternehmens formuliert PAULI (1987, S. 88-135) 35 Kennzahlen für die Produkte-, Leistungs- und Versorgungsflexibilität, wobei die bestehenden Möglichkeiten im Hinblick auf den quantitativen, qualitativen, örtlichen und zeitlichen Aspekt zu gewichten und mit Soll-Werten zu vergleichen sind. OST (1993, S. 51-79; 1995, S. 153-158) unterscheidet zur Messung des Flexibilitätsangebots kurz- und langfristige bzw. Einsatz-, Störungs-, Mengen-, Umbau- und Integrationsflexibilität und gibt für diese 33 Indikatoren an, die auf der Fuzzy Logic[136] basieren. Im Rahmen eines Audits werden von HORSTMANN (2007, S. 202-226) Flexibilitätskoeffizienten für jedes von sechs definerten Handlungsfeldern bzw. eine umfassende Unternehmenskennzahl gebildet. Die Flexibilitäts-Cost-Income-Ratio, die auf der Cost-Income-Ratio aufbaut, stellt sicher, dass Maßnahmen wirtschaftlich und in gewünschter Weise wirken. Sie wird für verschiedene Zeitpunkte als Minimal- und Maximalausprägungen ermittelt. RATHJE (2007, S. 71; 211-214) entwickelt Kennzahlenkategorien, die zuvor bestimmten Dimensionen zugeteilt werden, um die Flexibilitätstypen anhand von jeweils vier Maßen nach KOSTE/MALHOTRA (1999) (siehe Abschnitt 2.4.1) zum aktuellen Zeitpunkt zu beurteilen und ihnen Zielwerte zuzuweisen.[137]

Nachteile der Flexibilitätsmessung basierend auf Indikatoren sind einerseits die mäßige Aussagekraft einer oder weniger Kennzahlen aufgrund der Multidimensionalität des Konzepts, andererseits die erforderliche Quantifizierbarkeit der zu ermittelnden Größen und ferner die fehlende Berücksichtigung der Ziele, zumal Flexibilität kein Selbstzweck (vgl. Kapitel 2.4.1 und MEFFERT 1985a, S. 4) ist (vgl. JACOB 1990, S. 26; HOCKE 2004, S. 46-47). GÖSSINGER/LEHNER (2008, S. 31) betonen daher die Möglichkeit der Kombination von Indikatoren mit monetären Zielgrößen. Ein großer Vorteil ist jedoch die Feststellung von Abweichungen zwischen Soll- und Ist-Werten, die den Ausgangspunkt für das Ergreifen von Maßnahmen bilden können (vgl. HOCKE 2004, S. 46).

Die Flexibilitätsmessung anhand von *zulässigen Strategien* erfasst die Flexibilität des Systems ausschließlich mittels der Strategien, die dem Entscheidungsträger nach einer Aktion zur Verfügung stehen. Dieses geschieht – wie auch bei der Messung auf Basis von Indikatoren – ohne Berücksichtigung der Zielwerte.[138] Derartige Modelle abstrahieren sehr stark von der realen Situation, sodass sich andere Möglichkeiten der Flexibilitätsmessung ggf. besser zur Anwendung in der Praxis eignen (vgl. PIBERNIK 2001b, S. 98-102; HORSTMANN 2007, S. 43).

---

[136] Mittels der Theorie der unscharfen Mengen werden Planungsaufgaben mit schwer quantifizierbaren Einflussfaktoren gelöst. Hierbei eingesetzte Algorithmen sind unter der „Fuzzy Logic" bekannt (vgl. OST 1993, S. 21).

[137] MARBACHER (2001, S. 306) führt Möglichkeiten zur Erfassung der leistungswirtschaftlichen Flexibilität auf und orientiert sich ähnlicherweise am Handlungsspielraum sowie an der Handlungsschnelligkeit sowie den Literaturquellen SUAREZ/CUSUMANO/FINE (1995, S. 27) und JANSSEN (1997, S. 125).

[138] MANDELBAUM/BUZACOTT (1990, S. 19-27) formulieren z. B. ein Modell in diesem Rahmen.

Findet die Messung der Flexibilität durch *realisierte Zielwerte* statt, wird im Gegensatz zur Vorgehensweise bei der Betrachtung zulässiger Strategien auf die Zielwirkung abgestellt.[139] Grundsätzlich wird die Flexibilität eines Potenzials mit Hilfe des zugehörigen Zielwerts sowie des optimalen und minimalen Zielwerts bestimmt. Einer der Hauptkritikpunkte der erwähnten Ansätze liegt in der Bestimmung der Zielwerte, speziell der minimalen und optimalen (vgl. HOCKE 2004, S. 47-53). Dieses führt u. a. zu der Schlussfolgerung, dass sich derartige Modelle durch keinen hohen Anwendungsbezug auszeichnen (vgl. HORSTMANN 2007, S. 43).

Tabelle 15: Klassifikationen von Realoptionen

TRIGEORGIS (1995, S. 3-4)
Option to defer
Time to build option (staged investment)
Option to alter operating scale (e.g. to expand; to contract; to shut down and restart)
Option to abandon
Option to switch (e.g. outputs or inputs)
Growth options
Multiple interacting options

BREALEY/MYERS (2003, S. 430-439); BREALEY/MYERS/ALLEN (2006, S. 258-262)
Option to expand/Follow-on investment opportunities
Option to abandon
Timing option
Production option/Flexible production facilities

Optionsbasierte Ansätze zur Flexibilitätsbewertung basieren auf der finanzwirtschaftlichen Optionspreistheorie. Mit dem Erwerb einer Finanzoption wird seinem Inhaber das Recht eingeräumt, eine bestimmte Menge eines Finanztitels zu einem festgelegten Preis innerhalb eines bestimmten Zeitraumes oder zu einem vereinbarten Zeitpunkt zu kaufen bzw. zu verkaufen (vgl. MINNING 2008, S. 133; PIBERNIK 2001b, S. 118). Ein derartiger Handlungsspielraum kann als Realoption auf einen realen Vermögensgegenstand eines Unternehmens übertragen werden. Die möglichen Arten von Basisoptionen, die verschiedenen Ansätzen zugrunde liegen, sind in Tabelle 15 aufgeführt. Es handelt sich um Verzögerungs-, Wachstums-, Anpassungs-, Wechsel- und Abbruchoptionen.[140]

In den 1990er Jahren wurde vielfach kritisiert, dass Handlungsspielräume im Rahmen der Verfahren der traditionellen Investitionsrechnung nicht ausreichend betrachtet würden, die Unternehmer zu ihrem Vorteil nutzen können (vgl. KRUSCHWITZ 2005, S. 403). Der Realoptionsansatz wirkt diesem zwar entgegen, hat aber andere Nachteile: Wie der Finanztitel bei der Finanzoption müsste die Sachinvestition bei der Realoption geteilt werden und anhand von Preisen an den Finanzmärkten gehandelt werden können (vgl. KRUSCHWITZ 2005, S. 443-444). Zudem müssten die mit der Option zusammenhängenden Zahlungsströme angegeben

[139] Modelle dieser Art verfassen z. B. JACOB (1974, S. 322-325), KÜHN (1989, S. 77-90), SCHNEEWEIß/KÜHN (1990, S. 381-391), HOCKE (2004, S. 54-68) und GÖBEL (2005, S. 115-121).
[140] Modelle zur Flexibilitätsbewertung mittels Realoptionen stellen z. B. AMEND (2000, S. 91-184), MAYER (2001, S. 123-256), DAMISCH (2002, S. 275-412) und MINNING (2008, S. 149-226) auf.

werden (vgl. JANSSEN 1997, S. 69). Letztendlich handelt es sich um ein Verfahren mit einem hohen Abstraktionsgrad (vgl. HORSTMANN 2007, S. 44).[141]

Traditionelle Bewertungsverfahren aus der Investitions- und Kostenrechnung sowie dem Risikomanagement funktionieren auf unterschiedliche Weise. Im Rahmen der Investitionsrechnung[142] wird die Wirtschaftlichkeit alternativer Investitionen verglichen. Die Schwierigkeit besteht darin, sämtliche relevante Zahlungsströme einzubeziehen. Methoden der Kostenrechnung stellen hingegen die verschiedenen anfallenden Herstellkosten einander gegenüber, wofür sehr detaillierte Daten zur Verfügung zu stellen sind. Sowohl die Investitions- als auch die Kostenrechnung geben nur indirekt einen Hinweis auf Flexibilität, da sie mit einer festen Annahme rechnen. Werden unterschiedliche Szenarien berücksichtigt, kann Flexibilität allerdings gezeigt werden (vgl. HALLER 1999, S. 66-81; MAYER 2001, S. 97-102). Im Risikomanagement werden z. T. Value-at-Risk-Methoden (für Unternehmen aus nicht-finanziellen Branchen auch als Cashflow-at-Risk-Instrumente bekannt) und Simulationen, z. B. die Monte Carlo-Simulation, eingesetzt. Bei Value-at-Risk-Verfahren sind oftmals die notwendigen Inputdaten, v. a. die Wahrscheinlichkeiten, nicht gegeben. Bei der Simulation ist die Abbildung der Handlungsalternativen nicht möglich, sodass sie in diesem Rahmen auch nur sehr bedingt geeignet erscheint (vgl. MAYER 2001, S. 102-103; HORSTMANN 2007, S. 44-45).

Qualitative Verfahren ermöglichen die Berücksichtigung mehrerer Kriterien. Flexibilität wird in empirischen Studien, Nutzwertanalysen, einer auf der FMEA-basierenden Methode, der Argumentenbilanz und in Profilen bewertet. In empirischen Studien werden die Teilnehmer gebeten, die Bedeutung bzw. Performance von Flexibilitätsarten in ihrem Unternehmen/in ihrer SC auf einer fünf- oder siebenstufigen Likert-Skala[143] zu beurteilen (vgl. VICKERY/CALANTONE/DRÖGE 1999, S. 19-20; SÁNCHEZ/PÉREZ 2005, S. 690-691; MORE/BABU/HEMACHANDRA 2008, S. 14-16). SWAFFORD/GHOSH/MURTHY (2006a, S. 174-187) fordern Experten auf, Eigenschaften der von ihnen bestimmten Flexibilitätsarten im Unternehmen – angegeben anhand der Bandbreite und Mobilität – mit Hilfe einer fünfstufigen Likert-Skala zu begutachten. PUJAWAN (2004, S. 83-95) bildet für die von ihm formulierten vier Flexibilitätsdimensionen Subkriterien, anhand derer unter Zuhilfenahme einer fünfstufigen Likert-Skala eine Flexibilitätsmessung durchgeführt wird. Ferner kann festgestellt werden, bei welcher Dimension der größte Handlungsbedarf besteht.[144]

Nutzwertanalysen beinhalten verschiedene Kriterien, die gewichtet und nach der Bewertung der Erfüllung der Kriterien durch die Varianten jeweils mit diesen multipliziert und zur Gesamtkritierienerfüllung addiert werden, sodass ein Vergleich möglich ist (vgl. HABERFELLNER

---

[141] Für weitere Schwierigkeiten siehe z. B. MINNING 2008, S. 147.

[142] Es können statische Methoden (z. B. die Kosten- bzw. Gewinnvergleichsrechnung) und dynamische Verfahren (z. B. die Kapitalwert-, Annuitäten- und interne Zinsfußmethode) unterschieden werden.

[143] Die Likert-Skala ist ein oft verwendetes Verfahren der Skalierung, bei dem eine Folge von Aussagen entlang einer Dimension gemessen wird (vgl. MAYER 2009, S. 87).

[144] Werden die Flexibilitätsdimensionen in Abhängigkeit von Flexibilitätstreibern gewichtet, können diese Werte mit der Differenz aus gewünschter und gegenwärtiger Punktzahl multipliziert werden und für die Dimensionen Durchschnitte der gewichteten Lücken errechnet werden (vgl. PUJAWAN 2004, S. 83-95).

ET AL. 2002, S. 197-200; HALLER 1999, S. 64-65). Die Bewertungsmatrix stellt die Grundlage für die Nutzwertanalyse dar und wird von HEINECKER (2006, S. 84-91) zur Abschätzung des Wandelbarkeitspotenzials eingesetzt. AURICH/BARBIAN/FUCHS (2004, S. 23-24) entwickeln eine Flexibility Mode and Effect Analysis (FlexMEA) in Anlehnung an die FMEA aus dem Qualitätsmanagement (vgl. ADAM 1998, S. 142-157), die durch die Bewertung der Flexibilitätssituation und Ableitung von Maßnahmen zur Gestaltung wandlungsfähiger Produktionssysteme beiträgt. In einer Argumentenbilanz werden Vor- und Nachteile von Alternativen für einfache Entscheidungssituationen verbal aufgelistet. Es besteht die Möglichkeit, die Argumente untereinander zu gliedern und zu ordnen. Allerdings wird nicht deutlich, welche Argumente wichtiger sind als andere (vgl. HABERFELLNER ET AL. 2002, S. 196-197; HALLER 1999, S. 65-66; für ein Beispiel siehe WILDEMANN 1986, S. 31-33).

Mit Hilfe eines Flexibilitätsprofils kann der Status quo verschiedener Flexibilitätsarten aufgezeigt werden (siehe Abbildung 30). Flexibilitätsbedarf und -potenzial können einander gegenübergestellt werden. Ein Profil ergibt sich, wenn die Kriterienwerte grafisch miteinander verbunden werden. Schwierigkeiten stellen evtl. die Auswahl oder die Beurteilung der Kriterien dar (vgl. HILLMER 1987, S. 224-230; HALLER 1999, S. 65-66).

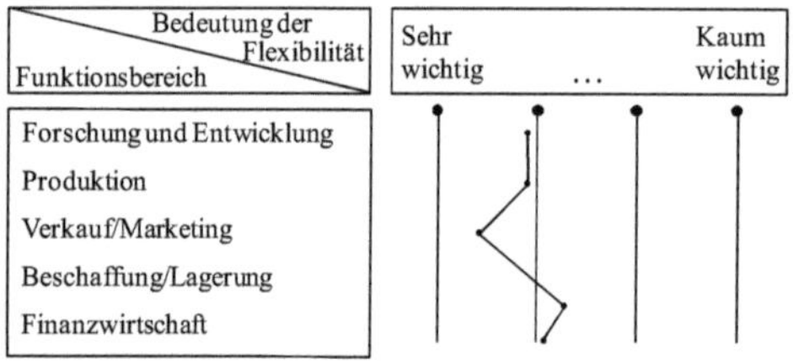

Abbildung 30: Flexibilitätsprofil für die Funktionsbereiche eines Unternehmens[145]
Quelle: Eigene Darstellung in Anlehnung an MEFFERT (1985b, S. 127-128)

Die Erläuterung der bestehenden Ansätze zeigt, dass es trotz der beschriebenen Hindernisse einige Möglichkeiten gibt, Flexibilität und SC-Flexibilität zu beurteilen. Während die Messungen anhand zulässiger Strategien und realisierter Zielwerte keinen hohen Anwendungsbezug aufweisen, stellt die Verfügbarkeit der benötigten Daten für traditionelle Bewertungsverfahren ein Problem dar. Eine Bewertung mittels des Realoptionsansatzes eignet sich aufgrund des hohen Abstraktionsgrades und mangels des Handelns von Sachinvestitionen anhand von Preisen an den Finanzmärkten nicht für den praktischen Gebrauch. Der Einsatz von Indikatoren und qualitativen Bewertungsverfahren scheint hingegen für die Praxis geeignet, auch wenn es – wie bei allen anderen Bewertungsverfahren – Einschränkungen gibt. Die Multidimensionalität des Konzeptes Flexibilität erschwert die Erfassung mit Hilfe von Kennzahlen. Bei einer sorgfältigen Auswahl bieten Indikatoren allerdings die Möglichkeit, Abweichungen zwischen Soll- und Ist-Größen festzustellen. Qualitative Methoden haben den Nachteil, dass die Ergebnisse subjektiv ausfallen können. Erfolgt die Anwendung von Instrumenten durch

[145] Alternativ kann das Profil auch einem „Spinnennetz“ ähneln, d. h. die Skalen werden strahlenförmig um einen Nullpunkt angeordnet (vgl. HABERFELLNER ET AL. 2002, S. 521; HALLER 1999, S. 65).

mehrere Mitarbeiter, kann dieses Problem begrenzt werden. Nutzwertanalysen besitzen den Vorteil, dass sämtliche Möglichkeiten anhand der gleichen Kriterien gemessen werden. Zur Visualisierung eignen sich Flexibilitätsprofile.

Die meisten der genannten Autoren beziehen sich in ihren Ausführungen allerdings auf ein Unternehmen oder ein Produktionssystem. Lediglich in ausgewählten Fällen (siehe empirische Studien bei den qualitativen Verfahren sowie SÁENZ/LAMBÁN/NAVARRO (2010) und WINKLER/SOBERNIG/KALUZA (2007) bei den Indikatoren) wird eine Perspektive gewählt, die über das eigene Unternehmen hinausgeht. Anhang V zeigt Beispiele für analytische Ansätze zur SC-Flexibilität, denen bis auf die Methode von PUJAWAN (2004) formal-mathematische Modelle bzw. Simulation zugrunde liegen. MORE/BABU (2008, S. 330) betonen, dass Forschungsbedarf bei der Messung von SC-Flexibilität besteht, insbesondere hinsichtlich anwendungsorientierter Methoden. Kapitel 4 geht diesem nach.

2.4.4 Supply Chain-bezogene Forschungsansätze der Flexibilität

Im Folgenden werden die wesentlichen Arbeiten im Bereich der SC-Flexibilität kurz diskutiert. Sie lassen sich in die Bereiche der analytischen Ansätze, konzeptionellen Modelle, empirischen Studien und Managementmethoden und -modelle einteilen. Viele der Veröffentlichungen im Bereich der SC-Flexibilität sind analytisch geprägt und wurden bereits in Abschnitt 2.4.3 behandelt, sodass sie an dieser Stelle vernachlässigt werden können. Grundsätzlich lässt sich festhalten, dass die Anzahl der Veröffentlichungen zum Thema „SC-Flexibilität" im Vergleich zur produktionswirtschaftlichen Flexibilität geringer ist und es sich um ein relativ neues Forschungsfeld handelt.

Tabelle 16: Konzeptionelle Modelle im Rahmen der Supply Chain-Flexibilität

Konzeptionelle Modelle	
Autor(en) (Jahr)	Ergebnis
ZHANG/VONDEREMBSE/ LIM (2002)	• Modellierung des Zusammenhangs zwischen vier Unsicherheitsarten, vier SC-Flexibilitätsdimensionen und fünf Möglichkeiten von Wettbewerbsvorteilen • Unterscheidung der Flexibilitätsdimensionen in Kompetenzen und Fähigkeiten
DUCLOS/VOKURKA/ LUMMUS (2003); LUMMUS/DUCLOS/ VOKURKA (2003)	• Entwicklung eines Begriffsmodells zur Abbildung von sechs SC-Flexibilitätskomponenten • Entwicklung eines Wirkmodells aus fünf der zuvor identifizierten SC-Flexibilitätskomponenten und ihren jeweiligen Eigenschaften, die sich positiv auf die SC-Flexibilität und somit auf die Kundenzufriedenheit auswirken
MAHAPATRA/ MELNYK (2003)	• Entwicklung eines integrierten Rahmens für SC-Flexibilität und unterschiedliche Ursachen von Unsicherheit • Aufführung von Aussagen hinsichtlich Unsicherheit, der Flexibilitätsstrategie, der Organisation und Mechanismen zur Erzielung von SC-Flexibilität
STEVENSON/SPRING (2007)	• Kategorisierung von SC-Flexibilitätskomponenten auf vier Ebenen

Im Rahmen *konzeptioneller Modelle* werden Dimensionen der SC-Flexibilität vorgestellt (siehe Abschnitt 2.4.2 und Tabelle 16) und Überlegungen angestellt bzgl. ihrer Wirkung auf die SC-Flexibilität, Kunden (siehe LUMMUS/DUCLOS/VOKURKA 2003) und den Wettbewerb (siehe ZHANG/VONDEREMBSE/LIM 2002). MAHAPATRA/MELNYK (2003) und ZHANG/VONDEREMBSE/LIM (2002) erläutern ferner den Bezug zur Unsicherheit.

In den *empirischen Studien* (siehe Anhang VI) werden die Auswirkungen der SC-Flexibilität auf die Unternehmensperformance (siehe FANTAZY/KUMAR/KUMAR 2009) und der Flexibilitätsarten auf die Unsicherheit (siehe SAWHNEY 2006; PRATER/BIEHL/SMITH 2001) bzw. beides (siehe VICKERY/CALANTONE/DRÖGE 1999; SÁNCHEZ/PÉREZ 2005) untersucht. AVITTATHUR/SWAMIDASS (2007) betrachten die Effekte der SC-Flexibilität auf den Unternehmensgewinn und MERSCHMANN (2007) die Abstimmung der SC-Flexibilität auf die Unsicherheit. Ferner wird festgestellt, dass die Wahl der SC-Strategie bedeutend ist für die Ausprägung der SC-Flexibilitätsdimensionen (siehe FANTAZY/KUMAR/KUMAR 2009). Weiterhin werden Strategien und Maßnahmen bzw. SC-Eigenschaften zur Erhöhung von SC-Flexibilität aus der Praxis abgeleitet (siehe LUMMUS/VOKURKA/DUCLOS 2005; TACHIZAWA/GIMÉNEZ THOMSEN 2007; MORE/BABU/HEMACHANDRA 2008; STEVENSON/SPRING 2009; TACHIZAWA/GIMÉNEZ THOMSEN 2010). SWAFFORD/GHOSH/MURTHY (2006b) entwickeln ein Konzept zur Messung der SC-Flexibilität anhand von jeweils zwei Elementen dreier identifizierter Dimensionen.

Die Beiträge im Bereich der *Managementmethoden und -modelle* zur SC-Flexibilität enthalten in einigen Fällen Aufzählungen von Flexibilitätstreibern bzw. -bedarfen und Hindernissen (siehe MORE/BABU 2008; VOIGT 2008 in Tabelle 17) sowie u. a. Konzepte zur Bewertung von Flexibilitätspotenzialen in Wertschöpfungsnetzwerken mit Hilfe der stochastischen dynamischen Optimierung (siehe PIBERNIK 2001a) bzw. zur Bewertung von SC-Flexibilitätsparametern zur Planung von Verbesserungsmaßnahmen (siehe WINKLER 2008). Die Mehrzahl der Veröffentlichungen führt jedoch Methoden, Maßnahmen, Strategien, Stellhebel und Befähiger zur Erzielung von SC-Flexibilität sowie zur Erhöhung der SC-Flexibilität auf (siehe SHEFFI 2004; WINKLER/GRAF 2005; WINKLER/BLIEM/KALUZA 2006; SAATMANN/SCHORR/VOIGT 2007; KUMAR/SHANKAR/YADAV 2008; MORE/BABU 2008; VOIGT 2008; WINKLER 2008).

PIBERNIK (2001a/b) erläutert einen strategischen Flexibilitätsplanungsprozess in Anlehnung an den in Abschnitt 2.1.1 vorgestellten Problemlösungsprozess bzw. Managementprozess. Dieser umfasst die Schritte Problemanalyse, Zielanalyse, Prognose, Alternativensuche, Bewertung, Entscheidung, Realisation und Kontrolle. Der Prozess wird allerdings generisch und nicht bezogen auf die SC formuliert.[146]

KUMAR ET AL. (2006) arbeiten einen dreistufigen Ansatz zur Implementierung und zum Management der SC-Flexibilität aus. In einem ersten Schritt werden die Umweltunsicherheiten sowie die Beziehungen zu den Lieferanten und Kunden erfasst und bewertet, sodass die Wettbewerbsstrategie entwickelt und die Fertigungs- und Marketingstrategien abgeleitet werden

[146] Der Prozess der Flexibilitätsplanung von GÖBEL (2005, S. 79-80), der jedoch nur Flexibilität im Rahmen eines Unternehmens betrachtet, unterscheidet sich nur wenig in der Phasenbenennung.

können. Hierauf aufbauend können die benötigten SC-Flexibilitätsdimensionen und ihre Grade bestimmt sowie im Rahmen des zweiten Schrittes umgesetzt werden. Der dritte Schritt dient schließlich der Überwachung und Kontrolle der Flexibilität und der SC Performance. Gegebenenfalls finden Rückkopplungen statt.

Tabelle 17: Managementmethoden und -modelle im Rahmen der Supply Chain-Flexibilität

Managementmethoden und -modelle	
Autor(en) (Jahr)	Ergebnis
PIBERNIK (2001a)	• Entwicklung eines strategischen Flexibilitätsplanungsprozesses in Anlehnung an das übliche Phasenschema der Planung • Vorstellung eines Konzepts zur Bewertung alternativer Flexibilitätspotenziale mit Hilfe der stochastischen dynamischen Optimierung
SHEFFI (2004)	• Einnahme einer beschränkteren Sichtweise: SC-Flexibilität als Antwort auf Angebots- und Nachfrageunsicherheit • Auflistung von Methoden zur Erzielung von SC-Flexibilität anhand vierer Dimensionen
WINKLER/GRAF (2005)	• Auflistung von Maßnahmen in vier Bereichen der Flexibilität zur Erhöhung der Gesamtflexibilität der virtuellen und auftragszentrierten SC-Organisation
KUMAR ET AL. (2006)	• Entwicklung eines dreistufigen Ansatzes zur Implementierung und zum Management der SC-Flexibilität • Unterstellung von drei SC-Flexibilitätsdimensionen
WINKLER/BLIEM/ KALUZA (2006)	• Identifikation von SC-Flexibilitätsressourcen zur Ausübung auf bestimmte Objekte und damit zur Optimierung von SC-Flexibilitätsparametern, die den Grad der SC-Flexibilität in virtueller SC-Organisation bestimmen
SAATMANN/SCHORR/ VOIGT (2007)	• Identifikation von vier Stellhebeln der Flexibilität im Netzwerk
KUMAR/SHANKAR/ YADAV (2008)	• Identifikation von 17 Flexibilitätsbefähigern in der SC • Entwicklung einer Hierarchie der Befähiger und Bestimmung von drei Kategorien sowie ihrer Wirkbeziehungen
MORE/BABU (2008)	• Identifikation dreier Domänen für SC-Flexibilitätsdimensionen • Auflistung von Treibern, Befähigern und Hindernissen von SC-Flexibilität
VOIGT (2008)	• Auflistung von Flexibilitätsbedarfen in der automobilen SC • Vorstellung der Strategierichtungen Stabilisierung und Flexibilisierung
WINKLER (2008)	• Bewertung der SC-Flexibilitätsparameter zur Planung von Verbesserungsmaßnahmen • Strategische Planung und Umsetzung der Flexibilitätspotenziale zur Erzielung eines hohen Grades an SC-Flexibilität

Die Veröffentlichung von MORE/BABU (2009), die einen Überblick über den Stand der Technik zur SC-Flexibilität gibt und weiteren Forschungsbedarf aufzeigt, kann keinem der Bereiche der analytischen Ansätze, konzeptionellen Modelle, empirischen Studien und Managementmethoden/-modelle zugeordnet werden. Die Autoren werfen im Zusammenhang mit dem Konzept Risiko die Frage auf, wie flexibel ein Unternehmen(sbereich) bzw. eine SC sein sollte. Hierbei sind die Beziehungen zu Prognosefehlern und der Komplexität von Prozessen zu bedenken. Forschungsbedarf besteht im Hinblick auf die Anwendung von Flexibilität in der SC, auf die Messung von SC-Flexibilität, die Ermittlung des optimalen Niveaus von SC-Flexibilität, das Aufzeigen von Maßnahmen und Strategien zur Anpassung der SC-Flexibilität und die Abwägung von Kosten und Nutzen (vgl. MORE/BABU 2009, S. 56-59).

Die Literaturanalyse zur SC-Flexibilität zeigt, dass bisher kein ganzheitlicher Ansatz existiert, der die SC-Flexibilität zunächst misst und im Anschluss Empfehlungen zur Gestaltung dieser ausspricht. Auch eine direkte Verbindung zum SCRM kann nicht ermittelt werden.

2.4.5 Ergänzende Ansätze aus dem Flexibilitätsmanagement

Die folgenden *Ergänzungen* der Forschungsansätze zum Flexibilitätsmanagement entstammen Veröffentlichungen zur *Fertigungs- und strategischen Flexibilität.* Im Rahmen einer Studie mit zehn Produktionsunternehmen kommt auch SLACK (1987, S. 35-43) – wie die in Anhang VI aufgeführten späteren empirischen Studien zum Thema SC-Flexibilität – zu dem Ergebnis, dass der Grad der Unsicherheit neben der Vielfalt an Produkten, Prozessen und Aktivitäten der hauptsächliche Flexibilitätstreiber ist. SUAREZ/CUSUMANO/FINE (1995, S. 26) konstatieren ferner, dass der von einem Unternehmen erzielte Grad an Flexibilität auf den vom Markt erforderlichen Grad abgestimmt werden sollte.

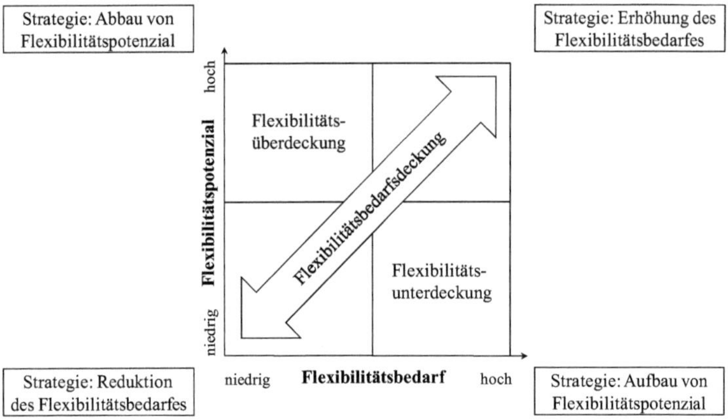

Abbildung 31: Abgleich von Flexibilitätsbedarf und -angebot
Quelle: in Anlehnung an MAIER (1982, S. 179); modifiziert durch HOCKE (2004, S. 70)

Im Rahmen des Flexibilitätsmanagements können Probleme festgestellt werden, wenn die Flexibilitätsbedarfe und -potenziale gegenübergestellt werden. Im Falle der Überdeckung durch Flexibilitätspotenziale stehen höhere Potenziale zur Verfügung als Bedarfe vorhanden sind, während im Falle der Unterdeckung geringere Potenziale als Bedarfe verfügbar sind. Zur Lösung der Probleme sollten dann jeweils Strategien zum Aufbau/Abbau von Flexibilitätspotenzialen bzw. der Erhöhung/Reduktion von Flexibilitätsbedarfen eingesetzt werden (siehe Abbildung 31) (vgl. MAIER 1982, S. 177-179; KALUZA 1993, Sp. 1181; HOCKE 2004,

S. 68-70). GÜNTHER (1990, S. 309) nennt z. B. Maßnahmen der Arbeitsflexibilisierung, HEINECKER (2006, S. 64-65; 86) indessen Flexibilitätskriterien in der Lagerhaltung und im Transport.[147]

EVERSHEIM/SCHÄFER (1980, S. 235-247) betrachten die Unternehmensflexibilität als Funktion der Art und Anzahl der auftretenden Störungen im System. Zur systematischen Planung des Flexibilitätsbedarfs ist zunächst die Ableitung der Flexibilitätsanforderungen vorgesehen. Anschließend folgt die Ermittlung der im Unternehmen verfügbaren, des Vergleichs von verfügbarer und erforderlicher Flexibilität und der Bewertung von Aufwand und Nutzen einer Veränderung der Flexibilität. Auf die hierbei einzusetzenden Kennzahlen wurde in 2.4.3 eingegangen. GERWIN (1993, S. 396-404) skizziert für produzierende Unternehmen einen ähnlichen Prozess und hebt anfänglich – wie auch UPTON (1995, S. 83-84) – die Identifizierung der relevanten Flexibilitätsdimensionen und abschließend eine kontinuierliche Überprüfung hervor. Sein Modell besteht u. a. aus den Komponenten Umweltunsicherheit (als Ausgangspunkt) und Performance-Messung. Er benennt vier generische Strategien zum Umgang mit der Unsicherheit: „Adaptation", d. h. Anpassung des Grades an Flexibilität als defensiver Ansatz, „redefinition" als proaktiver Ansatz, „banking" als proaktive/defensive Strategie durch Aufsparen und späterer Nutzung der Flexibilität (z. B. durch Reservekapazität) sowie „reduction" als proaktiver Ansatz durch das Ergreifen bestimmter Maßnahmen.

Basierend auf 50 Interviews in 20 Unternehmen verschiedener Branchen präsentieren auch AAKER/MASCARENHAS (1984, S. 75-81) drei Strategien inkl. Maßnahmen, die die Flexibilität in einem Unternehmen erhöhen: Diversifikation, Investitionen in wenig genutzte Ressourcen und Reduktion der Bindung von Ressourcen mit speziellem Gebrauch. Zum Aufbau von Flexibilitätspotenzialen wird ein vierstufiger Prozess präsentiert, der die Untersuchung des Einsatzes von Maßnahmen zur Flexibilitätserhöhung enthält. Ferner werden alternative bzw. ergänzende Möglichkeiten zum Aufbau von Flexibilitätspotenzialen geprüft, wie z. B. Versicherungen, Kontrolle, Entscheidungsregeln, Vorhersagen und Notfallplanung.[148]

Weitere Vorschläge für einen generischen Flexibilitätsmanagementprozess bzw. den Lösungsvorgang von Flexibilitätsproblemen stammen von HILLMER (1987, S. 151-157), DAMISCH (2002, S. 101-133) und NAGEL (2003, S. 14-36).[149] NAGEL weist in diesem Zusammenhang in Anlehnung an das Komplexitätsmanagement auf drei bedeutende Schritte hin, wie z. B. die Bestimmung der Kundennutzen-relevanten Flexibilität.

VOIGT/WILDEMANN (2007, S. 129-130) stellen den von ihnen entwickelten neunstufigen Flexibilitätsmanagementprozess grafisch dar. Im Vergleich zu einigen der bisher vorgestellten

[147] THIELEN (1993, S. 251) listet Anforderungen an eine angemessene Unternehmensflexibilität für das Humanressourcen-, Struktur-, Informations- und strategische Management auf. Er unterscheidet – wie OELSNITZ (1993, S. 91) – zwischen Flexibilitätsmanagement auf der normativen und strategischen Ebene und auf der operativen Ebene bzw. Flexibilität auf der Planungs- und Flexibilisierung auf der Realisationsebene (S. 133-134).

[148] LAU (1996, S. 13-15) fokussiert weniger auf die Umsetzung, sondern betrachtet die davor liegenden Schritte der Erkenntnis und des Verständnisses der Bedeutung der Flexibilität, bevor Strategien umgesetzt werden.

[149] Während der Prozess von HILLMER aus den drei Stufen Situationsanalyse, Entscheidungsfindung und -durchsetzung besteht, benennt DAMISCH diese mit Erkennung, Messung, Planung, Beeinflussung und Ausnutzung.

Prozessen fällt auf, dass die Anpassungsauslöser den expliziten Start des Vorgangs darstellen. Ferner wird bei dem Vergleich der Soll- mit der Ist-Flexibilität ausdrücklich differenziert, ob ein Unterschied vorliegt und welche Art von Maßnahmen zu treffen ist. Nicht aufgeführt in Abbildung 32 ist die geplante Kontrolle des Prozesses sowie eine Unterscheidung des operativen und des taktischen/strategischen Flexibilitätsmanagements, die auf verschiedenen Ebenen durchgeführt werden sollen und Anpassungsauslöser mit unterschiedlichen Zeithorizonten betrachten. Methoden zur Durchführung des allgemein gehaltenen Prozesses werden nicht aufgeführt. Die beiden Autoren weisen allerdings explizit darauf hin, dass von vielen Unternehmen bereits Risikomanagement betrieben wird und zur Ausweitung auf ein Flexibilitätsmanagement eine Basis bietet, da sich beide Forschungsfelder überschneiden.

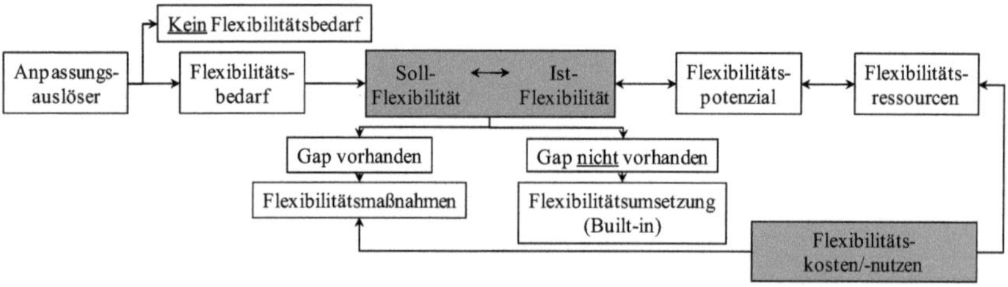

Abbildung 32: Flexibilitätsmanagementprozess nach VOIGT/WILDEMANN
Quelle: VOIGT/WILDEMANN (2007, S. 129-130)

Im Folgenden werden drei umfassendere Ansätze zum Flexibilitätsmanagement vorgestellt und analyisert. PAULI (1987, S. 43-135) stellt zur Lösung von Flexibilitätsproblemen in verarbeitenden Industrieunternehmen einen aus drei Schritten bestehenden Planungsvorgang der Flexibilität vor. Innerhalb des ersten Schrittes, der Umweltanalyse, werden Soll-Veränderungen durch eine Situationsanalyse mit Hilfe kurzer Sitzungen aufgezeigt. Checklisten werden als Beispiele angefügt. Mit Hilfe des zweiten Schrittes, der Flexibilitätsanalyse, werden die Ist-Veränderungen ermittelt. Im Rahmen des dritten Schrittes, der Problemidentifikation, werden die Ergebnisse der vorherigen Schritte in einer Matrix gegenübergestellt. Dieses Ergebnis dient als Ausgangslage zur Entwicklung von Maßnahmen zur Verbesserung der Flexibilität, die allerdings selbst nicht beschrieben wird. Nach der Entwicklung von Kennzahlen (siehe Kapitel 2.4.2) – die zu gewichten und mit Soll-Werten zu vergleichen sind – werden zwei Anwendungsbeispiele aufgeführt. Den Abschluss der Arbeit bilden acht Leitsätze zur Planung der Unternehmensflexibilität.

HORSTMANN (2007, S. 84-226) zielt mit der Ausarbeitung einer dreistufigen integrierten Konzeption auf die Operationalisierung der Unternehmensflexibilität ab. Im ersten Schritt finden Umwelt- und Unternehmensanalysen statt. Im Rahmen von Umweltanalysen werden Ereignisse identifiziert, auf ihre Relevanz untersucht und bezüglich der Wirkungsdimensionen von Flexibilität in qualitativer, quantitativer und zeitlicher Hinsicht beschrieben. Mittels Unternehmensanalysen werden Potenziale ermittelt und flexibilitätsorientiert beurteilt. Im zweiten Schritt werden Flexibilitätsbedarf und -potenzial typologisiert. Es wird davon ausgegangen, dass die Wahrscheinlichkeiten für die Ereignisse nicht objektiv errechnet werden können. Nach der Zuordnung der Gestaltungsprinzipien Redundanz, Modularität, Lern-/Entwicklungsfähigkeit und Selbstregulierung zu den Wirkungsdimensionen der Flexibilität folgt die Anwendung der Prinzipien. Zur Umsetzung der Flexibilitätsanalyse werden ein Flexibilitätsaudit und eine Flexibilitäts-Cost-Income-Ratio entwickelt (Schritt 3) (siehe Kapitel 2.4.3). Abschließend werden sechs Handlungsimperative aufgeführt. Eine Konkretisierung der ausgearbeiteten Konzeption steht allerdings aus.

RATHJE (2007, S. 61-71) entwickelt ein Vorgehensmodell zur Evaluation, Implementierung und Messung von Flexibilität. Im ersten Schritt erfolgt die Ableitung des Flexibilitätsbedarfs mit Hilfe einer Umfeld- und einer Strategieanalyse. Für die Umfeldanalyse wird die PARTS-Analyse[150] empfohlen, die auf PORTERS Modell der fünf Wettbewerbskräfte aufbaut. Im Rahmen der Strategieanalyse werden die strategischen Erfolgspositionen des Unternehmens erfasst, hinsichtlich ihrer Beeinflussung der Flexibilität geprüft und priorisiert. Im zweiten Schritt werden die erforderlichen Fähigkeiten zur Erfüllung der priorisierten strategischen Erfolgspositionen aufgelistet und die Differenzen der verfügbaren und notwendigen Fähigkeiten festgestellt. Die Verankerung von Flexibilität als dritter Schritt umfasst einerseits die Identifikation der adressierten Flexibilität mittels eines Rasters, in dem die Ist- und die Soll-Position des Unternehmens dargestellt werden, sodass die zu fokussierenden Flexibilitätstypen sichtbar werden. Andererseits werden Stellhebel und Maßnahmen aufgeführt, um den benötigten Grad an Flexibilität zu implementieren. Den Dimensionen des Rasters können zudem Kennzahlenkategorien zugeteilt werden (siehe Kapitel 2.4.3). Fünf Fallstudien mit produzierenden Unternehmen dokumentieren die Anwendbarkeit der Methode bis zur Implementierung. Zwei weitere Fallstudien demonstrieren die Durchführbarkeit des Prozesses ohne Implementierung, aber inklusive Messung. Die Anwendung des gesamten Vorgehensmodells wird jedoch in keiner Fallstudie gezeigt.

Insgesamt zeichnen sich die drei Modelle von PAULI, HORSTMANN und RATHJE durch eine systematische Vorgehensweise aus, die im ersten Fall Beispielchecklisten und -matrizen und im zweiten und dritten Fall Methoden umfassen, mit deren Hilfe die einzelnen Schritte durchgeführt werden können. HORSTMANN listet eine Reihe sich ergänzender Instrumente auf, die umfassende Ergebnisse versprechen, deren Anwendung in der Praxis hingegen sehr zeitintensiv erscheint. Eine praktische Validierung der Konzeption erfolgt nicht. Die beiden Modelle von PAULI und RATHJE werden zumindest teilweise im Rahmen von Fallstudien praktisch angewendet. Allerdings wird in sämtlichen Arbeiten ein einzelnes Unternehmen als Betrachtungsobjekt gewählt und das Flexibilitätsmanagement nicht explizit mit dem Risikomanagement in Verbindung gebracht. PAULI berücksichtigt ausschließlich die Produkte-, Leistungs- und Versorgungsflexibilität, während die anderen beiden auch die Organisation selbst in ihre Überlegungen einschließen. Zudem enthalten die Konzepte von PAULI und HORSTMANN die

[150] Sie steht für: P = Player, A = Added Value, R = Rules, T = Tactics, S = Scope. Mit ihrer Hilfe lassen sich Umfeldunsicherheiten identifizieren, indem die Akteure des Marktes, der Mehrwert, den diese einbringen, sämtliche Regeln, z. B. Gesetze und Verträge, Taktiken der Marktteilnehmer und die Grenzen des Spielraumes untersucht werden (vgl. BRANDENBURGER/NALEBUFF 1995, S. 61-71).

Entwicklung von Maßnahmen zur Anpassung der Flexibilität nicht. Die dargestellten Messansätze unterscheiden sich stark, erscheinen aber in allen Fällen durchführbar. Lediglich die Flexibilitäts-Cost-Income-Ratio von HORSTMANN besitzt ein vergleichsweise hohes Abstraktionsniveau und stellt erhebliche Anforderungen an benötigte Informationen.

Die Analyse der Ansätze aus dem Flexibilitätsmanagement zeigt, dass diese im weitesten Sinne den in 2.1.1 erläuterten allgemeinen Managementprozess anwenden. Weiterhin führen AAKER/MASCARENHAS (1984, S. 75-81) Strategien zur Erhöhung der Flexibilität in einem Unternehmen sowie alternative Maßnahmen hierzu auf und ergänzen hiermit die Erkenntnisse des Abschnitts 2.3.4.

2.5 Theoretische Einordnung der Themenfelder

Im Folgenden soll zunächst auf die ökonomische Notwendigkeit des (SC-)Risikomanagements eingegangen werden, bevor ein Ansatz beschrieben wird, der die Grundlage für die Integration des (SC-)Flexibilitätsmanagements und des (SC-)Risikomanagements bildet.

Ökonomische Notwendigkeit von (SC-)Risikomanagement

Die Relevanz von Risikomanagement als Bestandteil der Unternehmensführung, d. h. des strategischen Managements, wurde schon in Kapitel 2.1.2 näher beleuchtet. Im Folgenden wird Risikomanagement kurz aus theoretischer Perspektive im Rahmen der Kapitalmarkttheorie und der Neuen Institutionenökonomik begründet.

Die *Kapitalmarkttheorie* unterstellt restriktive Annahmen, nämlich einen vollkommenen Markt, in dem vollständige, symmetrische Informationen vorliegen, sich alle Akteure rational verhalten und keine Transaktionskosten anfallen. Das Gesamtrisiko eines Portfolios setzt sich aus dem unsystematischen und dem systematischen Risiko zusammen. Ersteres ist unternehmensspezifisch und kann von den Anlegern durch Diversifikation vollständig ausgeschlossen werden. Die Anleger werden nicht über eine höhere Rendite entschädigt. Das zweitgenannte Risiko umfasst externe Faktoren, die sich auf alle Marktteilnehmer auswirken (vgl. AMIT/WERNERFELT 1990, S. 250-251; PERRIDON/STEINER/RATHGEBER 2009, S. 260-268). Diese Risiken können mit Hilfe derivativer Finanzinstrumente auf Dritte übertragen werden. Also können Anleger unter diesen Voraussetzungen ihre Risiken selbst managen, sodass ein Risikomanagement aus ihrer Sicht im Unternehmen oder in der SC nicht notwendig ist (vgl. PFOHL/GALLUS/KÖHLER 2008a, S. 447-448; KAJÜTER 2007, S. 17-18). Nur unter spezifischen geänderten Voraussetzungen, z. B. der Annahme von Steuern und Subventionen, wäre ein Risikomanagement empfehlenswert (vgl. HUTHER 2003, S. 75-104; PFOHL/GALLUS/KÖHLER 2008a, S. 448). Die Annahme von vollständigen Informationen hingegen wird vermutlich in der Praxis nur in den wenigsten Fällen zutreffen.

Im Rahmen der *Neuen Institutionenökonomik* werden keine restriktiven Annahmen getroffen, sondern es wird wie in der Realität von asymmetrischen Informationen, opportunistischem

Verhalten, begrenzter Rationalität der Akteure und anfallenden Transaktionskosten ausgegangen. So besteht für Manager im Vergleich zu den Anlegern ein Informationsvorsprung bei der Risikoeinschätzung, der sich bei Investitionsentscheidungen vorteilhaft für die erste Gruppe auswirken kann. Gleichermaßen sind sowohl Kunden als auch Lieferanten an der finanziellen Stabilität der Geschäftspartner interessiert, da sie das unsystematische Risiko nicht ausschalten können. Unter den hier vorliegenden Voraussetzungen ist ein funktionierendes Risikomanagement im Unternehmen bzw. in der SC von Bedeutung. Mit seiner Hilfe kann Informationsdefiziten entgegengewirkt werden. Gleichzeitig kann die Attraktivität für Unternehmen zur Mitwirkung in einer SC gesteigert und ein größerer Wettbewerbsvorteil erzielt werden (vgl. KAJÜTER 2007, S. 18).

Organisationstheoretische Begründung von (SC-)Flexibilitätsmanagement und (SC-)Risikomanagement

Nachfolgend werden die Themenfelder Flexibilitätsmanagement und Risikomanagement zunächst aus Sicht des ressourcenorientierten und im Anschluss des situativen Ansatzes betrachtet. Der *ressourcenorientierte Ansatz* stellt die unternehmenseigenen Ressourcen in den Vordergrund. Es wird konstatiert, dass diese den Erfolg eines Unternehmens gegenüber den Wettbewerbern determinieren (vgl. KERSTEN ET AL. 2008, S. 89-90). Nach BARNEY (1991, S. 101) beinhalten Ressourcen „... all assets, capabilities, organizational processes, firm attributes, information, knowledge, etc. controlled by a firm ...” Der Autor trennt zwischen drei Kategorien von Unternehmensressourcen, d. h. physisches, Human- und organisatorisches Kapital. PENROSE (1995, S. 24-25) unterscheidet „tangible things“, wie Einrichtungen, Maschinen und Rohmaterial, sowie „intangible things“, wie technische und Managementfähigkeiten der Mitarbeiter. Mit Hilfe der systematischen Auswahl von Ressourcen und ihrer Kombination zu einzigartigen Ressourcenbündeln werden in einem Unternehmen Kernkompetenzen generiert (vgl. HEUSLER 2003, S. 169). Vorausgesetzt, Ressourcen innerhalb einer Industrie sind heterogener Art und immobiler Natur, müssen ferner vier Eigenschaften von Ressourcen erfüllt sein, um einen nachhaltigen Wettbewerbsvorteil zu erzielen: wertvoll, selten, nicht imitierbar und nicht substituierbar (vgl. BARNEY 1991, S. 103-112).

Bezogen auf das SCRM bedeutet dies, dass eine effiziente Reaktion auf Störungen bzw. das Ergreifen von Maßnahmen möglich ist, und zwar aufgrund des vorhandenen Wissens im Hinblick auf die verfügbaren Ressourcen. Durch Ausnutzung der Ressourcen können Risiken frühzeitig identifiziert und es kann ihnen entgegen gewirkt werden. Als nachteilig kann die Hervorhebung der Kernkompetenzen angesehen werden, da ggf. eine Auslagerung bestimmter Abläufe nicht durchgeführt und somit einem Risikoeintritt nicht entgegengewirkt wird (vgl. THOM 2008, S. 24). Übertragen auf das Flexibilitätsmanagement in der SC kann die SC-Flexibilität als Ressource betrachtet werden, die ggf. zu einem strategischen Wettbewerbsvorteil führt. Dieses erfolgt durch die Ausnutzung von Marktasymmetrien hinsichtlich der Handlungsspielräume und/oder der Handlungsschnelligkeit (vgl. JANSSEN 1997, S. 112; MERSCHMANN 2007, S. 53). Wie im Abschnitt 2.4.4 dargelegt, haben bereits mehrere Autoren einen positiven Einfluss der SC-Flexibilität auf den Unternehmenserfolg festgestellt.

Im Rahmen des *situativen Ansatzes*, auch als Kontingenzansatz bzw. Kontingenztheorie bezeichnet, wird von Prämissen ausgegangen, die im Widerspruch zu anderen in den 1950er Jahren vorherrschenden Theorien standen. Es wird angenommen, dass die formale Organisationsstruktur die Effizienz einer Organisation beeinflusst, es allerdings keine allgemeingültigen effizienten Organisationsstrukturen gibt, sondern Organisationen ihre Strukturen jeweils an die vorliegende Situation anpassen müssen. Unterschiede in den Organisationsstrukturen sind somit auf situative Faktoren zurückzuführen (vgl. KIESER 2006, S. 215-217). Hierbei ist ein Mittelweg gemeint, der zwischen zwei Extrema liegt, d. h. einer Individuallösung und einer allgemein gültigen Lösung (vgl. RITCHIE/BRINDLEY 2004, S. 35). Weiterhin können Gestaltungsempfehlungen ausgesprochen werden, wenn Änderungen im Rahmen dieser Einflüsse auftreten. Im Vordergrund des Ansatzes standen zunächst empirische Untersuchungen einerseits zu internen Einflussfaktoren, wie der Organisationsgröße oder der Fertigungstechnik, und andererseits vorwiegend zu einem externen Faktor, d. h. der Umwelt. Weiterentwicklungen des Ansatzes als Antwort auf zahlreiche Kritikpunkte berücksichtigen z. B. die Entscheider selbst (vgl. KIESER 2006, S. 215-245).

Für das Flexibilitätsmanagement bedeutet dies, dass ein sogenannter „Fit" zwischen den Unternehmensstrukturen und dem Umfeld angestrebt werden sollte, d. h. der Grad an Flexibilität ist auf den am Markt erforderlichen abzustimmen (siehe Abschnitt 2.4.5). Je nach Stabilität der Umwelt bzw. dem Unsicherheitsgrad wird eine flexible oder weniger flexible SC benötigt, um eine hohe Effizienz zu erreichen (vgl. RATHJE 2007, S. 62; MERSCHMANN 2007, S. 50). Hinsichtlich des Risikomanagements sind einerseits ggf. Unterschiede in der Risikoart sowie der Risikobewertung für verschiedene Unternehmen bzw. SC festzustellen. Dieses kann möglicherweise von der Branche abhängen (vgl. JÜTTNER/PECK/CHRISTOPHER 2003, S. 203-205). Andererseits ist für ein identifiziertes Risiko nicht jeweils eine bestimmte Maßnahme zu ergreifen, um diesem entgegenzuwirken, sondern es bestehen in der Regel mehrere Möglichkeiten, die generell empfohlen werden können. Abhängig von bestimmten Rahmenbedingungen eignen sich einige Maßnahmen jedoch besser als andere. Dieses muss im Rahmen der in Kapitel 4 zu entwickelnden Methode berücksichtigt werden. Zunächst folgen allerdings ein Fazit zum Stand der Forschung und die Ableitung des Handlungsbedarfs aus theoretischer Sicht, bevor die praktische Perspektive beleuchtet und im Anschluss die Methode entwickelt wird.

2.6 Fazit zum Stand der Forschung und Ableitung des Handlungsbedarfs

Nachfolgend werden die wichtigsten Erkenntnisse aus der einführenden Begriffsbestimmung, dem SCM, dem Risikomanagement und SCRM, dem Flexibilitätsmanagement und SC-Flexibilitätsmanagement sowie der theoretischen Einordnung der Themenfelder zusammengefasst. Hieraus werden der Handlungsbedarf bzgl. des Forschungsthemas und Forschungsziels und die Rahmenbedingungen für die zu entwickelnde Methode abgeleitet und jeweils den einzelnen Aspekten der Zusammenfassung zugeordnet.

Tabelle 18 zeigt den Handlungsbedarf bzgl. des Forschungsthemas und Forschungsziels. Die Schaffung von Flexibilität als Reaktion auf Unsicherheit wird in der Literatur als notwendig erachtet. In Abschnitt 2.1.3 wurde SC-Flexibilität in Anlehnung an HOCKE (2004) wie folgt definiert: „SC-Flexibilität ist die Fähigkeit einer SC, sich auf der Basis ihrer Handlungsspielräume an relevante SC- und umweltinduzierte Veränderungen, die sowohl Chancen als auch Risiken bedeuten können, zielgerichtet anzupassen." Ferner wird eine Verbindung von Risiko- und Flexibilitätsmanagement für sinnvoll befunden (vgl. VOIGT/WILDEMANN 2007).

Insbesondere für innovative Produkte, die sich durch eine volatile Nachfrage mit stabilem bzw. sich entwickelndem Beschaffungsprozess und kurzer bzw. langer Wiederbeschaffungszeit auszeichnen, für bestimmte Positionen im Lebenszyklus oder zur Bedienung der Spitzennachfrage hat Flexibilität eine hohe Bedeutung (vgl. FISHER 1997; SHEFFI 2004; LEE 2002; CHRISTOPHER/PECK/TOWILL 2006) und wirkt positiv auf den Unternehmenserfolg, die -performance bzw. die SC-Leistung (vgl. VICKERY/CALANTONE/DRÖGE 1999; SÁNCHEZ/PÉREZ 2005; MERSCHMANN 2007).

Tabelle 18: Handlungsbedarf bzgl. des Forschungsthemas und Forschungsziels abgeleitet aus dem Stand der Forschung

Ableitung aus	Zusammenfassung der Erkenntnisse aus dem Stand der Forschung	Handlungsbedarf bzgl. des Forschungsthemas und Forschungsziels
2.1.3 2.4.5	• Einsatz von Flexibilität als Fähigkeit zum Umgang mit Unsicherheit sowie externen und internen Veränderungen (vgl. z. B. HOCKE 2004) • Unsicherheitsgrad der Umwelt determiniert erforderliche Flexibilität der SC (vgl. SLACK 1987; RATHJE 2007; MERSCHMANN 2007) • Ausweitung Risikomanagement auf Flexibilitätsmanagement wäre sinnvoll (vgl. VOIGT/WILDEMANN 2007)	• Schaffung von Flexibilität als Reaktion auf Unsicherheit empfehlenswert • Verbindung der Bereiche Risiko- und Flexibilitätsmanagement sinnvoll
2.2.2 2.4.1	• Empfehlung einer zumindest teilweise flexibel gestalteten SC für innovative Produkte, abhängig von der Position des Produktes im Lebenszyklus oder zur Bedienung der Spitzennachfrage (vgl. FISHER 1997; SHEFFI 2004; LEE 2002; CHRISTOPHER/PECK/TOWILL 2006) • SC-Strukturen relevant mit unterschiedlicher Lage des Kundenauftragsentkopplungspunktes in der SC • (SC-)Flexibilität wirkt positiv auf Unternehmenserfolg/-performance/SC-Leistung (vgl. VICKERY/CALANTONE/DRÖGE 1999; SÁNCHEZ/PÉREZ 2005; MERSCHMANN 2007)	• Flexibilität ist insbesondere für die SC innovativer Produkte, für bestimmte Positionen im Lebenszyklus oder zur Bedienung der Spitzennachfrage bedeutend und hat positive Auswirkung für Unternehmen/SC
2.4.4	• Forschungsbedarf hinsichtlich Anwendung, Messung, Ermittlung des optimalen Niveaus der SC-Flexibilität, Aufzeigen von Maßnahmen und Strategien zur Anpassung von SC-Flexibilität, Abwägung von Kosten und Nutzen (vgl. MORE/BABU 2009)	• Ganzheitlicher Ansatz, der SC-Flexibilität misst und Gestaltungsempfehlungen ausspricht, fehlt
2.4.5	• Arbeiten, die Ansätze für das Flexibilitätsmanagement in Unternehmen entwickeln, wenden i.w.S. den in Abschnitt 2.1.1 erläuterten allgemeinen Managementprozess an (vgl. MAIER 1982; PAULI 1987; KALUZA 1993; HORSTMANN 2007; RATHJE 2007; HOCKE 2004)	• Entwicklung der Methode i.w.S. in Anlehnung an den allgemeinen Managementprozess sinnvoll

Ein ganzheitlicher Ansatz, der die SC-Flexibilität misst, ein optimales Niveau bestimmt, Gestaltungsempfehlungen in Form von Strategien und Maßnahmen aufführt und letztere hinsichtlich Kosten und Nutzen untersucht, existiert bisher nicht, sodass an dieser Stelle Forschungsbedarf besteht (vgl. MORE/BABU 2009). Es wurden Arbeiten untersucht, die Ansätze für das Flexibilitätsmanagement im Unternehmen aufzeigen, Risikomanagement allerdings nicht berücksichtigen und die Methoden u. U. nicht vollständig validieren. Diese enthalten z. B. eine Abweichungsanalyse und eine Festlegung von Maßnahmen/Strategien zum Aufbau/ Abbau von Flexibilitätspotenzialen bzw. zur Erhöhung von Bedarfen. Im weitesten Sinne handelt es sich somit um die Anwendung des in Abschnitt 2.1.1 beschriebenen allgemeinen Managementprozesseses (vgl. PAULI 1987; HORSTMANN 2007; RATHJE 2007; MAIER 1982; KALUZA 1993; HOCKE 2004). Elemente des allgemeinen Managementprozesses haben sich demnach bewährt und können im Rahmen der Methode verwendet werden.

Der Handlungsbedarf bzgl. der Rahmenbedingungen für die zu entwickelnde Methode wird in Tabelle 19 dargestellt. Da Autoren die idealtypische Entwicklung von der Logistik zum SCM sowie Reifegrade zur Umsetzung von SCM beschreiben (vgl. z. B. WEBER/KUMMER 1998; STABERHOFER/ROHRHOFER 2007), ist anzunehmen, dass die Auffassung von SCM für Unternehmensvertreter nicht deckungsgleich ist, sodass die Methode eine genaue Beschreibung enthalten sollte, wie der Fokus für die SC gesetzt wird. Zur Strukturierung, Analyse und zum Vergleich von SC existieren verschiedene Rahmenwerke, wobei sich das SCOR-Modell durch die höchste Akzeptanz in der Praxis auszeichnet, in unterschiedlichen Branchen genutzt werden kann, sich an Prozessen orientiert und Kennzahlen für das Performance Measurement enthält. Daher ist das SCOR-Modell für eine Methodenentwicklung geeignet.

In Abhängigkeit von der Verfügbarkeit von Informationen bezüglich der Einflussfaktoren, ihres Einflusszusammenhanges und der Verteilung der Ausprägungen dieser Faktoren kann zwischen verschiedenen Arten von Unsicherheit unterschieden werden (vgl. WEBER/LIEKWEG 2001), die größtenteils in der Methode berücksichtigt werden sollten. Hinsichtlich Risikoklassifikationen beinhaltet die Literatur keine allgemeingültige und überschneidungsfreie Einteilung. Oft sind Klassifikationen je nach Auffassung und Zweck dargestellt und stellen nur die oberste Ebene dar. Im Rahmen der Methode kann die von KERSTEN ET AL. (2009b) entwickelte und auf CHRISTOPHER/PECK (2004) basierende Einteilung verwendet werden, für die auf bis zu vier weiteren Ebenen eine Detaillierung stattfand und die zudem den Vorteil bietet, dass sie abgeleitet wurde.

Tabelle 19: Handlungsbedarf bzgl. der Rahmenbedingungen für die zu entwickelnde Methode abgeleitet aus dem Stand der Forschung

Ableitung aus	Zusammenfassung der Erkenntnisse aus dem Stand der Forschung	Handlungsbedarf bzgl. der Rahmenbedingungen für die zu entwickelnde Methode
2.1.1	• Autoren beschreiben Entwicklung von Logistik zum SCM, integrierte SC-Strategie bzw. Reifegrade zur Umsetzung von SCM (vgl. z. B. WEBER/KUMMER 1998; STEVENS 1989; STABERHOFER/ROHRHOFER 2007)	• Methode sollte klare Angabe enthalten, wie der Fokus für SC gesetzt wird

Ableitung aus	Zusammenfassung der Erkenntnisse aus dem Stand der Forschung	Handlungsbedarf bzgl. der Rahmenbedingungen für die zu entwickelnde Methode
2.1.2	• Abgrenzung fünf verschiedener Klassen von Unsicherheit auf Basis verfügbarer Daten (vgl. WEBER/LIEKWEG 2001)	• Methode sollte Klassen der Unsicherheit berücksichtigen
2.2.1	• Verschiedene Rahmenwerke zur Strukturierung, Analyse und zum Vergleich von SC → SCOR-Modell weist höchste Akzeptanz in Praxis auf, branchenübergreifend anwendbar, starke Prozessorientierung, Kennzahlen zur Performance-Messung	• Verwendung des SCOR-Modells sinnvoll im Rahmen der Methode
2.2.3	• Berücksichtigung von Flexibilität im SC Performance Measurement in Kennzahlensystemen und BSC → Probleme bei Festlegung strategischer Ziele in SC bzw. mangelnde Zielvereinbarungen in der Praxis (vgl. STÖLZLE/HEUSLER/KARRER 2001)	• Bevorzugter Einsatz von Kennzahlen anstelle BSC im Rahmen der Methode
2.3.2	• Keine allgemeingültige und überschneidungsfreie Risikoklassifizierung in der Literatur, oft nur oberste Ebene dargestellt → KERSTEN ET AL. (2009b) detaillieren Einteilung von CHRISTOPHER/PECK (2004)	• Verwendung abgeleiteter und detaillierter Risikoklassifizierung, z. B. derjenigen von KERSTEN ET AL. (2009b)
2.3.3	• Unterschiedliche organisatorische Umsetzung, Bestimmung von Schnittstellen und Komponenten des SCRM-Prozesses	• Methode sollte Hinweise zur Integration in bestehende SCRM-Prozesse enthalten
2.3.3 2.4.5 2.5	• Maßnahmenauswahl abhängig vom Unternehmen/von der SC, Zielen und Risiken (vgl. KERSTEN/SINGER 2010a; CHOPRA/SODHI 2004) • Generell Durchführung nicht ausschließlich einer, auch mehrerer alternativer Maßnahmen für ein Risiko empfehlenswert • Durchführung Kosten-Nutzen-Analyse für mögliche Maßnahmen sinnvoll (vgl. AAKER/MASCARENHAS 1984)	• Bei der Auswahl von Maßnahmen sollte die Methode Kosten, Nutzen, Unternehmen/SC, Ziele, Risiken, Alternativen in Betracht ziehen
2.3.4	• Wenige Autoren detaillieren Risikosteuerungsphase • Bisher keine Systematik von Strategien und Maßnahmen, die bei Bewertung der Strategien und Maßnahmen hilft (vgl. ZIEGENBEIN 2007) • Kein einheitlicher Klassifizierungsrahmen mit Abgrenzung der Strategie der Flexibilitätsanpassung von weiteren Strategien	• Systematik im Rahmen der Risikosteuerung und Abgrenzung der Strategie der Flexibilitätsanpassung von anderen Strategien der Risikosteuerungsphase erforderlich
2.4.1 2.4.5	• Flexibilität ist kein Selbstzweck, sondern ziel-, strategie- und situationsabhängig (vgl. MEFFERT 1985a) • Flexibilität verursacht Kosten (vgl. HORVÁTH/MAYER 1986; PIBERNIK 2001b) • Abstimmung erzielter Grad an Flexibilität auf den vom Markt erforderlichen (vgl. SUAREZ/CUSUMANO/FINE 1995)	• Methode sollte Ziel, Strategie, Situation der Unternehmen/SC, vom Markt geforderte Flexibilität sowie Kosten berücksichtigen
2.4.2	• Verschiedene Systematisierungen von Flexibilität: Arten und Klassifikationen (vgl. z. B. JACOB 1974; PAULI 1987; DUCLOS/VOKURKA/LUMMUS 2003)	• Maßnahmen sollten die Prozesssicht für Flexibilität berücksichtigen
2.4.3	• Messung der (SC-)Flexibilität anhand von Indikatoren, zulässigen Strategien, realisierten Zielwerten, optionsbasierten Ansätzen, traditionellen und qualitativen Bewertungsverfahren möglich	• Methode sollte v.a. Indikatoren und qualitative Bewertungsverfahren in Betracht ziehen

Der SCRM-Prozess wurde bislang auf unterschiedliche Weise formuliert, enthält verschiedene Komponenten und weist Differenzen in der organisatorischen Umsetzung hinsichtlich der Bestimmung von Schnittstellen und Methoden auf. Daher sollte die Methode Hinweise zur organisatorischen Umsetzung des Prozesses einschließen. Die Phase der Risikosteuerung wird nur von wenigen Autoren genau untersucht. Ferner ist bisher keine Systematik bekannt, die Unterstützung bei der Bewertung von Strategien und Maßnahmen bietet (vgl. ZIEGENBEIN 2007). Außerdem wird die Abgrenzung der Strategie der Flexibilitätsanpassung von anderen Strategien der Risikosteuerung kontrovers diskutiert, sodass eine Systematik innerhalb der Risikosteuerung zu entwickeln ist, die gleichzeitig eine Unterscheidung der Strategien der Flexibilitätsanpassung von anderen bietet.

Die explizite Berücksichtigung von Flexibilität im SC Performance Measurement konnte in Kennzahlensystemen festgestellt werden. Aufgrund von Problemen in der Praxis bei der Festlegung der strategischen Ziele in der SC bzw. mangelnden Zielvereinbarungen (vgl. STÖLZLE/ HEUSLER/KARRER 2001) sollten Kennzahlen im Rahmen der Methode gegenüber der BSC favorisiert werden. Die Eignung von Maßnahmen ist abhängig vom Unternehmen, von der SC, den Zielen sowie den Risiken (vgl. KERSTEN/SINGER 2010a; CHOPRA/SODHI 2004). Für ein Risiko kommen in der Regel mehrere alternative Maßnahmen in Frage, für die es sich grundsätzlich empfiehlt, Kosten und Nutzen abzuwägen (vgl. AAKER/MASCARENHAS 1984). Diese Aspekte sollten bei der Entwicklung der Methode beachtet werden. Ferner ist Flexibilität kein Selbstzweck, sondern ziel-, strategie- und situationsabhängig (vgl. MEFFERT 1985a) und verursacht Kosten (vgl. HORVÁTH/MAYER 1986; PIBERNIK 2001b), sodass die Abstimmung des zu erzielenden Grades an Flexibilität im Einklang stehen sollte mit dem vom Markt geforderten (vgl. SUAREZ/CUSUMANO/FINE 1995). Zur Gliederung von Flexibilität bieten sich zahlreiche Systematisierungen an. Für die Entwicklung der Methode erscheinen die prozessorientierten Komponenten entlang der Lieferkette (Beschaffungs-, Logistik-, operative, Organisations-, Informationssystem- und Marktflexibilität nach DUCLOS/VOKURKA/LUMMUS 2003) am sinnvollsten. Die Messung der SC-Flexibilität erweist sich als schwierig. Zum Einsatz in der Praxis sind einfachere Verfahren – wie Kennzahlen oder qualitative Instrumente – komplexen mathematischen Methoden vorzuziehen und daher bei der eigenen Methodenentwicklung (Kapitel 4) zu berücksichtigen.

Im Folgenden wird der Stand der Praxis beleuchtet und der Handlungsbedarf aus dieser Perspektive abgeleitet.

3. Stand der Praxis

Aufbauend auf der Literaturanalyse bzw. dem Stand der Forschung im SCM, Risikomanagement und Flexibilitätsmanagement wird im Folgenden der Stand der Praxis aufgezeigt, der die gewonnenen Analyseergebnisse durch eigene Forschungsarbeiten auf ihre praktische Umsetzung bzw. Umsetzbarkeit untersucht. Das Vorgehen erfolgte in drei Abschnitten:

1. Zunächst wurden Expertengespräche und Diskussionen einer Fokusgruppe im Rahmen einer Basisanalyse zum SCRM durchgeführt.
2. Ergänzende Analysen zum SCRM und zur SC-Flexibilität fanden mit Hilfe von weiteren Gesprächen statt.
3. Schließlich folgte eine weitergehende Detailanalyse zum SCRM, Performance Management und Flexibilitätsmanagement mittels einer schriftlichen Befragung.

Bevor die Erkenntnisse aus den genannten Untersuchungsformen aufgeführt werden, wird im folgenden Abschnitt zunächst erläutert und begründet, warum die genannten Methoden der Informationsgewinnung gewählt wurden.

3.1 Forschungsvorgehen

Vorgehensweise im Rahmen der Praxisanalyse

In der Wissenschaft können vier generelle Ziele unterschieden werden: Beschreibung (description), Erklärung (explanation), Vorhersage (prediction) und Steuerung (control) (vgl. Christensen 2007, S. 24-26). Im Rahmen dieser Arbeit sollen im Stand der Forschung sowie im Stand der Praxis vorwiegend die ersten beiden Ziele verfolgt werden, d. h. vorhandene Konzepte sollen beschrieben, erläutert und auf ihre Anwendbarkeit hin in der Praxis analysiert werden. Die Entwicklung einer Methode verfolgt hingegen speziell das Ziel der Steuerung (control) (siehe Kapitel 4).

Zur Datenerhebung im Stand der Praxis wurden in dieser Arbeit verschiedene Methoden nacheinander eingesetzt. Oftmals wird im Rahmen von Forschungsmethoden zwischen qualitativen und quantitativen Ansätzen unterschieden. Die beiden Methoden lassen sich wie in Tabelle 20 dargestellt charakterisieren (vgl. Punch 1998, S. 23-27, S. 148-149; Merriam 1988, S. 17-20; Hair et al. 2007, S. 151-153).

Um die Vorteile der genannten Ansätze auszunutzen, wurden anfangs qualitative Instrumente eingesetzt. Darauf aufbauend fand ein quantitatives Verfahren Anwendung. Die Kombination der Methoden, auch Methoden-Triangulation genannt (vgl. Hair et al. 2007, S. 422), bietet mehrere Vorzüge. So konnten anfangs mit Hilfe qualitativer Ansätze tiefe Einblicke in die Praxis gewährt werden und im Anschluss bestimmte Gegebenheiten mittels eines großzahligen quantitativen Ansatzes validiert werden.

Tabelle 20: Vergleich qualitativer und quantitativer Forschungsansätze bestimmter Merkmale Quelle: Eigene Darstellung in Anlehnung an PUNCH (1998, S. 23-27, S. 148-149); MERRIAM (1988, S. 17-20); HAIR ET AL. (2007, S. 151-153)

Merkmal	Qualitative Ansätze	Quantitative Ansätze
Einsatzgebiet	• Aufdecken von Zusammenhängen • Entwicklung eines tieferen Verständnisses ausgewählter komplexer oder empfindlicher organisationaler Situationen bzw. von Themenbereichen (Beantwortung der Fragen nach dem „wie“ und „warum“) • Untersuchung von Prozessen	• Testen von Zusammenhängen • Hohe Anzahl an Merkmalen kann abgefragt werden, erfolgt eher in Kurzform • Gegebenheiten/Wirkungen werden gemessen
Rolle des Forschers	• Forscher nimmt entscheidende Rolle bei der Datenerhebung und -analyse ein • Umfasst direkte Berührung mit der Praxis („Feldarbeit“)	• Forscher nimmt bei der Datenanalyse eine wichtige Rolle ein • Kontakt mit der Praxis mittelbar, d. h. über Fragebögen etc.
Größe der Stichprobe	• Relativ klein	• Eher groß
Zeitaufwand pro Datensatz	• Hoch	• Vergleichsweise gering
Sichtweise der Ergebnisse	• Intersubjektiv	• Objektiv

Abbildung 33 zeigt die Zuordnung bestimmter Methoden zu den beiden erläuterten Forschungsansätzen. In der Praxis ist die Unterscheidung zwischen qualitativen und quantitativen Ansätzen nicht immer markant, denn auch Interviews können beispielsweise in quantitativer Weise strukturiert sein. Ferner ist es möglich, dass Interviewer numerische Daten sammeln oder nicht-numerische Antworten in numerischer Form kodieren. Gleichermaßen können Befragungen offene Antworten zulassen (vgl. BLAXTER/HUGHES/TIGHT 2006, S. 64). Dieses zeigt auch die Anwendung der Methoden im Rahmen dieser Arbeit.

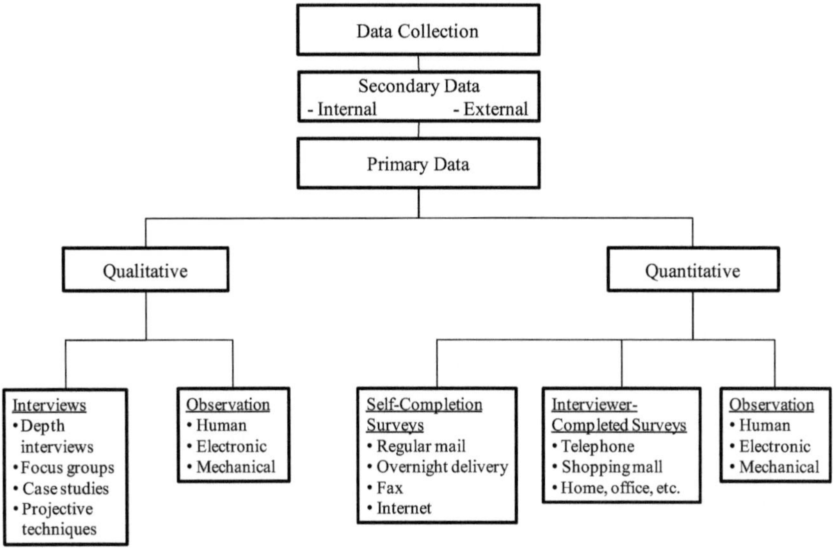

Abbildung 33: Methoden zur Erhebung von Primärdaten
Quelle: HAIR ET AL. (2007, S. 192)

Nachstehend wird erläutert, aus welchen Gründen die Methoden ausgewählt und miteinander kombiniert wurden:

1. Zunächst erfolgte der Einsatz von halb strukturierten und bis auf eine Ausnahme persönlich geführten Gesprächen mit Unternehmensvertretern auf explorativ-deskriptive Art. Die Experteninterviews boten außer einiger in Tabelle 20 aufgeführten Vorteile weitere Vorzüge, wie die Möglichkeiten, beidseitige Rück- oder Verständnisfragen zu stellen, optische Hilfen zu verwenden und die Nutzung eines Interviewleitfadens. So konnten die Art und der Inhalt des Gesprächs umrissen und die Antworten im Rahmen verschiedener Interviews miteinander verglichen werden.

   Keines der Interviews wurde aufgezeichnet, dafür wurden die Gespräche in der Regel zu zweit geführt. Grundsätzlich sicherten die Interviewer Vertraulichkeit und Anonymität zu. So konnte der Fokus auf den Interviewprozess gerichtet werden. Die Gesprächsinhalte wurden schriftlich protokolliert und die Aufzeichnungen im Anschluss den Experten zugesandt, um potenzielle Missverständnisse zu vermeiden. Ferner konnten auf diese Weise große Datenmengen, technische Störungen und eine Besorgtheit der Interviewpartner im Hinblick auf die Reproduzierbarkeit der Aussagen vermieden werden (vgl. BLAXTER/HUGHES/TIGHT 2006, S. 172-175; HAIR ET AL. 2007, S. 196-197; BORTZ/DÖRING 2002, S. 237-253). Eines der Gespräche erfolgte als Tiefeninterview, d. h. der Unterschied zu den anderen Interviews bestand darin, dass dem

Gesprächspartner mehrere Fragen gestellt und deren Antworten frei mit ihm diskutiert wurden (vgl. HAIR ET AL. 2007, S. 201).

2. Basierend auf einigen Experteninterviews fanden informelle Diskussionsrunden explorativ-deskriptiver Art mit einer Fokusgruppe statt. Die Diskussionen können als halb strukturierte Interviews betrachtet werden, sodass die zuvor beschriebenen Merkmale ebenfalls zutreffen, der Fokus allerdings auf den Erörterungen lag. Die Zusammenkünfte wurden anhand einer Reihe von Fragen geleitet und moderiert. Die Treffen der Fokusgruppe boten die Vorteile, mehrere Experten mit ähnlichen Berufsfeldern gleichzeitig zu befragen, und zwar zum Teil auch zu den Ergebnissen der zuvor durchgeführten Expertengespräche, und die Möglichkeit der vertieften Diskussion der Themen. Die in der Literatur dargelegte eher passive Gesprächsbereitschaft einiger Teilnehmer (vgl. BLAXTER/HUGHES/TIGHT 2006, S. 172; BORTZ/DÖRING 2002, S. 243; HAIR ET AL. 2007, S. 197) konnte durch die mittelgroße Gruppenstärke und nur geringe Bildungsunterschiede begrenzt werden. Auch die Treffen der Fokusgruppe wurden nicht elektronisch aufgezeichnet, sondern von mehreren Moderatoren begleitet, deren Notizen im Rahmen eines Protokolls ebenfalls an die Teilnehmer versandt wurden mit der Bitte, Falschdarstellungen zu korrigieren.

3. Eine schriftliche Befragung deskriptiver Art wurde als dritte Methode aufgesetzt. Sie griff bereits auf eine Reihe von Ergebnissen der ersten beiden Methoden zurück. Ihr lag ein strukturierter Fragebogen zugrunde, der zuvor durch Experten aus Wissenschaft und Praxis auf Verständnis und Ausdrucksweise geprüft wurde. Damit konnte gewährleistet werden, dass die Befragten diesen selbständig ausfüllen konnten, da keine Rückfragen möglich waren. Wert gelegt wurde sowohl auf die Anzahl, Formulierung und Auswahl der Fragen als auch auf das Erscheinungsbild des Fragebogens. Nachteilig war die höhere Ausfallquote als bei den persönlichen Interviews. Als Vorteile sind hingegen aufzuführen, dass das Ausfüllen des Fragebogens in einem selbstgewählten Zeitfenster möglich war und die Anonymität bei schriftlichen Befragungen glaubwürdiger wirkt (vgl. HAIR ET AL. 2007, S. 205-210; BORTZ/DÖRING 2002, S. 256; KAYA 2009, S. 53).

Weitere Verwendung der Ergebnisse der Praxisanalyse und Ableitung des Modells

Nach der Entwicklung der Methode in Kapitel 4 wurde diese zunächst mit Experten diskutiert. Anschließend erfolgte die Anwendung im Rahmen zweier Fallstudien auf deskriptiv-konfirmatorische Art. Nach SIGGELKOW (2007, S. 21-23) können drei Einsatzmöglichkeiten für Fallstudien unterschieden werden: zur Begründung der Forschungsfrage, als Quelle der Inspiration für neue Ideen sowie zur Illustration eines konzeptionellen Beitrags. YIN (2003, S. 15) hingegen differenziert fünf Anwendungsgebiete: die Erklärung kausaler Zusammenhänge, die Beschreibung eines Phänomens, die Illustration eines Themas auf deskriptive Art und Weise, das Erforschen von Situationen, in denen ein betrachtetes Phänomen nicht klar gekennzeichnet ist, sowie die Metaevaluation, also die Beobachtung einer Evaluationsstudie. In beiden Fällen handelt es sich um die deskriptive Illustration eines Konzeptes.

Die Grundlage der Fallstudien bilden Interviews, Diskussionsrunden und Unternehmensinformationen, sodass einige der Merkmale der beiden Methoden auch hier zutreffen. Ziel der Fallstudien war in diesem Fall die Validierung der Methode auf der Basis von Daten und Erfahrungen aus der Praxis und somit ihre überzeugendere Wirkung. Die Ergebnisse sollten zudem den Unternehmensvertretern als Anregungen dienen. Nachteile von Fallstudien sind oft die Komplexität der Fälle aufgrund der vorherrschenden Interdependenzen zu anderen Bereichen und die Schwierigkeit ihrer Abgrenzung (vgl. BLAXTER/HUGHES/TIGHT 2006, S. 71-74).

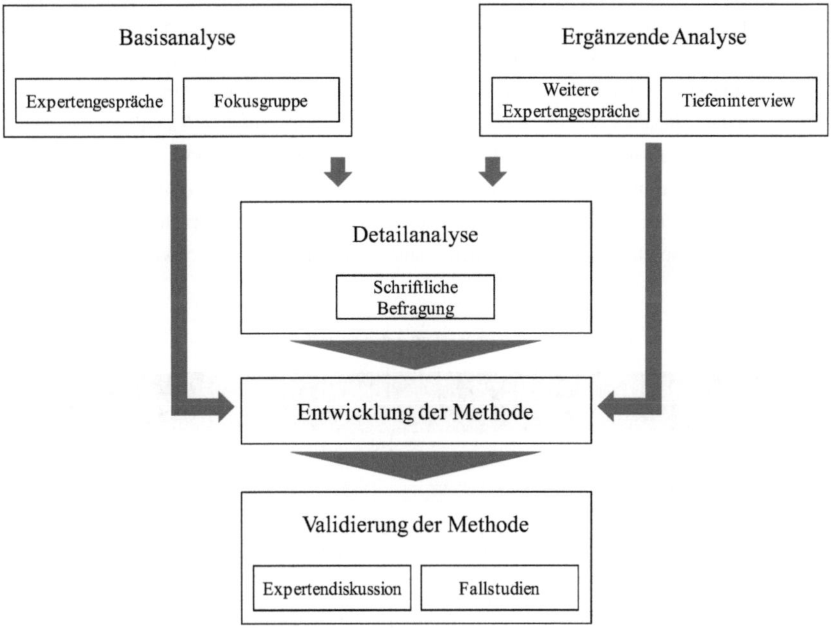

Abbildung 34: Einsatz der Methoden zur Datenerhebung im Rahmen dieser Arbeit

Abbildung 34 stellt die in dieser Arbeit eingesetzten Forschungsmethoden zur Datenerhebung und ihre Zusammenhänge grafisch dar. Die *Basisanalyse* zum SCRM setzt sich aus einer Reihe von Expertengesprächen sowie Diskussionsrunden einer Fokusgruppe zusammen. Expertengespräche im Rahmen der *ergänzenden Analyse* fanden zum SCRM und zu Flexibilität in der SC statt. Zeitlich gesehen waren die Basis- und ergänzende Analyse abgeschlossen vor der Durchführung der *Detailanalyse*, nämlich einer schriftlichen Befragung zu den Themen SCRM, SC Performance Management und Flexibilität in der SC, und eine Reihe bereits gewonnener inhaltlicher Erkenntnisse ging in diese ein. Schließlich wurde die entwickelte Methode im Rahmen der *Expertendiskussion* und mit Hilfe zweier *Fallstudien* validiert.

3.2 Basisanalyse: Supply Chain Risk Management

Im Rahmen dieses Kapitels werden die Ergebnisse der Basisanalyse, nämlich von Expertengesprächen sowie von Treffen einer Fokusgruppe, zum Thema SCRM aufbereitet.[151] Auf die Rahmenbedingungen des Methodeneinsatzes folgen jeweils die Resultate.

3.2.1 Expertengespräche

Rahmenbedingungen der Expertengespräche

Im Zeitraum von März bis Juli 2008 wurden 9 Interviews geführt, um den gegenwärtigen Stand der Praxis im SCRM zu analysieren. Die Experten stammten aus verschiedenen Unternehmen unterschiedlicher Wirtschaftsbereiche. Bei den Gesprächen waren sowohl mehrere produzierende Unternehmen als auch eine Unternehmensberatung, ein Handelsunternehmen, ein Logistikdienstleister sowie ein Infrastrukturbetreiber vertreten (siehe Tabelle 21). Die Gesprächspartner hatten in mehreren Fällen die Positionen Supply Chain/Operations Management, Geschäftsführung/Vorstand sowie vereinzelt Leiter Einkauf, Controlling und Unternehmensentwicklung inne. Aufgrund der verschiedenen Branchen der Unternehmen und Positionen der Gesprächspartner konnte das Thema aus unterschiedlichen Blickwinkeln beleuchtet werden.

Tabelle 21: Zusammensetzung der Expertengespräche

Laufende Nummer	Unternehmen	Branche	Position des Gesprächspartners
1	A	Maschinenbau	Supply Chain Operations Manager
2	B	Unternehmensberatung	Sales & Operations (Geschäftsführer)
3	C	Handel	Supply Chain Management
4	D	Luft- und Raumfahrt	Business Development and Projects
5	E	Nahrungsmittel	Mitglied des Vorstands
6	F	Logistik	Leiter Operations Engineering
7	G	Maschinenbau	Leiter Einkauf
8	H	Luft- und Raumfahrt	Controlling Zentrale
9	I	Konsumgüter	Leiter Supply Chain Management (Planung, Einkauf, Logistik)

Folgt man zur Unterscheidung der Größenklassen der Unternehmen den geltenden Definitionen der EU, fanden sieben Interviews mit Vertretern großer Unternehmen, eines mit einem Mitarbeiter eines mittleren und eines mit einem Experten eines kleinen Unternehmens statt

[151] Den Rahmen hierfür bildete das Projekt „Supply Chain Risk Management Navigator“, das von der Arbeitsgemeinschaft industrieller Forschungsvereinigungen „Otto von Guericke e. V.“ sowie der Bundesvereinigung Logistik e. V. betreut und durch das Bundesministerium für Wirtschaft und Technologie gefördert wurde.

(EUROPÄISCHE KOMMISSION 2006). Die Dauer der Gespräche betrug zwischen einer halben Stunde und etwa zwei Stunden.

Der Interviewleitfaden gliedert sich wie folgt:

A. Einleitungsfragen zum befragten Unternehmen und zur befragten Person
B. Supply Chain-Struktur
C. Organisation von Risikomanagement
D. Einzelrisiken in der Supply Chain
E. Methoden im Rahmen des Risikomanagements
F. Schluss

Für diese Arbeit sind insbesondere die Teile A, C, D und E relevant. Der Interviewleitfaden befindet sich im Anhang VII. In den meisten Fällen handelt es sich um offene Fragen, d. h. dem Experten wurden keine Antwortmöglichkeiten aufgeführt. Dieses erschwert zwar die Auswertung und gestaltet diese zeitaufwendiger, dafür kann auf diese Weise eine Vielfalt an Antworten aufgezeichnet werden (vgl. BORTZ/DÖRING 2002, S. 254-255; MAYER 2009, S. 93). Lediglich einige Fragen zum Unternehmen werden in geschlossener Form gestellt, d. h. die Antworten sind vorgegeben und der Befragte wurde gebeten, sich zwischen den Alternativen zu entscheiden (vgl. BORTZ/DÖRING 2002, S. 254-255; MAYER 2009, S. 91). Hier war es aber möglich, die Kategorie „keine Angabe“ anzukreuzen, wenn der Befragte unsicher war oder keine Antwort geben wollte. In Teil D des Fragebogens wurde der Experte gebeten, mehrere Aspekte frei aufzuführen, diese im Anschluss anhand zweier Dimensionen zu bewerten und in eine Grafik einzutragen. Im Folgenden werden die Ergebnisse der genannten Teile der Expertengespräche erläutert.

Ergebnisse der Expertengespräche

Um eine einheitliche Gesprächsgrundlage zu schaffen, wurden die Gesprächspartner zunächst gefragt, was sie unter *Risiko* verstehen. Es stellte sich heraus, dass keine einheitliche Definition verwendet wird, ein Risiko aber einstimmig als ein negatives Ereignis aufgefasst wird. Dabei wird die Abweichung von Unternehmenszielen betont. Das auslösende Ereignis wird zwar gesehen, steht aber im Hintergrund. Folglich wird eher die wirkungsbezogene Perspektive als die ursachenbezogene Sichtweise eingenommen (siehe Kapitel 2.1.2).

Unter *Risikomanagement* verstehen die Experten das Erkennen potenzieller negativer Ereignisse und den Umgang mit diesen durch Bewertung, Beobachtung und Ergreifen von Maßnahmen. Einer der Gesprächspartner wies auf den Zusammenhang der Unternehmensstrategie mit einer Risikomanagementstrategie hin, während ein anderer betonte, dass das Schaffen eines Risikobewusstseins von hoher Bedeutung sei. Ein dritter wiederum stellte heraus, dass Risiken benannt und Verantwortlichkeiten festgelegt werden sollten. Risikomanagement wird mit dem *Ziel* verfolgt, sich selbst zu schützen, Schäden zu vermeiden, die Unternehmensziele einhalten zu können, ein Risikobewusstsein zu schaffen und Risiken zu erkennen und zu steuern. Ein Gesprächspartner fügte hinzu, dass im Extremfall Freiheitsstrafen vermieden werden sollten.

Die Frage, ob Risikomanagement in den betrachteten Unternehmen *institutionalisiert* ist, bejahten vier der Befragten. In einem Unternehmen ist die Finanzbuchhaltung für die Koordination des Risikomanagements zuständig. Vier weitere Experten verneinten die Frage. Einige von ihnen erwähnten, dass es zwar keine zentrale Abteilung für Risikomanagement gebe, dieses aber dezentral in anderen Prozessen stattfinde, z. B. im Rahmen des Qualitätsmanagements oder in Audits. In einem weiteren Unternehmen wird regelmäßig die Szenariotechnik angewendet und aus diesem Grund eine positive Antwort gegeben. Diese Ergebnisse zeigen, dass auch bei der Antwort „ja" nicht immer ein systematischer Prozesses durchgeführt wird und bei der Antwort „nein" dennoch Ansätze bestehen können. Daher ist das Verständnis in dieser Hinsicht uneinheitlich.

In fünf der befragten Unternehmen wird Risikomanagement zentral koordiniert, z. B. im Controlling oder auf Vorstandsebene, und in den einzelnen Abteilungen dezentral betrieben. In drei der Unternehmen besteht keine zentrale *Verantwortung*. Risikomanagement findet dennoch dezentral statt bzw. die Durchführung wird erwartet, ist aber nicht formalisiert. Da in allen Unternehmen mehrere bis alle Mitarbeiter in das Risikomanagement involviert sind, ist eine zeitliche Aufwandsschätzung schwierig.

Bezüglich der *Zusammenarbeit mit Kunden und/oder Lieferanten* im Risikomanagement gab knapp die Hälfte der Gesprächspartner an, mit ihren Lieferanten zu kooperieren. Die andere Hälfte konzentriert Risikomanagement auf das eigene Unternehmen, wobei ein Befragter bemerkte, dass eine Zusammenarbeit angestrebt werde. Zwei der Experten erklärten, sie arbeiteten mit den Kunden zusammen bzw. berichteten an diese. Ein formaler unternehmensübergreifender SCRM-Prozess, wie von KAJÜTER (2003a, S. 115-116; 2003b, S. 326; 2007, S. 22) beschrieben (siehe Kapitel 2.1.2), findet entsprechend der Expertengespräche in der Praxis selten statt. Gängiger sind das Risikomanagement in der Beschaffung und die Risikoanalyse in der SC.

In Teil D des Fragebogens wurden die Befragten gebeten, die wichtigsten *Risiken* für ihre SC zu nennen. Unterschiedliche Risiken wurden aufgeführt, z. B. Lieferantenausfall (langfristig), Einlastungsschwankungen, Vorstandswechsel bei Kunden, IT-Systemausfälle, Transportkosten, Transport- und Zollrisiken, Transportmanagement bei bestimmten Bauteilen und Kreditrisiko. Diese Beispiele zeigen, dass Risiken auf unterschiedlichen Ebenen diskutiert werden können. So könnten einige der genannten Risiken Unterkategorien der anderen darstellen. Lediglich in drei der befragten Unternehmen wird eine inhaltliche Klassifizierung der SC-Risiken vorgenommen. In zwei weiteren werden die Risiken nach den Bewertungsdimensionen Eintrittswahrscheinlichkeit und Schadensausmaß kategorisiert.

Anschließend wurden die Experten gebeten, ihre aufgeführten Risiken in eine Matrix mit den Dimensionen *Risikoquelle* und betroffener Fluss, also *Risikoauswirkung*, einzuordnen. Hier zeigte sich, dass diese beiden Eigenschaften schwer voneinander zu trennen sind. So wird nach dem Risikoverständnis in der Praxis die Risikoquelle oft mit der -folge vermischt. Auch dieses bestätigt, dass der Begriff Risiko nicht einheitlich verwendet wird. JÜTTNER (2003, S. 778) stellt ferner fest, dass Praktiker den Ausdruck Risiko in vielen Fällen entweder mit der Risikoquelle oder der Risikoauswirkung gleichsetzen.

Auf die Frage, ob die Gesprächspartner einen *Risikomanagementprozess* im Unternehmen implementiert haben, bestätigten drei, dass dieses der Fall sei, und zwar folgt er in einem Unternehmen dem klassischen Regelkreis und in zwei weiteren Unternehmen handelt es sich gleichermaßen um die Schritte der Identifikation, Bewertung, Steuerung und Kontrolle. Einer der Befragten fügte hinzu, dass Risikomanagement aber nicht nur auf strategischer Ebene stattfinde, sondern auch im operativen Bereich. Zwei weitere Experten verneinten die Frage. Ein Befragter erläuterte, dass die Lösungen und Prozesse je nach Bereich unterschiedlich ausfielen, und in einem Unternehmen besteht der Prozess aus einer Sitzung zur Risikobewertung bzw. aus dem Ausfüllen eines Fragebogens und der Aggregation durch das Controlling. Als die Gesprächspartner jedoch direkt mit den vier Schritten der Identifikation, Bewertung, Steuerung und Kontrolle konfrontiert wurden, stimmten vier Unternehmen zu, dass diese bei ihnen umgesetzt würden. Bei einem weiteren Unternehmen trifft dieses zumindest in einem Bereich zu und bei einem Interviewten ist die Implementierung der Prozessphasen in Planung. Lediglich einer erwähnte, dass nur die Identifikation umgesetzt werde, während ein anderer vollständig negierte.

Die eingesetzten *Methoden zur Risikoidentifikation* sind in jedem Unternehmen unterschiedlich. Genannt wurden Interviews, Szenariotechnik, Marktanalysen, Beobachtungen, Befragungen, Finanzchecks, Benchmarking, Zeitreihenanalysen, subjektive Einschätzungen, Untersuchungen im Rahmen der Lieferantenauswahl sowie Prozessanalysen.

Die *Risikobewertung* der identifizierten Risiken erfolgt in einigen Fällen durch Zuordnung der Risiken zu qualitativ bestimmten Klassen. In anderen Unternehmen werden Eintrittswahrscheinlichkeit und Schadenshöhe subjektiv geschätzt oder in einem Fall aus der Lieferantenbewertung bzw. der Ausfallhäufigkeit von Standardteilen abgeleitet. Sehr selten werden die Dimensionen mittels Simulation bewertet. Es wird also eher der Fall der Unsicherheit betrachtet, d. h. die Erwartungswerte für die verschiedenen Umweltzustände müssen nicht bekannt sein, als des Risikos (siehe Kapitel 2.1.2). Für Risiken ist es möglich, die Erwartungswerte der Umweltzustände anzugeben. Zum Teil werden die Ergebnisse in einer Risk Map oder mit Hilfe eines Ampelschemas grafisch aufbereitet.

Maßnahmen, die bei Erkennen eines Risikos ergriffen werden, unterscheiden sich – ebenso wie die Instrumente der Risikoidentifikation – von Unternehmen zu Unternehmen und zudem von Risiko zu Risiko. So wurden Meetings, Krisensitzungen, ein Krisenhandbuch, Schulungen, die Ausgründung von Abteilungen, Testaufträge, Prozessoptimierungen, Lieferantenaudits und die Forderung von Business Continuity Plans von den Lieferanten aufgeführt. Ein Experte berichtete von derzeit knapp 200 aktiven Maßnahmen. Grundsätzlich erfolgt die Auswahl der unternehmens- und problemspezifischen Maßnahmen dezentral und erfahrungsgestützt. Bis auf eine Ausnahme ist die Selektion ferner wenig systematisch. Ein strukturierter und kriteriengestützter Ansatz im Rahmen einer systematischen Vorgehensweise zur Ableitung von Strategien und Maßnahmen fehlt bislang.

Von den Unternehmen verwendete *Software-Tools* basieren in der Hälfte der antwortenden Unternehmen auf Standardsoftware, d. h. es kommt keine spezifisch ausgerichtete Risikosoftware zum Einsatz. Einer der Gesprächspartner gab zudem an, Daten aus dem PPS-System zu nutzen. In zwei der befragten Unternehmen wird keine Software im Rahmen des Risikomanagements eingesetzt und zwei weitere Experten teilten mit, dass allgemeine Controlling-Software angewendet werde. Der zeitliche Aufwand, den die Interviewten bereit wären, für die Nutzung eines Software-Tools aufzubringen (einmalig bzw. kontinuierlich), bewegt sich von ein bis zwei Stunden pro Monat bis hin zu einem halben Mitarbeiterjahr, auch abhängig vom Nutzen des Tools. Die Tendenz liegt allerdings bei wenigen Stunden pro Monat. Von daher sollte eine Software bzw. sollten Hilfsmittel für das Risikomanagement allgemein die Effizienz des Risikomanagements steigern und so einfach wie möglich zu bedienen sein. Ein Experte merkte an, dass kleine umsetzbare Schritte z. B. durch Formulare erwünscht seien, während für einen anderen Analysen sich als hilfreich erwiesen, welche Maßnahmen in bestimmten Fällen zu ergreifen wären. Die Anwendung könnte ggf. mit Hilfe einer Checkliste mit Schwellenwerten erfolgen.

Die Ergebnisse der Expertengespräche bildeten eine Grundlage für die Diskussionsrunden der Fokusgruppe.

3.2.2 Fokusgruppe

Rahmenbedingungen der Fokusgruppe

In der Zeit von Januar 2008 bis Juli 2009 fanden etwa halbjährlich vier Treffen einer Fokusgruppe statt, um den gegenwärtigen Stand der Praxis im SCRM näher zu beleuchten. Die beteiligten Praktiker vertraten verschiedene Unternehmen unterschiedlicher Wirtschaftsbereiche (siehe Tabelle 22). Neben zwei produzierenden Unternehmen und einer Unternehmensberatung waren vor allem Dienstleister der Logistikbranche anwesend. Die Experten waren in mehreren Fällen Mitglieder der Geschäftsführung, in einem Fall Partner einer Anwaltskanzlei oder SC Operations Manager/Director SC Global Operations. Einer hatte die Position Business Development Manager inne. Aufgrund der verschiedenen Branchen der Unternehmen, der unterschiedlichen Unternehmensarten im Rahmen der Logistik und Positionen der Mitwirkenden konnte das Thema aus mehreren Blickwinkeln und insbesondere aus strategischer Perspektive analysiert werden.

Tabelle 22: Zusammensetzung der Fokusgruppe

Laufende Nummer	Unterneh-men	Branche	Position des Mitwirkenden
1	A	Maschinenbau	Supply Chain Operations Manager
2	B	Sicherheitstechnik	Director Supply Chain Global Operations
3	J	Versicherung: Logistik	Mitglied der Geschäftsführung
4	J	Versicherung: Logistik	Business Development Manager
5	K	Anwaltskanzlei: Logistik	Partner
6	L	Landtechnik: Logistik	Mitglied der Geschäftsführung
7	M	Spedition: Logistik	Mitglied der Geschäftsführung
8	N	Unternehmensberatung	Sales & Operations (Geschäftsführer)

Nach der Unterscheidung der Größenklassen der Unternehmen der EU vertraten drei der Experten kleine Unternehmen, weitere vier mittlere Unternehmen, und ein Mitwirkender stammte aus einem großen Unternehmen (vgl. EUROPÄISCHE KOMMISSION 2006). Im Vergleich zu den bereits vorgestellten Expertengesprächen fiel die Beteiligung von kleinen und mittleren Unternehmen also deutlich höher aus. In der Regel waren bei den ca. dreistündigen Gesprächsrunden mindestens vier der aufgeführten Experten anwesend.

Ergebnisse der Fokusgruppe

Die hier betrachteten Ergebnisse der Fokusgruppe werden im Folgenden in vier Themenblöcke eingeteilt:

- Auftretende Risiken in den betrachteten Unternehmen
- Schwächen des derzeitigen Risikomanagements
- Risikoanalyse
- Risikosteuerung

Als wichtige und häufig *auftretende Risiken* werden u. a. das Haftungsrisiko, das nach Aussage der Teilnehmer oftmals begrenzt werden könnte, die Abhängigkeit von Zulieferern, Umfeldrisiken (aufgrund von Streik, Hochwasser, Natur und Politik) und operative Finanzrisiken gesehen. Wie im Rahmen der Expertengespräche wurden die Teilnehmer gebeten, die Risiken – getrennt nach strategischen und operativen Risiken – in eine Matrix mit den Dimensionen Risikoquelle und -auswirkung einzuordnen. Es wurden die Einschätzungen aus den Experteninterviews bestätigt, dass die Unterscheidung der Quelle und Folge und die Trennung in strategische und operative Risiken sich oft als schwierig erweisen.

Im Hinblick auf die *Hauptschwächen des derzeitigen Risikomanagements* führten die Experten eine Reihe von Mängeln auf. So werden nach ihrer Aussage Logistik- bzw. SC-Aspekte zu wenig einbezogen, und die Mitarbeiter denken nicht ausreichend „in Prozessen". Für Haftungsfragen ist insbesondere eine Schnittstellenkontrolle bedeutend, die derzeit in vielen Fällen nicht ausreicht. Ferner wird die Dienstleisterauswahl nach Ansicht der Gesprächspartner kaum auf Basis der Risikotragfähigkeit getroffen, sodass die Gesamtheit der kritischen Risiken nicht wahrgenommen wird.

Das Handeln im Rahmen der Risikosteuerung erfolgt bisher eher reaktiv als proaktiv: Versicherungslösungen werden nach Ansicht der Teilnehmer oft überbewertet. Sie sollten weitgehend durch gute Organisation der Geschäftsprozesse vermieden werden und nur eine Notlösung darstellen. Schließlich können sie stets nur den reinen physischen Schaden ersetzen, nicht aber immaterielle Schäden wie Imageprobleme ausgleichen.

Für ein Risikomanagement müssen bestimmte Kompetenzen vorhanden sein: So sollte eine Risikomanagement-Kultur geschaffen werden. Diese hängt jedoch nicht nur von der Unternehmenskultur ab, sondern ist auch eine Frage des Kulturkreises. Im Rahmen der Risikomanagement-Kultur werden die Faktoren Kommunikation und Vertrauen von den Gesprächspartnern als bedeutend eingeschätzt (siehe auch Kapitel 2.1.2 und 2.3.3). Dabei ist es wichtig, dass die Mitarbeiter von der Sinnhaftigkeit des Risikomanagements überzeugt sind und dieses zusätzlich fördern, obgleich es schwierig ist, seinen Nutzen bzw. Wert zu messen. Schließlich werden z. B. Strategien der Risikovermeidung oder -miminierung eingesetzt, sodass seine Effektivität oft erst auffällt, wenn eine Maßnahme nicht greift oder ein Risiko zu einem späten Zeitpunkt erkannt wird.

Im Rahmen der *Risikoanalyse* wurde der Fokusgruppe während eines Treffens eine erarbeitete Risikoklassifikation vorgestellt, die auf den Säulen „unternehmensinterne Risiken“, „SC-interne Risiken“ und „Umfeldrisiken“ aufbaut. Die Experten äußerten sich positiv und regten an, einige Begrifflichkeiten zu überarbeiten. Das Ergebnis wurde in Kapitel 2.3.2 erläutert.

Schwierigkeiten sehen die Mitwirkenden bei der Risikobewertung auf Basis der Produktberechnung aus Schadensausmaß und Eintrittswahrscheinlichkeit (siehe Kapitel 2.1.2), da aus der Multiplikation der Werte oft eine Unterbewertung der Risiken folge. Außerdem sei Vorsicht geboten bei der Priorisierung von Risiken mit hohem Wert als Ergebnis der Multiplikation. Zur Einstufung der Dringlichkeit der Behandlung ist zu empfehlen, den Wert dennoch mit dem anderer Risiken zu vergleichen. Ferner sollte bei der Bewertung und Priorisierung von Risiken beachtet werden, dass sich beides im Zeitablauf verändern kann.

Wie auch bei den Expertengesprächen wurden die Teilnehmer gebeten, die sich in ihrem Unternehmen im Einsatz befindlichen Analysemethoden zu nennen. Die angewendeten Instrumente waren auch hier in den Unternehmen unterschiedlich. Die Befragten führten Checklisten, Brainstorming, Bonitätsprüfungen, die FMEA und Risikoportfolios auf.[152] Für die Auswahl von Instrumenten werden nach Auskunft der Experten die Kriterien Einfachheit, Bekanntheitsgrad und Visualisierungsmöglichkeiten überprüft. Hierbei merkten die Gesprächspartner an, dass der Nutzen von scheinbar einfachen Methoden, wie dem Festhalten wichtiger Besprechungsergebnisse in Protokollen, oftmals als zu gering eingestuft werde.

[152] Für Literaturhinweise zu den Analysemethoden siehe Kapitel 2.3.3.

Im Bereich der *Risikosteuerung* wurde die Fokusgruppe aufgefordert, für die Risikokategorien „Direkte Zulieferer" und „Logistisches Versorgungsnetzwerk" (siehe Kapitel 2.3.2) mögliche Strategien und Maßnahmen zu nennen. Von Bedeutung waren hierbei langfristige Rahmenverträge, der Aufbau strategischer Partnerschaften, Lieferantengespräche sowie der Aufbau von Redundanzen, z. B. über eine Versorgung am Spot Markt. Letzteres eignet sich allerdings nicht für hoch spezialisierte Systemteile. Weiterhin wurden Lieferantenqualifizierungen, die Vermeidung unnötiger Handlingvorgänge sowie Multiple Sourcing zur Erhöhung der Flexibilität erwähnt. Als Nachteil der dritten Strategie führte einer der Gesprächspartner auf, dass häufig nicht das Problem der Konsolidierung von Lieferanten als Reaktion auf die Komplexitätserhöhung berücksichtigt werde.

Ferner wurde den Experten die oberste Ebene zuzüglich Beispielen des in Kapitel 2.3.3 erläuterten Maßnahmenbaukastens von KERSTEN ET AL. (2009b, S. 37-44) vorgestellt. Grundlage hierfür war eine Literaturanalyse, die zusätzlich Ergebnisse aus den Expertengesprächen und der Fokusgruppe beinhaltete. Die Gesprächspartner bestätigten grundsätzlich die Sammlung von Maßnahmen – wie auch die Risikoklassifikation – als praktikablen Ansatz.

Außerdem wurden der Fokusgruppe zwei Unterscheidungen von Maßnahmen zur Diskussion gestellt. Die Überprüfung einer Differenzierung der Handlungsstrategie in die Bereiche Redundanz, Flexibilität und Planung/Organisation von ZIEGENBEIN (2007, S. 103) (siehe Kapitel 2.3.3) ergab, dass die Befragten diese nicht für sinnvoll erachteten. Es zeigte sich, dass Maßnahmen im Bereich „Redundanz" bzw. „Planung/Organisation" ebenfalls im Bereich „Flexibilität" eingeordnet werden könnten. Insofern wäre die Trennung unscharf. Positiv bewertet wurde hingegen eine Unterscheidung in ursachen- und wirkungsorientierte Maßnahmen.

Nach Aussage der Gesprächspartner wäre für die Praxis nicht nur die Anpassung und Einführung eines vollständigen Risikomanagementprozesses hilfreich und sinnvoll, sondern auch die Implementierung einzelner Schritte, z. B. zur Ergänzung eigener Lösungen mittels Unterstützung bei der Risikosteuerung u. a. mit Hilfe eines Maßnahmenbaukastens. So wäre eine Maßnahmensammlung wünschenswert, die nicht nur vorbeugende und folglich proaktive, sondern auch reaktive Maßnahmen aufführt und als Wissensbasis verwendet werden kann. Ferner ist eine Unterstützung bei der Auswahl von Maßnahmen der Risikosteuerung anhand bestimmter Kriterien willkommen. Hierbei bietet sich eine Dokumentation und folglich Reproduzierbarkeit an. Da das Ergreifen einer Strategie bzw. Maßnahme zur Verringerung eines Risikos ggf. das Auftreten eines neuen Risikos begünstigt, würde es helfen, deutlich zu machen, welche anderen Risiken beim Einsatz einer Maßnahme bedacht werden sollten.

Die Bewertung von Maßnahmen auf einer Online-Plattform mit Zugriff verschiedener Unternehmen schätzten die Experten für langfristig sinnvoll ein. Allerdings wird davon ausgegangen, dass die Bereitschaft, dort Informationen einzutragen, eher gering sei. Daher wird eine Lösung auf Basis einer in vielen Unternehmen existierenden Softwareanwendung wie z. B. Access oder Excel als wünschenswert erachtet.

3.3 Ergänzende Analyse: Supply Chain Risk Management und Supply Chain-Flexibilität

Im Rahmen der ergänzenden Analyse werden empirische Ergebnisse vorgestellt, die aus der Zusammenarbeit mit einem produzierenden Unternehmen bzw. einem Logistikdienstleister resultieren. Während die ergänzenden Expertengespräche auf das SCRM fokussierten, widmete sich das Tiefeninterview dem Thema SC-Flexibilität. Im Folgenden werden jeweils zunächst Rahmenbedingungen aufgeführt, bevor die Ergebnisse im anschließenden Abschnitt dargestellt werden.

3.3.1 Ergänzende Expertengespräche

Rahmenbedingungen der ergänzenden Expertengespräche

Vom Januar 2008 bis zum März 2009 wurde vom Institut für Logistik und Unternehmensführung die Einführung bzw. das Neuaufsetzen eines SCRM für die Ersatzteillogistiksparte eines produzierenden Unternehmens begleitet. Während dieser Zeit fanden acht mehrstündige Gesprächsrunden mit Mitarbeitern des Unternehmens statt.

Die Anbieter von Investitionsgütern sehen sich heutzutage einem starken Wettbewerb ausgesetzt, sodass sie durch Produktinnovationen versuchen, diesem Druck entgegenzuwirken. Folglich steigt die Komplexität der Produkte, während sich die Produktlebenszyklen verringern. Die Käufer von Investitionsgütern hingegen haben aufgrund des hohen Anschaffungspreises ein Interesse daran, die Produkte lange wirtschaftlich zu betreiben, sodass die Käufer trotz der häufig kurzen Lebenszyklen über längere Zeit einen Bedarf an Services induzieren, d. h. an Dienstleistungen im Rahmen der Instandhaltung, wie z. B. der Ersatzteilversorgung (vgl. SCHMIDT/LAUCHT/BAUER 2006, S. 95-96).

Während in der Vergangenheit in vielen Branchen die Instandhaltung durch den Betreiber und oft den Besitzer durchgeführt wurde, bieten seit kurzem vermehrt die Hersteller selbst derartige Dienstleistungen an. Sie versuchen, ihre Marktposition zu stärken sowie kurzfristig Erträge zu generieren. Da die Margen im After-Sales-Geschäft oft höher als in der Produktion sind und der Markt als Wachstumsmarkt gilt, wächst das Angebot ferner dadurch, dass produktunabhängige Dienstleister versuchen, sich zu positionieren (vgl. BAADER/MONTANUS/SFAT 2006, S. 3-5; BULLINGER/HUSEN 2006, S. 17). Auch im Ersatzteilgeschäft herrscht somit ein starker Wettbewerb.

Die Gesprächspartner des Unternehmens waren Mitglieder einer Stabsstelle, die sich mit strategischen Themen befasst und damit auch für das SCRM im Unternehmensbereich verantwortlich zeichnet. Einer der zuständigen Mitarbeiter war ferner verpflichtet, an die nächsthöhere Ebene zu berichten. Der Unternehmensbereich bedient Kunden von Industriegütern mit einer komplexen Produktstruktur. Ein Ausfall des Produktes ist für die Kunden teuer, daher ist die Versorgung mit Ersatzteilen als besonders zeitkritisch einzustufen. Das Unternehmen verfügt über ein weltweites Netzwerk von Ersatzteillägern.

Ergebnisse der ergänzenden Expertengespräche

Die Erkenntnisse aus den Gesprächsrunden werden im Folgenden strukturiert aufgeführt anhand von sieben Leitfragen, d. h. Diskussionspunkten.

1. Diskussionspunkt: Was ist ein Risiko? Was soll unter einem Risiko verstanden werden?

Zunächst wurde der Unterschied zwischen der Risikoquelle und der Risikoauswirkung erörtert. Wie bereits in der Basisanalyse festgestellt, werden Ursache und Auswirkung oft vermischt. Daher wird bestätigt, dass der Risikobegriff in der Praxis nicht einheitlich verwendet wird. Anknüpfend hieran stellte sich die Frage, nach welchen Kriterien Risiken geclustert werden sollten. Laut Literatur ist sowohl eine Clusterung nach Quellen als auch nach Auswirkungen möglich (siehe Kapitel 2.1.2 und 2.3.2). Auch in der Basisanalyse wurde festgestellt, dass die Antwort für dieses Problem in der Praxis nicht einheitlich ausfällt, sondern je nach Zweck variiert: So wäre für die Berichterstattung im Rahmen des Unternehmensverbunds die Untersuchung der Auswirkungen sinnvoll, während für die Maßnahmenergreifung hingegen eine Gliederung nach den Quellen von Vorteil wäre.

Im betrachteten Unternehmen wird ferner zwischen „Risk“ und „Issue“ unterschieden. Im Gegensatz zum Risk bezeichnet ein Issue ein bereits eingetretenes Risiko. Aus einem Issue kann ein Schaden folgen. Allerdings wurde die Frage aufgeworfen, ob eine Unterscheidung zwischen Risk und Issue immer möglich sei. Es wurde festgehalten, dass es sich z. T. um beides handeln könne.

Die Gesprächspartner regten an, zu erörtern, auf welcher Ebene – auf operativer oder eher auf strategischer – bei den Risiken anzusetzen sei, d. h. ob der Fall betrachtet werden sollte, dass ein Lieferant ausfällt oder einzelne Teilenummern angesehen werden sollten, und ob eine derartige Unterscheidung überhaupt möglich sei. Hiermit verbunden sind die Problemstellungen, welche Struktur zur Darstellung der Risiken zu wählen ist bzw. nach welchen Kriterien gegliedert werden kann, z. B. nach Prozessen. Nach einstimmiger Meinung der Teilnehmer der Diskussionsrunde wäre es sinnvoll, die Geschäftsprozesse zu modellieren, um Wirkungsketten anschauen und Abhängigkeiten aufzeigen zu können.

2. Diskussionspunkt: Wie ist der Rahmen für ein SCRM zu setzen?

Verbunden mit der bereits diskutierten Fragestellung, was unter einem Risiko zu verstehen ist, ist der abzusteckende Rahmen, der beim Risikomanagement berücksichtigt wird, also welche Risiken betrachtet werden sollen. Es wurde festgestellt, dass ein Risikomanagement unternehmensübergreifend *und* -intern stattfinden muss, da die interne Komponente allein aus heutiger Sichtweise als zu eng empfunden wird. Hieran knüpft die Frage an, ob Risiken innerhalb einzelner Bereiche mit aufgenommen und kommuniziert werden sollen. Vermutlich würde nicht jeder Mitarbeiter alle relevanten Informationen offenlegen, was von dem angewandten Führungsstil abhängig wäre. Die Ergebnisse des vierten Diskussionspunktes setzen hier an.

Projektrisiken sind in diesem Zusammenhang nicht zu berücksichtigen. Im betrachteten Unternehmen gibt es zwar ein Projekt-Risikomanagement für jedes einzelne Projekt; ein übergreifendes Risikomanagement existiert allerdings zum gegebenen Zeitpunkt nicht. Auch ohne Betrachtung der Projektrisiken nehmen die Beteiligten an, dass ein Risikomanagement derzeit umfangreich genug sei.

Die letzte Teilfrage, die im Rahmen des zweiten Diskussionspunktes behandelt wurde, war die Folge des SCRM, nämlich ob bei Durchführung eines SCRM das gemanagte Risiko nicht mehr vorhanden ist oder ggf. sogar weitere Risiken nach sich zieht. Je nach getroffener Maßnahme als Reaktion auf ein identifiziertes und bewertetes Risiko kann die Risikoquelle vermieden, der Schaden vermindert, das Risiko begrenzt oder geteilt werden. Bei Ergreifen einer Maßnahme ist ferner zu beachten, ob neue Risiken auftreten (siehe Kapitel 2.3.3).

3. Diskussionspunkt: Warum sollte Risikomanagement bzw. SCRM betrieben werden?

Damit ein Risikomanagement in der Unternehmenspraxis auf Akzeptanz stößt und effektiv durchgeführt wird, sollten aus Sicht aller beteiligten Gesprächspartner Argumente gefunden werden, warum ein Risikomanagement im Unternehmen implementiert sein sollte.

Tabelle 23: Notwendigkeit von Risikomanagement aus Praxissicht

Gründe für die Implementierung von Risikomanagement
• Erfüllung gesetzlicher Anforderungen • Vertrauensgewinn bei externen Geldgebern (z. B. bei Banken, Eigenkapitalgebern) • Sicherung des Fortbestands des Unternehmens • Sicherung des Unternehmenserfolgs • Risikomanagementziele knüpfen an Unternehmensziele an und sollen helfen, diese zu erreichen bzw. Abweichungen zu vermeiden • Forderung des Managements nach Berichterstattung zum Risikomanagement • Vorbereitung der Entscheidungen zur Maßnahmenergreifung • Fernhalten von Schäden vom Unternehmen • Schaffen eines Bewusstseins für Risiken • Schaffen von Kommunikationsmöglichkeiten

Tabelle 23 zeigt die für bedeutend erachteten Gründe, die teilweise schon im Abschnitt 2.3.1 aus der Literatur abgeleitet und nun ergänzt wurden. Zunächst werden Motive mit externem Ursprung aufgeführt, es folgen interne Gründe sowie Argumente, die die beiden zuvorgenannten Klassen unterstützen.

4. Diskussionspunkt: Wie sollten die SC-Risikoidentifikation und SC-Risikobewertung erfolgen? Welche Methoden sollten im Rahmen des SCRM angewendet werden?

Zur Risikoidentifikation und Risikobewertung wurden eine Reihe von Methoden diskutiert, u. a. Checklisten, Interviews/Expertenbefragungen, SWOT-Analysen, FMEA, Value-at-Risk, Nutzwertanalysen und Simulationen. Es zeigte sich, dass – wie im Rahmen der Basisanalyse festgestellt – in der Praxis viele Verfahren bekannt sind, die zur Risikoanalyse eingesetzt werden können, ihre Anwendung aber abhängig vom Unternehmen und dessen Rahmenbedingungen ist. Bezüglich der Risikoidentifikationsmethoden wurde von den Gesprächspartnern festgestellt, dass es sinnvoll wäre, mehrere Instrumente zu kombinieren und dass eine Risikoklassifikation bzw. ein Risikokatalog den Prozessschritt unterstützen würde. Grundsätzlich sei es von Vorteil, Methoden, die sich schon im Einsatz bzw. in Planung befinden, miteinander zu verknüpfen und z. B. auch die Balanced Scorecard einzubeziehen.

Was die Risikobewertung betrifft, stellten die Vertreter der Praxis fest, dass zunächst eine Evaluation stattfinden und im Anschluss eine Auswahl der Risiken getroffen werden sollte, die kritisch sind und für die reaktiv und proaktiv Maßnahmen abgeleitet werden sollten. Nicht alle Risiken können allerdings nach Ansicht der Experten vollständig quantifiziert werden, da die verfügbare Datenbasis und subjektive Bewertungen häufig problematisch sind. Außerdem werden der Diskussions- und Arbeitsaufwand als zu hoch eingestuft und die Angabe einer genauen Zahl für diesen Zweck nicht als notwendig angesehen. Daher soll die Risikobewertung im Rahmen verbal definierter Klassen durchgeführt werden (von „kein Handlungsbedarf“ bis „Krisenlevel“).

5. Diskussionspunkt: Welche Eigenschaften sollte eine Vorgehensmethode zum SCRM besitzen?

Besonders wichtig erschien den Gesprächspartnern eine transparente und gut strukturierte Vorgehensweise zum SCRM. Diese sollte den Anwender entlang der Phasen führen, sodass dieser die Schritte nachvollziehen und sie zukünftig ohne externe Unterstützung durchführen kann. Darüber hinaus sollte bei der Vorgehensmethode zudem ein vorgegebener Risikokatalog zum Einsatz kommen.

6. Diskussionspunkt: Mit Hilfe welcher technischen Hilfsmittel sollte eine Umsetzung der Vorgehensmethode erfolgen?

Bei den Gesprächen zu diesem Diskussionspunkt stand die Frage im Mittelpunkt, ob für ein Risikomanagement eine eigene Software verwendet oder ob – wie bisher – mit Hilfe von Standardsoftware gearbeitet werden sollte. Die Gesprächspartner sind der Ansicht, dass ein zusätzliches Tool auf Widerstand treffen würde, da es eine Einarbeitung erfordere, was bei herkömmlichen Tools nicht der Fall sei, auch wenn evtl. ein zusätzliches Dokument zu pflegen sei. DIEDERICHS (2004, S. 263) und BÖGER (2010, S. 39) warnen vor der Entstehung von Insellösungen, die einen hohen Aufwand zur Pflege mit sich bringen und nicht auf Akzeptanz der Mitarbeiter stoßen. Von ihrer Seite sollte folglich auch ein Interesse bestehen.

Funktionen, die bei einer Software zum Risikomanagement von Vorteil wären, sind z. B. Auswertungsmöglichkeiten, d. h. grafische Darstellungen, wie eine Risk Map, und Schnittstellen zu bekannter Software. Mit Hilfe dieser beiden Punkte könnte sich der Aufwand für ein zusätzliches Berichtswesen ggf. in Grenzen halten.

Grundsätzlich warfen die Experten die Frage der Zugriffsrechte auf, nämlich ob jeder Mitarbeiter Lese- und Schreibrechte für das Tool bekommen sollte, sodass Transparenz besteht und ein Austausch ermöglicht wird oder ob dieses vermieden werden sollte.

7. Diskussionspunkt: Wie soll ein SCRM organisatorisch verankert werden?

Im Rahmen der Gespräche zu diesem Diskussionspunkt ist das Ziel anzustreben, das SCRM langfristig so dezentral wie möglich durchzuführen. Daher sollte das Setzen möglicher Schnittstellen bei der Kommunikation berücksichtigt werden. Um Daten konsolidieren und weitere Schritte einleiten zu können, sind Vorlagen zu entwickeln und einzuführen.

Informationen, die innerhalb des SCRM zusammengetragen werden, erwartet der Finanzvorstand vierteljährlich und lässt sie u. a. in den Jahresbericht einfließen. Ferner sollen die Informationen für die Ausrichtung der Unternehmensstrategie verwendet werden. Halbjährlich soll eine Risikolagebesprechung auf einer oberen Führungsebene des Unternehmensbereiches stattfinden, die daher auf eine ausführliche Berichterstattung der mittleren Führungsebene angewiesen ist. Kurzberichte mit einem Aktionsplan sind regelmäßig zu liefern.

Zur Erstellung der Kurzberichte mit Aktionsplan (Risikosteuerung) wird empfohlen, zunächst einzelne Gespräche zu führen bzw. eine Vorlage zum Ausfüllen mit Frist für die Datenerhebung zu versenden, bevor eine Besprechung in großer Runde stattfindet. Die Festlegung von Verantwortlichkeiten und Zuständigkeiten für die einzelnen Risiken wird von den Gesprächspartnern für bedeutsam erklärt und vorgeschlagen, mit der RACI-Methode[153] zu lösen, da zwischen Risikomanager, Manager, Risikohalter und Handelndem unterschieden werden soll. BÖGER (2010, S. 193) empfiehlt ebenfalls die Anwendung dieser Methode.

Zu Beginn der Gesprächsrunden berichteten die Praxisvertreter, dass es sich beim Thema SCRM für Mitarbeiter des Unternehmens um eine eher ungeliebte Aufgabe handele. Je weiter die Finanzkrise allerdings voranschreitet, desto mehr steigt die Bereitschaft zum SCRM an. Zunehmend werden durch das Risikomanagement auch Chancen erkannt. Einen Anteil hieran könnte allerdings auch die Aufnahme von Risikomanagement-Unterstützung in die Jahreszielvereinbarungen haben. Generell wird die Unterstützung aller Mitarbeiter für wichtig erachtet, um SCRM effektiv zu betreiben. Als Herausforderung wird z. T. noch die Kommunikation einzelner Risiken betrachtet, insbesondere wenn diese von einzelnen Abteilungen nicht klar formuliert sind und sich daraus Verständnisschwierigkeiten für andere Abteilungen ergeben.

Die bisherigen Experteninterviews sowie die Diskussionsrunden mit der Fokusgruppe dienten schwerpunktmäßig der Erfassung des Stands der Praxis zum Thema SCRM. An einigen Stellen – vor allem im Rahmen der SC-Risikosteuerung – wurde Flexibilität bereits thematisiert. Wie im Stand der Forschung erläutert, unterstützt die Erhöhung von Flexibilität Unternehmen

[153] R = Responsible, A = Accountable, C = Consulted, I = Informed

bei der Bewältigung von Unsicherheit. Daher ist Flexibilität Gegenstand des nachfolgenden Tiefeninterviews.

3.3.2 Tiefeninterview

Rahmenbedingungen des Tiefeninterviews

Im November 2008 wurde ein Tiefeninterview zum Thema Flexibilität durchgeführt, um den aktuellen Stand der Praxis eines Logistikdienstleisters am Beispiel Luftfracht näher zu untersuchen. Da Flexibilität für Dienstleister grundsätzlich eine hohe Bedeutung hat, der Betrieb von Luftfahrzeugen im Vergleich zu anderen Verkehrsträgern kostenintensiv ist und ein starker Wettbewerb im Bereich Luftfracht vorherrscht, ist eine hohe Handlungsgeschwindigkeit verbunden mit Handlungsspielräumen zum Umgang mit Risiken entscheidend.

Zwar werden aktuell geschätzt nur ca. 2% der transportierten Waren als Luftfracht befördert; diese entsprechen allerdings etwa einem Drittel des Warenwerts des Welthandels (vgl. FRYE 2008, S. 757). Im Vergleich zu anderen Verkehrsträgern gilt Luftfracht als hochpreisig, weist aber als Vorteile eine hohe Geschwindigkeit und eine geringe Schadens- und Diebstahlrate auf (vgl. GOURDIN 2006, S. 88). Luftfracht umfasst daher häufig Güter, die verderblich sind, kurzfristig benötigt werden, einen hohen Wert relativ zum Gewicht besitzen, teuer zu lagern sind und schnell veralten. Ihre Nachfrage ist oft schwer vorhersehbar, saisonabhängig und übersteigt das lokale Angebot. Bezüglich bestimmter Güter sind besondere Vorschriften zu beachten. Außer im Bereich Sicherheit spielt der Staat auf internationaler Ebene im Rahmen des Markteintritts eine große Rolle. Als multilaterale Regelungen sind in diesem Zusammenhang die neun „Freiheiten der Luft“ bekannt (auch „freedoms of the air“ genannt), die zwischen Staaten gewährt werden können (vgl. STERZENBACH/CONRADY/FICHERT 2009, S. 39-43).

Im Vergleich zur Vergangenheit wird Luftfracht heutzutage stärker genutzt. Allerdings bildet das Luftfrachtaufkommen Konjunkturschwankungen der Industrienationen deutlich ab:[154] So sank die internationale Luftfrachttonnage nach Auskunft der International Air Transport Association (IATA), in der 230 Fluggesellschaften mit 93% Anteil am Luftverkehr organisiert sind, 2009 um 10,1% (vgl. FIEGE 2010, S. 370). Boeings Current Market Outlook prognostiziert im Jahre 2010 für Ende 2011 jedoch wieder den Höchstwert des Jahres 2007 und im Anschluss weiteres Wachstum bei steigendem Treibstoffpreis (vgl. BOEING 2010, S. 3). Derzeit werden ca. 80-90% der internationalen Luftfracht von Luftfrachtspediteuren bedient, die den Linienverkehr der Frachtfluggesellschaften in Anspruch nehmen. Der Wettbewerb ist stark – Integratoren, d. h. Anbieter von Expressfracht mit Haus-zu-Haus-Dienstleistungen und i.d.R.

[154] Bezogen auf den deutschen Markt bedeutete dieses Folgendes: Während die Einlademenge der auf deutschen Flughäfen umgeschlagenen Luftfracht 2008 im Vergleich zu 2007 noch um 3,8% und die Ausladmenge um 6,9% stieg, verzeichneten die Werte im Jahre 2009 mit -5,1% bzw. -7,1% den bisher höchsten Transportrückgang (vgl. STATISTISCHES BUNDESAMT 2009; STATISTISCHES BUNDESAMT 2010).

reinen Frachtsystemen, gewinnen zunehmend Marktanteile (vgl. VAHRENKAMP 2005, S. 297; WALTON 2008, S. 2-3).

Der Gesprächspartner hatte die Position des stellvertretenden Vorstandes Allianzen & Strategie inne. Bei dem Unternehmen handelt es sich um eine europäische Frachtfluggesellschaft, deren Netzwerk alle Kontinente abdeckt. Je nach Kundennachfrage und Handelsströmen passt es seine Zielorte an. Als Differenzierungsmerkmal zum Wettbewerb hebt das Unternehmen Flexibilität hervor. Das Unternehmen bietet neben Standardtransporten auch die Beförderung von übergroßer, schwerer und verderblicher Fracht sowie von Tieren an.

Ergebnisse des Tiefeninterviews

Als Erstes wurde der Gesprächspartner nach seiner Einschätzung bzgl. der Relevanz von Flexibilität in der SC gefragt. Er sieht Flexibilität als wesentliche Eigenschaft für sein Unternehmen an, um die Hindernisse der Logistik zu überwinden. Ferner fügte er hinzu, dass Flexibilität bedeute, sich Optionen für späteres Handeln offen zu halten. Hier ist eine Verbindung zu den in Kapitel 2.4.3 vorgestellten Basisoptionen festzustellen.

Im Folgenden wurde der Experte gebeten, aufzuführen, in welchen Bereichen seines Unternehmens Flexibilität seiner Ansicht nach zur Bewältigung von Unsicherheit von Bedeutung ist. Die genannten Beispiele lassen sich nach ihrem Zeithorizont strukturiert darstellen. Dabei kann zwischen operativer und strategischer Flexibilität unterschieden werden (siehe Abbildung 35 und Abbildung 36). Beide Bereiche können weiter nach den Arten von Realoptionen untergliedert werden, um eine systematische Einsortierung der Beispiele zu ermöglichen.

Im Rahmen der operativen Flexibilität wurden Beispiele für die Zeit-, Wechsel- und Kapazitätsanpassungsflexibilität genannt. Die Abbruchflexibilität wurde nicht in Betracht gezogen. Bezüglich der Zeit existiert oftmals die Möglichkeit, den Abflug zumindest geringfügig anzupassen. Hierbei sind allerdings die Implikationen für die Crew, das Flugzeug und die Start- und Landezeit zu berücksichtigen. Beispielsweise wird die Flexibilität genutzt, wenn sich die Anlieferung eines großen Teils der Fracht verzögert. In vielen Fällen werden vollständig beladene LKW zum Vor- und Nachlauf der Fracht verwendet, sodass die Umschlagszeit möglichst gering gehalten werden kann. Dieses birgt allerdings das Risiko, dass im Falle der Verspätung eines LKW gleich ein größerer Teil der Ladung nicht rechtzeitig angeliefert wird.

Im Hinblick auf den Wechsel besteht einerseits die Gelegenheit, die Einsatzpläne von Crews sowie von Flugzeugen zu ändern. Dieses ist durchführbar, da die Flotte stark standardisiert ist, was sich zudem positiv auf die Kosten für Ersatzteile sowie deren Verfügbarkeit auswirkt. Ferner führt bei der bestehenden Flotte der Einsatz eines Flugzeugs auf einer kürzeren Strecke oder mit geringerer Ladung nur zu minimalen Mehrkosten pro Einheit. Andererseits können auch Routen geändert werden. Beide Optionen werden beispielsweise im Winter aufgrund der

Witterungsverhältnisse gewählt. So kann es vorkommen, dass Pläne bis zu dreihundertmal geändert werden.

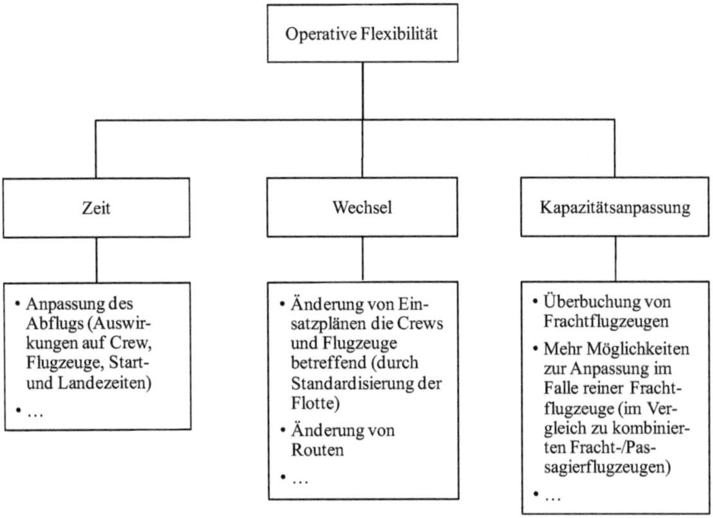

Abbildung 35: Beispiele für operative Flexibilität eines Logistikdienstleisters

In Bezug auf die Kapazitätsanpassung werden Flugzeuge nicht nur im Passagier-, sondern nach Auskunft des Gesprächspartners auch im Frachtbereich überbucht, sodass die Fluggesellschaft im Falle der oben genannten Verspätung eines LKW ggf. die Fracht eines alternativen LKW verladen kann und das Flugzeug dennoch vollbeladen starten und einen hohen Grad an Effizienz erzielen kann. Zur Kapazitätsanpassung bieten sich ferner mehr Möglichkeiten, wenn Fluggeräte ausschließlich Fracht transportieren und keine kombinierten Fracht-/Passagierflugzeuge darstellen, da die genaue Gepäckmenge der Passagiere im Voraus nicht bekannt ist und grundsätzlich vor der Fracht Vorrang hat. In Zukunft werden derartige Kombi-Flugzeuge nach Einschätzung des Experten nicht mehr zum Einsatz kommen.

Für die strategische Flexibilität führte der Gesprächspartner Praxisbeispiele für die Zeit-, Wechsel- und Wachstumsflexibilität[155] auf. Beide Einträge im Bereich Zeit betreffen das Gebiet der Finanzierung. So ist es oftmals üblich, die Fluggeräte an Leasinggesellschaften zu verkaufen und zurück zu leasen (Sale-(and-)Lease-Back auch genannt). Zwar ist die Fluggesellschaft in diesem Fall nicht mehr der Eigentümer der Flugzeuge und muss laufend Leasingraten bezahlen, dafür wird aber kurzfristig die Liquidität erhöht. Um künftige Preisschwankungen für den Treibstoff auszugleichen, sichern sich außerdem viele Fluggesellschaften an den Finanzmärkten ab. Sie führen Warentermingeschäfte (Hedging) für Kerosin durch.

[155] Im Bereich der strategischen Flexibilität wird für die Kapazitätsanpassung in diesem Interview der treffendere Begriff „Wachstum“ verwendet.

Um die strategische Flexibilität auszunutzen, existiert die Möglichkeit, die Nutzungsart der Anlagen, Flächen und/oder Gebäude zu ändern (inkl. Umbaumaßnahmen), da ein Anteilseigner der Fluggesellschaft gleichzeitig Eigentümer der Infrastruktur am Hub ist. So kann sich das Unternehmen z. B. aktiv auf andere Arten von Fracht einstellen. Im Bereich Wachstum können die Anlagen, Flächen und/oder Gebäude an zukünftige Kundenbedürfnisse angepasst werden. Zudem kann die Gelegenheit genutzt werden, Ziele und Routen im Rahmen des Flugplans zu ändern. Dieses ist aufgrund der eingangs erwähnten „Freiheiten der Luft“ möglich.

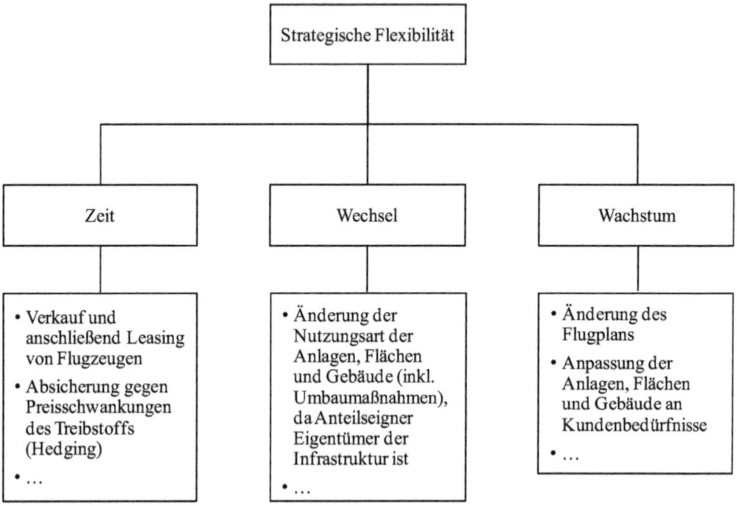

Abbildung 36: Beispiele für strategische Flexibilität eines Logistikdienstleisters

Im Rahmen der anschließend dargestellten schriftlichen Befragung wird der Zusammenhang von Flexibilitäts- und Risikomanagement in der Praxis näher analysiert.

3.4 Vertiefende Analyse: Supply Chain-Risiko, -Performance und -Flexibilität

Die Erläuterung der durchgeführten schriftlichen Befragung zu den Themenbereichen SC-Risiko, -Performance und -Flexibilität ist Gegenstand dieses Kapitels.[156] Im folgenden Abschnitt werden zunächst die Rahmenbedingungen aufgeführt, bevor die Ergebnisse im anschließenden Abschnitt dargestellt werden.

[156] Den Rahmen für die schriftliche Befragung bildete das von der EU geförderte Projekt C.A.S.H. (Connecting Authorities for Safer Heavy Goods Traffic in the Baltic Sea Region).

3.4.1 Rahmenbedingungen der schriftlichen Befragung

Basierend auf den Expertengesprächen, den Diskussionsrunden der Fokusgruppe sowie den ergänzenden Expertengesprächen wurde in der Kernzeit von Ende Januar bis April 2010 eine empirische Studie durchgeführt, um den aktuellen Stand der Praxis bzgl. der Themenfelder SC-Risiko, -Performance und -Flexibilität näher zu beleuchten. Im Rahmen eines eintägigen Symposiums zum Thema Einkauf und Logistik in Hamburg wurden 23 Fragebögen von Praktikern ausgefüllt. Durch eine Aufforderung sowie Nachfassaktionen per Email und einem Link zur Datei im pdf-Format konnten weitere 68 Antworten erzielt werden, die per Email, Fax oder Post eintrafen. Insgesamt konnten 87 relevante Fragebögen ausgewertet werden.

Die Zielgruppe der Untersuchung stellten produzierende Unternehmen (62 Antworten) und Logistikdienstleister (25 Antworten) dar. Die Beantworter des Fragebogens hatten in der vorwiegenden Anzahl der Fälle die folgenden Positionen inne: (Leitung) Einkauf, (Leitung) SCM, (Leitung) Logistik, (Leitung) Controlling, Geschäftsführung/Vorstand.

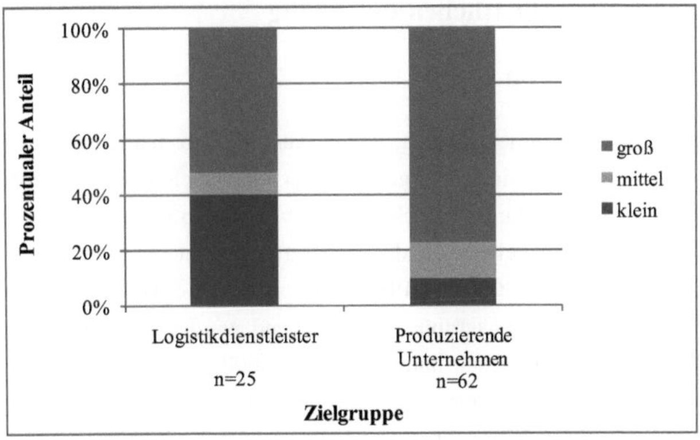

Abbildung 37: Prozentualer Anteil kleiner, mittlerer und großer Unternehmen an Antworten von Logistikdienstleistern und produzierenden Unternehmen
Quelle: in Anlehnung an KERSTEN/SINGER (2010a, S. 198)

Werden zur Unterscheidung der Größenklassen der Unternehmen die geltenden Definitionen der EU zugrunde gelegt, kommen 16 der Antworten aus kleinen Unternehmen, während 10 aus mittleren und 61 aus großen Unternehmen stammen (vgl. EUROPÄISCHE KOMMISSION 2006). Die prozentualen Anteile kleiner, mittlerer und großer Unternehmen an den Antworten von Logistikdienstleistern und produzierenden Unternehmen werden in Abbildung 37 grafisch aufgezeigt. Dabei ist auffällig, dass in beiden Unternehmensformen mittlere Unternehmen die Minderheit bilden, während große Unternehmen in der Mehrheit vertreten sind (vgl. KERSTEN/SINGER 2010a, S. 197-198).

Mehreren Anrufen und Emails zufolge waren weitere angeschriebene Unternehmensvertreter bereit, sich an der Studie zu beteiligen. Allerdings wurde Ihnen die Teilnahme von ihren Vorgesetzten bzw. der Geschäftsführer-/Vorstandsebene untersagt. Als ein möglicher Grund hierfür ist denkbar, dass der Bereich Risikomanagement eine sensible Materie behandelt, sodass für die Freigabe wesentlicher Informationen erst ein Vertrauensaufbau erforderlich gewesen wäre (vgl. KERSTEN/SINGER 2010a, S. 198).

Der Fragebogen besteht aus vier Seiten und setzt sich aus den allgemeinen Angaben und den beiden inhaltlichen Blöcken Risiko, Risikomanagement und Performance in der SC sowie Flexibilität und Flexibilitätsmanagement zusammen. Der Fragebogen befindet sich im Anhang VIII. Die meisten Fragen sind geschlossen (siehe Abschnitt 3.2.1). Dabei handelt es sich um Fragen, die mit „Ja" oder „Nein" beantwortet werden konnten, oder um die Einordnung der Antworten in eine Skala von 1 (sehr gering) bis 5 (sehr hoch). Es war jedoch in fast allen Fällen möglich, Anmerkungen oder Ergänzungen vorzunehmen. Eine Frage wurde als halboffene Frage formuliert, d. h. es wurde eine Kategorie „Andere" aufgeführt, die für fehlende Antwortmöglichkeiten zu ergänzen war. Im Folgenden werden die Ergebnisse der Auswertung der Befragung vorgestellt.

3.4.2 Ergebnisse der schriftlichen Befragung

Risiko und Risikomanagement

Zunächst wurden die Teilnehmer gebeten, einige Aussagen zu beurteilen, die auch Gegenstand der Basisanalyse waren, um die Ergebnisse der Untersuchungen vergleichen und eine höhere Validität erzielen zu können. Die Sichtweise von Risiko betreffend bejahten 88% der Teilnehmer, Risiko als potenziellen Schadeneintritt zu betrachten, während 12% dieses ablehnten (vgl. KERSTEN/SINGER 2010a, S. 198). Somit stützen die Antworten das Ergebnis der Experteninterviews und der Fokusgruppe. Anschließend wurden die Unternehmensvertreter gebeten, die Konstrukte Unsicherheit und Risiko im Hinblick auf ihre Ausmaße zu vergleichen. Gut zwei Drittel der Befragten sahen Unsicherheit als umfassender an und stimmen folglich mit der Meinung der Wissenschaft (siehe Kapitel 2.1.2) überein.

Parallel zu den Voruntersuchungen bejahten 51 Teilnehmer die Frage, ob ihr Unternehmen über ein institutionalisiertes Risikomanagement verfügt. 35 Befragte erwiderten mit „Nein". Es ist festzustellen, dass sich die Auskünfte der produzierenden Unternehmen und der Logistikdienstleister stark ähneln. Sie differieren jedoch bei Betrachtung der Größenklassen der Unternehmen: Die großen Logistikdienstleister haben durchweg ein Risikomanagement im Unternehmen institutionalisiert, wohingegen dieses bei den großen produzierenden Unternehmen nur bei gut zwei Dritteln der Fall ist. Anmerkungen genereller und organisatorischer Art in Bezug auf diese Frage schließen Äußerungen mit ein wie die Abwägung von Chancen und Risiken als unternehmerische Grundaufgabe oder die Implementierung eines Risikomanagementsystems bedingt durch die Börsennotierung bzw. aufgrund des KonTraG. Andere Teilnehmer führten auf, dass Risikomanagement „Bestandteil jeder Leitungsbesprechung" sei, in Qualitätssicherungssystemen mit enthalten sei, im Bereich Vertrieb Projekt- und Vertragsrisiken sowie Entwicklungsprojekte berücksichtigen werde, die Fehlerbaumanalyse oder ein internes System der Risikoanalyse beinhalte, sich derzeit „im Aufbau"/„in Ausweitung" befinde oder „dem Bereich Financial Management unterstellt" sei (vgl. KERSTEN/SINGER 2010a, S. 198-199). Befragte, die diese Anmerkungen machten, beantworteten die Frage positiv. Einige Teilnehmer, die angaben, dass ihr Unternehmen über kein institutionalisiertes Risikomanagement verfüge, merkten an, dass Entscheidungen nach Situation gefällt würden oder ein Risk Assessment Meeting eingesetzt werde. Die letztgenannte Aussage ist allerdings mit der Phase der Risikoanalyse vergleichbar.

Zwar verfügen nur knapp 60% der antwortenden Unternehmen über ein institutionalisiertes Risikomanagement, aber fast alle Befragten (90%) nutzen im Rahmen ihrer üblichen Geschäftsprozesse Methoden, um Risiken zu erkennen und zu analysieren. Wie auch im Rahmen der Basisanalyse festgestellt wurde, gibt sogar die Mehrzahl (knapp drei Viertel) derjenigen Unternehmen an, die nicht über ein institutionalisiertes Risikomanagement verfügen, dessen ungeachtet Risikoidentifikations- und -analysemethoden in den Prozessen einzusetzen (siehe Abbildung 38).

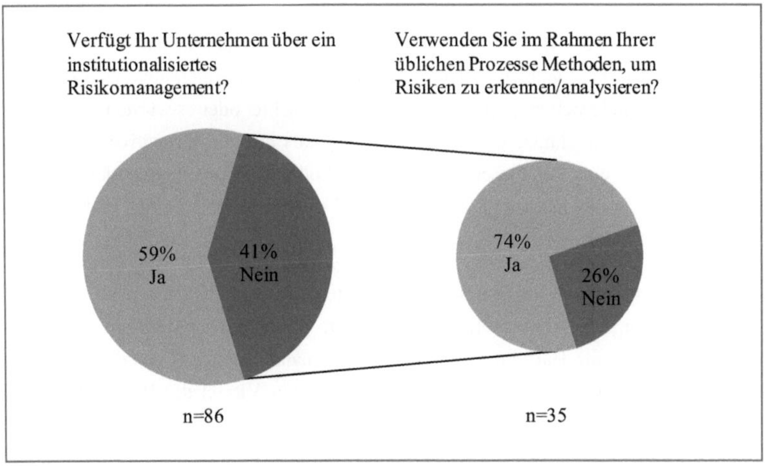

Abbildung 38: Verwendung von Risikomanagementmethoden im Rahmen üblicher Prozesse bei fehlender Institutionalisierung von Risikomanagement
Quelle: in Anlehnung an KERSTEN/SINGER (2010a, S. 199)

Während alle Vertreter der großen Unternehmen sowie 93% aller produzierenden Unternehmen unabhängig von der Institutionalisierung des Risikomanagements diese Frage bejahten, fällt der Anteil bei den Antworten der Logistikdienstleister mit 80% etwas geringer aus. Ursache hierfür ist vermutlich die geringere Quote der Logistikdienstleister bei den mittleren und großen Unternehmen, die zur Hälfte bzw. vollständig innerhalb der üblichen Prozesse Methoden einsetzen, um Risiken zu identifizieren und zu analysieren. Bei den kleinen Logistikdienstleistern handelt es sich hingegen nur um 60%.

Angewandte Verfahren beinhalten die Lieferantenbewertung, Finanz-Checks, Lieferantenselbstauskünfte, die Bewertung der Liefertreue, Qualitätsbewertung/-kennzahlen, Bonitätsprüfungen, Erkenntnisse aus vorhergehenden Projekten und die FMEA (vgl. KERSTEN/SINGER 2010a, S. 199). Teilnehmer, die diese zusätzlichen Informationen bereitstellten, beantworteten die Frage mit „Ja“. Anmerkungen bei negativer Rückmeldung umfassten den Hinweis, dass keine systematischen Methoden angewendet würden oder dass mit Hilfe des persönlichen Kontaktes Risiken identifiziert würden.

Bei der Untersuchung des Betrachtungsschwerpunkts des Risikomanagements ist festzuhalten, dass etwas mehr als die Hälfte der Teilnehmer (56%) hauptsächlich ihr eigenes Unternehmen sowie den direkt vorgelagerten Lieferanten und den direkt nachgelagerten Kunden (direkte SC) berücksichtigen. Weitere 22% konzentrieren sich ausschließlich auf das eigene Unternehmen, und die übrigen Antworten beziehen die ganze (ultimative) SC ein, d. h. die Lieferanten der Zulieferer und die Kunden der Kunden. Im Rahmen der Auswertung dieser Frage wurde prinzipiell die höchste der angegebenen Betrachtungsstufen festgehalten. Bei der Beantwortung war eine Mehrfachauswahl möglich (vgl. KERSTEN/SINGER 2010a, S. 200).

Anmerkungen im Falle des Betrachtungsschwerpunkts der direkten SC lauteten, mehr als drei Stufen würden nur in begründeten Fällen berücksichtigt, die Sublieferanten nach Priorität beobachtet, kritische Lieferketten in größerem Umfang betrachtet oder es würden höchstens fünf Stufen angeschaut. Teilnehmer, die angaben, den Fokus auf die ultimative SC zu setzen, schränkten allerdings ein, dass dieses nur für einige Produktreihen/Anlagen oder für Unterlieferanten gelte, vier Stufen betrachtet oder sämtliche Partnerdaten mit Terror- und Embargolisten abgeglichen würden.

Werden diese Werte mit den Ergebnissen der Voruntersuchungen verglichen, so stellt sich heraus, dass in diesem Fall Differenzen vorliegen, da im Rahmen der Experteninterviews deutlich wurde, dass etwa die Hälfte der Befragten Risikomanagement auf das eigene Unternehmen konzentrieren, während dieses hier nur für knapp ein Viertel der Beantworter gilt. Es zeigt sich allerdings auch hier, dass ein SCRM, wie von KAJÜTER (2003a, S. 115-116; 2003b, S. 326; 2007, S. 22) beschrieben (siehe Kapitel 2.1.2), nur in knapp einem Viertel der befragten Unternehmen eingesetzt wird. Anmerkungen zufolge wird diese dritte umfassendste Betrachtungsweise allerdings z. T. nur bei einigen Produktreihen und Anlagen vorgenommen oder geschieht bis zum sicherheits- und qualitätsrelevanten Unterlieferanten (vgl. KERSTEN/SINGER 2010a, S. 200).

Die Bedeutung von Risikomanagement in der SC ist nach Einschätzung der Teilnehmer der Befragung in den letzten Jahren eindeutig gestiegen. Für das Jahr 2005 beträgt der Mittelwert 2,65 auf einer Skala von 1 (sehr gering) bis 5 (sehr hoch). Fünf Jahre später wird dem Risikomanagement in der SC mit durchschnittlichen 3,71 eine deutlich höhere Bedeutung beigemessen. Für das Jahr 2015 kann in der Vorschau sogar ein Mittelwert von 4,29 bestimmt werden. Die Unterschiede in den Antworten der Unternehmensvertreter produzierender Unternehmen und Logistikdienstleister sind gering. Die höchste Differenz von 0,11 kann für das Jahr 2010 festgestellt werden, da die Logistikdienstleister die Bedeutung des Risikomanagements in der SC geringfügig höher bewerten (vgl. KERSTEN/SINGER 2010a, S. 200).

In der folgenden Frage wurden die Befragten aufgefordert, Instrumente zur Identifikation und Bewertung von Risiken hinsichtlich ihrer Eignung und Anwendung zu beurteilen. War eines der Instrumente einem Teilnehmer unbekannt oder konnte er die beiden Dimensionen nicht bewerten, gab es die Möglichkeit, dieses zu vermerken. Wie Abbildung 39 und Abbildung 40 zeigen, wird die Eignung jedes der einzelnen Instrumente höher bemessen als die Anwendung, wobei die Differenzen zwischen diesen Werten bei den Instrumenten zur Bewertung von Risiken deutlich höher ausfallen als für die Methoden zur Erkennung von Risiken.

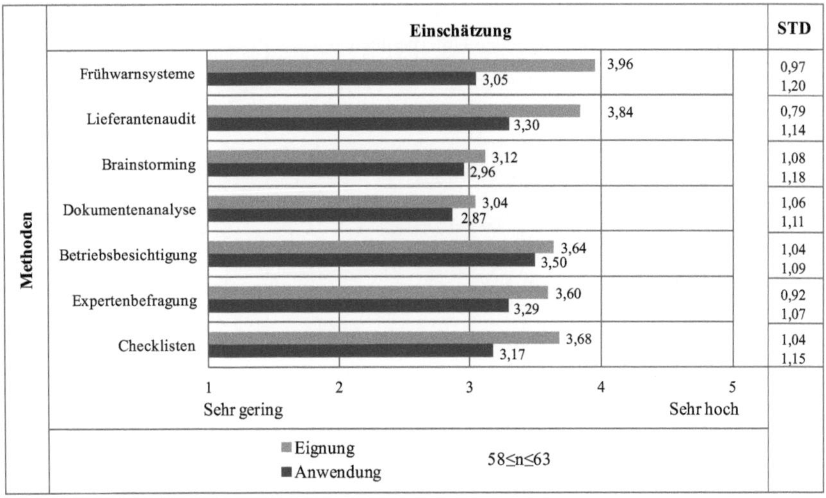

Abbildung 39: Einschätzung der Anwendung und Eignung ausgewählter Risikoidentifikationsmethoden

Die am besten geeigneten Instrumente zur Risikoidentifikation sind nach den Teilnehmern dieser Umfrage Frühwarnsysteme, Lieferantenaudits und Checklisten. Bei einer nach Logistikdienstleistern und produzierenden Unternehmen getrennten Detailanalyse zeigt sich, dass Logistikdienstleister den Lieferantenaudits Expertenbefragungen vorziehen, während sich die produzierenden Unternehmen anstelle der Checklisten für Betriebsbesichtigungen aussprechen. Angewendet werden nach der Reihenfolge der Häufigkeit Betriebsbesichtigungen, Lieferantenaudits und Expertenbefragungen. Öfter als Expertenbefragungen wendet die Industrie hingegen Checklisten an. Die Logistikdienstleister tendieren anstelle Lieferantenaudits und Betriebsbesichtigungen zu Checklisten und Brainstorming.

Der geringste absolute Unterschied besteht zwischen der Eignung und Anwendung von Betriebsbesichtigungen, während die höchste absolute Differenz zwischen Eignung und Anwendung bei den Frühwarnsystemen vorliegt. Hier lässt sich somit der größte Handlungsbedarf in der Entwicklung zum Einsatz in Unternehmen erkennen. Während die Ergebnisse der beiden Branchen bei der zweiten Aussage übereinstimmen, ist die Differenz bei den Logistikdienstleistern der Expertenbefragung am kleinsten. Diejenigen Risikoidentifikationsmethoden, bei denen am häufigsten „unbekannt" angekreuzt wurde, sind Frühwarnsysteme und Brainstorming (jeweils viermal erwähnt).

Im Hinblick auf die Methoden zur Risikobewertung werden die FMEA, statistische Auswertung und Simulation für am besten geeignet erklärt. Dieses spiegelt die Ergebnisse der Logistikdienstleister wider, die die Simulation und die Expertenschätzung zudem gleich bewerten. Anstelle der statistischen Auswertung und der Simulation sieht die Industrie allerdings die Expertenschätzung und das Risikoportfolio weiter vorn. Zum Verständnis der Gesamtreihenfolge ist anzumerken, dass die Einzelbewertungen der Logistikdienstleister auf einem höheren Niveau erfolgten als von produzierenden Unternehmen.

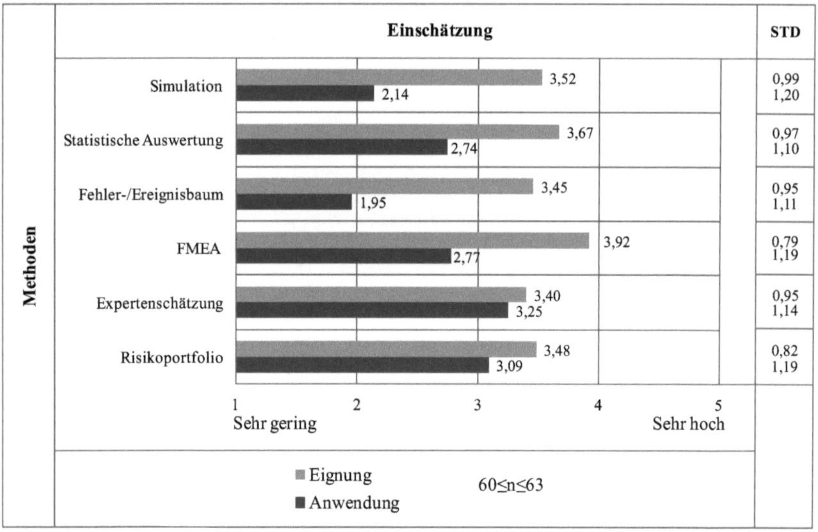

Abbildung 40: Einschätzung der Anwendung und Eignung ausgewählter Risikobewertungsmethoden

Zur Anwendung kommen der Reihenfolge nach die Expertenschätzung, das Risikoportfolio sowie die FMEA. Diese drei Instrumente bewertet auch die Industrie am höchsten. Die Logistikdienstleister setzen hingegen eher statistische Auswertungen als die FMEA ein. Bei den

Methoden zur Risikobewertung zeigt sich die geringste wertmäßige Differenz zwischen Eignung und Anwendung bei der Expertenschätzung. In diesem Fall stimmen auch die Resultate der beiden Branchen überein. Der höchste absolute Unterschied liegt bei den Logistikdienstleistern und insgesamt beim Fehler-/Ereignisbaum, dagegen ist er bei der Industrie im Rahmen der Simulation festzustellen. Generell kann festgehalten werden, dass das Niveau der Anwendung der aufgeführten Bewertungsmethoden durchschnittlich geringer ist als bei den Identifikationsmethoden. Der Mittelwert der Differenz zwischen Eignung und Anwendung ist hingegen höher. Das Bewertungsinstrument, bei dem am zahlreichsten „unbekannt" vermerkt wurde (10 Angaben), ist der Fehler-/Ereignisbaum.

Die Antworten bzgl. der Risikoidentifikations- und -bewertungsmethoden besagen, dass die befragten Unternehmen bevorzugt Instrumente einsetzen, die möglichst einfach und zeitsparend anwendbar sind. Im Rahmen der Risikoidentifikation erfordert die Nutzung eines Frühwarnsystems eine auf das Unternehmen zugeschnittene Methode. Bei den Frühwarnsystemen entsteht daher möglicherweise auch eine große Lücke zwischen Eignung und Anwendung. Checklisten müssen ebenfalls entwickelt werden. Aus diesem Grund werden diese beiden Instrumente zwar als am besten geeignet bewertet, aber wahrscheinlich nicht am meisten angewendet. Lieferantenaudits hingegen decken auch andere Bereiche des strategischen Lieferantenmanagements ab, die nicht im Fokus des Risikomanagements stehen, und werden öfter eingesetzt. Expertenbefragungen und Brainstorming bzw. Betriebsbesichtigungen scheinen leicht und schnell durchzuführen zu sein und gehören zu den am meisten angewendeten Instrumenten bzw. weisen den kleinsten Unterschied zwischen Eignung und Anwendung auf. Im Rahmen der Risikobewertung sind die FMEA, statistische Auswertung und Simulation Methoden, die ein umfassendes Know-how verlangen, spezielle, ggf. kostenintensive Hilfsmittel benötigen und in der Regel zeitintensiver in ihrer Durchführung sind als die Expertenschätzung und das Risikoportfolio.

Mit Hilfe beispielsweise der aufgeführten Methoden werden die Risiken auf unterschiedliche Art bewertet. Im Rahmen der Beantwortung der Frage, in welcher Form dieses geschieht, war es zulässig, mehreren Aussagen zuzustimmen bzw. diese abzulehnen. 8% der Unternehmensvertreter berichten, ihre Risiken nicht zu bewerten. Zwei Drittel hingegen klassifizieren ihre Risiken qualitativ. In 40% der Fälle wird angegeben, dass beide Dimensionen, nämlich die Eintrittswahrscheinlichkeit sowie die Schadenshöhe, genau quantifiziert werden (vgl. KERSTEN/SINGER 2010a, S. 200). Die Antworten von produzierenden Unternehmen und Logistikdienstleistern ähneln sich sehr bezüglich der Nichtbewertung und qualitativen Einordnung. Während nur 34% der produzierenden Unternehmen eine exakte Quantifizierung der Risiken vornehmen, ist dieses bei 57% der Logistikdienstleister der Fall.

Teilnehmer, die alle der genannten Möglichkeiten ablehnten, gaben an, dass die Bewertung sehr unterschiedlich oder nach persönlicher Einschätzung erfolge, Risiken ständig beobachtet würden und eine Entscheidung je nach Situation getroffen werde. Eine Person, die erklärte, Risiken gar nicht zu bewerten, fügte hinzu, dass es für das Jahr 2010 geplant sei, ein SCRM aufzubauen. Befragte, die für ihr Unternehmen aussagten, Risiken qualitativ bestimmten

Klassen zuzuordnen, schränkten ein, dass dieses nur für interne Risiken gelte oder die Bewertung nur im Einkauf geschehe. Ein weiterer Teilnehmer, der vermerkte, dass Risiken qualitativ bestimmten Klassen zugeordnet oder genau mittels der angegebenen Dimensionen quantitativ bewertet würden, ergänzte, dass dieses davon abhänge, ob ein Risiko finanziell bewertet werden könne. Eine letzte Anmerkung bei Bestätigung sämtlicher Möglichkeiten war die Ermittlung bereichsbezogener und gesamter Risiko-Scores.

Anschließend wurden die Teilnehmer gebeten, Methoden des Controllings zur Messung des SC-Erfolgs in Bezug auf ihre Eignung und Anwendung einzuschätzen. Im Falle, dass ein Instrument den Befragten unbekannt war oder sie die genannten Dimensionen nicht beurteilen konnten, bestand die Möglichkeit, das Feld „unbekannt" anzukreuzen. Während üblicherweise nur wenige Teilnehmer (vier bis sieben) diese Möglichkeit bei den unterschiedlichen Methoden nutzten, waren Portfolios mit dreizehn Kreuzen einem größeren Kreis unbekannt. Des Weiteren wurden die Befragten aufgefordert, Instrumente zu ergänzen. Lediglich einer fügte die Wertstromanalyse als Teil des Wertstrommanagements aus dem Bereich der Produktionsplanung und -steuerung hinzu. In Abbildung 41 ist zu erkennen, dass die Eignung der Methoden im Durchschnitt höher bewertet wurde als die Anwendung.

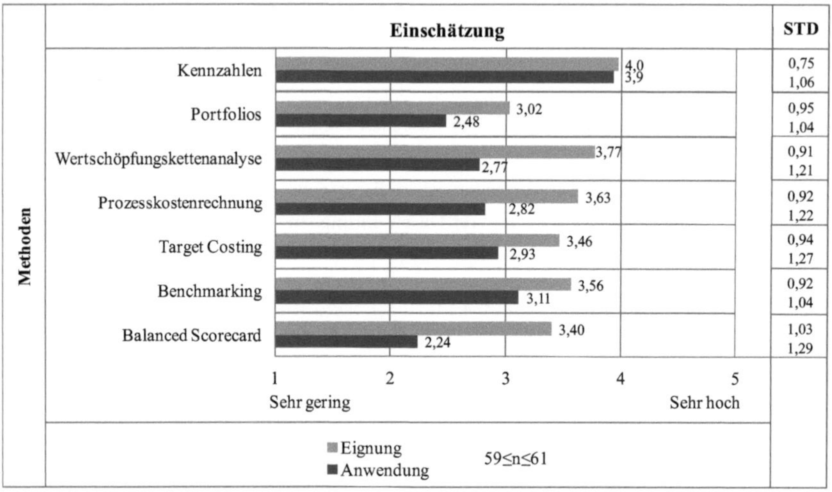

Abbildung 41: Einschätzung der Eignung und Anwendung von Methoden im Rahmen des Controllings zur Messung des Supply Chain-Erfolgs

Kennzahlen, die Wertschöpfungskettenanalyse und die Prozesskostenrechnung werden von den Teilnehmern am geeignetsten eingeschätzt. Am häufigsten werden Kennzahlen, Benchmarking und Target Costing angewendet. Insbesondere die Wertschöpfungskettenanalyse und die Prozesskostenrechnung sind im Unternehmen bzw. in einer SC mit hohem Aufwand verbunden, sodass die Differenz zwischen Eignung und Anwendung nach der Balanced Scorecard bei ihnen am höchsten ist.

Wie die Wertschöpfungskettenanalyse und die Prozesskostenrechnung muss die Balanced Scorecard stark auf ein Unternehmen bzw. eine SC zugeschnitten werden und deckt in der Regel sehr viele Bereiche ab. Daher werden wahrscheinlich die mit möglicherweise geringerem zeitlichem und finanziellem Aufwand behafteten Methoden wie Benchmarking und Target Costing in der Praxis vorgezogen, auch wenn ihr Nutzen nicht für gleich hoch befunden wird. Ggf. ist für diese beiden Methoden auch das Know-how eher vorhanden.

Die Ergebnisse der produzierenden Unternehmen liegen in der gleichen Größenordnung wie diejenigen der gesamten Unternehmen. Auffällig ist ebenfalls, dass die von den Teilnehmern bewertete Eignung und Anwendung von Kennzahlen im Durchschnitt fast den gleichen Wert annimmt. Bei den Logistikdienstleistern hingegen unterschreitet der Wert der Eignung denjenigen der Anwendung minimal um 0,22, d. h. durchschnittlich gesehen werden Kennzahlen stärker angewendet, als dass sie für geeignet erachtet werden. Außerdem wird nicht das Target Costing am dritthäufigsten angewendet, sondern die Wertschöpfungskettenanalyse.

Flexibilität und Flexibilitätsmanagement

Der zweite Teil des Fragebogens widmete sich dem Themenbereich Flexibilität und Flexibilitätsmanagement. Der Großteil der befragten Unternehmensvertreter (89%) hält es für sinnvoll, im Falle hoher Unsicherheit ein hohes Flexibilitätspotenzial aufzubauen (siehe Abbildung 42). Während 88% der Antworten von produzierenden Unternehmen positiv ausfielen, stimmten sogar 92% der Logistikdienstleister der Aussage zu. Bezüglich der Unternehmensgröße unterstützen kleine Unternehmen die Annahme vollständig.

Abbildung 42: Flexibilität und Unsicherheit

Auf den Zusammenhang zwischen der Flexibilität und der Schnelligkeit in der Literatur wurde bereits in den Abschnitten 2.1.3 und 2.4.1 eingegangen. In der Praxis sind 42% der Teilnehmer der Befragung der Ansicht, dass Flexibilität grundsätzlich mit Schnelligkeit verbunden ist. Die Hälfte der Logistikdienstleister teilt diese Meinung. Die Zustimmung der produzierenden Unternehmen fällt mit 39% etwas geringer aus. Die Aussage wird überwiegend von mittleren Unternehmen, aber auch von vielen großen und einigen kleinen Unternehmen als richtig erachtet.

Dabei kann sich Flexibilität auf unterschiedliche Art und Weise ausdrücken: Neun von zehn der befragten Unternehmensvertreter sind davon überzeugt, dass Flexibilität durch Optionen auf Mengen, Kapazitäten und Zeiten (z. B. mit Hilfe von Rahmenverträgen) geschaffen werden kann. 83% betrachten den Wechsel oder den Abbruch als Möglichkeit. Bei den gesamten Teilnehmern liegen die prozentualen Anteile für kleine, mittlere und große Unternehmen in der gleichen Größenordnung. Die Meinungen der Vertreter der Logistikdienstleister und der produzierenden Unternehmen unterscheiden sich allerdings leicht: So erklären die Logistikdienstleister die letztgenannten Alternativen für etwas besser geeignet als die erstgenannten, während die Antworten bei den produzierenden Unternehmen kontrovers ausfallen. Die Differenzen schlagen aber höchstens mit neun Prozentpunkten im Vergleich zu den gesamten Ergebnissen zu Buche (vgl. KERSTEN/SINGER 2010a, S. 200-201). Die Angehörigen großer Logistikdienstleister stimmen hierbei der zweiten Aussage ohne Ausnahme zu.

Die Antworten der Teilnehmer ähneln sich ebenfalls stark, was die Verfügbarkeit einer organisatorischen Einheit betrifft, die sich hauptverantwortlich mit dem Management von Flexibilität beschäftigt. 89% der antwortenden Unternehmensvertreter geben an, dass dieses in ihren Unternehmen nicht der Fall ist. Während 93% der Befragten produzierender Unternehmen die Frage verneinen, sind es bei den Logistikdienstleistern 78%. Ähnlich führen VOIGT/WILDEMANN (2007, S. 131) als ein Ergebnis aus 14 Expertengesprächen auf, dass in keinem der befragten Unternehmen ein explizites oder eigenständiges Flexibilitätsmanagement festgestellt werden konnte. MINNING (2008, S. 154) bestätigt die Erkenntnis mit Experteninterviews aus 16 Unternehmen, und zwar wird in keinem dieser Unternehmen ein ausgeprägtes Flexibilitätsmanagement durchgeführt.

Bei der Beantwortung der Frage merken die Teilnehmer verschiedene Gesichtspunkte an: Flexibilität werde als ein strategisches Element der SC-Strategie angesehen und bei der Strategieentwicklung inhärent behandelt. Hauptverantwortlich seien die Geschäftsleitung, deren Aufgaben sich aber nicht hierauf beschränkten, sowie das Managementteam. Andere geben an, Flexibilität sei in das Risikomanagement, Controlling oder in die Planung einzubeziehen. Wieder andere sehen Flexibilität als notwendige Eigenschaft aller Prozesse bzw. Einheiten und äußern, dass keine zentrale Abteilung mit dem Flexibilitätsmanagement betraut sei, sondern die Verantwortlichkeiten innerhalb der Prozesszentralen lägen (vgl. KERSTEN/SINGER 2010a, S. 201).

Die folgende Frage strebte das Erfassen der Relevanz (Soll-Situation) und der Anwendung (Ist-Situation) des Aufbaus von Flexibilitätspotenzialen nach Unternehmensbereichen an. Nachstehend werden ausschließlich die Antworten der Unternehmensvertreter produzierender Unternehmen untersucht, da Logistikdienstleister nicht über alle erwähnten Unternehmensfunktionen verfügen (vgl. KERSTEN/SINGER 2010a, S. 201). Abbildung 43 zeigt die durchschnittlichen Antworten der Teilnehmer.

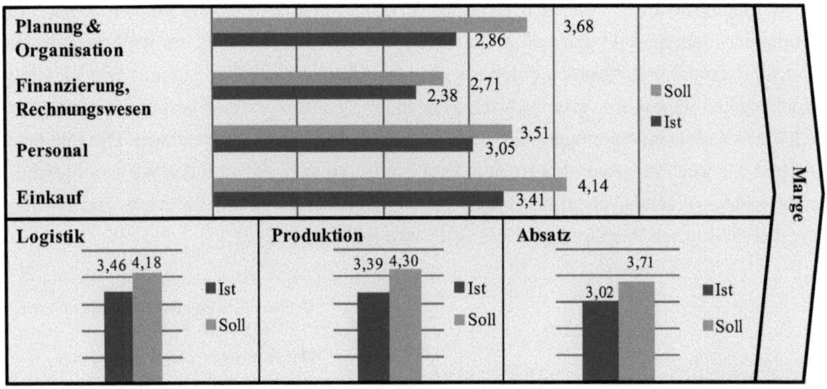

56≤n≤59

Bereiche	Planung & Organisation		Finanzierung & Rechnungswesen		Personal		Einkauf		Logistik		Produktion		Absatz	
Soll/Ist	S	I	S	I	S	I	S	I	S	I	S	I	S	I
STD	1,05	1,14	1,15	1,16	1,11	1,02	0,70	0,87	0,86	0,88	0,75	0,92	1,15	0,95

Abbildung 43: Aufbau von Flexibilitätspotenzialen (Soll/Ist)
Quelle: in Anlehnung an KERSTEN/SINGER (2011, S. 63), grafisch angelehnt an PORTERS Wertschöpfungkette (1998a, S. 37)

Grundsätzlich ist zum Aufbau von Flexibilitätspotenzialen das Ergreifen von Strategien und Maßnahmen notwendig. Bei ihrer Auswahl werden in der Regel Kosten- und Nutzenaspekte einbezogen. Fallen die Kosten vergleichsweise hoch aus oder übertreffen sie den Nutzen, sodass sich der Aufbau von Potenzialen demzufolge nicht als wirtschaftlich herausstellt, kann es vorkommen, dass der Aufbau von Flexibilitätspotenzialen nicht durchgeführt wird, obwohl er sich unter Risikoaspekten als sinnvoll erweist (vgl. KERSTEN/SINGER 2010a, S. 202).

In allen sieben Unternehmensbereichen kann bei der Befragung zwischen den Soll- und Ist-Situationen eine positive Differenz ermittelt werden. Auf den Gebieten Produktion, Logistik und Einkauf wird die Relevanz des Aufbaus von Flexibilitätspotenzialen als hoch eingeschätzt. Wie in Kapitel 2.1.3 aufgeführt, erfolgten mit Bezug zu Produktionssystemen in der Vergangenheit die intensivsten Untersuchungen und Diskussionen hinsichtlich Flexibilität.

Die Ergebnisse zeigen, dass der Aufbau von Flexibilitätspotenzialen in den beteiligten Unternehmen in den bereits als bedeutend eingeschätzten Bereichen intensiv erfolgt. Die Reihenfolge ist hier jedoch eine andere: Auf den Bereich der Logistik folgen erst der Einkauf und dann die Produktion (vgl. KERSTEN/SINGER 2010a, S. 202). Abgesehen von einigen Teilnehmern aus dem Controlling bzw. einigen Geschäftsführern/Vorständen, stammt der Schwerpunkt der Antworten allerdings aus diesen Unternehmensbereichen.

Die wertmäßig höchsten Abstände zwischen Relevanz und Anwendung können in der Produktion, der Planung & Organisation, im Einkauf sowie in der Logistik ermittelt werden. Die Bereiche Personal und Absatz werden als weniger relevant bzgl. des Aufbaus von Flexibilitätspotenzialen angesehen, und auch die Anwendungshäufigkeit wird geringer eingeschätzt. Sie können zudem eine geringere Differenz zwischen Soll und Ist verzeichnen. Die Finanzierung und das Rechnungswesen werden als am wenigsten geeignet zum Aufbau von Flexibilitätspotenzialen erachtet, ebenfalls nimmt der Unterschied zwischen Relevanz und Anwendung den niedrigsten Wert an (vgl. KERSTEN/SINGER 2010a, S. 202).

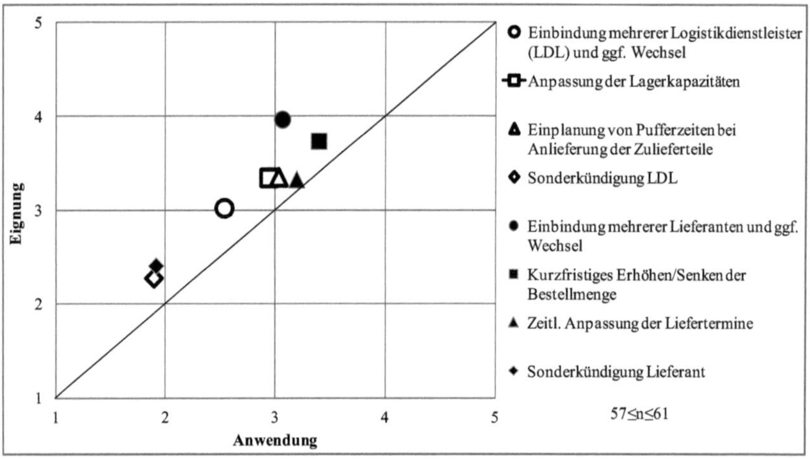

Strategie	○		□		△		◇		●		■		▲		◆	
Eignung/ Anwendung	E	A	E	A	E	A	E	A	E	A	E	A	E	A	E	A
STD	1,19	1,17	1,13	1,14	1,04	1,14	1,05	0,93	0,70	0,96	1,05	0,90	0,83	0,88	0,98	0,87

Abbildung 44: Eignung und Anwendung beschaffungsseitiger Strategien zur Erhöhung der Flexibilität im Rahmen der Risikosteuerung
Quelle: in Anlehnung an KERSTEN/SINGER (2010a, S. 202)

In der letzten Frage wurden die Teilnehmer gebeten, für die Gebiete Logistik und Einkauf Strategien zur Risikosteuerung bzgl. ihrer Eignung und Anwendung einzuschätzen (siehe Abbildung 44) (vgl. KERSTEN/SINGER 2010a, S. 203). Innerhalb der genannten Gebiete wird dem Aufbau von Flexibilitätspotenzialen eine hohe Bedeutung beigemessen und bei ihnen wurden zwischen Relevanz und Anwendung hohe Differenzwerte festgestellt. Die aufgetragenen Strategien gründen sich auf den in Kapitel 2.4.3 vorgestellten Basisoptionen (Wechsel-, Kapazitätsanpassungs-, Zeit- und Abbruchflexibilität) und werden auf die Logistik und den Einkauf angewendet. Auch hier werden nur die Antworten der produzierenden Unternehmen analysiert, da nicht alle gezeigten Strategien bei einem Logistikdienstleister zum Einsatz kommen können.

Sämtliche aufgeführten Strategien lassen sich nach ihrer Beurteilung oberhalb der Winkelhalbierenden auftragen, d. h. ihre Eignung wird jeweils höher bewertet als ihre effektive Anwendung. Die Einbindung mehrerer Logistikdienstleister (LDL)/Lieferanten und ggf. Wechsel werden hier als Wechselflexibilität verstanden, während die Sonderkündigungsrechte von LDL/Lieferanten als Abbruchflexibilität aufgefasst werden. Konform mit den zuvor beschriebenen Eingangsfragen werden diese Strategien in der Logistik als am wenigsten bedeutsam erachtet und am seltensten angewendet. Die Kapazitätsflexibilität wird mit Anpassung der Lagerkapazitäten/Änderung der Bestellmenge bezeichnet und die Zeitflexibilität mit der Einplanung von Pufferzeiten bei Anlieferung der Zulieferteile/zeitlichen Anpassung der Liefertermine benannt. Für die Logistik werden die letztgenannten Strategien – wie auch oben angegeben – für am geeignetsten erklärt und am meisten angewendet. Im Rahmen des Einkaufs werden die oben festgehaltenen Ergebnisse für die Abbruch-, Kapazitäts- und Zeitflexibilität widergespiegelt, nicht aber für die Wechselflexibilität, die hier bezüglich ihrer Eignung am höchsten bewertet wird.

Ferner kann festgestellt werden, dass die Strategien im Bereich Einkauf für geeigneter gehalten werden als die vergleichbaren Strategien in der Logistik. Für die Zeitflexibilität gilt dieses allerdings nicht – beide Strategien nehmen etwa den gleichen Wert bzgl. der Eignung an. Im Rahmen der Anwendung ist weiterhin zu verzeichnen, dass die Strategien im Einkauf öfter angewendet werden als die vergleichbaren Strategien in der Logistik. Der Abbruchflexibilität wird allerdings in beiden Fällen ungefähr der gleiche Wert beigemessen. Die Strategien werden im Rahmen der in Kapitel 4 zu entwickelnden Methode berücksichtigt.

3.5 Fazit zum Stand der Praxis und Ableitung des Handlungsbedarfs

Im Folgenden werden die Erkenntnisse aus der Basisanalyse, der ergänzenden Analyse sowie der Detailanalyse zusammengefasst und bewertet. Aus den Ergebnissen werden der Handlungsbedarf bzgl. des Forschungsthemas/Forschungsziels und die Rahmenbedingungen für die zu entwickelnde Methode abgeleitet.

Zunächst wird in Tabelle 24 der Handlungsbedarf bzgl. des Forschungsthemas/Forschungsziels aufgeführt. Es konnte festgestellt werden, dass das Forschungsthema SCRM eine hohe Bedeutung hat und die Unternehmen sich in den nächsten Jahren verstärkt damit befassen wollen. Schon heute nutzen fast alle Befragten im Rahmen der üblichen Geschäftsprozesse

Methoden, um Risiken zu identifizieren, und zwar auch, wenn kein SCRM institutionalisiert ist.

Tabelle 24: Handlungsbedarf bzgl. des Forschungsthemas/Forschungsziels abgeleitet aus dem Stand der Praxis

Ableitung aus	Zusammenfassung der Erkenntnisse aus dem Stand der Praxis	Handlungsbedarf bzgl. des Forschungsthemas/Forschungsziels
3.2.1 3.4.2	• Bedeutung von SCRM in den letzten Jahren stark gestiegen, weitere Zunahme bis mindestens 2015 erwartet • Fast alle Befragten nutzen Methoden im Rahmen üblicher Geschäftsprozesse – sofern kein SCRM institutionalisiert ist – um Risiken zu analysieren	• Forschungsthema hat hohe Bedeutung • Unternehmen werden sich voraussichtlich in den nächsten Jahren verstärkt mit dem Thema befassen
3.3.2 3.4.2	• Klare Mehrheit der Befragten hält Aufbau von hohem Flexibilitätspotenzial bei hoher Unsicherheit für sinnvoll	• Verknüpfung der Themengebiete SCRM und Flexibilität ist notwendig
3.2.1 3.3.1 3.4.2	• Selten organisatorische Einheit vorhanden, die sich hauptverantwortlich mit Flexibilitätsmanagement befasst • Vorschlag, Flexibilitätsmanagement im Rahmen des Risikomanagements zu behandeln, da dort häufig Organisationseinheiten bestehen	
3.2.1 3.2.2 3.3.1	• Bewusstseinsbildung in Bezug auf Risiko • Innerhalb Risikomanagementkultur sind Kommunikation, Vertrauen relevant	• Methode muss Bewusstsein für Risiken schaffen
3.2.1 3.2.2 3.3.1	• Auswahl der Maßnahmen zur Risikosteuerung meist dezentral, erfahrungsgestützt und wenig systematisch	• Methode sollte strukturiert und kriteriengestützt sein und in eine systematische Vorgehensweise zur Ableitung von Maßnahmen und Strategien im Rahmen des SCRM integriert werden
3.2.1 3.2.2	• Nicht nur Entwicklung und Implementierung eines vollständigen Risikomanagementprozesses ist hilfreich und sinnvoll für Befragte, sondern auch Ausgestaltung einzelner Schritte, z. B. SC-Risikosteuerung	• Fokussierung auf SC-Risikosteuerung erwünscht • Vorteilhaft ist Einbettung in SCRM-Prozess
3.4.2	• Aufbau von Flexibilitätspotenzialen in Logistik, Einkauf und Produktion in produzierenden Unternehmen für am geeignetsten gehalten und erfolgt am intensivsten	• Methode sollte für produzierende Unternehmen, die alle relevanten Bereiche einer SC abdecken, anwendbar sein

Die Verknüpfung der Themengebiete SCRM und Flexibilität erscheint notwendig, zumal die meisten Experten den Aufbau eines hohen Flexibilitätspotenzials bei hoher Unsicherheit für sinnvoll erachten. Ferner wurde vorgeschlagen, das Flexibilitätsmanagement auch organisatorisch im Rahmen des Risikomanagements zu behandeln, insbesondere da sich selten eine organisatorische Einheit hauptverantwortlich mit dem Flexibilitätsmanagement befasst. Eine Risikomanagementkultur in den Unternehmen und mit ihr ein Risikobewusstsein wird von den Experten als bedeutend eingeschätzt, sodass die Methode auf Risiken aufmerksam machen sollte.

Tabelle 25: Handlungsbedarf bzgl. der Rahmenbedingungen für die zu entwickelnde Methode abgeleitet aus dem Stand der Praxis

Ableitung aus	Zusammenfassung der Erkenntnisse aus dem Stand der Praxis	Handlungsbedarf bzgl. der Rahmenbedingungen für die zu entwickelnde Methode
3.2.1 3.4.2	• Viele Unternehmen setzen Betrachtungsschwerpunkt des SCRM auf direkte SC und nicht auf SCRM, wie von KAJÜTER (2003a; 2003b, 2007) beschrieben	• Methode sollte direkte SC betrachten
3.2.1 3.2.2 3.3.1 3.4.2	• Risikoverständnis nicht einheitlich: überwiegend wird Risiko als negatives Ereignis aufgefasst, aber Schwierigkeiten bei der Wahrnehmung von Risiken unterschiedlicher Ebenen sowie hinsichtlich Vermischung von Risikoquelle und -folge	• Bei Entwicklung der Methode sollte Risikoklassifizierung zugrunde gelegt werden • Risikoklassifizierung von KERSTEN ET AL. (2009b) kann verwendet werden
3.2.1 3.2.2 3.3.1 3.4.2	• Angewendete Methoden zur Risikoanalyse unterscheiden sich stark • Quantifizierung im Rahmen der Risikobewertung ist problematisch • Mehrheit führt qualitative Bewertung durch • Unsicherheit umfangreicher als Risiko angesehen	• Vorgehensmethode sollte für Risikoanalyse keine quantitativen Verfahren voraussetzen • Für Inputdaten sollten Ergebnisse einer qualitativen Risikobewertung genügen
3.2.2	• Zum Teil Abschluss von Versicherungen als SCRM-Strategien, wenn Prozessverbesserungen diese ersetzen könnten	• Methode sollte weitere Strategien und Maßnahmen/Prozessverbesserungen im Rahmen der Risikosteuerung aufzeigen
3.2.2	• Maßnahmenbaukasten von KERSTEN ET AL. (2009b) grundsätzlich bestätigt	• Struktur des Maßnahmenbaukastens von KERSTEN ET AL. (2009b) kann als Basis für Bausteine der Methode verwendet werden
3.2.2	• Differenzierung Maßnahmen nach Handlungsstrategie von ZIEGENBEIN (2007) nicht für sinnvoll erachtet	• Zur Abgrenzung der Maßnahmen zur Erhöhung der Flexibilität von anderen Maßnahmen im SCRM muss eine praxistaugliche Lösung gefunden werden
3.3.2 3.4.2	• Flexibilität drückt sich durch Optionen auf Mengen, Kapazitäten/Wachstum, Zeiten, Wechsel und Abbruch aus • Praktische Beispiele lassen sich finden	• Inhaltliche Strukturierung der Maßnahmen und Strategien zur Anpassung der Flexibilität praxistauglich
3.4.2	• Kennzahlen am geeignetsten angesehen und am häufigsten angewendet im Rahmen des Controllings zur Messung des SC-Erfolgs	• Kennzahlen können im Rahmen von Bausteinen der Methode eingesetzt werden, hierdurch Effizienz- und Akzeptanzsteigerung bei allen Beteiligten
3.2.1 3.4.2	• Tool zum Risikomanagement sollte innerhalb kurzer Zeit anwendbar und so einfach wie möglich zu bedienen sein • In der Praxis werden vermutlich Methoden mit geringerem zeitlichem und finanziellem Aufwand und ohne spezielle Hilfsmittel vorgezogen	• Einsatz der Methode sollte mit angemessenem Zeit- und Kostenaufwand und ohne aufwändige Hilfsmittel erfolgen • Methode sollte leicht verständlich aufbereitet und mit verfügbaren Kapazitäten durchführbar sein
3.2.1 3.3.1	• Einsatz von Standardsoftware bevorzugt	• Umsetzung der Methode sollte mit Standardsoftware möglich sein

Heutzutage geschieht die Auswahl von Strategien und Maßnahmen zur Risikosteuerung oftmals dezentral, erfahrungsgestützt und wenig systematisch. Hierfür ist eine strukturierte Bewertungs- und Auswahlmethode erwünscht, die in eine systematische Vorgehensweise – z. B. durch Einbettung in einen SCRM-Prozess – integriert wird und Strategien und Maßnahmen anhand von Kriterien ableitet. Die Reproduzierbarkeit ist mit Hilfe einer geeigneten Dokumentation sicherzustellen. Zu betonen ist hierbei, dass nicht nur die Entwicklung und Implementierung eines vollständigen Risikomanagementprozesses für Praktiker hilfreich wäre, sondern vor allem eine verstärkte Konzentration auf die Phase der SC-Risikosteuerung als notwendig erachtet wird. Da der Aufbau von Flexibilitätspotenzialen in den Bereichen Einkauf, Logistik und Produktion für am geeignetsten erklärt wird und hier am häufigsten umgesetzt wird, soll die Methode für produzierende Unternehmen, die über diese Funktionen sowie ergänzend weitere relevante Bereiche einer SC verfügen, vollständig anwendbar sein.

Tabelle 25 zeigt den Handlungsbedarf bzgl. der Rahmenbedingungen für die zu entwickelnde Methode. Im Fokus der Methode sollte die direkte SC stehen, da nur sehr wenige Unternehmen die vollständige SC untersuchen. Ferner ist das Risikoverständnis in der Praxis oftmals nicht einheitlich, sodass für die Entwicklung der Vorgehensmethode eine Risikoklassifizierung – z. B. diejenige von KERSTEN ET AL. (2009b) weiterentwickelte – verwendet werden sollte. Weil sich die eingesetzten Methoden im Rahmen der Risikoanalyse stark unterscheiden, die Quantifizierung problematisch ist (z. B. aufgrund der Verfügbarkeit der Daten oder der Gefahr der Unterbewertung (siehe Abschnitte 3.2.2 und 3.3.1)) und die Mehrzahl der Unternehmen Risiken qualitativ bewertet, sollten die Inputdaten für die Methode keine Quantifizierung von Risiken erfordern. Für die Anpassung der Flexibilität ist die Betrachtung der Unsicherheit ausreichend.

Um Unternehmen Alternativen zu Versicherungen aufzuzeigen, sollten Strategien und Maßnahmen im Rahmen der Methode zusammengestellt und z. B. wie bei KERSTEN ET AL. (2009b) strukturiert aufbereitet werden. Zur Abgrenzung der Strategien und Maßnahmen zur Flexibilitätsanpassung von den anderen im Rahmen der SC-Risikosteuerung sollte eine geeignete Lösung gefunden werden, zumal diejenige von ZIEGENBEIN (2007) von den Praxisvertretern nicht für sinnvoll erachtet wurde. Da im Controlling vorwiegend Kennzahlen eingesetzt werden, sollten diese in die Methode integriert werden.

Unternehmensvertreter äußern, dass ein Tool zum Risikomanagement schnell anwendbar und möglichst einfach zu bedienen sein sollte, da in der Praxis häufig Risikoanalysemethoden anderen vorgezogen werden, die einen geringeren höheren zeitlichen und finanziellen Aufwand erfordern. Die Methode sollte daher mit angemessenem Zeit- und Kostenaufwand einsetzbar und leicht verständlich aufbereitet sein. Ferner sollte zur technischen Umsetzung auf Standardsoftware zurückgegriffen werden können.

Sowohl der aus dem Stand der Forschung als auch der aus dem Stand der Praxis abgeleitete Handlungsbedarf bilden zusammen den Ausgangspunkt für die Entwicklung der folgenden Methode zur Berücksichtigung der Flexibilitätsbedarfe im Rahmen des SCRM.

4. Entwicklung einer Methode zur Berücksichtigung der Flexibilitätsbedarfe im Rahmen des Supply Chain Risk Managements

Im Folgenden wird eine Methode zum Management der Flexibilität im Bereich der SC-Risikosteuerung entwickelt. Zunächst werden das Hauptziel sowie die Teilziele definiert und die Anforderungen an die Methode hergeleitet. Anschließend erfolgt die Erläuterung der Grobstruktur der Vorgehensweise. Die einzelnen Lösungsbausteine werden danach im Detail entwickelt. Hierauf aufbauend wird der Ablauf der Methode dargestellt. Die Erläuterung der Umsetzung der Methode in einer prototypischen Software schließt sich an. Die Verifizierung der Methode durch eine Überprüfung, ob die eingangs dargestellten Anforderungen erfüllt werden, erfolgt in einem letzten Schritt.

4.1 Zielformulierung und Anforderungsanalyse

Die Ziele der Arbeit begründen sich aus dem Stand der Forschung und dem Stand der Praxis. Das *Hauptziel der Arbeit* besteht in der Entwicklung einer Methode zur Berücksichtigung der Flexibilitätsbedarfe im Rahmen des SCRM. Somit liegen die *Teilziele*, die sich hieraus ableiten lassen, in der Messung der vorhandenen Flexibilität in der SC, in der Ableitung von Maßnahmen der Flexibilitätsanpassung in Abhängigkeit von bestehenden Unsicherheiten und in der Überprüfung der ausgeführten Maßnahmen zur Flexibilitätsanpassung.

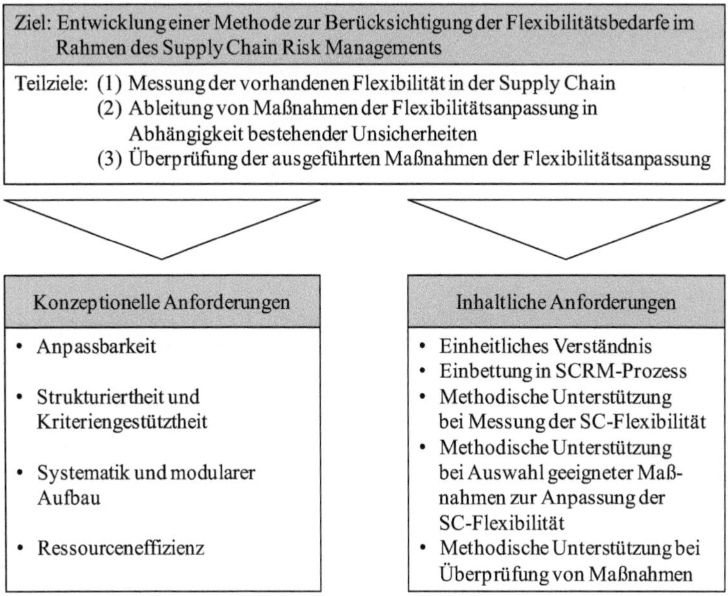

Abbildung 45: Zielsetzung und Anforderungen an die Methode

Mit Hilfe der Methode ist somit eine Verbindung der Bereiche Risiko- und Flexibilitätsmanagement in der SC zu schaffen, wie im Stand der Forschung und im Stand der Praxis dargelegt (vgl. Tabelle 18 und Tabelle 24). Hierbei soll es sich um einen umfassenden Ansatz handeln, der SC-Flexibilität misst und Gestaltungsempfehlungen ermöglicht (vgl. Tabelle 18). Indem zielgerichtete Flexibilitätspotenziale unter Berücksichtigung von Kosten und Kundenerwartungen geschaffen werden, kann die Wettbewerbsfähigkeit von Unternehmen gestärkt werden.

Abbildung 45 zeigt das Hauptziel der Arbeit, die Teilziele und die hieraus sowie aus dem Stand der Forschung und dem Stand der Praxis abgeleiteten Anforderungen (vor allem aufgeführt in Tabelle 18, Tabelle 19, Tabelle 24 und Tabelle 25). Diese lassen sich in konzeptionelle und inhaltliche Anforderungen untergliedern und werden nachfolgend erklärt.

4.1.1 Konzeptionelle Anforderungen

Die konzeptionellen Anforderungen zielen auf die Methode im Allgemeinen ab, d. h. insbesondere auf ihre Anwendung in der Praxis.

Anpassbarkeit

Die Methode sollte anpassbar sein, sodass sie unter verschiedenen Rahmenbedingungen in unterschiedlichen produzierenden Unternehmen, die alle relevanten Bereiche einer SC abdecken, eingesetzt werden kann.

Strukturiertheit und Kritieriengestütztheit

Um eine intersubjektiv nachvollziehbare und reproduzierbare Lösung auch für Außenstehende zu gewährleisten, sind Strukturiertheit des Vorgehens und Kriteriengestütztheit, z. B. bei der Maßnahmenauswahl als Leitlinien für die Entwicklung der Methode, bedeutsam. Auf diese Weise wird eine Überprüfung der Resultate ermöglicht.

Systematik und modularer Aufbau

Wird die Methode als eine aufeinander aufbauende Folge von Einzelschritten entwickelt, die auch einzeln angewendet werden können, muss nicht immer die vollständige Methode durchlaufen werden. Folglich sollte auch der Einsatz einzelner Phasen der Methode einen Nutzen stiften.

Ressourceneffizienz

Der Einsatz der Methode sollte in der Praxis mit angemessenem Zeit- und Kostenaufwand möglich sein. Insbesondere sollten keine aufwändigen Hilfsmittel, z. B. proprietäre Programme o. ä., und umfangreiche Schulungen erforderlich sein, sondern die Methode sollte leicht verständlich dokumentiert und vergleichsweise schnell mit verfügbaren Kapazitäten durchführbar sein. Wird sie darüber hinaus mit Hilfe von Standardsoftware umgesetzt, können eventuelle Widerstände der Mitarbeiter gering gehalten werden. Wenn möglich, sollte an bestehenden Risikomanagement-Methoden angesetzt werden. Wesentlich ist die Schaffung eines Bewusstseins sowohl für Risiken als auch für Flexibilität.

4.1.2 Inhaltliche Anforderungen

Die inhaltlichen Anforderungen betreffen den flexibilitäts- und risikobezogenen Inhalt der Methode und z. T. direkt die im weiteren Verlauf näher beschriebenen Lösungsbausteine.

Schaffung eines einheitlichen Verständnisses

Um ein einheitliches Verständnis der für die Methode benötigten Begrifflichkeiten und Konzepte zu bilden, sollte an verschiedenen Stellen angesetzt werden. Einerseits ist insbesondere die direkte SC zu betrachten. Andererseits ist das SCOR-Modell zur Strukturierung und Analyse der SC einzusetzen. Außerdem sollte eine Risikoklassifizierung vorausgesetzt werden, z. B. kann diejenige von KERSTEN ET AL. (2009b) auf Grundlage von CHRISTOPHER/PECK (2004) formulierte Systematisierung dieser Arbeit zugrunde gelegt werden. Schließlich muss die Nutzung qualitativer Verfahren der Risikobewertung ausreichen, sodass die Anwendung quantitativer Instrumente nicht zwingend erforderlich ist. Durch die Berücksichtigung der meisten von WEBER/LIEKWEG (2001, S. 462) definierten Klassen der Unsicherheit kann der praktische Einsatz der Methode verbessert werden.

Einbettung in den SCRM-Prozess

Um mit Hilfe einer systematischen Vorgehensweise Maßnahmen im Rahmen der Risikosteuerung in der SC ableiten zu können, ist die Einbettung in den SCRM-Prozess notwendig. In diesem Zusammenhang soll also auf die Integration der Methode in vorhandene SCRM-Prozesse in der Praxis eingegangen werden.

Methodische Unterstützung bei der Messung der SC-Flexibilität

Zur Messung der Flexibilität in der SC ist eine Vorgehensweise zu entwickeln, die die verschiedenen Dimensionen der Flexibilität erfassen kann. Hierbei ist eine prozessbezogene Sichtweise einzunehmen, d. h. die operative, Logistik-, Beschaffungs-, Organisations-, Informationssystem- und Marktflexibilität sollten betrachtet werden (vgl. DUCLOS/VOKURKA/ LUMMUS 2003, S. 451). Gleichzeitig ist die Praxistauglichkeit der zu entwickelnden Vorgehensweise zu gewährleisten. Komplexe mathematische Bewertungsverfahren sind folglich auszuschließen, Kennzahlen oder qualitative Bewertungsverfahren jedoch einzusetzen.

Methodische Unterstützung bei der Auswahl geeigneter Maßnahmen zur Anpassung der SC-Flexibilität

Bei der Auswahl von Maßnahmen zur Flexibilitätsanpassung sind nicht nur Kosten und Nutzen zu berücksichtigen. Vielmehr sind auch das Ziel, die Strategie und die Situation der Unternehmen bzw. der SC von Bedeutung (vgl. Tabelle 19). Um Maßnahmen zur Flexibilitätsanpassung selektieren zu können, ist eine Abgrenzung von anderen Maßnahmen im SCRM erforderlich. Generell sollten diese über Versicherungen hinausgehen. Maßnahmen zur Flexibilitätsanpassung selbst können neben der oben genannten Prozesssicht mit Hilfe der Einteilung von Optionen (also der Wirkungsweise nach Mengen-, Kapazitätsanpassungs-/Wachstums-, Zeit-, Wechsel- und Abbruchflexibilität) strukturiert werden.

Methodische Unterstützung bei der Überprüfung von Maßnahmen zur Anpassung der SC-Flexibilität

Zur Messung der SC Performance sollen in der Methode Kennzahlen eingesetzt werden. Erfolgt die Überprüfung der Umsetzung von Maßnahmen zur Anpassung der SC-Flexibilität auf diese Weise, können sich Mitarbeiter besser mit den Maßnahmen bzw. dem Risiko- und Flexibilitätsmanagement identifizieren. Ferner kann auf diese Weise eine Erfolgskontrolle für ein fortlaufendes Flexibilitätsmanagement stattfinden.

Im Folgenden wird die Grobstruktur der Vorgehensweise zur Berücksichtigung der Flexibilitätsbedarfe im Rahmen des SCRM erläutert.

4.2 Grobstruktur der Methode zur Berücksichtigung der Flexibilitätsbedarfe im Rahmen des Supply Chain Risk Managements

Drei Konzepte bilden die Ausgangsbasis für die Entwicklung der Methode, d. h. das SCM, das Risikomanagement und das Flexibilitätsmanagement.

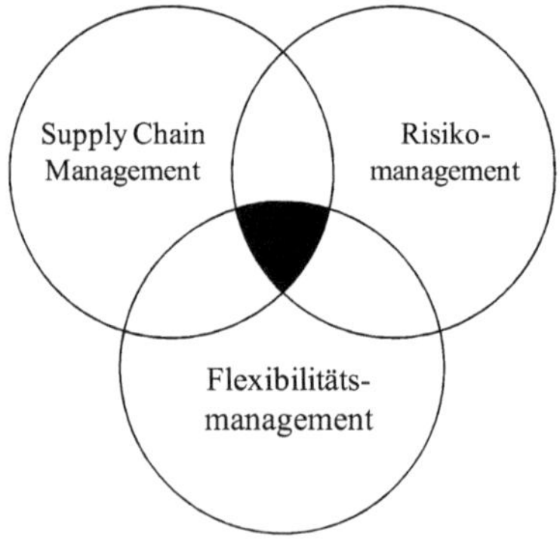

Abbildung 46: Integration der drei Managementansätze

Diese drei Managementansätze sowie die beiden Schnittmengen SCRM und SC-Flexibilitätsmanagement wurden bereits in Kapitel 2 behandelt. Im weiteren Verlauf der Arbeit findet eine Integration des SC-Flexibilitätsmanagements in das SCRM statt (vgl. dunkel gefärbte Fläche in Abbildung 46).

Abbildung 47 zeigt den Vorgang der Integration des Flexibilitätsmanagements in das SCRM im Detail. Auf der linken bzw. rechten Seite sind die Schritte des SCRM als Input bzw. Output für das Flexibilitätsmanagement aufgeführt. Die Phasen des Flexibilitätsmanagements werden zur Veranschaulichung nach DAMISCH (2002, S. 101-133) (siehe Abschnitt 2.4.5) gewählt und in der Mitte aufgetragen.

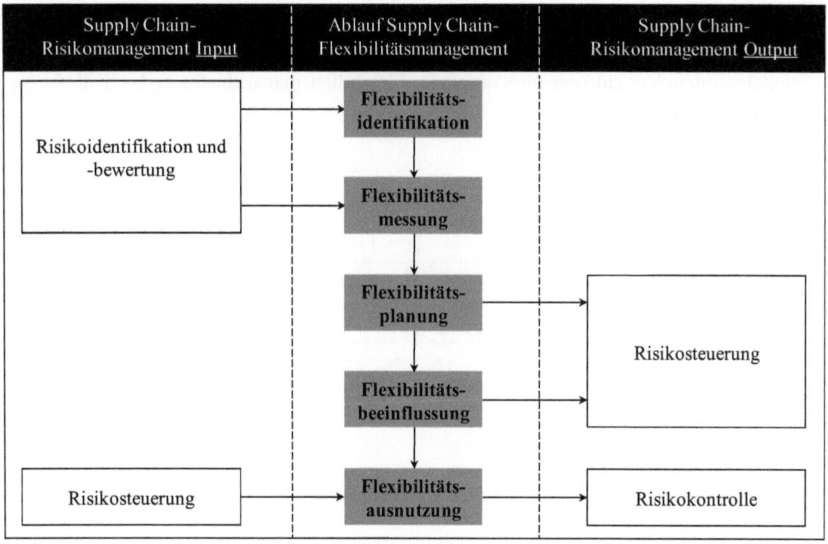

Abbildung 47: Integration des Flexibilitätsmanagements in das Supply Chain Risk Management

Die Abgrenzung des Untersuchungsbereichs, die gezielte Erfassung der für die SC einflussreichen Risiken sowie die quantitative Bewertung bzw. qualitative Beurteilung der Risiken, d. h. die Risikoidentifikation und -bewertung, dienen als Input für die Identifikation der relevanten Flexibilitätsbereiche und für die Messung des vorhandenen Potenzials sowie des erwünschten Bedarfs. Im Rahmen der Flexibilitätsplanung erfolgt der Vergleich der einzelnen Potenziale und Bedarfe und somit die Feststellung der gegebenenfalls notwendigen Richtung der Flexibilitätsanpassung. Möglich sind einerseits die Erhöhung der Flexibilität und andererseits die Senkung der Flexibilität. Durch die Flexibilitätsbeeinflussung werden die jeweiligen Potenziale oder Bedarfe gesteigert bzw. abgebaut.

Sowohl die Planung als auch die Beeinflussung der Flexibilität gehen in die Risikosteuerung ein. Diese zielt darauf ab, die Risikolage derart zu beeinflussen, dass Chancen und Risiken sich in einer gewünschten Relation befinden. Wird es in Abhängigkeit von der aktuellen Risikolage für sinnvoll erachtet, bei der Risikosteuerung das aufgebaute Flexibilitätspotenzial auszunutzen, findet der letzte Prozessschritt im dargestellten SC-Flexibilitätsmanagement Anwendung. Im Anschluss geschieht die Risikokontrolle, d. h. die Überprüfung der Anwendung und der Effektivität der Maßnahmen, z. B. durch einen Soll-Ist-Vergleich. Haben sich unter Umständen die Umweltbedingungen verändert oder ist eine bestimmte Zeitspanne verstrichen, ist es sinnvoll, den Prozess erneut zu durchlaufen.

Die für die Methode zu entwickelnden Lösungsbausteine werden im Folgenden näher erläutert.

4.3 Entwicklung der Lösungsbausteine

Abgeleitet aus dem Vorgang der Integration des Flexibilitätsmanagements in das SCRM ergeben sich fünf Lösungsbausteine (siehe Abbildung 48).

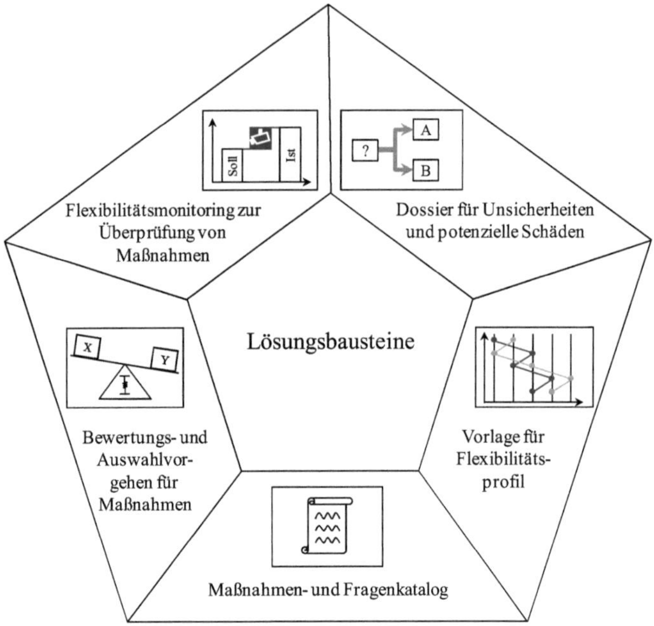

Abbildung 48: Lösungsbausteine der Methode

Bei den Lösungsbausteinen handelt es sich um ein Dossier zur Ermittlung der Unsicherheiten und der potenziellen Schäden, eine Vorlage zur Erstellung eines Flexibilitätsprofils, einen Maßnahmenkatalog zur Anpassung der Flexibilität und einen Fragenkatalog zur Feststellung der Notwendigkeit der Anpassung der Flexibilität, ein Bewertungs- und Auswahlvorgehen für Maßnahmen zur Anpassung der Flexibilität sowie ein Flexibilitätsmonitoring für die Überprüfung von Maßnahmen zur Anpassung der Flexibilität. Diese Lösungsbausteine werden nachfolgend im Einzelnen entwickelt.

4.3.1 Dossier zur Ermittlung der Unsicherheiten und potenziellen Schäden

Zur Steuerung von SC-Risiken mit Hilfe der Anpassung von Flexibilität oder ggf. alternativen Maßnahmen ist die anfängliche Ermittlung der Unsicherheitsbereiche unabdingbar. Wie in Kapitel 3 festgestellt, ist das Risikoverständnis in der Praxis nicht immer einheitlich, was sich durch Schwierigkeiten bei der Wahrnehmung von Risiken verschiedener Ebenen und im Hinblick auf die Vermischung von Risikoquelle und -folge zeigt. Daher wird die von KERSTEN ET AL. (2009b) auf Basis von CHRISTOPHER/PECK (2004) formulierte und im Abschnitt 2.3.2 vorgestellte Risikoklassifizierung für die Erstellung des Dossiers zugrunde gelegt.

Nach CHRISTOPHER/PECK (2004) können Risikoquellen im betrachteten Unternehmen in der Steuerung und im Prozess, in der SC in der Beschaffung und in der Nachfrage sowie extern im Umfeld liegen. Auch innerhalb dieser fünf Risikoklassen können sich die Ursachen stark unterscheiden, sodass zur näheren Bestimmung mindestens eine weitere von KERSTEN ET AL. (2009b, S. 113-123) untergliederte Subebene zu berücksichtigen ist. Für die *Prozessrisiken* sind die Mitarbeiter, die Produktions- und Logistikanlagen, das IT-System, die Flächen und Gebäude und die Bestände zu nennen. Bei den *Beschaffungsrisiken* handelt es sich um die direkten Lieferanten, die Sublieferanten und das logistische Versorgungsnetzwerk, während für die *Nachfragerisiken* analog die direkten Kunden, die Endkunden und das Distributionssystem aufzuführen sind. *Umfeldrisiken* können politischer, ökonomischer, sozialer, technologischer oder ökologischer Art sein. Für die *Steuerungsrisiken* ist ferner eine weitere Subebene von Bedeutung. So können in diesem Rahmen Kernprozesse in den Bereichen Forschung & Entwicklung, Beschaffung, Produktion und Absatz sowie Unterstützungsfunktionen im Finanzmanagement, Informationsmanagement, strategischen Management und Personalmanagement relevant sein.

Die genannten Risikoklassen bezeichnen gleichzeitig die bezüglich der *Unsicherheit* einzuschätzenden Bereiche des Dossiers und werden zur Erläuterung um Angaben der weiteren Subebenen ergänzt. Mit Unsicherheit ist in diesem Fall die Eintrittswahrscheinlichkeit für Risiken in einem bestimmten Bereich gemeint, die aber hier nicht quantifiziert werden muss. Eine qualitative Einschätzung mittels fünf definierter Klassen (sehr gering, gering, mittel, hoch, sehr hoch) ist ausreichend und wurde durch die Praxisanalyse bestätigt (siehe exemplarisch Tabelle 26). Die Skala ist hierbei unternehmensindividuell anzupassen und ggf. zu spezifizieren.

Tabelle 26: Beispiel des Dossiers zur Erfassung von Unsicherheiten und potenziellen Schäden

Bereiche	Unsicherheit					Potenzieller Schaden				
	Sehr gering	Gering	Mittel	Hoch	Sehr hoch	Sehr gering	Gering	Mittel	Hoch	Sehr hoch
Beschaffung										
Direkte Lieferanten (Leistungswirtschaftlich, Kooperation, Menge, Zeit, Kosten, Qualität)					X				X	
Sublieferanten (Leistungswirtschaftlich, Kooperation, Menge, Zeit, Kosten, Qualität)				X					X	
...										
Steuerung										
Kernprozess: F&E (Falsche Ausrichtung von Produkt-/ Prozessentwicklung, Nichtumsetzbarkeit/ technische Realisierung, Anlaufprobleme)		X				X				
Kernprozess: Beschaffung (Falsche Lieferantenauswahl, falsch gewählte Sollbestände, schlechte Kommunikation mit Lieferanten, fehlerhafte Disposition, schlecht formulierte Lieferspezifikationen)				X				X		
...										
Prozess										
Mitarbeiter (Unfälle/Sicherheitsrisiko, Sabotage/Diebstahl, Krankheit/Drogen, Streik, menschliche Fehler)		X						X		
Produktions- & Logistikanlagen (Beschädigung/Ausfall, technologische Inkompatibilität, technische Fehler)	X						X			
...										
Nachfrage										
Direkte Kunden (Ausfall, Kooperation, Nachfrage, Kundenverhalten, Reputationsrisiko, Produkthaftung)				X					X	
Endkunden (Ausfall, Kooperation, Nachfrage, Kundenverhalten, Reputationsrisiko, Produkthaftung)				X						X
...										
Umfeld										
Politisch (Politische Instabilität, Wirtschafts- und Finanzpolitik, Außenhandelspolitik, Recht)	X					X				
Ökonomisch (Branche, ökonomische Instabilität, Finanzierungsrisiken)		X					X			
...										

Die zweite im Rahmen des Abschnitts 2.1.2 genannte Dimension eines SC-Risikos umfasst den Wert des *Schadens*. Wird eine Einschätzung des potenziellen Schadens neben der Unsicherheit für einen Bereich vorgenommen, kann eine Priorisierung der Bereiche stattfinden. Auch in diesem Fall kann die Bewertung auf qualitative Weise mit Hilfe von fünf Klassen (sehr gering, gering, mittel, hoch, sehr hoch) geschehen, die unternehmensindividuell zu interpretieren und ggf. zu spezifizieren sind. In der Regel sind die Bereiche am kritischsten und daher am frühesten zu behandeln, deren Unsicherheit und potenzieller Schaden am höchsten beurteilt wird.

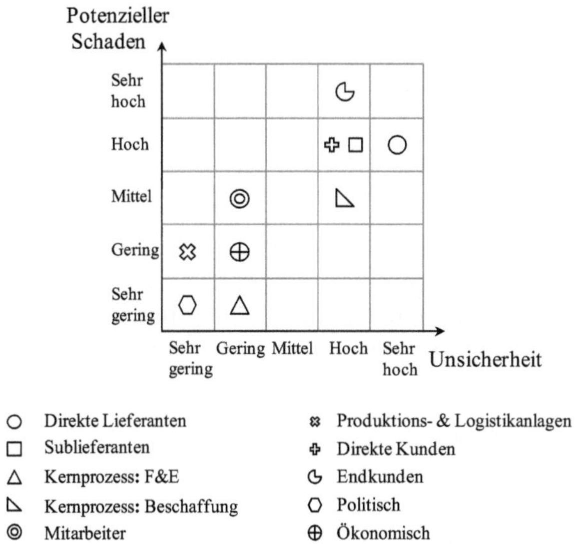

Abbildung 49: Beispiel eines Risikoportfolios für die betrachteten Unsicherheiten und potenziellen Schäden

Mit Hilfe eines SC-Risikoportfolios können die Beurteilungen der Bereiche für das betrachtete Unternehmen visualisiert werden, indem auf den Achsen die Unsicherheit sowie der potenzielle Schaden aufgetragen werden (siehe Abbildung 49). So lässt sich die Situation zu einem bestimmten Zeitpunkt abbilden; jedoch können keine Wechselwirkungen zwischen den Bereichen gezeigt werden.

4.3.2 Vorlage zur Erstellung eines Flexibilitätsprofils

Die Anpassung der Flexibilität kann mit Hilfe des Aufbaus des Flexibilitätspotenzials bzw. der Reduktion des -bedarfs oder des Abbau des Flexibilitätspotenzials bzw. der Erhöhung des -bedarfs vorgenommen werden. Um festzustellen, ob eine Flexibilitätsanpassung in einem bestimmten Bereich sinnvoll ist und in welche Richtung diese ggf. erfolgen soll, ist es notwendig, das Flexibilitätspotenzial und den -bedarf zu bewerten und einander gegenüberzustellen.

In Abschnitt 2.4.3 wurde bereits auf die Schwierigkeiten bei der Messung von Flexibilität als Potenzial und multidimensionales Konstrukt eingegangen. Bedarf besteht insbesondere an praktikablen, praxisorientierten Verfahren, die hier zum Einsatz kommen sollen (siehe Abschnitt 2.4.3).

Zur Berücksichtigung der verschiedenen Dimensionen von Flexibilität wird im Folgenden eine Prozesssicht eingenommen. Da die Klassifikation von DUCLOS/VOKURKA/LUMMUS (2003, S. 451) sämtliche Aspekte einbezieht, wird sie als Basis verwendet, sodass die nachstehenden *Dimensionen* betrachtet werden:

- Operative Flexibilität
- Logistikflexibilität
- Beschaffungsflexibilität
- Organisationsflexibilität
- Informationssystemflexibilität
- Marktflexibilität

Innerhalb dieser Klassen gibt es wiederum verschiedene *Flexibilitätsarten* (siehe Abschnitt 2.4.3). Flexibilität kann nach den Abschnitten 2.4.3 und 3.4.2 durch Optionen auf Mengen, Kapazitäten, Zeiten, Wechsel und Abbruch geschaffen werden. Hierfür lassen sich praktische Beispiele finden, die in Abschnitt 3.3.2 dargestellt sind. Die Flexibilitätsarten sollen nach den aufgeführten Optionsarten unterschieden und wie folgt bezeichnet werden:

- Wechselflexibilität
- Kapazitätsanpassungsflexibilität
- Zeitflexibilität
- Abbruchflexibilität

Eine Ausnahme hiervon bildet jedoch die Organisationsflexibilität. Für diese ist die Differenzierung nicht erforderlich, da sämtliche Optionsarten auf die Organisationsflexibilität zutreffen. Es handelt sich ausschließlich um eine Anpassung.

Das Flexibilitätspotenzial sowie der -bedarf können für die fünf Flexibilitätsdimensionen anhand der vier Optionsarten und für die Organisationsflexibilität insgesamt auf einer fünfstufigen qualitativen Skala gemessen werden. Diese Skala ist unternehmensindividuell anpassbar. Während das Potenzial die im betrachteten Unternehmen vorhandene Flexibilität angibt, drückt der Bedarf den Grad der gewünschten Flexibilität aus. Dieser orientiert sich am Markt bzw. sofern bekannt auch an dem Flexibilitätspotenzial der direkten Wettbewerber.

Tabelle 27 zeigt ein Beispiel für die Messung des Flexibilitätspotenzials und -bedarfs der Beschaffungsflexibilität. Zur Bestimmung der Potenzial- und Bedarfssituation für die Beschaffungsflexibilität sind die folgenden Fragen zu beantworten, die es für die anderen Dimensionsarten jeweils abzuwandeln gilt:

- Wechsel: Wie schätzen Sie das Flexibilitätspotenzial bzw. den Flexibilitätsbedarf ein, Lieferanten oder Vorprodukte/Rohstoffe zu wechseln?
- Kapazitätsanpassung: Wie schätzen Sie das Flexibilitätspotenzial bzw. den Flexibilitätsbedarf ein, die Bestellmenge zu erhöhen/senken/erweitern/abzubauen?
- Zeit: Wie schätzen Sie das Flexibilitätspotenzial bzw. den Flexibilitätsbedarf ein, Bestellungen/Beschaffungen zu beschleunigen/verzögern/aufzuschieben bzw. zeitliche Vorteile zu nutzen?
- Abbruch: Wie schätzen Sie das Flexibilitätspotenzial bzw. den Flexibilitätsbedarf ein, Lieferungen abzubestellen (und ggf. selbst zu fertigen) bzw. Verträge zu kündigen?

Tabelle 27: Beispiel einer qualitativen Messung des Flexibilitätsbedarfs und -potenzials für die Beschaffung

Beschaffungsflexibilität

Flexibilitätsbedarf

Flexibilitätsdimension	Sehr gering	Gering	Mittel	Hoch	Sehr hoch
Beschaffungsflexibilität					
Wechsel				X	
Kapazitätsanpassung			X		
Zeit				X	
Abbruch			X		

Flexibilitätspotenzial

Flexibilitätsdimension	Sehr gering	Gering	Mittel	Hoch	Sehr hoch
Beschaffungsflexibilität					
Wechsel		X			
Kapazitätsanpassung	X				
Zeit				X	
Abbruch				X	

Zur Visualisierung der Ergebnisse bietet sich ein Flexibilitätsprofil an, indem die einzelnen Ausprägungen der Flexibilitätsarten jeweils für das Potenzial und für den Bedarf als Graphen verbunden werden. Für das Beispiel aus Tabelle 27 wird das Flexibilitätsprofil in Abbildung 50 dargestellt.

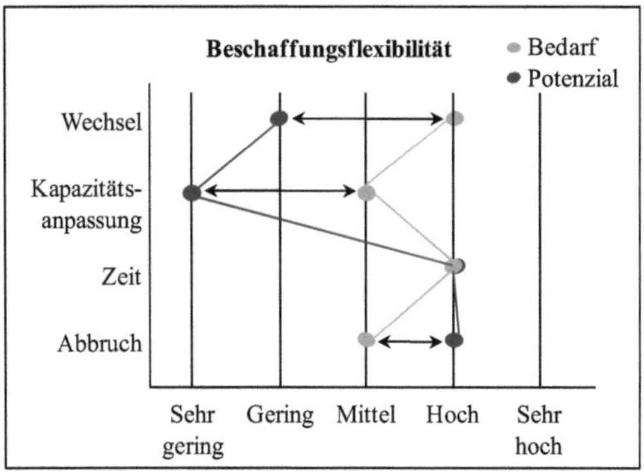

Abbildung 50: Beispiel eines Flexibilitätsprofils für die Beschaffungsflexibilität

Im aufgeführten Beispiel handelt es sich bei der Wechsel- und Kapazitätsanpassungsflexibilität um eine Bedarfsunterdeckung, während Potenzial und Bedarf für die Zeitflexibilität ungefähr übereinstimmen. Bei der Abbruchflexibilität kann hingegen ein Potenzialüberhang festgestellt werden. Für die Wechsel-, Kapazitätsanpassungs- und Abbruchflexibilität wäre daher eine Flexibilitätsanpassung sinnvoll.

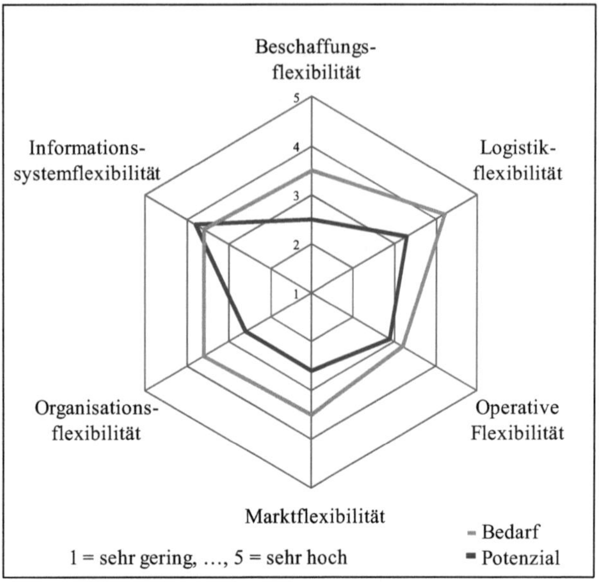

Abbildung 51: Beispiel eines Flexibilitätsprofils für alle Flexibilitätsdimensionen eines betrachteten Unternehmens

Auf Basis der analysierten Flexibilitätsdimensionen ist es möglich, mit Hilfe der Gewichtung der Flexibilitätsarten für die jeweiligen Flexibilitätsdimensionen ein Flexibilitätsprofil mit allen zuvor bestimmten Dimensionen für das betrachtete Unternehmen abzubilden. Auf diese Weise kann ein Überblick über die gesamte Potenzial- und Bedarfssituation erlangt werden. Von einer weitergehenden Analyse der aggregierten Ergebnisse ist allerdings abzuraten, da hierbei Teilresultate verloren gehen.

Abbildung 51 zeigt ein Beispiel für ein Flexibilitätsprofil für alle Flexibilitätsdimensionen eines betrachteten Unternehmens. Die Flexibilitätsarten wurden jeweils mit einem Viertel gewichtet, sodass die Beschaffungsflexibilität dem Beispiel der vorherigen Abbildungen entspricht.

4.3.3 Maßnahmenkatalog zur Anpassung der Flexibilität und Fragenkatalog zur Feststellung der Notwendigkeit der Flexibilitätsanpassung

Im Folgenden wird zunächst auf die Entwicklung des Maßnahmenkatalogs zur Anpassung der Flexibilität eingegangen, bevor der Fragenkatalog zur Feststellung der Notwendigkeit der Flexibilitätsanpassung erläutert wird.

Entwicklung eines Maßnahmenkatalogs zur Anpassung der Flexibilität

Damit Maßnahmen zur Flexibilitätsanpassung an den mit Hilfe des Flexibilitätsprofils ermittelten Stellen umgesetzt werden können, ist die Entwicklung eines Maßnahmenkatalogs zur Anpassung der Flexibilität erforderlich. Weiterhin ist die Abgrenzung von anderen Maßnahmen im SCRM, u. a. Versicherungen, notwendig. Bevor auf die Abgrenzung der Maßnahmen eingegangen wird, erfolgt die Darstellung des Maßnahmenkatalogs.

Die Maßnahmen zur Flexibilitätsanpassung werden einerseits aus der deutsch- und englischsprachigen Literatur zum SC-Flexibilitätsmanagement und Flexibilitätsmanagement abgeleitet. Die meisten der verwendeten Quellen wurden bereits in Abschnitt 2.4 analysiert und für die Erstellung des Katalogs für hilfreich befunden.[157] Ergänzt werden die genannten Quellen um zwei praxisnahe Artikel mit zahlreichen Beispielen[158], zwei Studien[159], eine weitere Quelle zum SC-Flexibilitätsmanagement[160] sowie eine aus dem Bereich des Produktionsmanagements[161], die Flexibilität auf diesem Gebiet behandelt.

Zudem wird dem Katalog der von KERSTEN ET AL. (2009b, S. 37-44) für das SCRM entwickelte Maßnahmenbaukasten zugrunde gelegt, dessen Maßnahmen ebenfalls aus einschlägiger Literatur stammen und um Ergebnisse aus Expertengesprächen (siehe Abschnitt 2.3.3) ergänzt wurden. Grundsätzlich werden alle Maßnahmen zur Flexibilitätsanpassung für den Katalog neu formuliert, strukturiert sowie geordnet und lehnen sich daher lediglich an die aufgeführten Quellen an. Ein geringer Teil der Maßnahmen beruht auf keiner der Quellen, sondern wird auf Grundlage der Praxisanalyse hinzugefügt. Als Basis für die Maßnahmen wird das Flexibilitätsverständnis dieser Arbeit verwendet (siehe Abschnitt 2.1.3). Ferner wird – wie bei KERSTEN ET AL. (2009b, S. 37-44) – Wert gelegt auf logisches Verständnis sowie einen adäquaten Detaillierungsgrad. Relevante Maßnahmen werden dem Sinn nach den Quellen entnommen und ggf. weiter unterteilt oder verdichtet.

Die Anordnung der Maßnahmen geschieht anhand der Flexibilitätsdimensionen nach der Klassifikation von DUCLOS/VOKURKA/LUMMUS (2003, S. 451) bei Einnahme der Prozesssicht

[157] vgl. KUMAR/SHANKAR/YADAV (2008); LUMMUS/VOKURKA/DUCLOS (2005); MORE/BABU (2008); MORE/BABU/HEMACHANDRA (2008); SAATMANN/SCHORR/VOIGT (2007); SHEFFI (2004); STEVENSON/SPRING (2009); SWAFFORD/GHOSH/MURTHY (2006a/2006b/2008); TACHIZAWA/GIMÉNEZ THOMSEN (2007/2010); WINKLER (2008); WINKLER/GRAF (2005); WINKLER/BLIEM/KALUZA (2006); AAKER/MASCARENHAS (1984)
[158] vgl. LEE (2004); MCKINSEY & COMPANY (2003)
[159] vgl. STRAUBE/BORKOWSKI (2008); WEBER ET AL. (2005)
[160] vgl. SÁENZ/LAMBÁN/NAVARRO (2010)
[161] vgl. LÖDDING (2008)

(operative Flexibilität, Logistikflexibilität, Beschaffungsflexibilität, Organisationsflexibilität, Informationssystemflexibilität, Marktflexibilität). Insgesamt werden 140 Maßnahmen aufgelistet (siehe Anhang IX), d. h. mehr als 20 jeweils aus der Beschaffungs- und Marktdimension, über 30 aus dem Bereich Logistik, wenige mehr zur operativen Flexibilität, knapp 20 zur Organisations- und fast zehn zur Informationssystemflexibilität. Die Dimension der operativen Flexibilität weist die höchste Anzahl an Maßnahmen auf und wird weiter untergliedert in die Gruppen Betriebsmittel, Personal, Entwicklung und Fertigung.

Tabelle 28: Aufbau des Maßnahmenkatalogs nach Flexibilitätsdimension und Herkunft

Maßnahme			Herkunft						
Dimension	#	Beschreibung	KERSTEN ET AL. (2009b)	Literatur zum SC-Flexibilitätsmanagement			Literatur zum Flexibilitätsmanagement		
				Quelle 1 (Jahr)	Quelle 2 (Jahr)	…	…	…	…
Beschaffungsflexibilität	B01	Verzicht auf Bestellung bei einem Lieferanten und Umstellung auf alternativen Lieferanten	X						
	…								
Logistikflexibilität	L01	Verzicht auf Bestellung eines Transportdienstleisters und Umstellung auf alternativen Transportdienstleister (Lieferant/Abnehmer/Logistikdienstleister)							
	…								
Operative Flexibilität	OP01	Verzicht der Nutzung eines Betriebsmittels und Umstellung auf ein alternatives Betriebsmittel							
	…								
Marktflexibilität	M01	Anpassung der Auslieferungsmenge für einen Kunden							
	…								
Organisationsflexibilität	OR01	Stärkung der Bereitschaft und Fähigkeit der Mitarbeiter, schnell und überlegt zu handeln							
	…								
Informationssystemflexibilität	I01	Verzicht auf Nutzung einer Software und Umstellung auf alternative Software							
	…								

Der Aufbau des Maßnahmenkatalogs kann Tabelle 28 entnommen werden. Die Dimension und eine Indizierung werden zu jeder beschriebenen Maßnahme angegeben. Ferner erfolgt eine Zuordnung der Herkunft, d. h. möglich sind KERSTEN ET AL. (2009b) oder Literatur zum SC-Flexibilitätsmanagement und/oder Flexibilitätsmanagement.

Tabelle 29 zeigt ein Beispiel für die Zuordnung der Herkunft zu einer Maßnahme aus dem Bereich Beschaffungsflexibilität. Es handelt sich um den Verzicht auf die Bestellung bei einem Lieferanten und die Umstellung auf einen alternativen Lieferanten. Die Maßnahme wird aus einer Reihe von Quellen abgeleitet, darunter vor allem Literatur zum SC-Flexibilitätsmanagement, aber auch zum Flexibilitätsmanagement. Aus Gründen der Übersichtlichkeit wird in diesem Fall auf das Wesentliche fokussiert, d. h. die Flexibilitätsdimension, Indizierung sowie die Voraussetzung bzw. Erläuterung zur Maßnahme werden hier nicht aufgeführt.

Tabelle 29: Beispiel der Zuordnung der Herkunft zu einer Maßnahme

Maßnahme	Herkunft																
		Literatur zum SC-Flexibilitätsmanagement													Literatur zum Flexibilitätsmanagement		
Beschreibung	KERSTEN ET AL. (2009b)	KUMAR/SHANKAR/YADAV (2008)	LEE (2004)	LUMMUS/VOKURKA/DUCLOS (2005)	MCKINSEY & COMPANY (2003)	MORE/BABU (2008); MORE/BABU/HEMACHANDRA (2008)	SAATMANN/SCHORR/VOIGT (2007)	SÁENZ/LAMBÁN/NAVARRO (2010)	SHEFFI (2004)	STEVENSON/SPRING (2009)	STRAUBE/BORKOWSKI (2008)	SWAFFORD/GHOSH/MURTHY (2006a/2006b/2008)	TACHIZAWA/GIMÉNEZ THOMSEN (2007/2010)	WINKLER (2008); WINKLER/GRAF (2005); WINKLER/BLIEM/KALUZA (2006)	AAKER/MASCARENHAS (1984)	LÖDDING (2008)	WEBER ET AL. (2005)
Verzicht auf Bestellung bei einem Lieferanten und Umstellung auf alternativen Lieferanten	X	X	X	X		X			X	X	X	X	X	X	X		

Die Systematik des Katalogs ähnelt der des Flexibilitätsprofils (siehe Abschnitt 4.3.2), denn neben den Flexibilitätsdimensionen ist auch die zweite Gliederungsart identisch. Die Maßnahmen werden ebenfalls nach den Optionsarten strukturiert (Wechselflexibilität, Kapazitätsanpassungsflexibilität, Zeitflexibilität, Abbruchflexibilität). Auf die Unterscheidung der Maßnahmen nach der Wirkungsebene bzw. Wirkungszeitdauer (strategisch, operativ) – wie im Rahmen des Tiefeninterviews in Abschnitt 3.3.2 – wird aus Gründen der Übersichtlichkeit verzichtet.

Tabelle 30: Gliederung des Maßnahmenkatalogs nach Flexibilitätsdimension, Optionsart und Wirkung

Maßnahme			Optionsart				Wirkung	
Dimension	#	Beschreibung	Wechsel	Kapazitäts-anpassung	Zeit	Abbruch	Aufbau Potenzial	Reduktion Bedarf
Beschaffungs-flexibilität	B01	Verzicht auf Bestellung bei einem Lieferanten und Umstellung auf alternativen Lieferanten	X	X			X	
	...							
Logistik-flexibilität	L01	Verzicht auf Bestellung eines Transportdienstleisters und Umstellung auf alternativen Transportdienstleister (Lieferant/Abnehmer/Logistikdienstleister)	X	X			X	
	...							
Operative Flexibilität	OP01	Verzicht der Nutzung eines Betriebsmittels und Umstellung auf ein alternatives Betriebsmittel	X				X	
	...							
Markt-flexibilität	M01	Anpassung der Ausliefe-rungsmenge für einen Kunden		X			X	
	...							
Organisations-flexibilität	OR01	Stärkung der Bereitschaft und Fähigkeit der Mitarbeiter, schnell und überlegt zu handeln	X	X	X	X	X	
	...							
Informationssystem-flexibilität	I01	Verzicht auf Nutzung einer Software und Umstellung auf alternative Software	X				X	
	...							

Tabelle 30 zeigt den weiteren Aufbau des Maßnahmenkatalogs. Neben der Dimension, der Beschreibung der Maßnahme, ihrer Indizierung in Abhängigkeit von der Dimension und der Angabe der Optionsart, wird die Wirkung der Maßnahme angezeigt. Eine Maßnahme kann entweder dem Aufbau eines Flexibilitätspotenzials oder der Reduktion eines Flexibilitätsbedarfs dienen. Dabei ist es allerdings möglich, dass eine Maßnahme auf mehreren Optionsarten basiert. In Tabelle 31 werden Beispiele für Maßnahmen der Beschaffungsflexibilität mit Angabe ihrer Optionsart(en), Wirkung sowie Voraussetzung und/oder Erläuterung aufgeführt.

Tabelle 31: Beispiele für Maßnahmen der Beschaffungsflexibilität, Optionsart(en) und Wirkung

Maßnahme	Optionsart				Wirkung	
Beschreibung	Wechsel	Kapazitätsanpassung	Zeit	Abbruch	Aufbau Potenzial	Reduktion Bedarf
Verzicht auf Bestellung bei einem Lieferanten und Umstellung auf alternativen Lieferanten (Backup/Stand-by Supplier – setzt Verfügbarkeit mehrerer qualifizierter Lieferanten für Komponente, Vorhalten alternativer Lieferanten und möglichst geringe Wechselkosten (durch z. B. Standardisierung des Zulassungsverfahren und ggf. Nutzung bestimmter Informationssysteme) voraus)	X	X			X	
Bestellung bei einem weiteren Lieferanten, um Kundennachfrage bedienen zu können (Backup/Stand-by Supplier und Multiple Sourcing – setzt Verfügbarkeit mehrerer qualifizierter Lieferanten für Komponente voraus, ggf. in weiterer Region)		X			X	
Einbindung mindestens eines lokalen Lieferanten (Local Sourcing – setzt Verfügbarkeit eines qualifizierten lokalen Lieferanten für Komponente voraus)	X	X	X		X	

Während der Verzicht auf die Bestellung bei einem Lieferanten und die Umstellung auf einen alternativen Lieferanten die Flexibilitätsoptionen zu wechseln und die Kapazität anzupassen darstellt, repräsentiert die Bestellung bei einem weiteren Lieferanten, um die Kundennachfrage bedienen zu können, ausschließlich die Möglichkeit, die Kapazität anzupassen. Die Einbindung eines lokalen Lieferanten zeigt schließlich die Optionen des Wechsels, der Kapazitätsanpassung sowie der Zeit auf. Alle aufgeführten Maßnahmen bezwecken den Aufbau eines Flexibilitätspotenzials. Sie sollten insbesondere dann umgesetzt werden, wenn eine Unterdeckung durch Flexibilitätspotenziale vorliegt. Alternativ bzw. ergänzend hierzu kann der Einsatz von Maßnahmen zur Reduktion des Flexibilitätsbedarfs sinnvoll sein.

Liegt hingegen eine Überdeckung durch Flexibilitätspotenziale vor, ist die Anwendung von Maßnahmen zum Abbau der Flexibilitätspotenziale bzw. zur Erhöhung der -bedarfe in Betracht zu ziehen. Wird der Maßnahmenkatalog nicht ausschließlich zur Bewältigung von Unsicherheiten eingesetzt, ist alternativ die aggressive Ausnutzung weiterer Marktchancen mit Hilfe des Flexibilitätspotenzials denkbar, sodass Opportunitätsgewinne erzielt werden können (vgl. OST 1993, S. 43).

Der Tabelle 31 ist außerdem zu entnehmen, dass zu jeder Maßnahme Voraussetzungen oder/ und Erläuterungen aufgeführt werden, die die Maßnahmenauswahl für den Anwender erleichtern. Zudem sind die Maßnahmen derart formuliert, dass sie als Anweisung gelten können.

Bei der Anwendung des Maßnahmenkatalogs gilt zu berücksichtigen, dass das Ergreifen einer Maßnahme sich zwar positiv auf den/die beabsichtigten Unsicherheitsbereich(e) auswirkt. Eine Prüfung ist aber sinnvoll, ob ggf. ein/mehrere andere(r) Unsicherheitsbereich(e) negativ betroffen ist bzw. sind. Abschließend ist auszudrücken, dass der Katalog zur Nutzung in der betrieblichen Praxis als Ausgangsbasis dient und um unternehmens- sowie SC-spezifische Maßnahmen erweitert werden kann.

Erstellung eines Fragenkatalogs zur Feststellung der Notwendigkeit der Anpassung der Flexibilität

Bei der Entwicklung des Maßnahmenkatalogs wurden bereits Beispiele für Maßnahmen mit dem Ziel der Flexibilitätsanpassung am Anfang dieses Kapitels aufgeführt. Im Folgenden sollen die Maßnahmen zur Flexibilitätsanpassung von weiteren Maßnahmen der SC-Risikosteuerung unterschieden werden. Eine derartige Abgrenzung kann nach Ermittlung eines Unsicherheitsbereiches mit Hilfe eines Fragenkatalogs bei der Frage unterstützen, welche Art von Maßnahmen zu treffen ist. Häufig handelt es sich bei den Maßnahmen um ganze Maßnahmenbündel und keine Einzelmaßnahmen. Ziel bei der Anwendung des zu entwickelnden Fragenkatalogs ist ferner die Sicherstellung der Transparenz und Vollständigkeit der Maßnahmen, um das zugrunde liegende Risiko effektiv managen zu können.

Um zu einer Maßnahmenabgrenzung zu gelangen, wurde in dieser Arbeit eine Bottom-up-Vorgehensweise gewählt. Hierfür wurde eine Liste mit alternativen Maßnahmen der SC-Risikosteuerung angelegt, die nicht der Flexibilitätsanpassung nach dem vorliegenden Verständnis dienen. Ferner fand ein Abgleich des Maßnahmenregisters mit dem Maßnahmenbaukasten von KERSTEN ET AL. (2009b, S. 37-44) statt, d. h. einerseits mit den Maßnahmen aus dem Bereich Beschaffung, andererseits aber auch mit den allgemeinen sowie sonstigen Maßnahmen zur SC-Risikosteuerung, die in den beiden zuvor genannten Bereichen nicht auftreten. Die einzelnen Maßnahmen wurden schließlich zu einzelnen Gruppen und Untergruppen zusammengefasst. Von Bedeutung waren hierbei ebenfalls ein logisches Verständnis und ein adäquater Detaillierungsgrad.

Neben den Maßnahmen zur Flexibilitätsanpassung erfolgte die Bildung der nachstehenden vier Gruppen (siehe Tabelle 32):

- Sicherung/Sicherheit
- Managementmethoden
- Vertragsgestaltung
- Versicherungen

Die Gruppe *Sicherung/Sicherheit* umfasst die fünf Untergruppen Lagerhaltung, Transport, Produkt, Produktion und IT. Beispiele für Maßnahmen schließen eine Löschanlage, regelmäßige Wartung, die Gestaltung sicherer Arbeitsplätze bzw. den Virenschutz ein.

Die *Managementmethoden* beinhalten elf Untergruppen, wie beispielsweise Personal, Kalkulation, Lagerhaltung, Strategie und Verfahren. Zu den Maßnahmen gehören u. a. die Festlegung bestimmter Auswahlkriterien zur Entscheidung über die Einstellung von Mitarbeitern, die Verwendung von Risikoaufschlägen bei Kalkulationen, die Anwendung von Frühwarnindikatoren, die Auswahl solventer Kunden, das Produktdesign hinsichtlich des schonenden Umgangs mit der Umwelt bzw. das sorgfältige Aufstellen eines Projektplans.

Tabelle 32: Abgrenzung der Maßnahmen zur Flexibilitätsanpassung von anderen Maßnahmen im Rahmen der SC-Risikosteuerung

Flexibilitäts-anpassung	Sicherung/ Sicherheit	Management-methoden	Vertragsgestaltung	Versicherungen
• Verzicht auf Bestellung bei einem Lieferanten und Umstellung auf alternativen Lieferanten • Bestellung bei einem weiteren Lieferanten, um Kundennachfrage bedienen zu können • Einbindung eines lokalen Lieferanten • …	• Lagerhaltung: – Brandschutz/ Löschanlage • Transport: – Regelmäßige Wartung/Instandhaltung • Produkt: – Wahl der Verpackung zur Erhöhung der Transportfähigkeit • Produktion: – Gestaltung sicherer Arbeitsplätze • IT: – Virenschutz	• Lieferanten/LDL: – Zertifizierung • Personal: – Auswahlkriterien • Kalkulation: – Risikoaufschläge • Krisenvorbeugung: – Frühwarnindikatoren • Zusammenarbeit: – Faire Preisvereinbarungen • Lagerhaltung: – Regelungen Lagerentnahme • Absatz: – Kundenauswahl • …	• Kaufvertrag: Regelung der Gewährleistung • Kooperationsvertrag: Behandlung der Verwendungsrechte von Erkenntnissen • AGB: Begrenzung der Produkthaftung • Vertragsstrafen • Haftungsfreizeichnungsklauseln • …	• Transportversicherung • Lagerversicherung • Kreditversicherung • Sach- und Haftpflichtversicherung • …

Zur Gruppe *Vertragsgestaltung* zählen Maßnahmen wie die Regelung der Gewährleistung im Kaufvertrag, die Behandlung der Verwendungsrechte von Erkenntnissen im Kooperationsvertrag, die Begrenzung der Produkthaftung in den AGB und Vertragsstrafen.

Schließlich bilden *Versicherungen* die letzte der vier Gruppen und können beispielsweise durch den Abschluss von Transport-, Lager-, Kredit- sowie Sach- und Haftpflichtversicherungen spezifiziert werden. PFOHL (2002, S. 41) und PFOHL/GALLUS/KÖHLER (2008b, S. 68) warnen allerdings davor, Risiken durch Versicherungen und Vertragsklauseln zu begrenzen und zu übertragen, da durch Ausnutzung von Marktmacht die Gefahr besteht, die Risiken auf schwächere SC-Partner abzuwälzen, was der Grundidee der Optimierung der SC widerspricht. Die Abwälzung sollte daher möglichst auf professionelle Risikoträger erfolgen.

Im Anschluss an die Identifikation und Bewertung von Unsicherheitsbereichen ist es somit möglich, zu fragen, ob Maßnahmen aus dem Bereich Sicherung/Sicherheit, dem Bereich Managementmethoden, dem Bereich Vertragsgestaltung oder dem Bereich Versicherungen in Frage kommen oder ob alternativ bzw. ergänzend die Anpassung der Flexibilität geprüft werden soll.

Nach der Entwicklung des Maßnahmenkatalogs zur Anpassung der Flexibilität und der Abgrenzung der dort enthaltenen Maßnahmen von weiteren innerhalb der SC-Risikosteuerung, kann auf den Lösungsbaustein des Bewertungs- und Auswahlvorgehens der Maßnahmen eingegangen werden.

4.3.4 Bewertungs- und Auswahlvorgehen für Maßnahmen zur Anpassung der Flexibilität

Das Vorgehen der Bewertung und Auswahl von Maßnahmen zur Anpassung der Flexibilität erfolgt nach einem Filterprinzip. Mit dessen Hilfe können Maßnahmen durch drei aufeinanderfolgende Filterstufen selektiv ausgewählt werden (siehe Abbildung 52).

Zunächst gilt es, die vorgeschlagenen Maßnahmen auf ihre Konformität mit der Strategie des betrachteten Unternehmens bzw. der SC zu untersuchen. Läuft eine Handlungsempfehlung beispielsweise auf eine Erhöhung der Lagerkapazitäten hinaus und wird die Strategie einer schlanken SC verfolgt, so scheidet die genannte Maßnahme unter Umständen aus. Ferner ist es somit möglich, dass Voraussetzungen für das Ergreifen bestimmter Maßnahmen nicht erreicht sind. Wird „single sourcing" zum Beschaffungsprinzip erhoben und nicht infrage gestellt, ist die Verringerung des Bestellvolumens bei einem Lieferanten und gleichzeitige Erhöhung bei einem anderen nicht umsetzbar. Gleichwohl kann eine Überprüfung der Strategie sinnvoll sein.

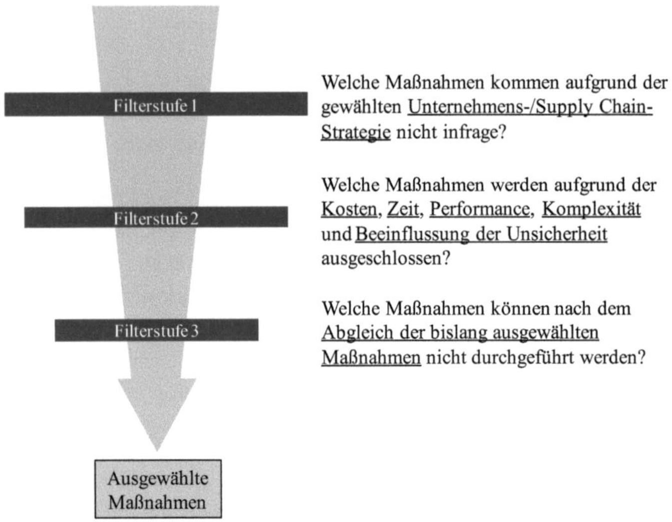

Abbildung 52: Filterprinzip zum Ausschluss von Maßnahmen zur Anpassung der Flexibilität

Bei der Auswahl von Maßnahmen zur Anpassung der Flexibilität ist außer der Konformität mit der Unternehmens-/SC-Strategie eine Reihe von Kriterien zu berücksichtigen, die in der zweiten Filterstufe zum Tragen kommen. Wie in Abschnitt 2.4.1 erläutert, treten in Zusammenhang mit einem Flexibilitätspotenzial bestimmte Elemente auf, wie die Gleichmäßigkeit der Leistungsfähigkeit eines Systems, die z. B. mit Hilfe der Qualität angegeben werden kann. Ferner sind die Kosten der Bereitstellung, aber auch die der Aufrechterhaltung und Nutzung des Potenzials bedeutend. Die Kosten stehen mit der Flexibilität in einem Spannungsverhältnis. Weiterhin wirkt die Komplexität gegensätzlich zur Flexibilität. In diesem Rahmen ist ferner die Handlungsschnelligkeit als eine der vorgestellten Flexibilitätskomponenten zu nennen, d. h. der Faktor Zeit und an dieser Stelle insbesondere die Zeit für den Aufbau und die Aktivierung des Potenzials. Schließlich darf die Verringerung der Unsicherheit als implizites Ziel der Methode nicht unberücksichtigt bleiben.

Die Ausgangssituation für die zweite Filterstufe kann wie folgt charakterisiert werden (vgl. ADAM 1996, S. 412; HABERFELLNER ET AL. 2002, S. 197; 511; HUNGENBERG 2010, S. 71):

- eine höhere Anzahl an Handlungsalternativen,
- die unterschiedliche Vor- und Nachteile besitzen
- und für die zum Einsatz von quantitativen Verfahren genaue Daten fehlen oder nur mit hohen Kosten zu bestimmen sind,
- sowie eine Reihe vorwiegend nicht-finanzieller Kriterien,
- die mit verschiedenen Maßstäben gemessen werden.

Um eine Entscheidung bezüglich des Ausschlusses von Alternativen treffen zu können, ist jede Möglichkeit hinsichtlich aller Kriterienerfüllungen zu beurteilen. Zu einer derartigen Zielfusion existieren unterschiedliche Verfahren u. a. in Abhängigkeit der Zahl der Outputs sowie der Quantifizierung der Outputs und der Inputs (vgl. FLEßA 2010, S. 74; MEYER 1996, S. 150-158; HABERFELLNER ET AL. 2002, S. 510). Da es sich in diesem Fall um mehrere Outputs handelt und die Quantifizierung der Outputs und Inputs nicht monetär, sondern anhand einer Ordinalskala vorgenommen werden soll, um den zeitlichen Aufwand möglichst gering zu halten, erfolgt der Einsatz einer Nutzwertanalyse.[162] Nach ZANGEMEISTER (1971, S. 45) bezeichnet die Nutzwertanalyse „die Analyse einer Menge komplexer Handlungsalternativen mit dem Zweck, die Elemente dieser Menge entsprechend den Präferenzen des Entscheidungsträgers bezüglich eines multidimensionalen Zielsystems zu ordnen. Die Abbildung dieser Ordnung erfolgt durch die Angabe der Nutzwerte (Gesamtwerte) der Alternativen."

Die Nutzwertanalyse kann in fünf Schritte eingeteilt werden (vgl. z. B. ADAM 1996, S. 413-420; BECHMANN 1978, S. 26-30):

1. Definition ausgewählter Bewertungskriterien
2. Bestimmung von Gewichten für die Kriterien
3. Formulierung und Interpretation der Kriterienausprägungen/Zielerfüllungsgrade
4. Ermittlung der Zielerfüllungsgrade und Teilnutzwerte

[162] Weitere Verfahren der Zielfusion sind die Kosten-Nutzen-Analyse, die Kosten-Nutzwert-Analyse und die Kosten-Wirksamkeits-Analyse (vgl. MEYER 1996, S. 150-158).

5. Berechnung des Nutzwertes und Bildung einer Rangfolge

Im Folgenden werden Besonderheiten einiger der Schritte für eine flexibilitätsorientierte Nutzwertanalyse näher beschrieben. Tabelle 33, die eine Vorlage für die hier erläuterte Nutzwertanalyse zeigt, trägt zum besseren Verständnis bei.

Abgeleitet aus dem Stand der Forschung und dem Stand der Praxis werden die Kriterien Kosten, Zeit, Performance (Produkt- und Servicequalität), Komplexität und Verringerung der Unsicherheit zur Bewertung von Maßnahmen der Flexibilitätsanpassung eingesetzt. Diese sind für jede Alternative bewertbar, können jedoch auch ergänzt oder ausgetauscht werden.

Ferner sollten im Rahmen der flexibilitätsorientierten Nutzwertanalyse die Gewichte der Kriterien normiert werden, sodass sie zusammen eins ergeben. Um wie auch bei der Wahl der Kriterien subjektive Entscheidungen zu vermeiden, können die Gewichte gemeinsam durch mehrere Experten festgelegt werden, z. B. durch eine Mittelwertberechnung.

Tabelle 33: Vorlage für eine flexibilitätsorientierte Nutzwertanalyse

	Kriterien										
	Kosten		Zeit		Performance (Produkt-/ Service-qualität)		Komplexität		Verringerung Unsicherheit		Summe Gewichts-faktoren
Gewicht / Maßnahme	g_1		g_2		g_3		g_4		g_5		1
	Ziel-erfül-lungs-grad	Teil-nutz-wert	Ziel-erfül-lungs-grad	Teil-nutz-wert	Ziel-erfül-lungs-grad	Teil-nutz-wert	Ziel-erfül-lungs-grad	Teil-nutz-wert	Ziel-erfül-lungs-grad	Teil-nutz-wert	Nutzwert
M_1	e_{11}	N_{11}	e_{21}	N_{21}	e_{31}	N_{31}	e_{41}	N_{41}	e_{51}	N_{51}	$N_{11}+N_{21}+N_{31}+N_{41}+N_{51}$
M_2	e_{12}	N_{12}	e_{22}	N_{22}	e_{32}	N_{32}	e_{42}	N_{42}	e_{52}	N_{52}	$N_{12}+N_{22}+N_{32}+N_{42}+N_{52}$
…											

Legende:
- Zielerfüllungsgrad:
  Kosten, Zeit, Komplexität: 1 = sehr hoch, …, 5 = sehr niedrig
  Performance, Verringerung Unsicherheit: 1 = sehr niedrig, …, 5 = sehr hoch
- Teilnutzwert:
  $N_{11}=e_{11}\cdot g_1$, $N_{21}=e_{21}\cdot g_2$, $N_{31}=e_{31}\cdot g_3$, usw.

Für die Kriterienausprägungen, auch Zielerfüllungsgrade genannt, wird vorgeschlagen, jeweils Punktwerte von eins bis fünf zu wählen, wobei eins einen sehr schlechten Zielerfüllungsgrad, fünf hingegen einen sehr guten charakterisiert. Die Skalen müssen für die Kriterien Kosten, Zeit und Komplexität genau gegenläufig zu den Kriterien Performance (Produkt- und Servicequalität) sowie Verringerung der Unsicherheit verlaufen. Im Rahmen der Anwendung der Methode können den einzelnen Punktwerten der Kriterien reale Größen zur Bestimmung unterlegt werden.

Nach der Ermittlung der Zielerfüllungsgrade und Teilnutzwerte sowie der Berechnung des Nutzwertes jeder Alternative kann eine Rangfolge der Alternativen gebildet werden. Folglich können die Maßnahmen zur Flexibilitätsanpassung ausgeschlossen werden, für die entweder kein akzeptabler Nutzwert erzielt werden kann oder die einen geringeren Nutzwert besitzen als Maßnahmen mit ähnlicher Wirkung.

Aus zwei Gründen wurde eine flexibilitätsorientierte Nutzwertanalyse für die zweite Filterstufe ausgewählt. Zunächst bietet eine Nutzwertanalyse die Möglichkeit der Berücksichtigung sowohl qualitativer als auch quantitativer Kriterienausprägungen (sowohl Kosten als auch Performance), die ggf. in quantitative Werte transformiert werden. Weiterhin werden alle Varianten anhand identischer Kriterien gemessen (Kosten, Zeit, Performance, Komplexität, Verringerung der Unsicherheit), die verschieden gewichtet werden. Erfolgt die Anwendung gemeinsam durch mehrere Experten, sinkt die Gefahr der Subjektivität des Ergebnisses weiter.

Die genannten Vorteile überwiegen gegenüber den Nachteilen, die in der Literatur für die Nutzwertanalyse aufgelistet sind, wie z. B. der Informationsverlust bei der Bestimmung der Zielerfüllungsgrade und der Berechnung des Nutzwertes. Zudem wird bei der Aggregation zu einem Nutzwert implizit angenommen, dass eine besonders gute Bewertung eines Kriteriums eine schlechte Bewertung eines anderen kompensieren kann. An einigen Stellen besteht bei der Anwendung der Nutzwertanalyse die Gefahr, dass subjektive Entscheidungen gefällt werden. Mit Hilfe einer Sensitivitätsanalyse kann die Stabilität der Lösung überprüft werden (vgl. ADAM 1996, S. 420-421; HEIDEMANN 1991, S. 15-16; STRASSERT 1981, S. 21-23; EEKHOFF 1981, S. 40-42).

Nach der Prüfung der Konformität mit der Unternehmens-/SC-Strategie und der flexibilitätsorientierten Nutzwertanalyse folgt die dritte Filterstufe des Auswahlvorgehens von Maßnahmen zur Anpassung der Flexibilität. Diese Stufe stellt einen Abgleich der bislang ausgewählten Maßnahmen dar, d. h. es wird untersucht, welche Maßnahmen in einem Konflikt zueinander stehen. Tabelle 34 zeigt ein Beispiel für einen Abgleich.

Der Einfachheit halber wird für die Anpassung der genannten Mengen nur eine Richtung unterstellt, die jeweils mit einem Pfeil angegeben wird. Grundsätzlich ist darauf hinzuweisen, dass ein derartiger Abgleich von Maßnahmen unter Berücksichtigung der jeweiligen Situation durchzuführen und nicht allgemeingültig ist. Er kann einen Hinweis darauf geben, dass die Flexibilität in der SC ungleich verteilt ist und somit keine vorteilhafte Wirkung hat.

Während die Senkung der Transportmenge eines Transportdienstleisters mit der Verringerung der Lagermenge/-kapazitäten als konform betrachtet wird, wird Vorsicht angeraten bei der gleichzeitigen Erhöhung der Anzahl an Betriebsmitteln sowie der Steigerung der Auslieferungsmenge für Kunden (siehe Tabelle 34). Die Senkung der Lagermenge/-kapazitäten bei gleichzeitiger Erhöhung der Anzahl an Betriebsmitteln bzw. der Steigerung der Auslieferungsmenge ist ebenfalls erneut zu prüfen. Die Erhöhung der Anzahl an Betriebsmitteln und die Steigerung der Auslieferungsmenge für einen Kunden hingegen scheinen passend.

Tabelle 34: Beispiel für einen Abgleich von bislang ausgewählten Maßnahmen

Abgleich bislang ausgewählter Maßnahmen				
Maßnahmen \ Maßnahmen	Anpassung der Transportmenge eines Transportdienstleisters ↓	Anpassung der Lagermenge/-kapazitäten ↓	Anpassung der Produktionskapazität: Anpassung der Anzahl an Betriebsmitteln ↑	Anpassung der Auslieferungsmenge für einen Kunden ↑
Anpassung der Transportmenge eines Transportdienstleisters ↓		+	!	!
Anpassung der Lagermenge/-kapazitäten ↓			!	!
Anpassung der Produktionskapazität: Anpassung der Anzahl an Betriebsmitteln ↑				+
Anpassung der Auslieferungsmenge für einen Kunden ↑				

Legende:
+: Maßnahmen sind voraussichtlich kompatibel.
!: Verträglichkeit der Maßnahmen sollte erneut überprüft werden.

Sollen bestimmte Maßnahmen ergriffen werden, die mit Hilfe des vorangegangenen Lösungsbausteins bewertet und ausgewählt wurden, ist es sinnvoll, diese mit Messgrößen zu spezifizieren, um eine Kontrolle des Erfolgs der Maßnahmen vornehmen zu können. Hierfür wird nachstehend ein Flexibilitätsmonitoring entwickelt.

4.3.5 Flexibilitätsmonitoring für die Überprüfung von Maßnahmen zur Anpassung der Flexibilität

Die Maßnahmen des in Abschnitt 4.3.3 entwickelten Maßnahmenkatalogs unterscheiden sich auch innerhalb der Flexibilitätsdimensionen stark, sodass in der Regel verschiedene Kennzahlen zur Überprüfung der Anwendung und der Effektivität für die Maßnahmen definiert werden müssen. Nur in einigen Fällen kann dieselbe Messgröße mehrfach eingesetzt werden.

Grundsätzlich können verschiedene Arten von Kennzahlen unterschieden werden. Nach statistisch-methodischen Gesichtspunkten können Absolut- und Verhältniskennzahlen differenziert werden. Diese beinhalten die meisten Messgrößen, jedoch keine Produkte, Wurzelausdrücke, Potenzen und ähnliche, die für das Flexibilitätsmonitoring auch nicht benötigt werden. Absolutzahlen können Einzelzahlen, Differenzen, Summen und Mittelwerte umfassen, während Verhältniszahlen Gliederungs-, Index- und Beziehungszahlen beinhalten (vgl. MEYER 1976, S. 12-13). Beispiele für Einzelzahlen sind die Anzahl der Transportarbeiter, für Summen der kumulierte Ausschuss und für Differenzen die Inventurdifferenz. Gliederungszahlen stellen der Krankenstand, Indexzahlen der Preisindex und Beziehungszahlen die Logistikkosten pro Erzeugnis dar (siehe Abbildung 53).

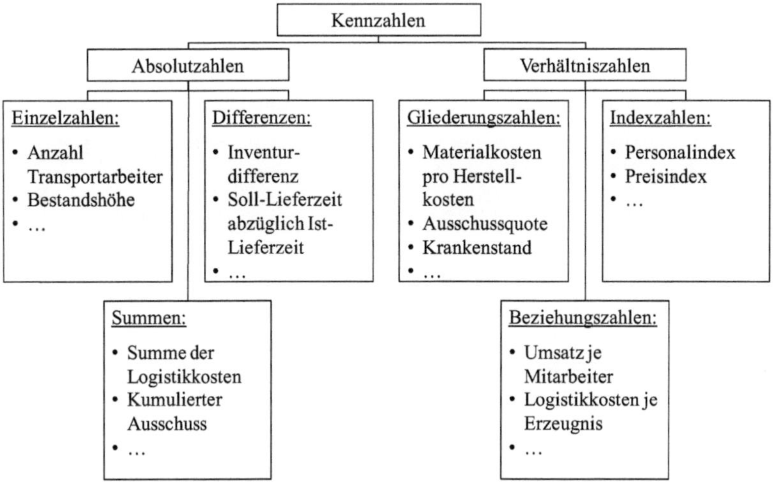

Abbildung 53: Arten von Kennzahlen nach statistisch-methodischen Gesichtspunkten
Quelle: SYSKA (1990, S. 23) in Anlehnung an MALUCHE (1979, S. 5) und MEYER (1976, S. 13)

Einige Autoren der Kennzahlenliteratur betrachten ausschließlich Verhältniszahlen, da sie der Ansicht sind, dass absolute Zahlen allein nicht aussagekräftig und lediglich als Bestandteile von Kennzahlen anzusehen sind.[163] Bei dem Flexibilitätsmonitoring werden Soll- und Istgrößen gegenübergestellt. Folglich können auch Absolutzahlen eingesetzt werden.

Im Rahmen des Flexibilitätsmonitorings werden für jede Maßnahme exemplarisch in der Regel zwei Messgrößen entwickelt. In wenigen Fällen werden nur eine, drei oder als Ausnahme bis zu vier Kennzahlen aufgelistet. Diese werden entweder per Rückschluss auf die Maßnahme formuliert oder stammen aus der Literatur zum (SC-)Performance Measurement bzw. zur Messung der (SC-)Flexibilität. Generell ist das Ziel, möglichst einfache und leicht verständliche Kennzahlen zu definieren, die die Erfüllung der Maßnahme treffend wiedergeben, um eine effiziente Kontrolle sicherzustellen.

Einige Kennzahlen können den Unterkategorien der Absolutzahlen, andere denen der Verhältniszahlen zugeordnet werden. In den meisten Fällen handelt es sich um Einzelzahlen, jedoch werden auch Gliederungs- und Beziehungszahlen verwendet. Die am wenigsten häufig aufge-

[163] Ferner sind sämtliche betriebswirtschaftlichen Aussagen als relativ zu beurteilen; somit handelt es sich in der Betriebswirtschaft um Verhältniszahlen (vgl. SYSKA 1990, S. 24).

führten Kennzahlen sind Differenzen. Summen und Indexzahlen kommen nicht vor, da auf aggregierte Größen, die aus mehreren Einzelbestandteilen zusammenzusetzen sind, verzichtet wird bzw. Soll und Ist sich z. B. auf verschiedene mögliche Zeitpunkte beziehen. Selbstverständlich können die Messgrößen im Rahmen einer praktischen Anwendung ergänzt werden.

Nicht für alle aufgeführten Maßnahmen erscheint die Auflistung und Verfolgung von Kennzahlen durchführbar. Zum Teil kann die qualitative Formulierung von Zielen bzw. Tätigkeiten einen höheren Nutzen bringen. Tabelle 35 zeigt Kennzahlen bzw. qualitativ beschriebene Ziele/Tätigkeiten ggf. mit Angabe der Quellen für die dargestellten Beschaffungsmaßnahmen.

Tabelle 35: Beispiel für die Zuordnung von Kennzahlen zu den Maßnahmen der Beschaffungsflexibilität

Maßnahme		Kennzahl
#	Beschreibung	Definition (ggf. Quelle)
B02	**Bestellung bei einem weiteren Lieferanten, um Kundennachfrage bedienen zu können** (Backup/Stand-by Supplier und Multiple Sourcing – setzt Verfügbarkeit mehrerer qualifizierter Lieferanten für Komponente voraus, ggf. in weiterer Region)	• Anzahl möglicher weiterer Lieferanten • Minimales/Maximales Bestellvolumen pro Lieferant
B05	**Einbindung mindestens eines nicht-lokalen Lieferanten** (Global Sourcing – setzt Verfügbarkeit mehrerer qualifizierter – landesweiter oder weltweiter – Lieferanten für Komponente voraus)	• Anzahl/Anteil nicht-lokaler Lieferanten • Minimales/Maximales Bestellvolumen pro Lieferant • Anzahl der Länder, aus denen das Unternehmen beschafft (nach AAKER/MASCARENHAS 1984)
B17	**Aktives Management der Lieferantenbasis** (Möglichkeit der Nutzung des vertraglich festgelegten (Sonder-)Kündigungsrechts von Lieferantenbeziehungen, ggf. Erhöhung des Beschaffungsvolumens bei anderen Lieferanten, somit Erhöhung der Verhandlungsmacht durch größere Abnahmemacht und Reduktion der administrativen Kosten)	• ABC-Einstufung mit Anzahl Lieferanten (WEBER/BACHER/GROLL 2002c/ WERNER 2008) • Durchschnittliches Bestellvolumen pro Lieferant

Bei den Beispielen für die vorgeschlagenen Kennzahlen und Maßnahmen handelt es sich um einen Auszug aus dem in dieser Arbeit entwickelten Gesamtkatalog (siehe Anhang XI). Die Kennzahlen dienen in der Regel zur Unterstützung des Aufbaus eines Flexibilitätspotenzials, das in einer bestimmten Situation genutzt werden kann. Während die Kontrolle der Maßnahme B02 mit Einzelzahlen (Anzahl möglicher weiterer Lieferanten und minimales/maximales Bestellvolumen pro Lieferant) empfohlen wird, beinhalten die Messgrößen von B05 sowohl Einzelzahlen, d. h. Anzahl nicht-lokaler Lieferanten, minimales/maximales Bestellvolumen pro Lieferant, Anzahl der Länder, aus denen das Unternehmen beschafft (nach AAKER/MASCARENHAS 1984), als auch eine Gliederungszahl (Anteil nicht-lokaler Lieferanten). Für ein aktives Management der Lieferantenbasis hilft als Tätigkeit eine ABC-Einstufung verbunden mit der Angabe der Anzahl an Lieferanten (vgl. WEBER/BACHER/GROLL 2002c; WERNER 2008). Hierzu gehört ferner die Berechnung des durchschnittlichen Bestellvolumens pro Lieferant.

Mit Hilfe von Tabelle 36 kann die Definition von Soll- und Ist-Kennzahlen anhand von jeweils zwei aufgeführten Kennzahlen für die Maßnahmen B02 und B05 nachvollzogen werden. Während bei der Maßnahme B02 gilt, einen weiteren Lieferanten aufzubauen und eine maximale Bestellmenge zu verhandeln, wird bei der Maßnahme B05 darauf abgezielt, einen weiteren nicht-lokalen – ausländischen – Lieferanten einzubinden.

Tabelle 36: Beispiel für die Definition von Soll- und Ist-Kennzahlen für Maßnahmen der Beschaffungsflexibilität

		Vorschläge für mögliche Messgrößen			
Maßnahme B02		Anzahl möglicher weiterer Lieferanten		Maximales Bestellvolumen pro Lieferant	
		Ist-Wert	Soll-Wert	Ist-Wert	Soll-Wert
	Bestellung bei einem weiteren Lieferanten, um Kundennachfrage bedienen zu können	1	2	0 bzw. 50 St.	30 bzw. 50 St.

		Vorschläge für mögliche Messgrößen			
Maßnahme B05		Anzahl nicht lokaler Lieferanten		Anzahl der Länder, aus denen das Unternehmen beschafft (nach Aaker/Mascarenhas 1984)	
		Ist-Wert	Soll-Wert	Ist-Wert	Soll-Wert
	Einbindung mindestens eines nicht lokalen Lieferanten	1	2	2	3

Im folgenden Abschnitt werden die fünf erläuterten Lösungsbausteine in die zu entwickelnde Methode eingebunden. Nachstehend wird der Ablauf der Methode beschrieben.

4.4 Ablauf der Methode zur Berücksichtigung der Flexibilitätsbedarfe in einem Supply Chain Risk Management-Ansatz

Die Methode zum Management der Flexibilität im Rahmen der SC-Risikosteuerung beinhaltet fünf Phasen, innerhalb derer die vorgestellten Lösungsbausteine zum Einsatz kommen. Die Phasen sind als Ordnungskriterium mit Buchstaben von A bis E betitelt und werden einerseits nach den allgemeinen Phasen des Problemlösungsprozesses von HAHN (1996) benannt (siehe Abschnitt 2.1.1). Andererseits gibt ihre Überschrift jeweils auf aggregiertem Niveau an, was in den Phasen geschieht. So werden in Phase A, der Problemstellungsphase, Unsicherheiten und potenzielle Schäden bestimmt, während Phase B, die Suchphase, der Prüfung der Anpassung der Flexibilität sowie der Erstellung eines Flexibilitätsprofils dient. In Phase C, der Beurteilungs- und Entscheidungsphase, erfolgt die Bewertung und Auswahl von Maßnahmen zur Flexibilitätsanpassung und in der Realisationsphase, Phase D, die Umsetzung der Maßnahmen zur Flexibilitätsanpassung. Schließlich findet in der Phase E, der Kontrollphase, die Überprüfung von Maßnahmen zur Flexibilitätsanpassung statt (siehe Abbildung 54).

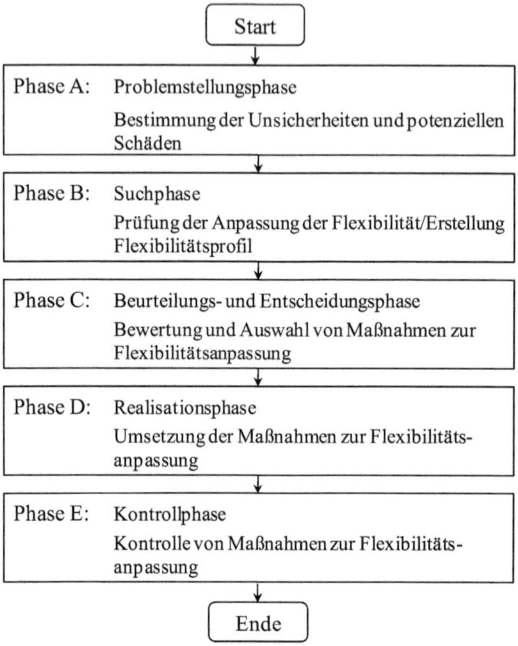

Abbildung 54: Phasenstruktur der Methode
Quelle: in Anlehnung an HAHN (1996, S. 37-39)

Weiterhin ist die im Rahmen der Arbeit entwickelte Methode in zehn Schritte gegliedert, die zum Teil eine weitere Subebene aufweisen und die in die Phasen A bis E eingebunden sind. Die zehn Schritte der Methode lauten folgendermaßen:

1. Abgrenzung des Untersuchungsbereiches
2. Abbildung der betrachteten Supply Chain mit dem Supply Chain Operations Reference-Modell
3. Bestimmung der Unsicherheiten und potenziellen Schäden
4. Prüfvorgehen: Anpassung der Flexibilität oder/und Einsatz alternativer Maßnahmen
5. Erstellung des Flexibilitätsprofils für unsichere bzw. ausgewählte Bereiche
6. Treffen einer Vorauswahl von Maßnahmen zur Anpassung der Flexibilität
7. Ermittlung der Nutzwerte der Maßnahmen zur Anpassung der Flexibilität
8. Abgleich und abschließende Auswahl der Maßnahmen zur Anpassung der Flexibilität
9. Formulierung der Soll-Werte / Feststellung der Ist-Werte für Maßnahmen zur Anpassung der Flexibilität
10. Ergänzende Prüfung, Anwendung der Maßnahmen und Kontrolle

Im Folgenden wird auf die zehn Schritte strukturiert nach den Phasen im Einzelnen eingegangen.

Ziel der *Phase A* ist die Bestimmung der Unsicherheiten und potenziellen Schäden. Dabei werden die Schritte 1 bis 3 durchgeführt (siehe Abbildung 55).

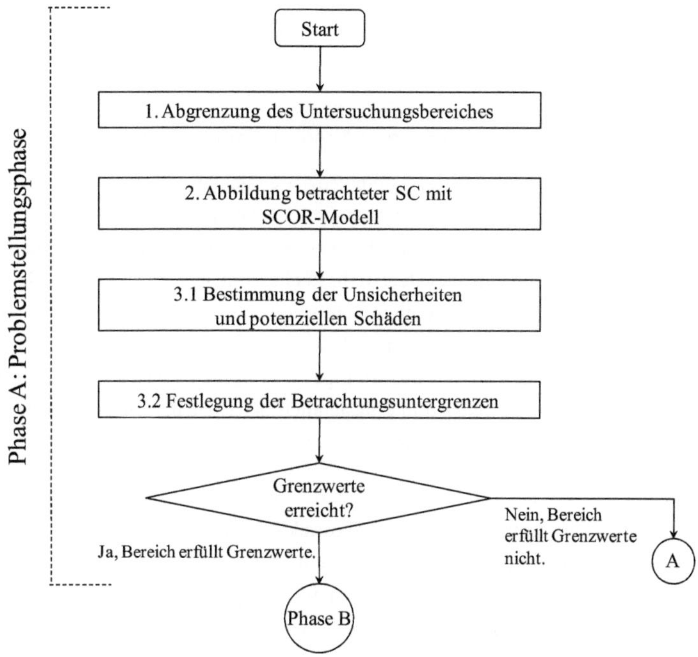

Abbildung 55: Phase A – Problemstellungsphase

1. Abgrenzung des Untersuchungsbereiches
   Zunächst ist es notwendig, den Untersuchungsbereich abzugrenzen. Das Abstecken des Bereiches kann anhand des Endprodukts, der Produktgruppen, des Absatzmarkts (Region oder anderes Segmentattribut), der Rohmaterialien oder der geographischen Verteilung vorgenommen werden.

2. Abbildung der betrachteten Supply Chain mit dem Supply Chain Operations Reference-Modell
   Als nächstes wird die betrachtete SC mit Hilfe des SCOR-Modells abgebildet. Hierbei können die Prozesse Planung, Beschaffung, Fertigung/Montage und Distribution des SCOR-Modells sowie gegebenenfalls weitere sinnvolle Prozesselemente, wie z. B. ein Lager, zum Einsatz kommen (siehe Abschnitt 2.2.1).

   Abbildung 56 zeigt Modellierungssymbole zur grafischen Darstellung der betrachteten SC. Der Kundenauftragsentkopplungspunkt (KEP) kennzeichnet die Stelle in der SC, bis zu der prognosegetrieben (Push) bzw. ab der kundenauftragsgetrieben (Pull) gefertigt wird.

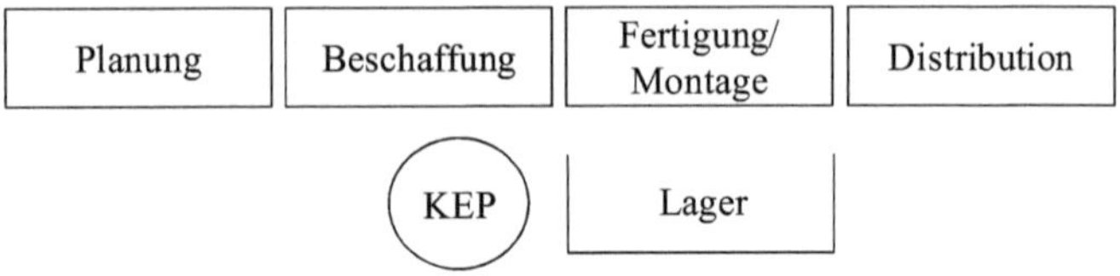

Abbildung 56: Modellierungssymbole für die Abbildung der betrachteten Supply Chain mit Hilfe des Supply Chain Operations Reference-Modells und weiterer Prozesselemente

3. Bestimmung der Unsicherheiten und potenziellen Schäden
   Nun folgt die Anwendung des in Abschnitt 4.3.1 entwickelten Lösungsbausteins „Dossier zur Ermittlung der Unsicherheiten und potenziellen Schäden". Hierbei wird der reine Risikobegriff zugrunde gelegt, d. h. Risiko wird als ein negatives Ereignis aufgefasst. Abgedeckt werden bei diesem Schritt die ersten vier der ebenfalls in Abschnitt 2.1.2 aufgeführten Arten der Unsicherheit; es muss also zumindest die Einflussrichtung der Einflussfaktoren auf die künftige Vermögens-, Finanz- und Ertragslage bekannt sein. Das Ergebnis sind die hinsichtlich der Unsicherheit und des potenziellen Schadens eingeschätzten Unternehmensbereiche.

   Werden im betrachteten Unternehmen Methoden zur Risikoidentifikation und/oder -bewertung eingesetzt, wie z. B. Risikostrukturblätter, können Erkenntnisse hieraus bei der Vervollständigung des Dossiers unterstützen. Ferner ist es möglich, dass in einem Bereich mehrere Risiken erkannt werden, die im Dossier aggregiert werden müssen bzw. die jeweils in die höheren der zutreffenden Klassen einsortiert und notiert werden sollten, um sie später gezielt zu behandeln.

   Abschließend ist ein zweiter Teilschritt zu erledigen. Für die weitere Untersuchung sind Betrachtungsuntergrenzen für die Klassen der Unsicherheit und des potenziellen Schadens festzulegen. Die Bereiche, die beide Grenzwerte erfüllen, werden weiter analysiert. Alle weiteren werden zunächst ausgeklammert.

Die Ziele der *Phase B* sind die Prüfung der Anpassung der Flexibilität sowie die Erstellung eines Flexibilitätsprofils. Die Phase beinhaltet die Schritte 4 und 5 (siehe Abbildung 57).

4. Prüfvorgehen: Anpassung der Flexibilität oder/und Einsatz alternativer Maßnahmen
   Innerhalb des vierten Schrittes kommt der Fragenkatalog aus dem Lösungsbaustein „Maßnahmenkatalog zur Anpassung der Flexibilität und Fragenkatalog zur Feststellung der Notwendigkeit der Anpassung der Flexibilität" zum Einsatz (siehe Abschnitt 4.3.3). Hierbei stellt sich für die verbleibenden Unsicherheitsbereiche die Frage, ob Flexibilitätsmaßnahmen eingesetzt oder/und auf alternative Maßnahmen zurückgegriffen werden sollte.

Maßnahmen alternativer Art stammen aus den Bereichen Sicherung/Sicherheit, Managementmethoden, Versicherungen oder Vertragsgestaltung. Kommen für einige Unsicherheitsbereiche keine dieser Maßnahmen infrage, wird für sie an Schritt 5 angeknüpft. Werden hingegen alternative Maßnahmen für sinnvoll erklärt, können diese einerseits festgehalten werden und andererseits folgt die Frage, ob dennoch die Anpassung der Flexibilität geprüft werden soll. Dieses geschieht auch für die Bereiche, für welche die Grenzwerte aus Phase A nicht erreicht werden. Die Unsicherheitsbereiche, für die keine weitere Prüfung erfolgen soll, werden im Folgenden ausgeschlossen. Gegebenenfalls ist hiermit bereits das Ende der Methode erreicht.

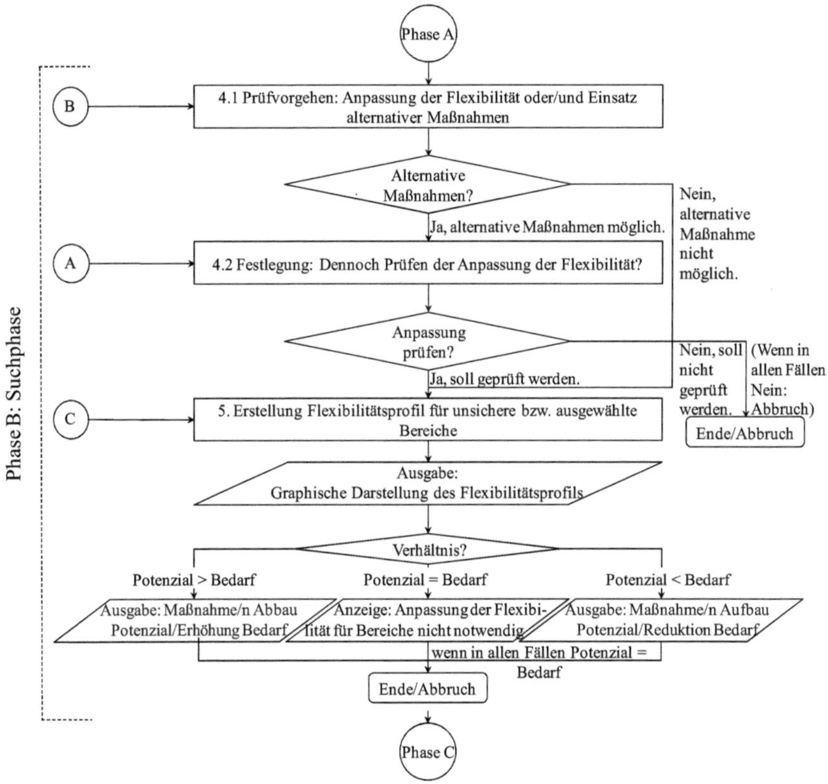

Abbildung 57: Phase B – Suchphase

5. <u>Erstellung des Flexibilitätsprofils für unsichere bzw. ausgewählte Bereiche</u>
   Für die verbleibenden Unsicherheitsbereiche wird im fünften Schritt ein Flexibilitätsprofil erstellt. Hierfür ist der Lösungsbaustein „Vorlage zur Erstellung eines Flexibilitätsprofils" relevant (siehe Abschnitt 4.3.2). Da sich die fünf im Rahmen des Dossiers eingeführten Unsicherheitsbereiche nicht auf oberster Ebene mit den sechs Flexibili-

tätsdimensionen decken, ist eine Zuordnung der beiden Dimensionen notwendig. Tabelle 37 zeigt diese.

Tabelle 37: Zuordnung der Unsicherheitsbereiche zu den Flexibilitätsdimensionen

Bereiche	Beschaffungs-flexibilität	Logistik-flexibilität	Operative Flexibilität	Markt-flexibilität	Organisations-flexibilität	Informations-system-flexibilität
Beschaffung						
Direkte Lieferanten	X				X	
Sublieferanten	X				X	
Versorgungssystem		X			X	
Steuerung						
Kernprozess: F&E			X	X	X	
Kernprozess: Beschaffung	X	X			X	
Kernprozess: Produktion			X		X	
Kernprozess: Absatz		X		X	X	
Unterstützungsfunktion: Finanzmanagement					X	
Unterstützungsfunktion: Informationsmanagement					X	X
Unterstützungsfunktion: Strategisches Management					X	
Unterstützungsfunktion: Personalmanagement			X		X	
Prozess						
Mitarbeiter			X		X	
Produktions- & Logistikanlagen		X	X		X	
IT-System			X		X	X
Flächen und Gebäude			X		X	
Bestände		X	X		X	
Nachfrage						
Direkte Kunden				X	X	
Endkunden				X	X	
Distributionssystem		X			X	
Umfeld						
Politisch	X	X	X	X	X	X
Ökonomisch	X	X	X	X	X	X
Sozial	X	X	X	X	X	X
Technologisch	X	X	X	X	X	X
Ökologisch	X	X	X	X	X	X

Für die Zuordnung muss auf die zweite Ebene der Risikoklassifikation zurückgegriffen werden. Grundsätzlich ist jede zweite Ebene der Risikoklassifikation der korrespondierenden Flexibilitätsdimension zuzuordnen. Das Vorgehen trifft allerdings nicht auf den Bereich des Umfeldes zu. Hier sind sämtliche Flexibilitätsdimensionen zu prüfen. Weiterhin ist die Prüfung der Organisationsflexibilität in jedem Falle sinnvoll, da diese Dimension sich auch auf alle anderen auswirkt. Die Tabelle ist wie folgt zu lesen: Sollen die Bereiche der direkten Lieferanten und Sublieferanten in Schritt 5 näher untersucht werden, ist ein Flexibilitätsprofil für die Dimensionen Beschaffung und Organisation anzufertigen.

Nach der Darstellung des Flexibilitätsprofils kann aus dem Verhältnis von Flexibilitätspotenzial zu -bedarf auf die Richtung der ggf. erforderlichen Anpassung der Flexibilität geschlossen werden. Ist die Anpassung der Flexibilität in keinem Falle nötig, wird das Ende der Methode erreicht. Anderenfalls werden die zutreffenden Maßnahmen zur Anpassung der Flexibilität aus der jeweiligen Dimension und Optionsart angezeigt. Hierfür kommt erneut der Lösungsbaustein „Maßnahmenkatalog zur Anpassung der Flexibilität und Fragenkatalog zur Feststellung der Notwendigkeit der Anpassung der Flexibilität" (siehe Abschnitt 4.3.3) zum Tragen. Implizit wird folglich die Frage beantwortet, welche Flexibilitätsmaßnahmen eingesetzt werden sollen. Da die Maßnahmen ursprünglich zur Erhöhung der Flexibilität formuliert sind, ist jeweils die Angabe notwendig, in welche Richtung die Anpassung erfolgen sollte, ob also ein Auf- oder Abbau des Potenzials bzw. eine Reduktion oder eine Erhöhung des Bedarfes stattfinden sollte.

Oft liegen zwischen den Maßnahmen Interdependenzen vor. Daher kann es vorteilhaft sein, Maßnahmen verschiedener Optionsarten zu kombinieren und ggf. auch die Maßnahmen anderer Optionsarten zu prüfen, bei denen eine Flexibilitätsanpassung nicht von vornherein empfohlen wird.

In der Regel wird am Ende des fünften Schrittes eine Vielzahl von Maßnahmen zur Flexibilitätsanpassung angezeigt, sodass eine sorgfältige Bewertung und Auswahl vorgenommen werden sollte. Diese Tätigkeiten sind die Ziele der *Phase C*. Sie umfasst die Schritte 6 bis 8.

6. Treffen einer Vorauswahl von Maßnahmen zur Anpassung der Flexibilität
   Im sechsten Schritt erfolgt der Einsatz der ersten Filterstufe des Lösungsbausteins „Bewertungs- und Auswahlvorgehen für Maßnahmen zur Anpassung der Flexibilität" (siehe Abschnitt 4.3.4). Die vorgeschlagenen Maßnahmen zur Anpassung der Flexibilität werden auf ihre Konformität mit der Strategie des betrachteten Unternehmens bzw. der SC untersucht. Scheiden sämtliche Maßnahmen, die einer Optionsart eines Unsicherheitsbereiches zuzuordnen sind, oder sogar alle Maßnahmen aus, ist wieder bei Schritt 4 anzusetzen, sodass erneut der Einsatz alternativer Maßnahmen geprüft wird. Anderenfalls kann zum siebten Schritt übergegangen werden.

7. Ermittlung der Nutzwerte der Maßnahmen zur Anpassung der Flexibilität
   Im siebten Schritt wird die zweite Filterstufe des Lösungsbausteins „Bewertungs- und Auswahlvorgehen für Maßnahmen zur Anpassung der Flexibilität" angewendet (siehe Abschnitt 4.3.4). Es findet eine flexibilitätsorientierte Nutzwertanalyse unter Berücksichtigung der Kriterien Kosten, Zeit, Performance (Produkt- und Servicequalität), Komplexität und Verringerung der Unsicherheit statt. Für die Anwendung der Nutzwertanalyse bleibt festzuhalten, dass insbesondere dann, wenn sich die Gewichte für die Kriterien unterscheiden, für jede betrachtete Flexibilitätsdimension eine Nutzwertanalyse und ggf. weiter für jede Optionsart eine eigene Analyse durchgeführt werden

sollte. Es kann aber auch sinnvoll sein, die Maßnahmen der verschiedenen Optionsarten im Rahmen einer Dimension im Vergleich zu sehen.

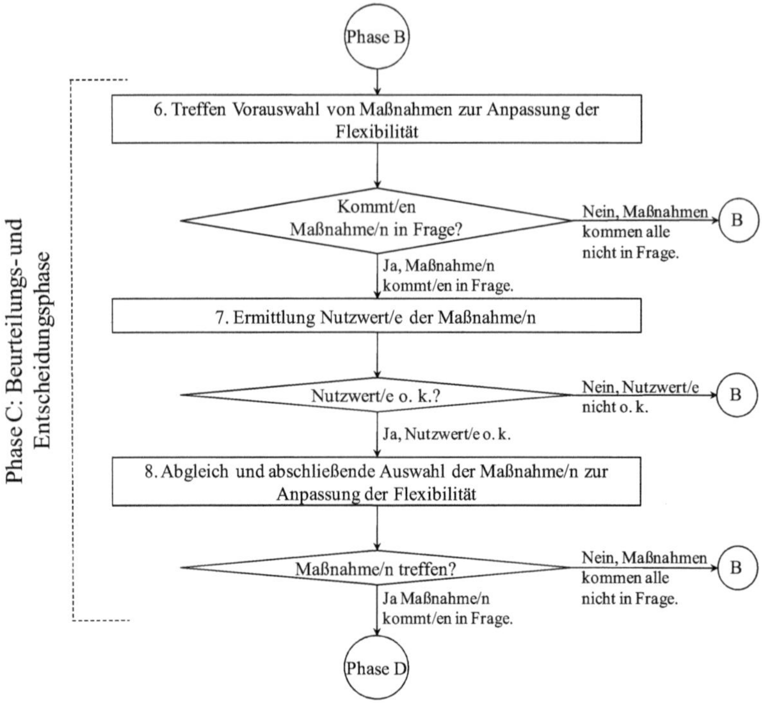

Abbildung 58: Phase C – Beurteilungs- und Entscheidungsphase

Werden wiederum sämtliche Maßnahmen, die einer Optionsart eines Unsicherheitsbereiches zuzuordnen sind, oder sogar alle Maßnahmen ausgeschlossen, ist bei Schritt 4 anzusetzen, sodass erneut der Einsatz alternativer Maßnahmen geprüft wird. Ansonsten ist der letzte Schritt der Phase C erreicht (siehe Abbildung 58).

8. <u>Abgleich und abschließende Auswahl der Maßnahmen zur Anpassung der Flexibilität</u>
Ein Abgleich der bislang ausgewählten Maßnahmen zur Anpassung der Flexibilität wird innerhalb des achten Schrittes vorgenommen. Hierbei handelt es sich um die dritte und letzte Filterstufe des Lösungsbausteins „Bewertungs- und Auswahlvorgehen für Maßnahmen zur Anpassung der Flexibilität" (siehe Abschnitt 4.3.4). Eine Durchführung des Abgleichs ist außer an dieser Stelle erneut bei der Aktivierung des Potenzials zu empfehlen, falls dieses an verschiedenen Stellen gleichzeitig erfolgt. Wie auch am Ende der Schritte 6 und 7 kann die Situation eintreten, dass sämtliche Maßnahmen, die einer Optionsart eines Unsicherheitsbereiches zuzuordnen sind, oder sogar alle Maßnahmen ausgeschlossen werden. Dann ist wieder bei Schritt 4 anzusetzen und erneut

der Einsatz alternativer Maßnahmen zu prüfen. Für alle anderen Fälle wird die Phase D erreicht.

Ziel der *Phase D* ist die Umsetzung der Maßnahmen zur Flexibilitätsanpassung. Hierfür werden die Schritte 9 und 10 bis zum zweiten Unterschritt durchgeführt (siehe Abbildung 59).

9. Formulierung der Soll-Werte / Feststellung der Ist-Werte für Maßnahmen zur Anpassung der Flexibilität
   Nachdem am Ende des achten Schrittes eine Auswahl der Maßnahmen zur Anpassung der Flexibilität getroffen wurde, können im neunten Schritt Soll-, also Ziel-, und Ist-Werte für die Messgrößen zu den Maßnahmen ermittelt und im Folgenden aktualisiert werden. An dieser Stelle kommt der Lösungsbaustein „Flexibilitätsmonitoring für die Überprüfung von Maßnahmen zur Anpassung der Flexibilität" zum Einsatz (siehe Abschnitt 4.3.5). Die Kennzahlen können auch ergänzt, ausgeschlossen oder ausgetauscht werden; es handelt sich hierbei nur um Vorschläge. Nicht in allen Fällen ist die Anwendung von Messgrößen sinnvoll. Zum Teil bringt die verbale Formulierung von Zielen bzw. Tätigkeiten einen höheren Nutzen.

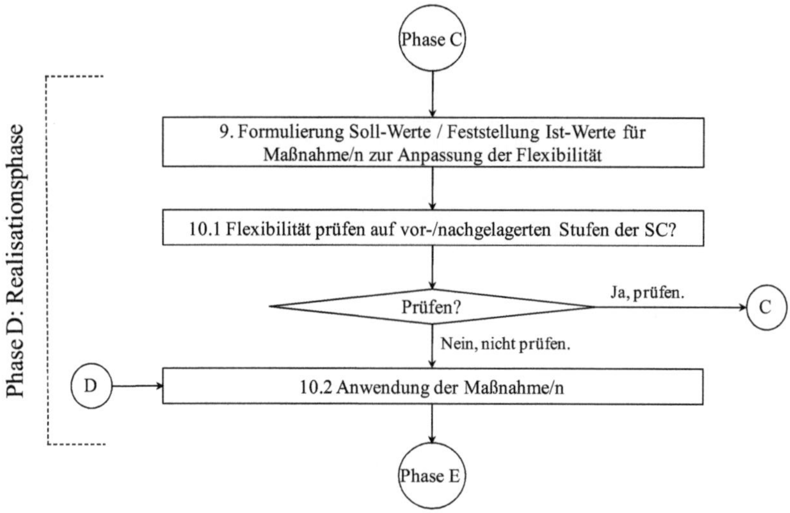

Abbildung 59: Phase D – Realisationsphase

10. Ergänzende Prüfung, Anwendung der Maßnahmen und Kontrolle
    Nach der Formulierung der Ziele ist es ratsam, über eine Prüfung der Flexibilität auf vor- und/oder nachgelagerten Stufen der SC nachzudenken, denn eine Lieferkette kann lediglich so flexibel sein, wie sie es an ihrer inflexibelsten Stelle ist. Soll eine Prüfung stattfinden, ist wieder an Schritt 5, der Erstellung eines Flexibilitätsprofils, anzusetzen. Das Profil kann für bereits ausgewählte unsichere Dimensionen, aber auch für weitere als sinnvoll betrachtete Dimensionen angefertigt werden. Erscheint eine weitere Prü-

fung hingegen nicht notwendig, sind die Maßnahmen im nächsten Teilschritt anzuwenden. Die Umsetzung der Maßnahmen erfolgt durch Überführung in die betrieblichen Strukturen und Prozesse.

Die Maßnahmen zur Anpassung der Flexibilität können z. B. an dieser Stelle Eingang in die (SC-)Risikosteuerung finden. Ferner dient die Risikosteuerung wiederum als Input zur Ausnutzung des aufgebauten Potenzials (siehe Abschnitt 4.2).

Die Überprüfung von Maßnahmen zur Anpassung der Flexibilität ist das Ziel der hierauf folgenden und letzten *Phase E.* Diese besteht aus drei weiteren Subebenen des Schrittes 10 (siehe Abbildung 60).

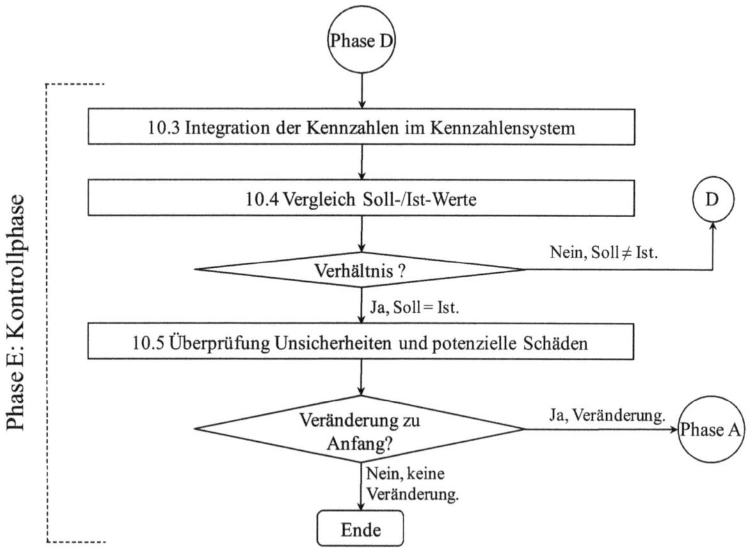

Abbildung 60: Phase E – Kontrollphase

Im Rahmen des folgenden Teilschrittes ist die Integration der Kennzahlen inklusive der identifizierten Soll- und Ist-Werte für die angewendeten Maßnahmen zur Anpassung der Flexibilität in das bestehende Kennzahlensystem im Unternehmen bzw. in der SC zu empfehlen. Auf diese Weise ist eine effizientere Kontrolle des Umsetzungsstandes der Maßnahmen möglich, die in einem nächsten Teilschritt erfolgt. Wird bei dem Abgleich von Soll und Ist festgestellt, dass die Ziele nicht erreicht sind, ist bei der Anwendung der Maßnahmen anzusetzen. Wird hingegen die Erreichbarkeit der Ziele infrage gestellt und als nicht gegeben eingeschätzt, ist zu prüfen, ob die Zielwerte oder die Maßnahmen falsch gewählt wurden (vgl. MEYER 2007, S. 139). Weiterhin können die Kennzahlen im Rahmen der (SC-)Risikokontrolle betrachtet werden und somit eine Verknüpfung zu einem vorhandenen (SC-)Risikomanagementsystem darstellen.

Sobald Ziel- und Ist-Werte übereinstimmen, sind die Auswirkungen auf Unsicherheiten und potenzielle Schäden erneut zu überprüfen. Es ist jedoch sinnvoll, diesen Teilschritt regelmäßig durchzuführen. Im Falle, dass sich die Rahmenbedingungen und Inputdaten im Vergleich zur Ausgangssituation verändern, ist wieder bei Phase A anzusetzen. Bei einem fortlaufenden Prozess ist es möglich, ausschließlich Veränderungen festzuhalten, sodass ein erneuter Durchlauf einen geringeren Aufwand erzeugt. Andernfalls ist das Ende der Methode erreicht bzw. die Umsetzung der Maßnahmen ist fortgeführt zu kontrollieren.

Schließlich bleibt festzuhalten, dass es möglich ist, die alternativen Maßnahmen neben denen zur Anpassung der Flexibilität in den Phasen C bis E mitzuberücksichtigen. Zwar sind insbesondere die Kriterien der Nutzwertanalyse auf Maßnahmen zur Anpassung der Flexibilität abgestimmt, jedoch können auf diese Weise alternative Maßnahmen den Maßnahmen zur Anpassung der Flexibilität vergleichend gegenübergestellt werden.

4.5 Umsetzung der Methode in einer prototypischen Software

Um die Anwendungseffizienz der Methode hinsichtlich der aufzuwendenden Zeit und Kosten für die Mitarbeiter eines Unternehmens weiter zu erhöhen und die Funktionsfähigkeit im Sinne dieser Arbeit nachzuweisen, wurde die Methode prototypisch als Software umgesetzt. Bei der Entwicklung der Software wurde darauf geachtet, dass ihre Nutzung keine umfangreichen Schulungen erfordert, sodass sie schnell und mit verfügbaren Kapazitäten anzuwenden ist. Eine Umsetzung mit Hilfe von Standardsoftware wirkt ferner möglichen Widerständen der Mitarbeiter entgegen. Nachstehend wird die entwickelte Software näher beschrieben.

Umsetzung und Bestandteile der Software

Die Umsetzung der Methode wurde basierend auf der Softwareanwendung Microsoft Office Access realisiert, welche in vielen Unternehmen zur Verfügung steht. Microsoft Access ermöglicht die Erstellung relationaler Datenbanken, die mehrere miteinander verknüpfte Tabellen beinhalten. Diese Funktionalität ist für die entwickelte Methode vorteilhaft, da die Lösungsbausteine Interdependenzen aufweisen. So sind zunächst die Unsicherheitsbereiche mit den Flexibilitätsdimensionen verknüpft (siehe Schritt 5 in Abschnitt 4.4). Weiterhin besteht über die vier Optionsarten eine Verbindung der Flexibilitätsdimensionen mit den Maßnahmen zur Anpassung der Flexibilität, sodass in Abhängigkeit der Ergebnisse des Flexibilitätsprofils geeignete Maßnahmen vorgeschlagen werden (siehe Abschnitt 4.3.3). Für die einzelnen Maßnahmen wurden wiederum Kennzahlen für das Flexibilitätsmonitoring definiert oder Ziele/ Tätigkeiten qualitativ beschrieben (siehe Abschnitt 4.3.5). Die entwickelte Datenbank besteht insgesamt aus 18 miteinander verbundenen Tabellen, auf die der Nutzer im Ablauf der Methode zugreifen kann.

Abbildung der Methode in der Software

Die Programmoberfläche der Software umfasst eine Reihe von Registerkarten, die die einzelnen Methodenschritte abbilden, und daher nacheinander bearbeitet werden. Am Ende des Methodendurchlaufs besteht die Möglichkeit, auf Knopfdruck eine abschließende Maßnahmenübersicht zu erstellen.

Die Registerkarte „Vorbereitung: Abgrenzung“ dient der Abgrenzung des Untersuchungsbereiches sowie der Abbildung der betrachteten SC mit dem SCOR-Modell, d. h. sie stellt die ersten beiden Schritte der Methode dar. Während für die Abgrenzung des Untersuchungsbereiches ein Textfeld zur Verfügung steht, sollte die Abbildung der untersuchten SC in einer separaten Datei erfolgen. Abbildung 61 zeigt die zu bearbeitende Registerkarte, die den dritten Schritt, die Bestimmung der Unsicherheiten und potenziellen Schäden, abbildet. Die Unsicherheitsbereiche werden separat angezeigt und mit Hilfe der Pfeile kann der Anwender zur folgenden Unterebene bzw. zum nächsten Bereich gelangen. Die Festlegung, ab welcher Bewertung die Bereiche zu berücksichtigen sind, erfolgt auf der Registerkarte „Untergrenzen“.

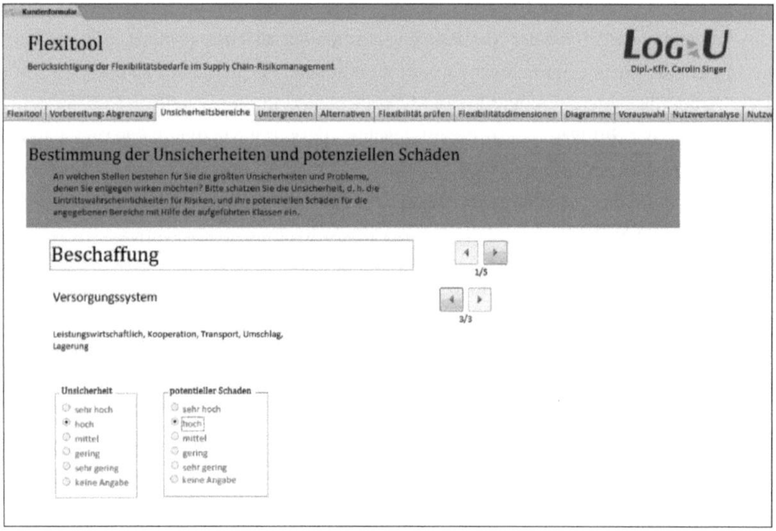

Abbildung 61: Screenshot des Kundenformulars – Schritt 3: Bestimmung der Unsicherheiten und potenziellen Schäden

Als vierter Schritt der Methode wird das Prüfvorgehen, ob die Flexibilitätsanpassung geeignet erscheint bzw. alternative Maßnahmen einzusetzen sind, auf der Registerkarte „Alternativen“ umgesetzt. „Flexibilität prüfen“ zeigt die Bereiche an, für die zunächst keine Flexibilitätsanpassung untersucht wird und ermöglicht eine nachträgliche Berücksichtigung.

Das Flexibilitätsprofil wird für die relevanten Flexibilitätsdimensionen mittels der gleichnamigen Registerkarte erstellt (Schritt fünf). Mit Hilfe der Pfeile kann zwischen den Dimensionen und den jeweiligen Optionsarten gewechselt werden. Die korrespondierenden Grafiken zeigt die Registerkarte „Diagramme“. Die Vorauswahl der Maßnahmen zur Flexibilitätsanpassung auf Basis der Unternehmens-/SC-Strategie (Schritt 6) findet auf der ebenfalls gleichnamigen Registerkarte statt. Die Eingabe der Zielerfüllungsgrade für die Kriterien Kosten, Zeit, Performance, Komplexität und Verringerung der Unsicherheit der Nutzwertanalyse sowie die Festlegung der Gewichte geschieht im Rahmen der „Nutzwertanalyse“. „Nutzwerte“ gibt die errechneten Nutzwerte aus und ermöglicht eine weitere Auswahl von Maßnahmen (Schritt 7). Die dritte Filterstufe des Auswahl- und Bewertungsvorgehens von Maßnahmen – ein Abgleich aufgrund eventueller Konflikte – erfolgt auf der Registerkarte „Abgleich“ (Schritt 8).

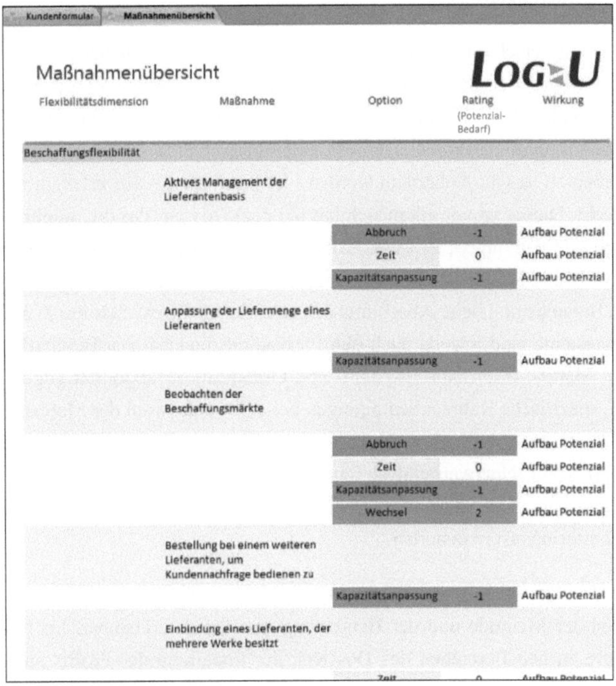

Abbildung 62: Screenshot der Maßnahmenübersicht – Schritt 10.2: Anwendung der Maßnahmen

Die Formulierung der Soll- und Ist-Werte für vorgeschlagene Kennzahlen kann auf „Flexibilitäts-Monitoring“ vorgenommen werden (Schritt 9). Ferner besteht die Möglichkeit, die Flexibilität auf vor-/nachgelagerten Stufen der SC zu prüfen (Schritt 10). Erreichen die Ist-Werte die Zielgrößen bzw. parallel zu diesem Kontrollschritt können Unsicherheit und potenzielle Schäden erneut untersucht werden, sodass die Methode nochmals durchlaufen werden kann. Die Maßnahmenanwendung und die Integration der Kennzahlen in ein Kennzahlensystem können in der prototypischen Software nicht umgesetzt werden. Zur Anwendung der Software in einem Unternehmen ist es jedoch möglich, Schnittstellen zu bestehenden Kennzahlensystemen und Risikomanagement-Methoden zu schaffen. Abschließend kann per Knopfdruck auf „Abschluss" eine Maßnahmenübersicht erstellt werden. Abbildung 62 zeigt einen Ausschnitt mit Maßnahmen, zugehörigen Optionsarten, der Wirkung sowie der Anpassungsrichtung.

4.6 Verifizierung der Methode im Hinblick auf die Anforderungen

Im Folgenden wird die vorgestellte Methode dahingehend überprüft, ob sie die in Abschnitt 4.1 aufgestellten Anforderungen erfüllt (vgl. DALHÖFER 2009, S. 82). Bei der praktischen Evaluation erfolgt hingegen der Nachweis des möglichen Einsatzes in einem Unternehmen. Bevor auf die inhaltlichen Anforderungen eingegangen wird, findet die Betrachtung der konzeptionellen Anforderungen statt.

Die Methode ist an verschiedene Rahmenbedingungen unterschiedlicher produzierender Unternehmen *anpassbar*, d. h. die Methode beinhaltet keine speziellen Vorgehensweisen eines Unternehmens, sondern kann in verschiedenen Umfeldern zum Einsatz kommen. Es ist ferner möglich, Input aus dem Risikomanagement eines betrachteten Unternehmens z. B. in das Dossier einfließen zu lassen. Außerdem werden – wie gefordert – alle relevanten Bereiche einer SC abgedeckt. Dieses ist vor allem sichtbar bei dem Dossier, das die möglichen Risikoarten Beschaffungs-, Steuerungs-, Prozess-, Absatz- sowie Umfeldrisiken beinhaltet. Auch das Flexibilitätsprofil, der Maßnahmenkatalog und das Flexibilitätsmonitoring decken alle wesentlichen SC-Bereiche ab (siehe Abschnitte 4.3.1-4.3.3; 4.3.5 bzw. Schritte 3, 5, 9-10). Diese drei Lösungsbausteine sind jeweils nach den Flexibilitätsdimensionen Beschaffungs-, Logistik-, operative, Markt-, Informationssystem- und Organisationsflexibilität gegliedert. Zudem ist es möglich, spezifische Rahmenbedingungen bei der Vorauswahl der Maßnahmen zur Anpassung der Flexibilität sowie relevante Kriterien ergänzend oder alternativ in der unternehmens-/SC-spezifischen Nutzwertanalyse zu berücksichtigen (siehe Abschnitt 4.3.4 bzw. Schritte 6-7). Auch eine Vervollständigung des Maßnahmenkatalogs bzw. der Kennzahlen des Flexibilitätsmonitorings ist realisierbar.

Die Leitlinien *Strukturiertheit und Kriteriengestütztheit* sind zunächst grundsätzlich an den Prozessschritten der Methode und der Benennung der Phasen erkennbar. Im Einzelnen sind sie insbesondere an den Bereichen des Dossiers, der Erstellung des Profils anhand der Optionsarten, der Feststellung der Anpassung der Flexibilität oder des Ergreifens alternativer Maßnahmen, der Ableitung der Maßnahmen zur Anpassung der Flexibilität auf Basis der Optionsarten des Profils sowie des Aufbaus des Maßnahmenkatalogs sichtbar (siehe Abschnitte 4.3.1 bis 4.3.3 bzw. Schritte 3-5). Der Katalog ist nicht nur geordnet nach Flexibilitätsdimensionen und Optionsarten, sondern außerdem nach der Erhöhung des Potenzials bzw. der Reduktion des Bedarfs. Das Bewertungs- und Auswahlvorgehen läuft anhand von drei inhaltlichen Schritten und einer flexibilitätsorientierten Nutzwertanalyse mit Hilfe mehrerer Kriterien ab (siehe Abschnitt 4.3.4 bzw. Schritte 6-8).

Weiterhin ist die Methode durch eine durchgängige *Systematik und einen modularen Aufbau* gekennzeichnet und bildet zehn aufeinanderfolgende Schritte ab. Sie kann einerseits vollständig durchlaufen werden. Andererseits sind das Dossier, das Profil und der Maßnahmenkatalog bei Fokussierung auf bestimmte Bereiche um nicht relevante Dimensionen reduzierbar. Ferner lässt sich jeder Lösungsbaustein separat, d. h. unabhängig von der Methode, einsetzen (siehe Abschnitte 4.3.1 bis 4.3.5 bzw. Schritte 3-10). Wird beispielsweise erst bei der Erstellung des Profils angesetzt, kann die Methode insbesondere vor dem Hintergrund der Nutzung von Chancen angesehen werden. Tabelle 38 zeigt auf, in welchem Lösungsbaustein bzw. in welchem Schritt der Methode die jeweilige Anforderung erfüllt wird.

Tabelle 38: Überprüfung der Erfüllung der Anforderungen

Anforderung		Erfüllung vor allem	
		in Abschnitt	in Schritt
Konzeptionelle Anforderungen	Anpassbarkeit	4.3.1-4.3.5	3, 5, 6-7, 9-10
	Strukturiertheit und Kriteriengestütztheit	4.3.1-4.3.4	3-8
	Systematik und modularer Aufbau	4.3.1-4.3.5	3-10
	Ressourceneffizienz	4.5	1-10
Inhaltliche Anforderungen	Schaffung eines einheitlichen Verständnisses	4.3.1	2, 3
	Einbettung in den SCRM-Prozess	4.2, 4.3.1, 4.3.3., 4.3.5	3, 5, 9-10
	Methodische Unterstützung bei der Messung der SC-Flexibilität	4.3.2, 4.3.4, 4.3.5	5, 7, 9-10
	Methodische Unterstützung bei der Auswahl geeigneter Maßnahmen zur Anpassung der SC-Flexibilität	4.3.3, 4.3.4	4-7
	Methodische Unterstützung bei der Überprüfung von Maßnahmen zur Anpassung der SC-Flexibilität	4.3.5	9-10

Zur Gewährleistung der *Ressourceneffizienz* bei der Anwendung der Methode ist die Verfügbarkeit aufwändiger Hilfsmittel, wie z. B. proprietärer Programme, sowie umfangreicher Schulungen nicht erforderlich, sondern die Methode lässt sich mit Hilfe der beschriebenen Lösungsbausteine einsetzen. Zur Vereinfachung ist in Anhang X ein Leitfaden zur Anwendung der Methode in der Praxis dargestellt, der die Schritte 1-10 der Methode aufführt. Die Anhänge IX und XI enthalten den Maßnahmenkatalog sowie die Kennzahlen. Eine hohe Bedeutung hat die Abgrenzung eines geeigneten Untersuchungsbereiches im ersten Schritt. Die Unsicherheitsbereiche, Maßnahmen und Kennzahlen sind in den genannten Dokumenten bereits angegeben und können bei Bedarf ergänzt werden. Zudem ist die Nutzung der prototypischen Software möglich (siehe Abschnitt 4.5). Schließlich können bereits vorliegende Ergebnisse aus einem möglichen Risikomanagement als Input zum Ausfüllen des Dossiers verwendet werden.

Die inhaltlichen Anforderungen schließen die *Schaffung eines einheitlichen Verständnisses* ein. So liegt der Fokus der Methode auf der direkten SC. Ferner wird im zweiten Schritt das

SCOR-Modell zur Strukturierung und Analyse der SC eingesetzt. Im Rahmen des Dossiers wird zudem eine Risikoklassifizierung mit vorgegebenen Unsicherheitsbereichen vorausgesetzt und eine qualitative Risikobewertung anhand definierter Klassen vorgenommen (siehe Abschnitt 4.3.1 bzw. Schritt 3). Implizit berücksichtigt das Dossier die ersten vier der von WEBER/LIEKWEG (2001, S. 462) definierten Klassen der Unsicherheit und sorgt so für einen verbesserten praktischen Einsatz der Methode.

Die *Einbettung in den SCRM-Prozess* wurde insbesondere in Abschnitt 4.2 beschrieben. Explizit bedeutet dies, dass Ergebnisse der Risikoanalyse vor allem als Input in die Bearbeitung des Dossiers eingehen und Maßnahmen zur Anpassung der Flexibilität sowie alternativer Art Eingang in die Risikosteuerung finden. Ferner dient die Risikosteuerung als Input zur Ausnutzung des aufgebauten Potenzials. Darüber hinaus können die Kennzahlen im Rahmen der Kontrolle betrachtet werden (siehe Abschnitte 4.3.1, 4.3.3, 4.3.5 bzw. Schritte 3, 5, 9-10).

An drei Stellen der Methode findet eine *Messung der SC-Flexibilität* statt, die in allen Fällen *methodische Unterstützung* erfährt. Im Rahmen des Profils werden der Flexibilitätsbedarf und das -potenzial festgestellt. Anhand der Nutzwertanalyse wird für jede Maßnahme zur Anpassung der Flexibilität mit Hilfe bestimmter Kriterien ein Nutzwert ermittelt. Zur Kontrolle des Ergreifens der Maßnahmen erfolgt die Messung der Flexibilität mit Hilfe von Kennzahlen (siehe Abschnitte 4.3.2, 4.3.4, 4.3.5 bzw. Schritte 5, 7, 9-10). Bei den Verfahren handelt es sich entweder um qualitative Instrumente oder den Einsatz von Kennzahlen, sodass Praxistauglichkeit unterstellt werden kann. In allen Fällen findet implizit die Berücksichtigung der Flexibilitätsdimensionen mittels einer prozessbezogenen Sichtweise statt.

Die Methode bietet des Weiteren *methodische Unterstützung bei der Auswahl geeigneter Maßnahmen zur Anpassung der SC-Flexibilität.* Zur Abgrenzung der Maßnahmen zur Anpassung der Flexibilität von alternativen Maßnahmen, wie u. a. dem Abschluss von Versicherungen, wird in Abschnitt 4.3.3 bzw. Schritt 4 ein Fragenkatalog entwickelt. Der Maßnahmenkatalog selbst ist nach den Optionsarten und Flexibilitätsdimensionen gegliedert (siehe Abschnitt 4.3.3 bzw. Schritt 5). Im Rahmen des Auswahl- und Bewertungsvorgehens werden die Maßnahmen hinsichtlich des Ziels, der Strategie und der Situation des Unternehmens bzw. der SC sowie im Rahmen der flexibilitätsorientierten Nutzwertanalyse im Hinblick auf die anfallenden Kosten, den Nutzen, d. h. die Verringerung der Unsicherheit, etc. untersucht (siehe Abschnitt 4.3.4 bzw. Schritte 6-7).

Die *methodische Unterstützung bei der Überprüfung von Maßnahmen zur Anpassung der SC-Flexibilität* wird anhand von Kennzahlen bzw. qualitativen Zielen/Tätigkeiten vollzogen. Jeder Maßnahme werden in Abschnitt 4.3.5 bzw. den Schritten 9-10 insgesamt eine bis vier Kennzahlen zugeordnet. Mit ihrer Hilfe kann eine Erfolgskontrolle stattfinden und Mitarbeiter können sich besser mit den Maßnahmen und dem Risiko- und Flexibilitätsmanagement insgesamt identifizieren. Zusammenfassend kann die Methode hiermit als verifiziert betrachtet und im Folgenden validiert werden.

5. Praktische Evaluation der Methode

Nach der Entwicklung der Methode zur Berücksichtigung der Flexibilitätsbedarfe im Rahmen des SCRM erfolgt die praktische Anwendung der Methode zwecks Validierung. Zunächst werden die Ausgangssituation und das Vorgehen bei der Evaluation erläutert, bevor die Ergebnisse der Diskussion mit Praxisvertretern und die Anwendung der Methode in zwei konkreten Fällen dargelegt werden. Das Kapitel schließt mit einer kritischen Würdigung.

5.1 Ausgangssituation und Vorgehen bei der Evaluation

In diesem Kapitel werden anfangs die Rahmenbedingungen der Unternehmen dargestellt, in denen die Methode angewendet wurde, bevor auf die Durchführung der Evaluation eingegangen wird. Die Methode wurde hierbei auf ihre Praxistauglichkeit und die Erfüllung des Hauptziels, der Teilziele sowie der Anforderungen aus praktischer Hinsicht geprüft.

5.1.1 Rahmenbedingungen

Die Auswahl der Unternehmen, mit denen die Evaluation der Methode erfolgte, wurde auf Basis von fünf Kriterien vorgenommen.[164] Erstens sollte die Methode bei einem produzierenden Unternehmen einsetzbar sein, das alle relevanten Bereiche einer SC abdeckt, sodass die exemplarische Anwendung idealerweise in einem derartigen Unternehmensverbund stattfand (vgl. konzeptionelle Anforderungen an die Methode in Abschnitt 4.1.1). Zweitens war bei dem Unternehmensumfeld auf eine hinreichende Dynamik zu achten, um der Flexibilität in dem betrachteten Unternehmen bzw. in der SC einen hohen Stellenwert einzuräumen. Drittens mussten die Unternehmen zur Zusammenarbeit bereit sein, in dem sie Unternehmensvertreter hierfür freistellten und die notwendigen Informationen bereithielten sowie weitergaben. Um einen möglichst effizienten Ablauf der praktischen Methodenanwendung sicherzustellen, sollten viertens die Unternehmenszentrale sowie fünftens mindestens ein Werk bzw. wenigstens eine Anlage der Unternehmen im Inland ansässig sein. Die praktische Evaluation der Methode wurde daher in einem international tätigen großen Unternehmensverbund der Medizin- und Sicherheitstechnik realisiert, das alle genannten Kriterien erfüllte. Im Folgenden wird kurz das Unternehmensumfeld charakterisiert.

Das Produktspektrum der Medizintechnikbranche reicht von standardisierteren Produkten bis zu komplexeren Hightech-Geräten bzw. von automatisierten Massengütern bis zu arbeitsintensiven Individualanfertigungen (vgl. KRAWCZYK/GEHRKE/LEGLER 2005, S. 12). Beispiele umfassen Verbandsmaterial, Spritzen sowie Geräte der Intensiv- und Geburtsmedizin. Medizintechnische Produkte unterliegen in den meisten Ländern strengen gesetzlichen Regulierungen. Auf der Angebotsseite bestehen bestimmte Anforderungen und Zulassungsverfahren, während gesundheitspolitische Rahmenbedingungen auf der Nachfrageseite wirken (vgl.

[164] Zur Erläuterung der Kriterien siehe MINNING (2008, S. 204-205).

ABELE/ALBRECHT/SCHRÖDER 2011, S. 5; KRAWCZYK/GEHRKE/LEGLER 2005, S. 21). Die Gesundheitsausgaben sind vor allem in reicheren Volkswirtschaften hoch. Hier zeigt sich der Anstieg des Durchschnittsalters der Bevölkerung. Auch der medizinisch-technische Fortschritt und die Bereitschaft der Patienten, für eine erhöhte Lebensqualität weitere Ausgaben zu tätigen, deuten daraufhin, dass es sich um einen Wachstumsmarkt handelt. Allerdings steigt der Wettbewerb und ist dadurch geprägt, dass zunehmend Dienstleistungen zu den Produkten nachgefragt werden. Dieses führt z. T. zu Konsolidierungen und einer Marktkonzentration. Bezogen auf den Umsatzanteil am Weltmarkt steht Deutschlands Medizintechnik, die durch wenige große und viele kleine und mittlere Unternehmen repräsentiert wird, weltweit an dritter Stelle nach den USA und Japan. Im Jahr 2010 nach der letzten Wirtschaftskrise lag der Gesamtumsatz bereits über dem Wert aus dem Vorkrisenjahr (vgl. BUNDESVERBAND MEDIZINTECHNOLOGIE 2011, S. 3-5; KRAWCZYK/GEHRKE/LEGLER 2005, S. 12-37).

In der Sicherheitstechnik unterscheidet der Fachverband Sicherheit im Zentralverband Elektrotechnik- und Elektronikindustrie e.V. (ZVEI) drei Leitmärkte, d. h. Safety (Schutz von Menschenleben, technische Sicherheit von Anlagen und Gebäuden), Security (Schutz von Infrastruktur wie Flughäfen und Energieversorgung, Informations- und Telekommunikationsindustrie sowie Bevölkerungs- und Katastrophenschutz) und Defence (äußere Sicherheit) (vgl. ZVEI 2011). Produktbeispiele sind Gasmessgeräte oder Personenschutzausrüstungen. Die Produkte der Sicherheitstechnik kommen in unterschiedlichen Märkten zum Einsatz, wie der Stahl- oder chemischen Industrie. Während die produzierten Mengen an Rohstahl und -eisen nach der Wirtschaftskrise sowohl in Deutschland als auch in der Europäischen Union noch unter den Werten vor der Krise lagen, aber wieder anstiegen, befand sich der Gesamtumsatz der deutschen Chemieindustrie im ersten Quartal 2011 bereits höher als vor der Krise (vgl. WIRTSCHAFTSVEREINIGUNG STAHL 2011a/b; VERBAND DER CHEMISCHEN INDUSTRIE 2011). Der Fachverband Sicherheit nimmt an, dass das Thema Sicherheit immer wichtiger wird, z. B. aufgrund sich wandelnder politischer und rechtlicher Rahmenbedingungen (vgl. ZVEI 2011), sodass der Markt für Sicherheitstechnik voraussichtlich weiter wächst.

5.1.2 Durchführung der Evaluation

Der Zeitraum der Evaluation, d. h. der Diskussion und Anwendung der Methode, erstreckte sich von Juni bis August 2011. Die Ergebnisse konnten durch eine Reihe mehrstündiger Interviews und Diskussionsrunden erzielt werden. Das Vorgehen gestaltete sich hierbei mehrstufig (siehe Abbildung 63).

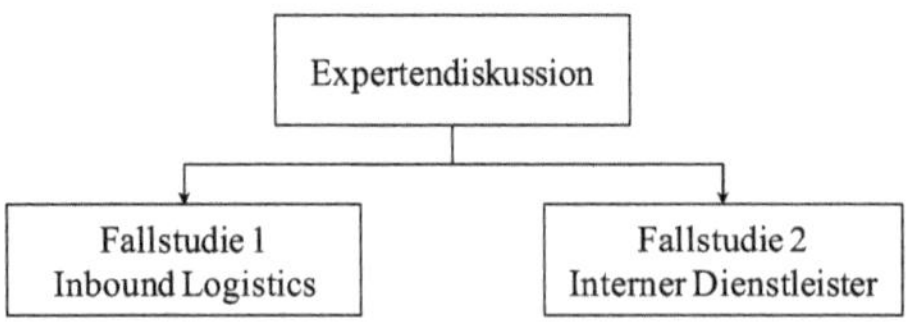

Abbildung 63: Vorgehen bei der Evaluation

Zunächst wurden die wesentlichen Erkenntnisse des Stands der Forschung sowie der Praxis und die Vorgehensweise der Methode einer Expertenrunde vorgestellt und mit den Teilnehmern diskutiert. Hierauf aufbauend konnte die Diskussion mit Hilfe zweier Fallstudien vertieft werden. Die erste Fallstudie wurde im Bereich Inbound Logistics durchgeführt. Eine weitere Fallstudie erfolgte in Zusammenarbeit mit dem internen Dienstleister.

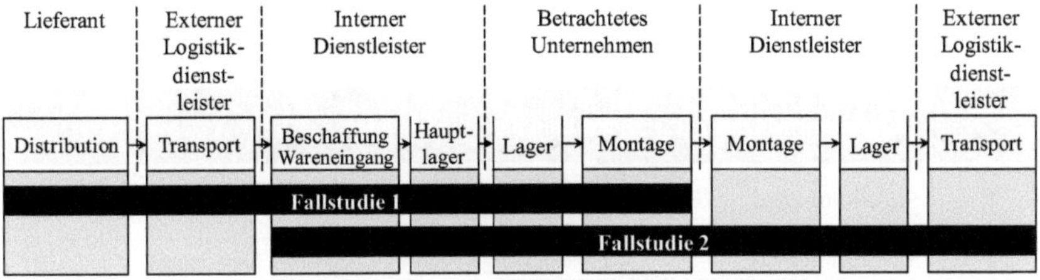

Abbildung 64: Betrachtungsbereiche der beiden Fallstudien

Während sich die erste Fallstudie auf den vorderen Bereich der SC des betrachteten Unternehmens bezog, d. h. die Beschaffung und eingehende Logistik betraf, wurde der Schwerpunkt in der zweiten Fallstudie auf die ein- und ausgehende Logistik des betrachteten Unternehmens gelegt (siehe Abbildung 64). In beiden Fällen wurde auf ein ähnliches Produkt der Bereiche Medizin- und Sicherheitstechnik fokussiert.

5.2 Diskussion und Anwendung der Methode zur Berücksichtigung der Flexibilitätsbedarfe im Rahmen des Supply Chain Risk Managements

Nachfolgend werden die Ergebnisse der anfänglichen Diskussion der Methode sowie der beiden Fallstudien dargestellt.

5.2.1 Vorstellung und Diskussion der Methode

Rahmenbedingungen der Diskussionsrunde

An der Diskussionsrunde nahmen insgesamt acht Experten des Unternehmens verschiedener Bereiche teil (siehe Tabelle 39).

Aus dem Bereich Sicherheitstechnik wohnten der Diskussion der Abteilungsleiter des Gebiets Global Value Chain Management, mehrere Projektmanager, ein Manager Logistics, ein Logistics Coordinator sowie eine Supply Chain-Managerin der ein- und ausgehenden Logistik bei. Ein weiterer Supply Chain-Manager der ein- und ausgehenden Logistik der Medizintechnik sowie ein Logistikcontroller des internen Dienstleisters vervollständigten die Expertengruppe.

Im Rahmen der Diskussionsrunde wurden das Ziel dieser Arbeit, der Gang der Untersuchung, Definitionen von SC-Risiko und SC-Flexibilität, wichtige Erkenntnisse aus dem Stand der Praxis sowie aus dem Stand der Forschung und die in Kapitel 4 entwickelte Methode vorgestellt. Während der Präsentation und im Anschluss daran bestand ausreichend Zeit für eine intensive, konstruktive Diskussion. Im Folgenden werden zunächst die Anmerkungen zur Thematik selbst aufgeführt, bevor Hinweise zur Methode erfolgen.

Tabelle 39: Zusammensetzung der Diskussionsrunde

Laufende Nummer	Unternehmensbereich	Position des Mitwirkenden
1	Sicherheitstechnik	Head of Global Value Chain Management, Executive Board Area, Production and Logistics
2	Sicherheitstechnik	Projektmanager, Global Value Chain Management
3	Sicherheitstechnik	Projektmanager, Global Value Chain Management
4	Sicherheitstechnik	Supply Chain Manager, Supply Chain In-/Outbound Logistics
5	Sicherheitstechnik	Manager Logistics, Global Operations
6	Sicherheitstechnik	Logistics Coordinator, Global Operations
7	Medizintechnik	Supply Chain Manager, Supply Chain In-/Outbound Logistics
8	Interner Dienstleister	Logistikcontroller

Ergebnisse der Diskussionsrunde

Flexibilität nimmt im betrachteten Unternehmen einen hohen Stellenwert ein. Als besonders bedeutend werden die Zeit- und Kapazitätsanpassungsflexibilität angesehen. In der Beschaffung sind in den Lieferantenverträgen z. T. bereits Flexibilitätsklauseln zur Erhöhung oder Senkung der Liefermenge beispielsweise um 35% enthalten. Mit Hilfe der Abbruchflexibilität kann Lieferanten leichter gekündigt werden.

Da die Installierung von Flexibilität Kosten mit sich bringt, sollte die vorhandene Flexibilität grundsätzlich nach Aussage der Teilnehmer von den Besonderheiten der Teile abhängen. Für Normteile ist es in der Regel kostengünstiger einen zweiten Lieferanten einzusetzen als für Sonderanfertigungen bzw. für Komponenten, die bestimmte regulatorische Anforderungen erfüllen müssen. Für diese wird daher ggf. ein „single sourcing"-Ansatz verfolgt. Ein derartiger Ansatz birgt zwar bei Eintritt des Ausfallrisikos einen höheren Schaden, kann jedoch bei einer engeren Bindung an den Lieferanten ebenfalls für Flexibilität sorgen. Fällt allerdings die Macht des betrachteten Unternehmens auf dem Beschaffungsmarkt vergleichsweise gering aus, ist es wichtig, eine möglichst gute Prognosequalität der Abnahmemengen zu erzielen. Generell stellten die Experten fest, dass v. a. in den Unternehmensbereichen Medizin- und Sicherheitstechnik ein höherer Bedarf an Materialflexibilität als an Personalflexibilität vorliegt. Zum Teil müssen aber Flexibilitätsmaßnahmen aus dem Bereich Personal eingesetzt werden, um auf den Materialfluss reagieren zu können.

Im Absatzbereich ist Flexibilität im Hinblick auf Kundenwünsche für das betrachtete Unternehmen wichtig. So werden für Produkte verschiedene SC-Typen je nach Lage des Kundenauftragsentkopplungspunktes eingesetzt, wie z. B. Assemble-to-Order, Make-to-Order, Engineer-to-Order (siehe Abschnitt 2.2.2).

Hinsichtlich der Methode betonten die Teilnehmer, dass die Bildung qualitativer Klassen im Rahmen der Bewertungen für Unsicherheiten und potenzielle Schäden sowie für Flexibilitätsbedarf und -potenzial zum praktischen Einsatz geeignet sei. Bei der Beurteilung der Unsicherheitsbereiche werden sowohl die Unsicherheit als auch der potenzielle Schaden berücksichtigt. Im Anschluss erfolgt die Festlegung der Betrachtungsuntergrenzen, sodass insbesondere Unsicherheitsbereiche untersucht werden können, deren Unsicherheit und potenzieller Schaden in beiden Fällen über einem definierten Grenzwert liegen. Ergänzend hierzu können Bereiche dennoch zusätzlich ausgewählt werden, die die Schwellenwerte nicht oder nur teilweise erreichen, um den Fokus der Untersuchung auch auf sie zu legen.

Visualisierungsmöglichkeiten wie Portfolien, Profile, Matrizen oder Raster halten die Experten für wichtig, um Sachverhalte einfach darstellen zu können. Abgesehen von den Flexibilitätsprofilen für die verschiedenen Dimensionen seien Risikoportfolien gut geeignet, um die zuvor bewerteten Unsicherheitsbereiche in Verbindung mit den potenziellen Schäden grafisch abzubilden und Grenzwertüberschreitungen aufzuzeigen.

Weiterhin regten die Gesprächspartner an, den vorgestellten Maßnahmenkatalog im Rahmen einer Fallstudie detaillierter anzuschauen. Hinsichtlich eines Backup-Lieferanten wies ein Teilnehmer darauf hin, dass es besser wäre, diesen nicht ausschließlich bereitzuhalten und im Notfall einzusetzen, sondern auch ansonsten zu einem geringen Anteil einzubeziehen. Ein weiterer Experte führte an, dass bei dem Einsatz eines alternativen Lieferanten die Erzielung der gleichen Performance wie in der Ausgangssituation wichtig sei. Daher wurde das Kriterium bereits bei der flexibilitätsorientierten Nutzwertanalyse berücksichtigt. Für den Ausdruck Performance wurde Produktqualität als treffendere Bezeichnung festgehalten. Generell war die Resonanz auf das mehrstufige Bewertungs- und Auswahlverfahren der Maßnahmen positiv. Insbesondere die Verfügbarkeit einer Reihe bestimmter Kriterien, um anhand dieser eine objektivere Auswahl zu treffen, wurde als bedeutend eingeschätzt.

Ein Teilnehmer merkte an, dass er die Erfassung der eigenen Flexibilitätsanforderung, d. h. den Flexibilitätsbedarf, als Herausforderung empfinde. Andere Experten entgegneten allerdings, dass sie der Ansicht seien, dass Flexibilitätsanforderungen, d. h. Optimierungspotenziale, oftmals bekannt seien. In diesem Fall wäre der dritte Methodenschritt mit vergleichsweise geringem Aufwand zu erledigen. Hingegen gestalte sich die Maßnahmenfindung und -umsetzung zum Teil als schwierig. Von hoher Bedeutung sind in diesem Zusammenhang die Auswirkungen in der SC, da eine Lieferkette nur so flexibel sein kann wie ihr inflexibelstes Glied. Der Hinweis auf die Notwendigkeit der Betrachtung der SC und einer Rückschleife zum Schritt der Erstellung der Flexibilitätsprofile wurde daher bereits im letzten Schritt eingeführt.

Weiterhin wies ein Gesprächspartner darauf hin, dass es für einen Prozess bedeutend sei, dass er gelebt werde. Dieses kann umso leichter umgesetzt werden, wenn der Prozess Schnittstellen zu anderen bereits bestehenden Prozessen aufweist. In diesem Fall bestehen mehrere Interdependenzen zum Risikomanagement und zu Kennzahlensystemen. Hier ist eine Integration erforderlich.

Im Hinblick auf die Frage der Verortung des Flexibilitätsmanagements merkte ein Experte an, dass diese für ein mittelgroßes bis großes Unternehmen schwierig sei. In einem kleinen bis mittleren Unternehmen würde hingegen weniger der Fall auftreten, dass die Entscheidungsinstanz und der Problemort verschieden seien. Vorteilhaft wirkt sich an dieser Stelle die anfängliche Möglichkeit aus, dass bestimmte Bereiche von der Untersuchung ausgeschlossen und nur einige Unsicherheitsbereiche berücksichtigt werden, z. B. je nach Funktionsbereichen der Gesprächspartner.

Im Folgenden werden die Ergebnisse der beiden Fallstudien vorgestellt, die später mit einigen der an der Diskussion teilnehmenden Gesprächspartnern erarbeitet wurden.

5.2.2 Fallstudie im Bereich Inbound Logistics

Rahmenbedingungen zur Fallstudie

Die Gesprächspartner, mit denen die Fallstudie im Bereich Inbound Logistics erarbeitet wurde, haben die Position „Supply Chain Manager“ inne und sind im Bereich Supply Chain In-/Outbound Logistics tätig. Einer der Unternehmensvertreter ist für den Bereich Medizintechnik zuständig, während der andere dem Bereich Sicherheitstechnik zugeordnet ist.

Für die Fallstudie wurde ein Leitfaden entwickelt, der das Vorgehen der Methode in den in Kapitel 4 erläuterten zehn Schritten abbildet (siehe Anhang X):

1. Abgrenzung des Untersuchungsbereiches
2. Abbildung der betrachteten Supply Chain mit dem Supply Chain Operations Reference-Modell
3. Bestimmung der Unsicherheiten und potenziellen Schäden
4. Prüfvorgehen: Anpassung der Flexibilität oder/und Einsatz alternativer Maßnahmen
5. Erstellung des Flexibilitätsprofils für unsichere bzw. ausgewählte Bereiche
6. Treffen einer Vorauswahl von Maßnahmen zur Anpassung der Flexibilität
7. Ermittlung der Nutzwerte der Maßnahmen zur Anpassung der Flexibilität
8. Abgleich und abschließende Auswahl der Maßnahmen zur Anpassung der Flexibilität
9. Formulierung der Soll-Werte / Feststellung der Ist-Werte für Maßnahmen zur Anpassung der Flexibilität
10. Ergänzende Prüfung, Anwendung der Maßnahmen und Kontrolle

Im Folgenden werden die Ergebnisse der genannten Schritte aufgeführt.

Ergebnisse der Fallstudie

1. Abgrenzung des Untersuchungsbereiches
   Als Untersuchungsgegenstand wurde ein Vorprodukt ausgewählt, das einerseits in der Medizintechnik in eine Anästhesiegasdosiereinheit eingeht und in Verbindung mit einem Anästhesiegerät verkauft wird. Andererseits ist es in der Sicherheitstechnik Bestandteil stationärer sowie portabler Gasmessgeräte, die z. B. auf Ölbohrinseln oder beim Shutdown von Industrieanlagen verwendet werden und im Notfall auf die Evakuierung hinweisen. Bei dem Vorprodukt handelt es sich um eine Baugruppe, die in unterschiedlichen Formen und Varianten in Produkten der beiden Unternehmensbereiche verbaut wird.

2. Abbildung der betrachteten Supply Chain mit dem Supply Chain Operations Reference-Modell
   Der betrachtete Prozessausschnitt der SC wurde mit Hilfe des SCOR-Modells und weiterer Prozesselemente abgebildet und wird in Abbildung 65 vereinfacht dargestellt. Er beinhaltet den Schritt der Distribution des Lieferanten, den Transportvorgang des externen Dienstleisters zum Unternehmen, den Wareneingang und das Lager des internen Dienstleisters sowie das Lager und die Montage des betrachteten Unternehmens jeweils im Bereich Medizin- bzw. Sicherheitstechnik. Der innerbetriebliche Transport wird in dieser Abbildung vernachlässigt.

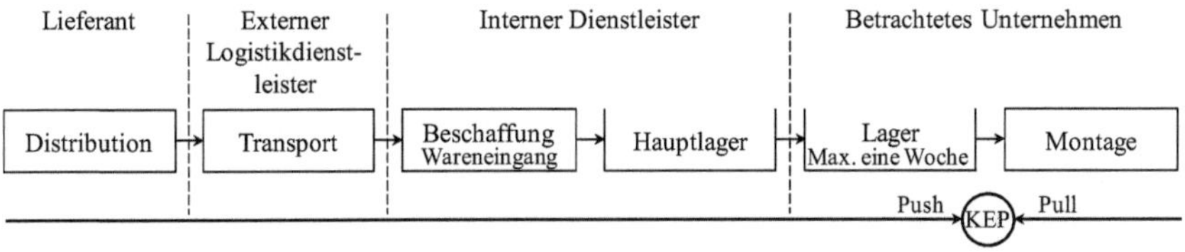

Abbildung 65: Darstellung des betrachteten Supply Chain-Ausschnittes mit Hilfe des Supply Chain Operations Reference-Modells und weiterer Prozesselemente (vereinfachte Darstellung)

Beginnend mit dem Prozessschritt der Montage, der in diesem Fall ausschließlich durch Handarbeit verrichtet wird, erfolgt die Fertigung kundenauftragsbezogen. Auf das Endprodukt bezogen sind dies etwa 10%, wobei 90% der Fertigung generisch geschehen. Es bleibt hinzuzufügen, dass sich die Vorprodukte höchstens eine Woche im Lager des betrachteten Unternehmens befinden; gegebenenfalls haben die Bestände des internen Dienstleisters eine höhere Lagerdauer. Der Beschaffungsvorgang geschieht bei diesem Lieferanten ausschließlich über Bestellungen und nicht über ein Konsignationslager o. ä.

3. Bestimmung der Unsicherheiten und potenziellen Schäden
   Im folgenden Schritt wurden die Unsicherheiten und potenziellen Schäden für die Bereiche qualitativ bewertet. Einige Bereiche wurden von der Betrachtung ausgeschlos-

sen, d. h. die Unterstützungsfunktionen Finanz-, Informations-, strategisches und Personalmanagement, die Mitarbeiter im Bereich Prozess, der gesamte Nachfrage- sowie der Umfeldbereich wurden nicht untersucht. Dieses soll allerdings nicht bedeuten, dass auf den genannten Gebieten keine Unsicherheiten auftreten. Vielmehr würden die Gesprächspartner die Mitarbeiter aus den jeweiligen Abteilungen hierfür zurate ziehen wollen.

Tabelle 40 zeigt das Dossier mit den erfassten Unsicherheiten und potenziellen Schäden exklusive der nicht behandelten Bereiche. Die Unsicherheit stuften die Gesprächspartner sowohl beim direkten als auch beim Sublieferanten als hoch ein. Drei Problembereiche wurden bei dem direkten Lieferanten festgehalten. Einerseits wurde die Beschaffung beim Sublieferanten kritisiert. Der Lieferant bestellt in der Regel erst selbst, sobald Aufträge vorliegen, sodass es zu Verzögerungen kommt. Andererseits stellt sich die Schnittstelle zwischen dem Bestellmanagement und dem Vertrieb mit der Umsetzung der erwarteten Abnahmemengen des betrachteten Unternehmens als Schwachstelle heraus. Hierbei wird die mangelnde Weitergabe von Informationen als ursächlich bezeichnet. Schließlich besteht bei den internen Eskalationsprozessen, die im Falle ungeplanter Ereignisse zum Tragen kommen, Optimierungspotenzial.

Die Experten bewerteten den potenziellen Schaden für das eigene Unternehmen bei dem direkten Lieferanten mit sehr hoch, da dieser ggf. nicht liefert und es zu einem Produktionsstillstand kommen kann. Folglich können die Kunden nicht bedient werden. Bei dem Sublieferanten hingegen besteht bei Betrachtung des gleichen Risikos die Möglichkeit, dass ein Lager bei dem Lieferanten oder dem Sublieferanten selbst den Ausfall der Lieferung verhindern kann. Der potenzielle Schaden wird somit eine Klasse darunter (mit hoch) eingestuft. Die Unsicherheit des logistischen Versorgungssystems wurde als unkritisch und somit als sehr gering eingeschätzt und der Schaden ebenfalls als gering.

Die Forschung und Entwicklung haben im Unternehmen generell eine sehr bedeutende Stellung. Da Lieferanten in den Entwicklungsprozess einbezogen werden, beurteilten die Experten die Unsicherheit der Nichtumsetzbarkeit/die technische Realisierung bzw. Anlaufprobleme als gering. Auch der potenzielle Schaden, der sich – wie angenommen – nicht auf das gesamte Vorprodukt bezieht, wurde als gering eingestuft. Die Unsicherheit der Beschaffung auf der Steuerungsebene wurde als mittel angegeben, während der potenzielle Schaden mit hoch bemessen wurde. Als Grund hierfür wird weniger die Kommunikation mit dem Lieferanten oder die Disposition gesehen als vielmehr die ursprüngliche Lieferantenauswahl.

Tabelle 40: Dossier mit erfassten Unsicherheiten und potenziellen Schäden

Bereiche	Unsicherheit					Potenzieller Schaden				
	Sehr gering	Gering	Mittel	Hoch	Sehr hoch	Sehr gering	Gering	Mittel	Hoch	Sehr hoch
Beschaffung										
Direkte Lieferanten (Leistungswirtschaftlich, Kooperation, Menge, Zeit, Kosten, Qualität)				X						X
Sublieferanten (Leistungswirtschaftlich, Kooperation, Menge, Zeit, Kosten, Qualität)				X					X	
Versorgungssystem (Leistungswirtschaftlich, Kooperation, Transport, Umschlag, Lagerung)	X						X			
Steuerung										
Kernprozess: F&E (Falsche Ausrichtung von Produkt-/Prozess-entwicklung, Nichtumsetzbarkeit/technische Realisierung, Anlaufprobleme)		X					X			
Kernprozess: Beschaffung (Falsche Lieferantenauswahl, falsch gewählte Sollbestände, schlechte Kommunikation mit Lieferanten, fehlerhafte Disposition, schlecht formulierte Lieferspezifikationen)			X						X	
Kernprozess: Produktion (Fehlerhafte Produktionsprogrammplanung, fehlerhafte Materialbedarfsplanung, fehlerhafte Produktionsprozessplanung)			X					X		
Kernprozess: Absatz (Falscher Einsatz des Marketing-Mix, Probleme bei der Auftragsabwicklung, Prognosefehler, Inkongruenz zwischen Verkaufsmengen und Lieferfähigkeit, schlechte Kommunikation mit Kunden, Fehler im Versand-/Verpackungsprozess)		X					X			
Prozess										
Produktions- & Logistikanlagen (Beschädigung/Ausfall, technologische Inkompatibilität, technische Fehler)		X						X		
IT-System (Ausfall IT-System, Datenverlust, Fehler in der Datenübertragung)	X							X		
Flächen und Gebäude (Kontaminierung des Geländes, Zusammen-bruch/Beschädigung von Gebäuden, Versagen der Wasser-/Energieversorgung)	X						X			
Bestände (Verlust von Beständen, Überalterung/Qualitätsverlust von Beständen)		X						X		

Der Kernprozess Produktion unterliegt einer mittleren Unsicherheit bei einem mittleren potenziellen Schaden. Als problematisch wird in diesem Bereich die Abstimmung der Materialbedarfsplanung mit der Produktionsprozessplanung/Fertigungssteuerung betrachtet. Für das Produkt der Medizintechnik folgt aus der Produktionsprogrammplanung eine Grundeinheit der Produkte als Wochenlosgröße auf Jahresbasis. Ein Puffer ist enthalten. Der Lieferant erhält resultierend hieraus eine aggregierte Monatsplanung, die später detailliert wird. Die Materialbedarfsplanung und Fertigungssteuerung basieren auf dieser Planung, weisen allerdings eine größere Schwankungsbreite auf als gewünscht. Versuche, die Fertigungssteuerung weiter anzugleichen, trafen bisher auf interne Widerstände.

Die Gesprächspartner ordneten dem Kernprozess Absatz sowohl eine geringe Unsicherheit als auch einen geringen Schaden zu. Die Prognosen bzgl. der Absatzmengen werden mittel- bis langfristig als stabil betrachtet, kurzfristig ergeben sich jedoch stärkere Schwankungen.

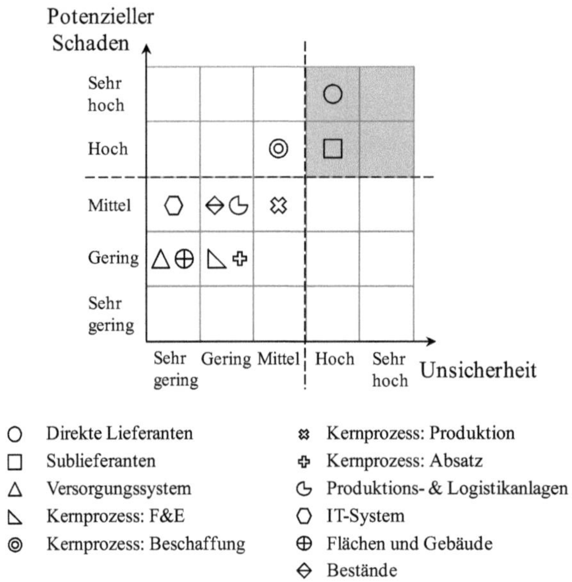

Abbildung 66: Risikoportfolio für die betrachteten Unsicherheiten und potenziellen Schäden

Die Unsicherheit bei dem Bereich der Produktions- & Logistikanlagen wurde als gering beurteilt, während der potenzielle Schaden mit mittel bewertet wurde. Da im betrachteten Prozessausschnitt die Montage ausschließlich in Handarbeit vollzogen wird, beziehen sich die Einschätzungen eher auf die Logistikanlagen. Die Experten schätzten die Unsicherheit des IT-Systems in der Sicherheitstechnik als sehr gering ein, da dort viele Dokumente ausgedruckt werden und somit eine Redundanz der Daten besteht. In der Medizintechnik vermuteten die Befragten, dass sie dort höher sei. Der potenzielle Schaden wurde in beiden Fällen als mittel angegeben. Schließlich stuften die Gesprächspartner die Unsicherheit der Bereiche Flächen & Gebäude und Bestände als sehr gering bzw. gering ein und bemaßen den potenziellen Schaden mit gering bzw. mittel.

Die Gesprächspartner legten in einem nächsten Schritt Signifikanzwerte fest. Sie bestimmten, dass im Folgenden die Unsicherheitsbereiche betrachtet werden sollten, bei denen die Unsicherheit mindestens als „hoch“ und zusätzlich der potenzielle Schaden ebenfalls wenigstens als „hoch“ eingestuft wurden (siehe Abbildung 66). Im Fokus der weiteren Untersuchung steht demnach der Bereich Beschaffung mit den Unterkategorien „direkte Lieferanten“ und „Sublieferanten“.

4. <u>Prüfvorgehen: Anpassung der Flexibilität oder/und Einsatz alternativer Maßnahmen</u>
   Zunächst war zu überlegen, an welchen Stellen die Möglichkeit besteht, alternative Maßnahmen zu ergreifen und wo es sinnvoll wäre, die Flexibilität anzupassen. Hierzu wurde die Abgrenzung der Maßnahmen der Flexibilitätsanpassung von weiteren Maßnahmen des SCRM aus Abschnitt 4.3.3 zur Hilfe genommen. Während Sicherungs-/Sicherheitsmaßnahmen bei der Gefahr des (Sub-)Lieferantenausfalls oder einer verspäteten Lieferung keine Wirkung zeigen, kann eine Versicherung zwar den monetären Schaden ersetzen, jedoch keine immateriellen Einbußen (siehe Abschnitt 3.2.2). Insofern werden auch Versicherungen ausgeschlossen.

   Eine Maßnahme, die bereits angewendet wird, ist die Durchführung von Lieferanten-Audits. Diese Audits geben ein umfassendes Bild der Leistungsfähigkeit der Lieferanten und beinhalten u. a. die Logistik-Organisation, das Lager, das ERP-System, das Kennzahlensystem und Unternehmensfunktionen wie Vertrieb, Einkauf (folglich auch Sublieferanten), Disposition und Produktion. Außerdem wird auf die Zusammenarbeit Wert gelegt, d. h. auf den Vertrauensaufbau und die Beziehungspflege. Eine weitere Möglichkeit, die derzeit noch nicht ausgeschöpft wird, ist das Einführen von Vertragsstrafen, z. B. im Falle einer Nichtlieferung oder einer verspäteten Lieferung. Allerdings merkten die Experten an, dass es schwierig sei, die auftretenden Kosten bei einem Produktionsstillstand zu beziffern. Die genannten drei Maßnahmen können der Maßnahmenklasse Managementmethoden mit den Unterkategorien Lieferanten-/LDL-Management bzw. Zusammenarbeit/Kooperation mit Lieferanten/LDL oder der Klasse Vertragsgestaltung zugeordnet werden. Zur Ergänzung der alternativen Maßnahmen wird die Prüfung der Anpassung der Flexibilität gewünscht. Hierbei sollen keine weiteren Unsicherheitsbereiche als die bisher festgelegten einbezogen werden.

5. <u>Erstellung des Flexibilitätsprofils für unsichere bzw. ausgewählte Bereiche</u>
   Zur Prüfung der Anpassung der Flexibilität wird ein Flexibilitätsprofil erstellt. Wie in Abschnitt 4.4 dargestellt, sind bei der Betrachtung der Unsicherheitsbereiche „Direkte Lieferanten“ und „Sublieferanten“ Profile für die Beschaffungs- und Organisationsflexibilität anzufertigen.

Für die Beschaffungsflexibilität sind die in Abschnitt 4.3.2 aufgeführten Fragen zu beantworten. Der Bedarf, den Lieferanten wechseln zu können, wird als sehr hoch eingeschätzt, das Potenzial allerdings als gering (siehe Tabelle 41).

Tabelle 41: Messung des Flexibilitätsbedarfs und -potenzials für die Beschaffung

Beschaffungsflexibilität

Flexibilitätsbedarf

Flexibilitätsdimension	Sehr gering	Gering	Mittel	Hoch	Sehr hoch
Beschaffungsflexibilität					
Wechsel					X
Kapazitätsanpassung			X		
Zeit		X			
Abbruch	X				

Flexibilitätspotenzial

Flexibilitätsdimension	Sehr gering	Gering	Mittel	Hoch	Sehr hoch
Beschaffungsflexibilität					
Wechsel		X			
Kapazitätsanpassung		X			
Zeit		X			
Abbruch	X				

Das betrachtete Unternehmen verfolgt üblicherweise eine „single source"-Strategie. Insbesondere in der Medizintechnik sind die regulatorischen Anforderungen hoch, d. h. es müssen Prüfzeugnisse ausgestellt werden. Grundsätzlich muss die Rückverfolgbarkeit von Vorprodukten gewährleistet sein. Die Qualifikation eines neuen Lieferanten erfordert eine Abnahme der Konstruktionsänderung durch eine externe Zulassungsstelle, deren Vorbereitung interne Ressourcen der Forschungs- und Entwicklungsabteilung bzw. der Änderungsabteilung bindet. Der Prozess erstreckt sich meist über einen längeren Zeitraum, und bevor er angestoßen wird, sind intern oftmals andere Projekte vorzuziehen. Für die Vorprodukte des Bereichs Medizintechnik gestaltet sich eine Verlagerung demnach als schwierig. Vorteilhaft wirkt die recht starke Stellung des betrachteten Unternehmens auf dem Beschaffungsmarkt. Im Bereich Sicherheitstechnik ist die Marktmacht geringer ausgeprägt. Dort wird bereits eine Verlagerung geprüft.

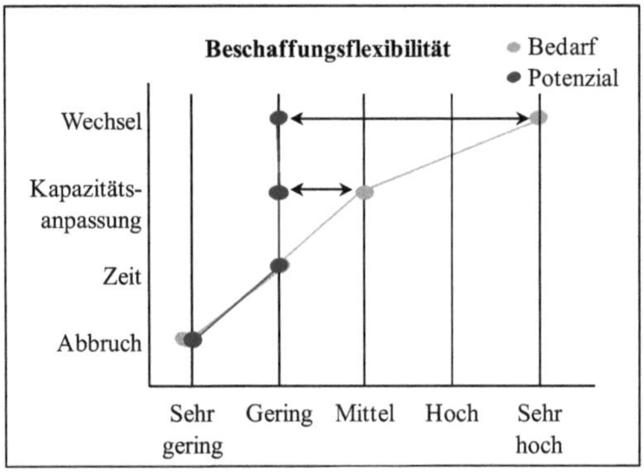

Abbildung 67: Flexibilitätsprofil für die Beschaffungsflexibilität

Der Bedarf, eine Kapazitätsanpassung durchführen zu können, wurde als mittel eingestuft. Das Potenzial gilt hingegen als gering. Derzeit werden bereits sehr große Mengen bestellt, die meist in Teilmengen geliefert werden. Der Bedarf an Flexibilität und das Potenzial gleichen sich im Hinblick auf die Zeit ungefähr aus. Da das IT-System mit geringem Zeitverzug Daten generiert, ist eine gewisse Unschärfe vorhanden. Bezüglich des Liefertermins besteht daher eine bestimmte Toleranz. Auch der Bedarf und das Potenzial an Abbruchflexibilität in der Klasse „Sehr gering" stimmen überein. Abbildung 67 zeigt das Profil für die Beschaffungsflexibilität.

Für die Organisationsflexibilität war hingegen ausschließlich die folgende Frage relevant: Wie schätzen Sie den Flexibilitätsbedarf bzw. das Flexibilitätspotenzial der Organisation ein? Die Experten sahen an den Schnittstellen zu anderen Funktionsbereichen des Unternehmens Optimierungsbedarf und beurteilten den Bedarf als hoch und das Potenzial als gering (siehe Tabelle 42). Hierbei ist allerdings die Größe des betrachteten Unternehmens nicht zu vergessen.

Tabelle 42: Messung des Flexibilitätsbedarfs und -potenzials für die Organisation

Organisationsflexibilität

Flexibilitätsbedarf					
Flexibilitätsdimension	Sehr gering	Gering	Mittel	Hoch	Sehr hoch
Organisationsflexibilität				X	

Flexibilitätspotenzial					
Flexibilitätsdimension	Sehr gering	Gering	Mittel	Hoch	Sehr hoch
Organisationsflexibilität		X			

Nachdem nun die Profile für die Dimensionen der Beschaffungs- und Organisationsflexibilität erstellt wurden, können Maßnahmen zur Anpassung der Flexibilität abgeleitet werden.

Bei der Organisationsflexibilität liegt eine Bedarfsunterdeckung vor, sodass eine Flexibilitätsanpassung zu empfehlen wäre. Hierbei stehen einerseits weichere Maßnahmen zur Auswahl, die an der Unternehmens- und SC-Kultur ansetzen. Beispiele umfassen die Stärkung der Bereitschaft und Fähigkeit der Mitarbeiter, schnell und überlegt zu handeln, die Förderung der Kommunikationskultur sowie des Informations- und Wissenstransfers und die Sensibilisierung der Mitarbeiter im Hinblick auf die Erkennung und den Umgang mit Risiken. Ferner werden konkretere Maßnahmen vorgeschlagen, wie die Festlegung von Verantwortung und von Krisenteams sowie Krisenteamsitzungen, die Ermittlung unterschiedlicher Szenarien und Prozessalternativen und die Entwicklung von Notfall- und Krisenplänen/-prozessen. Die Gesprächspartner hielten diese Kategorie von Maßnahmen für besonders wichtig. Handlungsempfehlungen, die das Thema Finanzmanagement betreffen, werden für das vorliegende Fallbeispiel nicht weiter betrachtet. Hierzu gehören die Bildung von Rücklagen und Rückstellungen, aktives Working Capital Management, Sale-(and-)Lease-Back und die Nutzung von Sicherungsinstrumenten an den Kapitalmärkten.

Der Schwerpunkt des weiteren Fallbeispiels liegt auf der Dimension der Beschaffungsflexibilität. Daher wurden Maßnahmen zur Anpassung der Organisationsflexibilität, die alle darauf abzielen, ein Flexibilitätspotenzial aufzubauen, nur kurz behandelt. Für die Optionsarten Wechsel- und Kapazitätsanpassung der Beschaffungsflexibilität handelt es sich um eine Bedarfsunterdeckung, sodass eine Flexibilitätsanpassung sinnvoll ist. Hingegen stimmen Potenziale und Bedarfe für die Zeit- und Abbruchflexibilität ungefähr überein.

Tabelle 43: Maßnahmen zur Anpassung der Wechsel- und Kapazitätsanpassungsflexibilität der Dimension Beschaffung

Maßnahme		Optionsart			
#	Beschreibung	Wechsel	Kapazitäts-anpassung	Zeit	Abbruch
B01	Verzicht auf Bestellung bei einem Lieferanten und Umstellung auf einen alternativen Lieferanten	X	X		
B02	Bestellung bei einem weiteren Lieferanten, um Kundennachfrage bedienen zu können		X		
B03	Verringerung des Bestellvolumens bei einem Lieferanten und Erhöhung bei einem anderem	X	X		
B04	Einbindung mindestens eines lokalen Lieferanten	X	X	X	
B05	Einbindung mindestens eines nicht-lokalen Lieferanten	X	X		
B06	Anpassung der Liefermenge eines Lieferanten		X		
B08	Vereinbarung festgelegter Rückkaufregelung und Inanspruchnahme (Kommissionskauf)		X		X
B09	Kombinieren von lang- und kurzfristigen Lieferantenverträgen		X	X	X
B10	Einkauf bestimmter Teile/Komponenten auf dem Spotmarkt		X	X	
B11	Verzicht auf Vorproduktlieferung (und Eigenfertigung)		X		X
B12	Verzicht auf Produkt-/Rohstofflieferung und Ersatz durch anderes/anderen	X	X		
B13	Eingehen eines engeren Verhältnisses mit mehreren oder einem Lieferanten (bis hin zum Single Sourcing)		X	X	
B14	Einbindung eines Lieferanten, der mehrere Werke besitzt	X	X	X	
B17	Aktives Management der Lieferantenbasis		X	X	X
B18	Erweiterung der Vorlieferantenbasis		X	X	
B20	Empfehlung eines Standardprozesses für Lieferanten	X	X	X	
B21	Beobachten der Beschaffungsmärkte	X	X	X	X
B22	Gemeinsame Beschaffung im Unternehmensverbund		X	X	

Tabelle 43 zeigt die Maßnahmen aus dem Katalog für die Wechsel- und Kapazitätsanpassungsflexibilität ohne Erläuterungen und Voraussetzungen. Alle der aufgeführten Maßnahmen dienen dazu, ein Potenzial aufzubauen.

6. Treffen einer Vorauswahl von Maßnahmen zur Anpassung der Flexibilität
   In einem weiteren Schritt trafen die Experten eine Vorauswahl der Maßnahmen zur Flexibilitätsanpassung. Maßnahmen, die vom betrachteten Unternehmen bereits eingesetzt werden, betreffen das Eingehen eines engeren Verhältnisses mit Lieferanten, das Beobachten der Beschaffungsmärkte sowie die Einbindung eines Lieferanten, der mehrere Werke besitzt. So existiert ein weiteres Werk des Lieferanten im europäischen Ausland, das allerdings ausschließlich in der Lage ist, einen Teil der Vorprodukte zu fertigen. Der Ausbau dieser Möglichkeit war auch Ergebnis des letzten Audits und wird derzeit geprüft.

   Andere Maßnahmen, die die Gesprächspartner weiter verfolgen wollen, sind der Lieferantenwechsel und hiermit verbunden die Einbindung eines lokalen bzw. eines nichtlokalen Lieferanten. Auch der Anpassung der Liefermenge des Lieferanten und den Forderungen des Zulieferers, Teile auf dem Spotmarkt einzukaufen und die Vorlieferantenbasis zu erweitern, stimmten die Experten zu.

   Ferner wurden die Maßnahmen ausgeschlossen, die nicht konform mit der Unternehmens- und SC-Strategie sind. Aufgrund der gewählten „single source"-Strategie kommen die Bestellung bei einem weiteren Lieferanten, die Verringerung der Bestellmenge bei einem und Erhöhung bei einem alternativen Zulieferer, das Kombinieren lang- und kurzfristiger Lieferantenverträge und das aktive Management der Lieferantenbasis nicht infrage. Da es sich um ein spezielles und kein generisches Vorprodukt handelt, scheidet ferner der Kommissionskauf aus. Auch einen Ersatz des Vorproduktes lehnten die Gesprächspartner aufgrund zu hoher Entwicklungskosten ab. Von der Empfehlung eines Standardprozesses für Zulieferer versprachen sie sich keinen ausreichend großen Erfolg. Schließlich merkten die Experten an, dass in anderen Bereichen die Beschaffung gemeinsam mit dem Lieferanten geschehe, d. h. das Material wird diesem vom betrachteten Unternehmen zur Verfügung gestellt. Hierfür ist allerdings die Erfüllung bestimmter Kriterien durch den Zulieferer erforderlich und in diesem Fall nicht gegeben.

7. Ermittlung der Nutzwerte der Maßnahmen zur Anpassung der Flexibilität
   Für die zweite Auswahlstufe der Maßnahmen, d. h. der Ermittlung von Nutzwerten, wurden exemplarisch drei Maßnahmen ausgewählt, für die eine weitere Prüfung stattfinden sollte bzw. die sich bereits im Einsatz befinden (siehe Tabelle 44): Verzicht auf Bestellung bei einem Lieferanten und Umstellung auf alternativen Lieferanten (B01), Einkauf bestimmter Teile/Komponenten auf dem Spotmarkt (B10) und Eingehen eines engeren Verhältnisses mit mehreren oder einem Lieferanten (bis hin zum Single Sourcing) (B13). Das höchste Gewicht wollten die Gesprächspartner der Verringerung der Unsicherheit beimessen. Es folgen die Kosten zur Aktivierung der Maßnahme, die Performance (Produktqualität), die Zeit und am Ende die Komplexität.

Während die Experten die Maßnahme B01 am kostenintensivsten einschätzten, liegen B10 knapp und B13 etwas weiter darunter. Bezüglich der Zeit zur Aktivierung der Maßnahme ergibt sich ein ähnliches Bild. Nach B01 wurden allerdings erst B13 und danach B10 eingeordnet. Die Produktqualität bewerteten die Gesprächspartner bei B10 und B13 hoch und bei B01 mittel. Der Zielerfüllungsgrad der Komplexität wurde in allen Fällen mit der besten Punktzahl sehr niedrig angenommen.

Zur Verringerung der Unsicherheit tragen nach Aussage der Experten insbesondere B01, aber nachfolgend auch B10 und B13 bei. Den höchsten Nutzwert weist der Einkauf von Teilen/Komponenten auf dem Spotmarkt auf. Es folgt das Eingehen eines engeren Verhältnisses mit einem Lieferanten und am Ende der Zulieferererwechsel. B01 erhöht die Wechselflexibilität, während B10 und B13 die Kapazitätsanpassungsflexibilität beeinflussen. Von daher konkurriert B01 prinzipiell nicht mit den anderen beiden Maßnahmen, da sie ein anderes Ziel verfolgt. Für sie sollte allerdings ein vergleichender Nutzwert gebildet werden.

Tabelle 44: Ergebnisse der flexibilitätsorientierten Nutzwertanalyse für drei ausgewählte Maßnahmen

	Kriterien										
	Kosten		Zeit		Performance (Produkt-/ Service-qualität)		Komplexität		Verringerung Unsicherheit		Summe Gewichts-faktoren
Gewicht / Maßnahme	0,25		0,15		0,2		0,1		0,3		1
	Ziel-erfül-lungs-grad	Teil-nutz-wert	Ziel-erfül-lungs-grad	Teil-nutz-wert	Ziel-erfül-lungs-grad	Teil-nutz-wert	Ziel-erfül-lungs-grad	Teil-nutz-wert	Ziel-erfül-lungs-grad	Teil-nutz-wert	Nutzwert
B01	2	0,5	2	0,3	3	0,6	5	0,5	4	1,2	3,1
B10	3	0,75	4	0,6	4	0,8	5	0,5	3	0,9	3,55
B13	4	1	3	0,45	4	0,8	5	0,5	2	0,6	3,35

Erläuterung des Zielerfüllungsgrads:
Kosten, Zeit, Komplexität: 1 = sehr hoch, …, 5 = sehr niedrig
Performance, Verringerung Unsicherheit: 1 = sehr niedrig, …, 5 = sehr hoch

8. Abgleich und abschließende Auswahl der Maßnahmen zur Anpassung der Flexibilität
Ein ausführlicher Abgleich der bislang ausgewählten Maßnahmen wurde aufgrund der überschaubaren Anzahl der Maßnahmen nicht für notwendig gehalten. Die Experten konnten keine Unverträglichkeiten der Handlungsempfehlungen untereinander ermitteln.

9. Formulierung der Soll-Werte / Feststellung der Ist-Werte für Maßnahmen zur Anpassung der Flexibilität
Die Formulierung von Soll-/Ist-Werten für geeignete Maßnahmen erfolgte nicht in diesem Fallbeispiel. Mögliche Kennzahlen wurden jedoch kurz erörtert und für sinn-

voll erklärt, wie z. B. das Auftragsvolumen für die Anpassung der Liefermenge, eine preisliche Obergrenze für den Einkauf auf dem Spotmarkt und die Anzahl der Lieferanten sowie das Auftragsvolumen bei der Erweiterung der Vorlieferantenbasis.

10. Ergänzende Prüfung, Anwendung der Maßnahmen und Kontrolle
    An dieser Stelle folgt die Empfehlung, die Flexibilität auf vor-/nachgelagerten Stufen der SC zu prüfen. Die Gesprächspartner führten an, dass eine weitere Maßnahme zum Umgang mit einer verspäteten Lieferung des direkten Lieferanten sei, höhere Sicherheitsbestände beim internen Dienstleister oder in der eigenen Fertigung aufzubauen. Diese Maßnahme stammt bereits aus der Dimension Logistikflexibilität, d. h. von der nachgelagerten Stufe. Weitere Maßnahmen und Stufen wurden in diesem Fallbeispiel nicht betrachtet.

    Anschließende Schritte sind ferner die Maßnahmenanwendung, die Integration der Kennzahlen in das Kennzahlensystem, die regelmäßige Überprüfung der Soll-/der Ist-Werte und der Abgleich der Unsicherheiten und potenziellen Schäden sowie ggf. der erneute Durchlauf des Prozesses.

5.2.3 Fallstudie bei dem internen Dienstleister

Rahmenbedingungen zur Fallstudie

Der Gesprächspartner, mit dem die Fallstudie im Bereich der ein- und ausgehenden Logistik durchgeführt wurde, arbeitet als Logistikcontroller bei dem internen Dienstleister des betrachteten Unternehmens. Der Dienstleister wurde vor mehr als zehn Jahren gegründet, um Dienstleistungen, z. B. aus den Bereichen Logistik und Montage, zu bündeln. Insbesondere für Dienstleister hat Flexibilität eine hohe Bedeutung. Schließlich lagern Unternehmen gerade aus diesem Grund bestimmte Tätigkeiten aus.

Wie auch bei der ersten Fallstudie wurde der Leitfaden aus Anhang X zur Hilfe genommen. Dieser bildet die zehn Schritte der Methode aus Kapitel 4 ab. Nachfolgend werden die Ergebnisse der zweiten Fallstudie dargestellt. Auf einige Zwischenschritte wird im zweiten Fallbeispiel verzichtet, um Auffälligkeiten bei den Studien besser herausstellen zu können.

Ergebnisse der Fallstudie

1. Abgrenzung des Untersuchungsbereiches
   Für das zweite Fallbeispiel wurde ein Untersuchungsgegenstand ausgewählt, der ähnliche Charakteristika im Lieferverhalten aufweist wie derjenige in der ersten Fallstudie. Das Vorprodukt kommt bei tragbaren Gasmessgeräten des Unternehmensbereichs Sicherheitstechnik zum Einsatz. Endkunden nutzen dies im Falle von Kanalisationsarbeiten oder in der Autowerkstatt. Grundsätzlich wird das Endprodukt nur an den Kunden ausgeliefert, wenn sämtliche mitzuliefernden Zubehörteile verfügbar sind.

2. Abbildung der betrachteten Supply Chain mit dem Supply Chain Operations Reference-Modell
   Der Prozessausschnitt der SC, der in diesem Fall betrachtet wird, wurde mit Hilfe des SCOR-Modells und weiteren Prozesselementen abgebildet und wird in Abbildung 68 vereinfacht gezeigt. Es wird insbesondere auf die Prozessschritte des internen Dienstleisters in der eingehenden Logistik zum betrachteten Unternehmen und der ausgehenden Logistik sowie weiteren Dienstleistungen vor der Übergabe an einen externen Logistikdienstleister fokussiert.

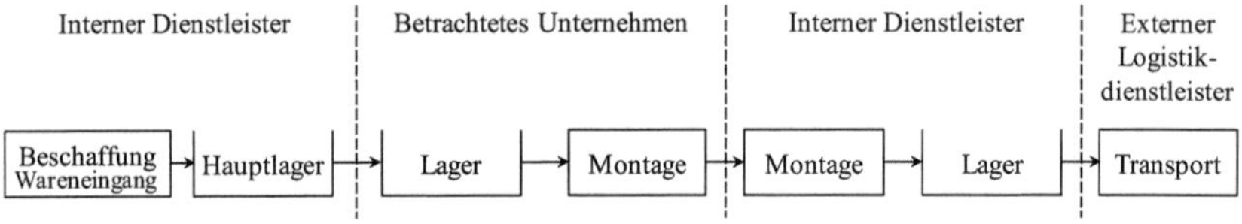

Abbildung 68: Darstellung des fokussierten Supply Chain-Ausschnittes mit Hilfe des Supply Chain Operations Reference-Modells und weiterer Prozesselemente (vereinfachte Darstellung)

Innerhalb des Wareneingangs finden eine Sichtkontrolle und die Prüfung statt, ob es sich um eine Einkaufsbestellung oder eine Kostenstellenbestellung handelt. Bei einer Kostenstellenbestellung findet eine Auslieferung mit Hilfe des internen Werksverkehrs, der an einen externen Logistikdienstleister ausgelagert ist, an den Empfänger statt. Der innerbetriebliche Transport wird im Folgenden nicht weiter betrachtet. Im Falle einer Einkaufsbestellung wird die Ware gezählt, falls erforderlich. Ferner wird sie einer Qualitätsprüfung z. B. durch den Unternehmensbereich Sicherheitstechnik unterzogen, wenn sie von extern bezogen wird. Anschließend erfolgt die Einlagerung, für die u. a. ein Gefahrgut- und ein Kühllager nahe der Produktion des betrachteten Unternehmensbereiches bereit stehen.

Nach der Fertigung bzw. der Montage im Bereich Sicherheitstechnik werden weitere Montagedienstleistungen durch den internen Dienstleister erbracht und die Produkte eingelagert. Im Anschluss an den Eingang eines Kundenauftrages finden die Kommissionierung und ggf. Nacharbeiten statt. Bevor die Übergabe an den externen Transportdienstleister erfolgt, werden die Ware verpackt, Lieferpapiere erstellt und die Ware verladen. In der Regel sind Bestellungen mit Lieferung frei Haus üblich, bei denen eine Abteilung des betrachteten Unternehmens den externen Dienstleister auswählt.

3. Bestimmung der Unsicherheiten und potenziellen Schäden
   Nachfolgend wurden die Unsicherheiten und potenziellen Schäden für die Bereiche qualitativ angegeben. Als vernachlässigbar wurden die Kernprozesse Beschaffung, Produktion und Absatz angesehen. Der Kernprozess Forschung & Entwicklung, die Sublieferanten aus dem Bereich Beschaffung sowie die Unterstützungsfunktion Finanzmanagement sollten von der Betrachtung ausgeschlossen werden. Bei dem Versorgungssystem in der Beschaffung wurde kein Problem gesehen.

Tabelle 45 zeigt das Dossier mit den bewerteten Bereichen hinsichtlich der Unsicherheiten und potenziellen Schäden. Die höchsten Unsicherheiten wurden auf der Beschaffungsseite im Bereich der direkten Lieferanten ermittelt. Grundsätzlich ist nicht genau bekannt, wann und in welcher Menge der Lieferant das betrachtete Vorprodukt liefert. Die Liefermengen schwanken täglich und saisonal. Wenn eine Lieferung eintrifft, treten für den internen Dienstleister oftmals Kapazitätsengpässe auf, da die Ankunft nicht antizipiert werden kann. Ursächlich für die personellen Engpässe ist die Anforderung von dem Unternehmensbereich Sicherheitstechnik, dass die Wareneingangsfläche für Waren, die bis zu einem bestimmten Zeitpunkt geliefert werden, am selben Tag zu räumen ist. Der interne Dienstleister sieht sich allerdings nicht imstande, das Problem auf der Beschaffungsseite zu lösen. Er hat vor allem die Möglichkeit, entsprechend flexibel zu reagieren. Auch Risikoquellen, die in dem Bereich der Unterstützungsfunktion Informationsmanagement liegen, können nicht von dem Dienstleister beseitigt werden.

Tabelle 45: Gekürztes Dossier mit erfassten Unsicherheiten und potenziellen Schäden

Bereiche	Unsicherheit					Potenzieller Schaden				
	Sehr gering	Gering	Mittel	Hoch	Sehr hoch	Sehr gering	Gering	Mittel	Hoch	Sehr hoch
Beschaffung										
Direkte Lieferanten				X				X		
Steuerung										
Unterstützungsfunktion: strategisches Management		X					X			
Unterstützungsfunktion: Personalmanagement		X					X			
Prozess										
Mitarbeiter		X					X			
Produktions- & Logistikanlagen		X						X		
IT-System		X							X	X
Flächen und Gebäude	X									X
Bestände		X					X			
Nachfrage										
Direkte Kunden			X	X			X			
Endkunden	X					X				
Distributionssystem	X							X		
Umfeld										
Politisch	X					X				
Ökonomisch		X					X			
Sozial	X							X		
Technologisch	X					X				
Ökologisch		X						X		

Das strategische Management unterliegt einer geringen Unsicherheit bei einem geringen potenziellen Schaden. Hier wurden die Organisation bzw. die Unternehmenskultur als gegebenenfalls zu verbessern angesehen. Das Personalmanagement wurde denselben Bewertungsklassen zugeordnet.

Während die Unsicherheit im Bereich Prozess sowohl bei den Mitarbeitern als auch bei den Produktions- & Logistikanlagen und dem IT-System als gering eingestuft wurde, erfolgte die Bewertung des potenziellen Schadens mit gering, mittel bzw. hoch bis sehr hoch. Die Bedeutung des IT-Systems wurde als sehr hoch eingeschätzt; fällt dieses aus, resultiert ein großer Schaden. Bestände hingegen können notfalls ersetzt werden, sodass ein geringer potenzieller Schaden bei ebenfalls geringer Unsicherheit vorliegt.

Der Gesprächspartner beurteilte die Unsicherheit bei den direkten Kunden zwar mit mittel bis hoch; da die Kunden allerdings bis zur Auftragserfüllung warten und nicht abspringen, wurde diesem Bereich nur ein geringer potenzieller Schaden zugeordnet. Mit den Endkunden hat der interne Dienstleister direkt wenig Kontakt und kann diesen Bereich schwer bewerten. Es wurde von einer sehr geringen Unsicherheit bei sehr geringem potenziellem Schaden ausgegangen. Das nachfrageseitige Distributionssystem besitzt nach Aussage des Experten eine sehr geringe Unsicherheit und einen mittleren potenziellen Schaden. Hierbei wurden vor allem Ereignisse mit einer großen Reichweite unterstellt, wie das Auftreten einer Vulkanaschewolke, die den Flugverkehr beeinträchtigen und einen hohen Koordinationsaufwand zur Folge haben.

Das politische Umfeld bezeichnete der Befragte als stabil und maß ihm – wie für das technologische Umfeld – eine sehr geringe Unsicherheit bei sehr geringem potenziellem Schaden bei. Den ökonomischen Bereich stufte er wenig höher ein (geringe Unsicherheit und geringer potenzieller Schaden). Im Falle des sozialen Umfelds ging der Experte von einer sehr geringen Unsicherheit aus, die einen mittleren Schaden nach sich ziehen würde. Schließlich bewertete er die Unsicherheit in dem ökologischen Bereich als gering und einen möglichen auftretenden Schaden als mittel.

In einem nächsten Schritt wurde festgelegt, dass nachfolgend ausschließlich die Unsicherheitsbereiche betrachtet werden sollten, deren Unsicherheit und potenzieller Schaden sich mit jeweils mindestens „mittel" auszeichneten. Da es sich somit ausschließlich um den Bereich der direkten Lieferanten handelt, auf den der interne Dienstleister sich lediglich vorbereiten kann, werden im Folgenden die ein- und ausgehende Logistikflexibilität, die operative sowie die Organisationsflexibilität untersucht.

4. <u>Prüfvorgehen: Anpassung der Flexibilität oder/und Einsatz alternativer Maßnahmen</u>
Zunächst erfolgte mit Hilfe der Abgrenzung der Maßnahmen der Flexibilitätsanpassung von weiteren Maßnahmen des SCRM aus Abschnitt 4.3.3 die Überlegung, ob Möglichkeiten bestünden, alternative Maßnahmen zu ergreifen, und wo es sinnvoll wäre, die Flexibilität anzupassen. Im Anschluss wurde ein Flexibilitätsprofil erstellt. Das Ergreifen von Sicherungs-/Sicherheitsmaßnahmen bzw. das Abschließen von Versicherungen würden in diesem Fall nicht helfen. Frühwarnindikatoren aus der Klasse der Managementmethoden hingegen könnten einen geringen Lagerbestand aufzeigen oder in Verbindung mit dem übergeordneten Unternehmensbereich ankündigen, dass

eine Lieferung anstünde. Zur Ergänzung dieser alternativen Maßnahmen wurde die Prüfung der Anpassung der Flexibilität vorgenommen. Des Weiteren sollten keine zusätzlichen Unsicherheitsbereiche als die bisher festgelegten einbezogen werden.

5. Erstellung des Flexibilitätsprofils für unsichere bzw. ausgewählte Bereiche
   Um die Anpassung der Flexibilität zu überprüfen, wurde ein Flexibilitätsprofil für die ein- und ausgehende Logistikflexibilität, die operative und die Organisationsflexibilität erstellt. Hierfür waren Fragen in Anlehnung an den Abschnitt 4.3.2 zu beantworten.

Tabelle 46: Messung des Flexibilitätsbedarfs und -potenzials für die eingehende Logistik

Logistikflexibilität

Flexibilitätsbedarf

Flexibilitätsdimension	Sehr gering	Gering	Mittel	Hoch	Sehr hoch
Logistikflexibilität					
Kapazitätsanpassung			X		
Zeit			X		

Flexibilitätspotenzial

Flexibilitätsdimension	Sehr gering	Gering	Mittel	Hoch	Sehr hoch
Logistikflexibilität					
Kapazitätsanpassung		X			
Zeit	X	X			

Da die Veränderung der zugehörigen Potenziale in der Regel nicht im Einflussbereich des internen Dienstleisters liegt, wurden die Wechsel- und Abbruchflexibilität der eingehenden Logistikflexibilität von der Betrachtung ausgeschlossen. Die Einschätzung des Bedarfs an Kapazitätsanpassungsflexibilität erfolgte als mittel und das Potenzial als gering. Die Bewertung des Bedarfs an Zeitflexibilität zeigte ein identisches Resultat; das Potenzial hingegen wurde als sehr gering bis gering eingestuft, da zwar die ersten Schritte Wareneingangs schnell vollzogen werden, die Qualitätsprüfung allerdings mehr Zeit in Anspruch nimmt (siehe Tabelle 46).

Tabelle 47: Messung des Flexibilitätsbedarfs und -potenzials für die operative Flexibilität

Operative Flexibilität

Flexibilitätsbedarf

Flexibilitätsdimension	Sehr gering	Gering	Mittel	Hoch	Sehr hoch
Operative Flexibilität					
Wechsel		X			
Kapazitätsanpassung			X		
Zeit		X			
Abbruch			X		

Flexibilitätspotenzial

Flexibilitätsdimension	Sehr gering	Gering	Mittel	Hoch	Sehr hoch
Operative Flexibilität					
Wechsel		X			
Kapazitätsanpassung		X			
Zeit		X			
Abbruch		X			

Mit der operativen Flexibilität wird im Folgenden die Flexibilität der Montage des internen Dienstleisters umschrieben. Der Bedarf, insbesondere Betriebsmittel oder Mitarbeiter wechseln zu können, wurde – wie auch das Potenzial – als gering eingeschätzt (siehe Tabelle 47). Auch der Bedarf an Flexibilität und das Potenzial stimmen im Hinblick auf die zeitliche Komponente ungefähr überein und wurden ebenfalls mit gering bezeichnet. Sowohl der Bedarf, erforderliche Kapazitäten für die Montage anzupassen als auch Montagevorgänge einzustellen bzw. Mitarbeiterverträge zu kündigen, wurden mit mittel bewertet und die zugehörigen Potenziale jeweils mit gering. Das Profil für die operative Flexibilität wird in Abbildung 69 gezeigt.

Im Bereich der ausgehenden Logistik erfolgte die Untersuchung der Tätigkeiten Kommissionieren, Verpacken und Versandabwicklung. Wie für die eingehende Logistik wurde auch an dieser Stelle die Abbruchflexibilität von der Untersuchung ausgeschlossen.

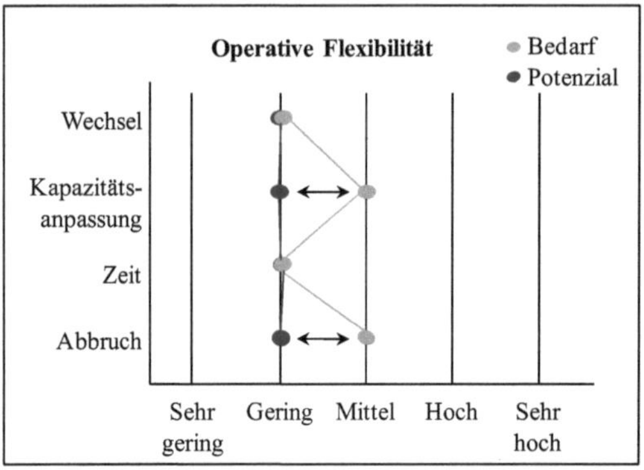

Abbildung 69: Flexibilitätsprofil für die operative Flexibilität

Der Bedarf an Wechselflexibilität wurde als mittel eingestuft, während insbesondere die Anpassung der Lagermenge und -kapazitäten mit hoch bemessen und die Möglichkeit, Lagervorgänge zu beschleunigen bzw. zeitliche Vorteile zu nutzen mit mittel angegeben wurden. Das Potenzial liegt in allen drei Fällen mit sehr gering bzw. gering darunter (siehe Tabelle 48).

Tabelle 48: Messung des Flexibilitätsbedarfs und -potenzials für die ausgehende Logistikflexibilität

Logistikflexibilität

Flexibilitätsbedarf

Flexibilitätsdimension	Sehr gering	Gering	Mittel	Hoch	Sehr hoch
Logistikflexibilität					
Wechsel			X		
Kapazitätsanpassung				X	
Zeit			X		

Flexibilitätspotenzial

Flexibilitätsdimension	Sehr gering	Gering	Mittel	Hoch	Sehr hoch
Logistikflexibilität					
Wechsel	X				
Kapazitätsanpassung		X			
Zeit	X				

Zur Beurteilung der Organisationsflexibilität war lediglich die Frage nach dem Flexibilitätsbedarf und -potenzial der Organisation relevant. Während der Soll-Wert zwar als hoch angesehen wurde, nahm der Experte nur ein geringes Potenzial an.

Mit Hilfe der Profile ist erkennbar, dass es sich im Bereich der eingehenden Logistik für die Optionsarten Kapazitätsanpassung und Zeit, der ausgehenden Logistik für den Wechsel, die Kapazitätsanpassung sowie die Zeit, im operativen Bereich hinsichtlich der Kapazitätsanpassung und des Abbruchs sowie in der Organisation um Bedarfsunterdeckungen handelt. Eine Flexibilitätsanpassung ist folglich zu empfehlen. In allen anderen Fällen stehen Soll und Ist ungefähr in einem ausgewogenen Verhältnis zueinander. Der Maßnahmenkatalog zeigt für die Bedarfsunterdeckungen insgesamt für die Logistikflexibilität alle 31, für die operative 33 und für die Organisationsflexibilität alle 18 relevanten Maßnahmen auf. Eine Bewertung und Auswahl der Maßnahmen wird nachfolgend vorgenommen.

6. <u>Treffen einer Vorauswahl von Maßnahmen zur Anpassung der Flexibilität</u>
Als nächstes traf der Experte eine Vorauswahl der Maßnahmen in Abhängigkeit der Unternehmens- bzw. SC-Strategie. Zuerst wurden die Maßnahmen aus der Dimension Logistikflexibilität betrachtet, und zwar unabhängig davon, ob ihr Einsatz in der ein- oder ausgehenden Logistik vorgesehen war. Zur Erhöhung der Wechselflexibilität wurde die Maßnahme „Vorhalten von Reservekapazität im Transport, Umschlag und in der Lagerung und ggf. Nutzung" (L26) für durchführbar erklärt. Zur Verbesserung der Kapazitätsanpassungsflexibilität erschienen die Empfehlung eines Standardprozesses (L16), das Einrichten von Lagerhaltung (L22) und das Vorhalten eines Sicherheitsbestandes (L21), erneut das Vorhalten von Reservekapazitäten (L26) sowie die Nutzung automatischer Identifikationssysteme (L30) sinnvoll. Um das Flexibilitätspotenzial in zeitlicher Hinsicht zu erhöhen, befand der Gesprächspartner ergänzend zu den bereits genannten Maßnahmen die Anpassung des Lieferzeitpunktes (L05), die Lagerhaltung an verschiedenen Orten (L23) und die Anpassung der Lagermenge/-kapazitäten (L24) für praktikabel. Bereits eingesetzt werden teilweise die Maßnahmen L05, L22, L26 und L30. Nach Aussage des Experten sind diese allerdings weiter ausbaufähig. Eine Reihe von Maßnahmen, wie z. B. die Kombination lang- und kurzfristiger Logistikdienstleisterverträge oder die Nutzung einer alternativen Versandart, liegen nicht im Einflussbereich des internen Dienstleisters und wurden daher nicht berücksichtigt.

Um die Kapazitätsanpassungsflexibilität zu erhöhen, konnten die folgenden Maßnahmen aus dem Katalog festgehalten werden: Verringerung bzw. Einstellung der eigenen Fertigung und (z. T.) Outsourcing (OP04), Anpassung der Personalkapazität: innerbetrieblicher Personalpool/Leiharbeitskräfte (OP07/OP08), Anpassung der Personalkapazität: Einstellung von Mitarbeitern (OP09), Einstellung bzw. Förderung von Personal: vielseitig qualifizierte Mitarbeiter (OP10), Standardisierung, Modularisierung und Vereinfachung von Prozessen (OP30) (siehe Tabelle 49).

Tabelle 49: Vorausgewählte Maßnahmen zur Flexibilitätsanpassung der Dimensionen eingehende und ausgehende Logistik-, operative und Organisationsflexibilität

Maßnahme		Optionsart			
#	Beschreibung	Wechsel	Kapazitäts-anpassung	Zeit	Abbruch
L05	Anpassung des Lieferzeitpunktes und der Frequenz der Lieferungen			X	
L16	Empfehlung eines Standardprozesses für Logistikdienstleister	X	X	X	
L21	Einrichtung eines (Zwischen-)Lagers beim Lieferanten/Kunden/Logistikdienstleister/eigenen Unternehmen: Vorhalten eines Sicherheitsbestands und Nutzung bei hoher Nachfrage/Störungen	X	X	X	X
L22	Umsetzen der Lagerhaltungsstrategie: Einrichten bei geringwertigen, aber wichtigen oder schnelllebigen Gütern und Nutzung bei hoher Nachfrage/Störungen		X	X	
L23	Umsetzen der Lagerhaltungsstrategie: Gütermenge vorhalten an verschiedenen Orten und Nutzung bei hoher Nachfrage/Störungen		X	X	
L24	Anpassung der Lagermenge/-kapazitäten		X	X	
L26	Vorhalten von Reservekapazitäten im Transport, Umschlag und in der Lagerung und ggf. Nutzung	X	X	X	
L30	Nutzung automatischer Identifikationssysteme/Prozesse		X	X	
OP04	Verringerung/Einstellung der eigenen Fertigung und (z. T.) Outsourcing	X	X		
OP07	Anpassung der Personalkapazität: innerbetrieblicher Personalpool		X	X	
OP08	Anpassung der Personalkapazität: Leiharbeitskräfte		X	X	X
OP09	Anpassung der Personalkapazität: Einstellung/Einstellungsstopp/Kündigung von Mitarbeitern unter Berücksichtigung ethischer Gesichtspunkte		X		X
OP10	Einstellung/Förderung von Personal: vielseitig qualifizierte Mitarbeiter	X	X	X	
OP29	Einstellen der Produktion eines Erzeugnisses/einer Dienstleistung		X		X
OP30	Standardisierung, Modularisierung und Vereinfachung von Prozessen		X	X	
OR01	Stärkung der Bereitschaft und Fähigkeit der Mitarbeiter, schnell und überlegt zu handeln	X	X	X	X
OR02	Festlegung von Verantwortung (auch für Mitarbeiter auf unteren Ebenen (unbürokratischere Abläufe/flache Organisationsstruktur))	X	X	X	X
OR03	Förderung der Kommunikationskultur	X	X	X	X
OR04	Förderung des schnellen Informations-/Wissenstransfers/der Lernkultur	X	X	X	X
OR05	Unterstützung des Austausches von risikorelevanten Aspekten	X	X	X	X
OR13	Umsetzen enger Zusammenarbeit mit anderen Unternehmen im Störungsfall	X	X	X	X
OR16	Variable Vergütung der Mitarbeiter	X	X	X	X

Zur Anpassung der Abbruchflexibilität wurden neben OP07 und OP08 die Schaffung der Voraussetzungen für OP 29 (Einstellen der Produktion einer Dienstleistung) für sinnvoll erachtet. OP07, OP08, OP09 und OP10 werden bereits durchgeführt. Als Beispiele können die langfristigere Stellenplanung mittels Zeitarbeit und festen Mitarbeitern, Schichtpläne für mehrere Schichten, Einsatzplanung von Zeitarbeitern auf Monatsebene, die Personaleinsatzplanung auf Wochenebene, Gleitzeit und der Einsatz von Springern (Ersatz bei Ausfall eines Mitarbeiters) genannt werden. OP30 hielt der Experte für praktikabel und OP04 sowie z. T. OP29 für denkbar.

Zur Erhöhung der Organisationsflexibilität wurden insgesamt sieben Maßnahmen vorausgewählt. Einige von ihnen setzen an der Unternehmens- und SC-Kultur an, während andere konkreterer Natur sind. Die Stärkung der Bereitschaft und Fähigkeit der Mitarbeiter, schnell und überlegt zu handeln (OR01) erklärte der Experte für sehr sinnvoll. Er wandte allerdings ein, dass im Falle kurzfristiger Änderungen hinsichtlich des Personaleinsatzes zunächst die Bereitschaft der Mitarbeiter gefragt sei, die weniger familiäre Verpflichtungen zu erfüllen hätten.

Die Festlegung von Verantwortung auch für Mitarbeiter auf unteren Ebenen (OR02) sowie das Instrument der variablen Vergütung der Mitarbeiter (OR16) zur Schaffung von Flexibilität erschienen dem Gesprächspartner ebenfalls praktikabel. Die Förderung der Kommunikationskultur bzw. des schnellen Informations-/Wissenstransfers (OR03/04), die Unterstützung des Austausches von risikorelevanten Aspekten (OR05) sowie die Umsetzung enger Zusammenarbeit mit anderen Unternehmen im Störungsfall (OR13) schätzte der Experte als wertvoll ein, vor allem nicht nur auf das eigene Unternehmen bezogen, sondern in Zusammenarbeit mit den übergeordneten Unternehmensbereichen. Somit gelte es, potenzielle kulturelle Barrieren zu überwinden und die Kooperation des Einkaufs und der Qualitätssicherung mit dem internen Dienstleister weiter zu fördern.

7. Ermittlung der Nutzwerte der Maßnahmen zur Anpassung der Flexibilität
Die zweite Filterstufe zur Bewertung und Auswahl der Maßnahmen zur Anpassung der Flexibilität wurde aufgrund der beschränkten Anzahl an potenziell durchführbaren Maßnahmen, die miteinander in Konkurrenz stehen, nicht für notwendig erachtet.

8. Abgleich und abschließende Auswahl der Maßnahmen zur Anpassung der Flexibilität
Ein Abgleich der ausgewählten Maßnahmen wurde aufgrund der ähnlich gerichteten Wirkungen der Maßnahmen nicht für erforderlich gehalten. In allen Fällen handelt es sich um die Erhöhung der Flexibilität.

9. Formulierung der Soll-Werte / Feststellung der Ist-Werte für Maßnahmen zur Anpassung der Flexibilität
An dieser Stelle wurden keine Soll- bzw. Ist-Werte für Maßnahmen angegeben. Mögliche Kennzahlen wurden jedoch für die ausgewählten Maßnahmen der Organisationsflexibilität diskutiert. Der Gesprächspartner sah eine hohe Bedeutung der Messgrößen für Maßnahmen und empfahl, grundsätzlich eine Fristigkeit zu den Kennzahlen anzugeben. Zu berücksichtigen sei hierbei, dass Maßnahmen im Hinblick auf die Unter-

nehmenskultur eher langfristig umzusetzen seien im Vergleich zu Maßnahmen, die der Kapazitätsanpassung dienen.

OR03/04/05 und OR13 könnten nach Vorschlag des Experten mit Hilfe der Anzahl und des Zeitausmaßes von Sitzungen bzw. des Anteils an Mitarbeitern, die bestimmte Schulungen besucht haben, gemessen werden. Für OR01 sei es möglich, Kennzahlen zu formulieren, wie z. B. eine Weiterbildungsquote oder ebenfalls den Anteil an Mitarbeitern, die an einer bestimmten Schulung teilgenommen haben. Der Gesprächspartner schlug für OR02 zwei Messgrößen vor, d. h. die Anzahl an Organisationsebenen und die Eingruppierung einer Anzahl an Mitarbeitern in eine angegebene Gehaltsstufe. Neben dem Anteil der variablen Vergütung zur Operationalisierung der Maßnahme OR16 ergänzte der Gesprächspartner den Anteil einer Teamprämie an dem Mitarbeitergehalt als mögliche Kennzahl.

Für den internen Dienstleister besteht ein Kennzahlensystem, dessen Messgrößen Bestandteil des Finanzkennzahlensystems sind. Zum Teil werden diese innerhalb des Berichtswesens oder in dem Bereich Logistik vorbereitet. In der Regel werden die Kennzahlen auf Abteilungs- und Teamebene heruntergebrochen. Diese Ebenen würden sich anbieten, um die Messgrößen, die aus Projekten bzw. der vorliegenden Methode resultieren, zu integrieren.

10. Ergänzende Prüfung, Anwendung der Maßnahmen und Kontrolle
Im letzten Schritt folgte der Hinweis auf eine Überprüfung vor- und nachgelagerter Stufen der SC. In diesem Fallbeispiel wurde mehrfach deutlich, dass das betrachtete Unternehmen einen hohen Einfluss auf die Prozesse des internen Dienstleisters hat und dieser insbesondere mit dem Aufbau eines Flexibilitätspotenzials reagieren kann und muss. Daher sollte v. a. der Bereich Beschaffung des übergeordneten Unternehmensbereiches geprüft werden. Hierbei könnten sich ähnliche Ergebnisse wie bei dem ersten Fallbeispiel ergeben. Bei Anwendung bestimmter Maßnahmen zur Anpassung der Flexibilität kann gegebenenfalls der Bedarf an der Erhöhung der Flexibilität des internen Dienstleisters gesenkt werden. Beispiele umfassen die Beauftragung eines zweiten Lieferanten, die Erhöhung der Lagerbestände bzw. die Erhöhung der Transparenz bezüglich des Informationsflusses. Möglicherweise kann in einem bestimmten Umfang auch das Vorziehen des Zeitpunktes unterstützen, bis zu der der Wareneingangsbereich geräumt sein muss. An dieser Stelle wird also die Notwendigkeit des Abgleichs der Flexibilität über die verschiedenen Stufen der SC besonders deutlich.

Weitere Schritte würden ferner die Maßnahmenanwendung, eine Integration der Kennzahlen in das Kennzahlensystem, die regelmäßige Überprüfung der Soll-/der Ist-Werte, der Abgleich der Unsicherheiten und potenziellen Schäden sowie der ggf. erneute Durchlauf des Prozesses darstellen.

5.3 Kritische Würdigung der Ergebnisse

Wie insbesondere die beiden Fallstudien zeigen, ist die in Kapitel 4 dieser Arbeit entwickelte Methode in der Praxis durchgängig anwendbar und liefert sinnvolle Ergebnisse. Hierbei konnten sowohl Maßnahmen aufgezeigt werden, die bereits eingesetzt werden oder sich in Planung befinden, als auch Handlungsempfehlungen gegeben werden, deren Umsetzung weiter geprüft wird.

Die Gesprächspartner setzten das entwickelte Dossier intuitiv ein, um Unsicherheiten und potenzielle Schäden anhand der qualitativen Klassen zu bestimmen. Nach Aussage der Experten decken die Unsicherheitsbereiche sämtliche Funktionsbereiche systematisch und vollständig ab. Während lediglich die Zuordnung für den Dienstleister nicht immer eindeutig war, erschwerte den Anwendern die Aggregation bei den Unsicherheitsbereichen nicht die Arbeit. Weiterhin zeigte sich, dass die Experten ihre Einschätzungen gut mit Hilfe der qualitativen Klassen geben konnten. Ferner stellte sich ein Vorteil der Methode heraus: Von Anfang an konnten bestimmte Bereiche ausgeschlossen und nur relevante Unsicherheitsbereiche gezielt betrachtet werden, z. B. in Abhängigkeit der Funktionsbereiche der Gesprächspartner. Ein derartiges Vorgehen trägt somit zur Komplexitätsreduzierung und Handhabbarkeit der Methode bei.

Auch die Erstellung des Flexibilitätsprofils gelang den Experten ohne größere Schwierigkeiten. Sie würdigten das strukturierte und systematische Vorgehen positiv, sich die Wirkweisen der Flexibilität anhand der verschiedenen Flexibilitätsarten verdeutlichen zu können. Indem der Flexibilitätsbedarf und das -potenzial jeweils in verschiedenen Tabellen dargestellt werden, ist nach Ausführung eines Gesprächspartners eine evtl. bestehende Diskrepanz anfangs nicht offensichtlich, sodass eine objektivere Sichtweise eingenommen wird. Aufgrund der jeweiligen Beispielfragen zu jeder Flexibilitätsart wird ferner immer anschaulich erklärt, worauf die Bewertung abzielt. Hierbei wäre noch die Umschreibung des Potenzials und des Bedarfs möglich gewesen. Auch an dieser Stelle erwähnten die Anwender, dass die Bewertungen mit Hilfe einer fünfstufigen qualitativen Skala gut durchführbar waren. Wie auch bei dem Ausfüllen des Dossiers ist es möglich, auf bestimmte Flexibilitätsarten zu fokussieren. So konnten die Gesprächspartner andere Flexibilitätsarten vernachlässigen, auf die sie nur wenig Einfluss besitzen. Die beiden grafischen Darstellungsmöglichkeiten – das Risikoportfolio und das Flexibilitätsprofil – verhalfen den Anwendern zu einem schnellen Überblick über die Ausgangssituation.

Die Abgrenzung der Maßnahmen der Flexibilitätsanpassung von anderen Maßnahmen des SCRM warf für die Praktiker keine Fragen auf, sondern schien trennscharf und verständlich. Die zur Umsetzung ausgewählten Maßnahmen können weiter spezifiziert werden. Grundsätzlich zeigte der Katalog sinnvolle Maßnahmen auf, die u. a. bereits im betrachteten Unternehmen eingesetzt werden oder hilfreich erscheinen und daher weiter geprüft werden. Ein weiterer Vorteil der Methode wurde an dieser Stelle deutlich: Die Gesprächspartner bekundeten ihr Interesse an dem Maßnahmenkatalog, der – wie die Systematik in Abschnitt 4.1.1 bezüglich des Konzepts forderte – separat, folglich unabhängig von der Methode, einsetzbar ist.

Die flexibilitätsorientierte Nutzwertanalyse war für drei Maßnahmen mit vertretbarem zeitlichem Aufwand zu bewältigen, da die Quantifizierung der Outputs und Inputs nicht monetär erfolgt, sondern anhand einer Ordinalskala. Die Experten merkten jedoch an, dass dieser für sieben bis acht Maßnahmen vergleichsweise hoch sei im Gegensatz zu dem Aufwand, den die bisherigen Schritte verursachten. Dieses rechtfertigt den Schritt der Vorauswahl. Grundsätzlich hat die Nutzwertanalyse – nach Aussage der Gesprächspartner – zur Auswahl von Maßnahmen für die interne oder externe Überzeugungskraft eine hohe Bedeutung, da Maßnahmen mit Hilfe identischer Bewertungsmaßstäbe verglichen werden. Wird die Bewertungsmethode mit mehreren Experten gemeinsam angewendet, geschieht die qualitative Bewertung auch hinreichend objektiv und bewahrt somit vor rein subjektiven Entscheidungen. Die Kriterien der Nutzwertanalyse schienen den Gesprächspartnern verständlich und sinnvoll.

Eine Limitation, die die Vorgehensweise der aufgezeigten praktischen Evaluation der Methode aufweist, betrifft den Untersuchungsgegenstand. Die Ergebnisse beziehen sich lediglich auf ein produzierendes Unternehmen. Diesem ist jedoch entgegenzuhalten, dass das Unternehmen alle relevanten Bereiche einer SC abdeckt und zwei Fallstudien in unterschiedlichen Bereichen durchgeführt wurden.

Eine weitere Limitation bezieht sich generell auf qualitative Forschungsansätze und speziell Fallstudien. Neben Diskussionsrunden und Unternehmensinformationen erfolgte die Datensammlung mit Hilfe von Interviews. Dabei besteht grundsätzlich die Möglichkeit des Verschweigens bestimmter Fakten durch die Interviewpartner oder die Beeinflussung durch die Persönlichkeit des Interviewers. Jedoch wurde diesen Risiken entgegengewirkt, indem die Methode zunächst mit acht Experten unterschiedlicher Funktionen erörtert wurde, bevor sie in zwei Unternehmensbereichen angewendet wurde und eine vertiefende Diskussion ihrer Ergebnisse stattfand.

Für die Anwendungsbeispiele wurde der Untersuchungsbereich stark abgegrenzt. Ansonsten und auch im Rahmen des zehnten Methodenschrittes wären ggf. weitere Flexibilitätsprofile zu erstellen und Maßnahmen zu prüfen gewesen und hätten einen höheren Aufwand verursacht. Dieses ist jedoch der komplexen Thematik „Flexibilitätsmanagement in der Supply Chain“ geschuldet. Grundsätzlich kann eine SC nur so flexibel sein wie an ihrer inflexibelsten Stelle.

Um die Zusammenhänge der Methodenschritte transparent zu machen, wurde die prototypische Software begleitend zu den Fallstudien genutzt, um die Methode zu prüfen und Falldokumentationen zu erzeugen. Sie bewies ihr Potenzial für einen Regeleinsatz in der Praxis. Mit ihrer Hilfe kann der Aufwand der Methode wenigstens z. T. reduziert werden. Weiterhin wäre es möglich, Schnittstellen, die die Methode zum Risikomanagement und zu Kennzahlensystemen besitzt, auch softwaretechnisch abzubilden. Die Umsetzung dieser Idee ist allerdings stark abhängig von den in den jeweiligen Unternehmen verwendeten IT-Systemen.

Schließlich wurde von zwei Gesprächspartnern weiterer Forschungsbedarf aufgezeigt. Zum einen wäre es interessant, in Abhängigkeit unterschiedlicher Unternehmens- bzw. SC-Typen vorkonfigurierte Lösungsbaukästen inklusive einer Zielbewertung zu untersuchen. Zum anderen wäre die Durchführung einer Studie mit dem Ziel des Aufbaus einer Bibliothek als Instrument des Wissensmanagements gewünscht. Dieses könnte z. B. in Form eines Benchmarks zur Dokumentation der Resultate der angewendeten Maßnahmen in verschiedenen Unternehmen geschehen.

Bei der Entwicklung der Methode war ein Kompromiss zwischen der Anwendbarkeit in der Praxis und einem notwendigen Detaillierungsgrad zu finden. Für einzelne Sachverhalte sollten bei Bedarf gezielt anerkannte Methoden ergänzend hinzugezogen werden. Hierzu gehören Ursache- und Wirkungsanalysen bezogen auf einzelne Risiken, Kausalkettenanalysen für Flexibilitätsmaßnahmen, die in die Prozesse der Unternehmen eingreifen oder zusätzliche quantitative Bewertungen von Flexibilitätsmaßnahmen (z. B. die Berechnung von Ergebniswirkungen auf den Jahresüberschuss), wenn relevante Informationen hierfür in geeigneter Qualität und Quantität vorliegen.

6. Zusammenfassung und Ausblick

Abschließend werden zunächst die wichtigsten Erkenntnisse der Arbeit zusammengefasst, bevor ein Ausblick auf mögliche Erweiterungen der Methode bzw. weitere Forschungsfelder erfolgt.

6.1 Zusammenfassung

Unternehmen treten heutzutage auf globalen Märkten auf und arbeiten oftmals in der Supply Chain zusammen. Ein Risiko in der Lieferkette wirkt sich somit auf die nachgelagerten Stufen aus. Um dem Eintritt verschiedener möglicher Risiken entgegenzuwirken, werden vielfach Maßnahmen eingesetzt, die der Erhöhung der Flexibilität dienen, wie z. B. die kurzfristige Anpassung des Lieferzeitpunktes des Lieferanten.

Das Hauptziel der Arbeit bestand in der Entwicklung einer Methode zur Berücksichtigung der Flexibilitätsbedarfe im Rahmen des Supply Chain Risk Managements. Hieraus lassen sich die Teilziele der Messung der vorhandenen Flexibilität in der Supply Chain, die Ableitung von Maßnahmen der Flexibilitätsanpassung in Abhängigkeit von bestehenden Unsicherheiten und die Überprüfung der aufgeführten Maßnahmen der Flexibilitätsanpassung begründen.

Um die aufgeführte Zielsetzung der Arbeit zu erreichen, erfolgte zunächst die Analyse des Stands der Forschung. Im Anschluss an eine einführende Begriffsbestimmung und wichtige Grundlagen wurden vor allem drei Themengebiete ausführlich untersucht: die Berücksichtigung von Flexibilität in den Verfahren der Performance-Messung in der Supply Chain, die Bezugnahme auf Flexibilität in den Strategien und Maßnahmen der (Supply Chain-)Risikosteuerung sowie die Messung von Flexibilität und bestehende Ansätze zum (Supply Chain-) Flexibilitätsmanagement. Die Integration des Supply Chain-Flexibilitätsmanagements in das Supply Chain-Risikomanagement stellt nach umfassender Analyse der relevanten Literatur eine Forschungslücke dar. Es fehlte bisher ein ganzheitlicher Ansatz, der Supply Chain-Flexibilität misst und eine systematische Ableitung von Maßnahmen zur Flexibilitätsgestaltung in den Unternehmen ermöglicht.

Basierend auf Expertengesprächen, Diskussionen einer Fokusgruppe, weiteren Gesprächsrunden, einem Tiefeninterview sowie einer schriftlichen Befragung wurde der Stand der Praxis zum Supply Chain-Risiko(management), zur Supply Chain-Flexibilität sowie zur Supply Chain-Performance erhoben. Die Analyse ergab, dass die Verknüpfung der Themengebiete Supply Chain Risk Management und Flexibilität auch aus Sicht der Praxis notwendig erscheint. Die Methode sollte strukturiert und kriteriengestützt sein sowie in eine systematische Vorgehensweise zur Ableitung von Maßnahmen und Strategien im Rahmen des Supply Chain Risk Managements integriert werden. Ihre Anwendung sollte sich auf produzierende Unternehmen erstrecken können, die alle relevanten Bereich einer SC abdecken.

Die in der Arbeit entwickelte Methode zur Berücksichtigung der Flexibilitätsbedarfe im Rahmen des Supply Chain Risk Managements wurde sowohl aus dem Stand der Forschung als auch aus dem Stand der Praxis abgeleitet. Sie beinhaltet fünf Phasen A bis E, innerhalb derer fünf Lösungsbausteine eingebunden werden. Ferner ist die Methode auf einer weiteren Detailebene unterhalb der Phasen in zehn Schritte gegliedert. Die zuvor genannten drei Teilziele der Arbeit beziehen sich z. T. direkt auf die Lösungsbausteine.

Der erste Lösungsbaustein umfasst ein *Dossier zur Ermittlung der Unsicherheiten und der potenziellen Schäden.* Für einen abgegrenzten Untersuchungsbereich können Unternehmensbereiche untersucht werden, um festzustellen, an welchen Stellen ggf. Maßnahmen der Supply Chain-Risikosteuerung zu ergreifen sind. Mit Hilfe einer *Vorlage zur Erstellung eines Flexibilitätsprofils* lassen sich Flexibilitätsbedarf (Soll) und -potenzial (Ist) für die relevanten Flexibilitätsdimensionen (Beschaffungs-, Logistik-, operative, Markt-, Organisations- bzw. Informationssystemflexibilität) in Abhängigkeit der wesentlichen Arten von Flexibilität (Wechsel, Kapazitätsanpassung, Zeit bzw. Abbruch) bewerten. Der *Maßnahmenkatalog zur Anpassung von Flexibilität und der Fragenkatalog zur Feststellung der Notwendigkeit der Flexibilitätsanpassung* stellen zusammen den dritten Lösungsbaustein dar. Während hiermit einerseits ein Prüfvorgehen zur Entscheidung über die Anpassung der Flexibilität bzw. die Anwendung alternativer Maßnahmen zum Einsatz kommen kann, werden andererseits Maßnahmen zur Anpassung der Flexibilität basierend auf den Flexibilitätsdimensionen und -arten vorgeschlagen. Auf Basis eines *Bewertungs- und Auswahlvorgehens* werden einige der Maßnahmen zur Anpassung der Flexibilität erst durch eine Vorauswahl hinsichtlich der Unternehmens-/Supply Chain-Strategie ausgeschlossen. Im Anschluss folgen eine flexibilitätsorientierte Nutzwertanalyse im Hinblick auf Kosten, Komplexität, Performance (Produkt-/Servicequalität), Zeit und die Verringerung der Unsicherheit. Ein Abgleich der Maßnahmen untereinander reduziert diese auf eine durchführbare Anzahl. Schließlich beinhaltet der fünfte Lösungsbaustein ein *Flexibilitätsmonitoring für die Überprüfung von Maßnahmen zur Anpassung der Flexibilität*, in dessen Rahmen zu jeder Maßnahme bereits ein bis vier vordefinierte Kennzahlen hinterlegt sind. Zur Anwendung werden für die Kennzahlen jeweils ein Soll- und ein Ist-Wert angegeben.

Zur Entscheidungsunterstützung wurden die Vorgehensschritte der entwickelten Methode in einer prototypischen Software (Microsoft Access) umgesetzt. Die praktische Evaluation der Methode erfolgte in zwei Stufen. Zunächst fand eine Diskussion mit Experten aus der betrieblichen Praxis statt. Anschließend wurde die Methode mit Hilfe zweier Fallstudien angewendet, die die relevanten Bereiche einer Supply Chain in einem Unternehmensverbund abdeckten, und konnte auf diese Weise validiert werden.

Es konnte gezeigt werden, dass mit Hilfe der teilweisen bzw. vollständigen Anwendung der entwickelten Methode zielgerichtete Flexibilitätspotenziale zur Bewältigung von Unsicherheiten in der Supply Chain aufgebaut werden, die zugleich die Wettbewerbsfähigkeit von Unternehmen stärken können. Die Methode bietet somit die Möglichkeit der Integration des Flexibilitätsmanagements in das Supply Chain-Risikomanagement durch die Berücksichtigung der

Flexibilitätsbedarfe. Auf diese Weise kann Flexibilität besser in den täglichen Arbeitsabläufen von Unternehmen berücksichtigt werden. Die Abbildung der Methode in einer prototypischen Software, die Auflistung von Unsicherheitsbereichen im Rahmen des Dossiers, die Aufbereitung von Maßnahmen zur Flexibilitätsanpassung in einem Maßnahmenkatalog und die Zuordnung von Kennzahlen zu den Maßnahmen zur Anpassung der Flexibilität innerhalb des Flexibilitätsmonitorings steigern die Anwendungseffizienz der Methode weiter.

6.2 Ausblick

Im Zuge der Entwicklung der Methode und ihrer Anwendung wurden weitere angrenzende Handlungsfelder identifiziert, denen in der Arbeit nicht weiter nachgegangen werden konnte. Sie sollen daher im Folgenden erläutert und für weitere Forschungstätigkeiten vorgeschlagen werden.

Zunächst wäre es möglich, die Evaluation mit Hilfe zusätzlicher Fallstudien in anderen Unternehmen auszubauen, um die Validierung der Methode auf eine breitere Basis zu stellen. Ferner wäre es möglich, die beiden durchgeführten Fallstudien zu einem späteren Zeitpunkt zu wiederholen, um die erzielten Ergebnisse vergleichend gegenüberstellen und ggf. erste Auswirkungen der Methodenanwendung ableiten zu können.

Die entwickelte Methode ist an verschiedene Rahmenbedingungen in unterschiedlichen produzierenden Unternehmen anpassbar, die sämtliche bedeutsamen Bereiche einer Supply Chain abdecken. Des Öfteren lagern produzierende Unternehmen jedoch bestimmte Bereiche aus, wie z. B. die ein- und ausgehende Logistik oder Montagetätigkeiten. Zwar ist die Anwendung der Methode auch für die ausgelagerten Bereiche bei einem Dienstleister möglich; eine Ausweitung bzw. das Zuschneiden der Methode, insbesondere des Dossiers, der Flexibilitätsdimensionen sowie des Maßnahmenkatalogs für diese Gebiete würden den Anwendungsbereich der Methode jedoch weiter verbreitern.

Des Weiteren wäre eine empirische Untersuchung nach dem Einsatz der vorgeschlagenen Maßnahmen zur Flexibilitätsanpassung in verschiedenen Unternehmen bzw. Supply Chains sinnvoll. Erfahrungen, Einsatzgebiete und Hinweise zu den Maßnahmen könnten z. B. mit Hilfe einer Studie zusammengetragen und in Form eines Benchmarks zur Dokumentation der Ergebnisse bereitgestellt werden. Wenn ausreichend Resultate gewonnen werden, wäre der Aufbau einer Art Bibliothek als Instrument des Wissensmanagements sinnvoll.

Die Messung und Bewertung von Flexibilität erfolgt im Rahmen der Methode an drei verschiedenen Stellen. Einerseits werden Flexibilitätsbedarf und -potenzial für verschiedene Flexibilitätsdimensionen und Optionsarten in einem Flexibilitätsprofil gegenübergestellt. Weiterhin nimmt der Anwender eine Einschätzung der Kosten, Komplexität, Performance (Produkt-/Servicequalität), Zeit und der Verringerung der Unsicherheit für ausgewählte Maßnahmen der Flexibilitätsanpassung vor und berechnet einen Zielwert. Schließlich werden für die Maßnahmen Soll- und Ist-Werte anhand von Kennzahlen festgelegt. Bevor eine Maßnahme ergriffen wird, wäre es in einigen Fällen weiterhin interessant zu überprüfen, wie sie sich auf bestimmte Unternehmensbereiche, ggf. das Unternehmensergebnis oder Optionsarten, wie z. B. die Zeit, auswirken. Dieses könnte mit Hilfe von Rechen- und Simulationsmodellen geschehen, deren Anwendung sich nur auf einzelne ausgewählte Maßnahmen erstreckt.

Der Zusammenhang zwischen Komplexität und Flexibilität wird im Rahmen der Methode vor allem bei dem zweiten Schritt des Bewertungs- und Auswahlvorgehens für Maßnahmen zur Flexibilitätsanpassung, d. h. der Nutzwertanalyse, deutlich. Komplexität wird hierbei als ein Kriterium verwendet und steht üblicherweise in einem Spannungsverhältnis zur Flexibilität, sodass im Falle der Erhöhung der Flexibilität mit einem Anstieg des Komplexitätsgrades gerechnet werden muss. Eine weitergehende Betonung des Komplexitätsaspekts wäre durch Berücksichtigung der Ziele und Methoden des Komplexitätsmanagements denkbar.

Zusätzlich wäre es auch im Hinblick auf das Komplexitätsmanagement vorstellbar, die unterschiedlichen Unternehmens- bzw. SC-Typen, wie z. B. make-to-order oder make-to-stock, hinsichtlich typisch auftretender Risiken und zu empfehlender Maßnahmen zu analysieren. Dem Anwender könnten dann vorkonfigurierte Lösungsbaukästen je nach Unternehmens- bzw. Supply Chain-Typ inklusive einer Zielbewertung zur Verfügung gestellt werden.

Die entwickelte Methode berücksichtigt Flexibilitätsaspekte im Rahmen des Supply Chain-Risikomanagements. Schnittstellen zu den einzelnen Prozessschritten des Supply Chain-Risikomanagements, d. h. der Risikoidentifikation, -bewertung, -steuerung und -kontrolle, wurden im Zuge der Methodenentwicklung aufgeführt. Grundsätzlich stellen Unternehmen allerdings unterschiedliche Anforderungen an ein Supply Chain-Risikomanagement, sodass diese auch bei der Implementierung zu berücksichtigen wären.

Ferner kann durch den Einsatz der entwickelten prototypischen Software der Aufwand der Methode z. T. reduziert werden. Die softwaretechnische Abbildung der Schnittstellen, die die Methode einerseits zum Supply Chain-Risikomanagement und andererseits zu Kennzahlensystemen besitzt, ist abhängig von den eingesetzten IT-Systemen. Eine Weiterentwicklung der prototypischen Software zur Auswahl von Maßnahmen und zu einem fortlaufenden Flexibilitätsmonitoring in einer bestimmten Supply Chain könnte die Anwendungseffizienz für die jeweiligen Unternehmen zusätzlich erhöhen.

Die aufgeführten Aspekte zeigen, dass das Gebiet des Supply Chain-Flexibilitätsmanagements noch weitere Forschungsaktivitäten erfordert. Die vorliegende Arbeit bietet hierfür eine geeignete Grundlage.

Anhang

Inhalt

Anhang I: Ausgewählte Supply Chain-Definitionen

Quelle	Definition
STEVENS (1989, S. 3)	"The supply chain is the connected series of activities which is concerned with planning, coordinating and controlling material, parts and finished goods from suppliers to the customer. It is concerned with two distinct flows through the organisation: material and information. The scope of the supply chain begins with the source of supply and ends at the point of consumption."
LONDE/MASTERS (1994, S. 38)	"Normally, several independent firms are involved in manufacturing a product and placing it in the hands of the end user. One firm might produce a raw material and sell it to a second firm which uses the material to produce a component. A third firm buys the component and assembles it into a product which is sold to a fourth firm such as a wholesale distributor. The wholesaler in turn sells the product to a fifth firm, such as a retail merchant, and the fifth firm sells the product to a consumer. The set of firms which pass these materials forward can be referred to as a supply chain."
LAMBERT/STOCK/ELLRAM (1998, S. 504)	"The alignment of firms that bring products or services to market has been called the supply chain, the demand chain or the value chain."
HANDFIELD/NICHOLS (1999, S. 2)	"The supply chain encompasses all activities associated with the flow and transformation of goods from the raw materials stage (extraction), through to the end user, as well as the associated information flows. Material and information flow both up and down the supply chain."
MENTZER ET AL. (2001, S. 4)	"A supply chain is defined as a set of three or more entities (organizations or individuals) directly involved in the upstream and downstream flows of products, services, finances, and/or information from a source to a customer."
HARRISON/HOEK (2002, S. 7)	"A supply chain is a group of partners who collectively convert a basic commodity (upstream) into a finished product (downstream) that is valued by end-customers, and who manage returns at each stage."
CHOPRA/MEINDL (2004, S. 4)	"A supply chain consists of all parties involved, directly or indirectly, in fulfilling a customer request. The supply chain not only includes the manufacturer and suppliers, but also transporters, warehouses, retailers, and customers themselves. Within each organization, such as a manufacturer, the SC includes all functions involved in receiving and filling a customer request. These functions include, but are not limited to new product development, marketing, operations, distribution, finance and customer service."
SCHROEDER (2004, S. 183)	"The sequence of business processes and information that provides a product or service from suppliers through manufacturing and distribution to the ultimate consumer."
HINES (2004, S. 5)	"The supply chain encompasses all activities associated with the flow and transformation of goods (products and services) from initial design stage through the early raw materials stage, and on to the end user. Additionally, associated information and cash flows form part of supply chain activities."
CHRISTOPHER (2005, S. 17)	"The supply chain is the network of organizations that are involved, through upstream and downstream linkages, in the different processes and activities that produce value in the form of products and services in the hands of the ultimate consumer."

Anhang II: Ausgewählte Flexibilitätsdefinitionen

Quelle	Definition
Reichwald/ Behrbohm (1983, S. 838)	„Ein produktionswirtschaftliches System ist potentiell bzw. aktuell flexibel, wenn es über Handlungsspielräume verfügt, um zielabträgliche/-fördernde Wirkungen eines denkbaren bzw. tatsächlich eingetretenen Flexibilitätsbedarfs durch Bereitstellung und Nutzung von Flexibilitätspotentialen zu kompensieren/nutzen.“
Slack (1983, S. 7)	“[...] the ability to take up different positions or alternatively the ability to adopt a range of states.”
Wildemann (1987, S. 467-468)	„Flexibilität kann definiert werden als die Fähigkeit, sich an veränderte Umweltbedingungen anzupassen. Stellt die Umweltveränderung ein Risiko für die Zielerreichung der Unternehmung dar, so dient die vorhandene Flexibilität der Unternehmung dazu, die zielbedrohende Wirkung auszugleichen. Eröffnet eine Veränderung der Umwelt der Unternehmung jedoch neue Chancen, so wird die Flexibilität dafür benötigt, diese Chancen zu nutzen, um damit die unter anderen Prämissen gesetzten Ziele zu überschreiten.“
Mandelbaum/ Buzacott (1990, S. 17)	“Flexibility is a quality of a system [...]. Flexibility is required in a system or process so that it is able to respond to change in the system's environment or to a change in the decision maker's perception of reality.”
Sethi/Sethi (1990, S. 295)	“Flexibility of a system is its adaptability to a wide range of possible environments that it may encounter. A flexible system must be capable of changing in order to deal with a changing environment.”
Upton (1994, S. 73)	“Flexibility is the ability to change or react with little penalty in time, effort, cost or performance.”
Vokurka/ O'Leary-Kelly (2000, S. 485)	“Manufacturing flexibility reflects the ability of firms to respond to changes in their customers' needs, as well as to unanticipated changes stemming from competitive pressures.”
Pibernik (2001a, S. 899)	„Flexibilität ist die Fähigkeit eines dynamischen, offenen, sozio-technischen Systems, auf Basis einer Menge zur Disposition stehender Handlungsspielräume auf relevante system- oder umweltinduzierte Veränderungen zielgerecht zu reagieren.“
Damisch (2002, S. 43)	„Flexibilität bezeichnet die Fähigkeit eines dynamischen Systems, durch bewusste Handlungen das Verhältnis zu seiner durch Unsicherheit gekennzeichneten Systemumwelt, insbesondere im Hinblick auf die verfolgten Systemziele, reaktiv, aktiv und proaktiv selbständig zu gestalten. Insofern beschreibt Flexibilität ein Potential, das durch die zur Verfügung stehenden Handlungsspielräume und die erreichbare Handlungsgeschwindigkeit charakterisiert ist.“
Hocke (2004, S. 25)	„Flexibilität ist die Fähigkeit eines soziotechnischen Systems, sich auf der Basis seiner Handlungsspielräume an relevante system- und umweltinduzierte Veränderungen, die sowohl Chancen als auch Risiken bedeuten können, zielgerichtet anzupassen.“

Anhang III: Ausgewählte Supply Chain-Flexibilitätsdefinitionen

Quelle	Definition
LUMMUS/DUCLOS/VOKURKA (2003, S. 4)	“A flexible supply chain is one with the ability to respond to changes in customer demand. Changes might include increases or decreases in product volumes, requirements for customized products for individual customers, demand for new products, and the addition of new customer locations.”
RÖMER (2004, S. 4)	„Flexibilität in Supply-Chains kann definiert werden als die Fähigkeit von Supply Chains sich kontinuierlich an veränderte Umweltzustände anzupassen, wobei nicht perfekt vorhergesehen kann, welche Umweltzustände eintreten werden.“
MERSCHMANN (2007, S. 32)	„Eine Supply Chain ist [...] flexibel, wenn sie über die Fähigkeit verfügt, mit begrenztem Zeitaufwand ohne signifikant negative Einflüsse auf Kosten und Unternehmensleistung auf Veränderungen der Umgebung oder interner Prozesse einzugehen und [...] ihre wettbewerbsrelevanten Erfolgsfaktoren an sich ändernde Markttrends oder Kundenbedürfnisse anzupassen. Die Fähigkeit der Anpassung erstreckt sich dabei einerseits auf eine große Bandbreite möglicher Zustände, die die Supply Chain annehmen kann, und andererseits über die Leichtigkeit des Wechsels zwischen den Zuständen.“

Anhang IV: Messgrößen für Supply Chain-Flexibilität

Autor(en) (Jahr)	Messgrößen	Erläuterung
BEAMON (1999) in Anlehnung an SLACK (1991)	• Volumenflexibilität • Lieferflexibilität • Mixflexibilität • Neuproduktflexibilität	• Fähigkeit, Ausbringungsmenge zu ändern: Profitable Bandbreite der Ausbringungsmenge • Fähigkeit, geplante Liefertermine zu ändern: Prozentsatz der Schlupfzeit, um die die Lieferzeit reduziert werden kann • Fähigkeit, Vielfalt der Produkte zu ändern: Bandbreite der verschiedenen Produkttypen, die innerhalb einer Zeitspanne produziert werden können oder Reaktionszeit zwischen Produktmixänderungen • Fähigkeit, neue Produkte einzuführen und zu produzieren: Erforderliche Zeit/Kosten, neue Produkte in die Produktionsabläufe zu integrieren
BREWER/ SPEH (2000)	• Kundensicht der Flexibilität • Kundenwert • Flexible Reaktion	• Kundenwahrnehmung hinsichtlich flexibler Reaktionsfähigkeit (Äußerung individueller Kundenwünsche, rechtzeitige Umsetzung) • Kundenwert hinsichtlich Qualität, Zeit, Flexibilität relativ zu den kundeninduzierten Kosten • Anzahl der Wahlmöglichkeiten im Verhältnis zur Reaktionszeit
CHAN (2003)	• Arbeitsflexibilität • Maschinenflexibilität • Materialtransportflexibilität • Ablaufplanungsflexibilität • Arbeitsgangflexibilität • Volumenflexibilität • Mixflexibilität • Lieferflexibilität • Modifikationsflexibilität • Neuproduktflexibilität • Expansionsflexibilität	• Anzahl Tätigkeiten, die ein Arbeiter erbringen kann • Zeit/Kosten, die mit Hilfe des Einsatzes einer flexiblen Maschine gespart werden können • Anzahl Möglichkeiten, Material zwischen Arbeitsplätzen zu transportieren und Vielfalt des Materials ohne hohe Einbußen/starke Mengenänderungen • Anzahl Produkte mit alternativen Routen und Ausmaß der Änderung ohne hohe Einbußen • Anzahl Produkte mit alternativen Ablaufplänen ohne hohe Einbußen/Änderungen in der Performance • Ausmaß der Änderung und die Schwankungsbreite der aggregierten Ausbringungsmenge, die produziert werden kann ohne hohe Einbußen hinsichtlich Kosten/Performance oder Nachfrage, die nachhaltig und profitabel befriedigt werden kann • Anzahl und Vielfalt der Produkte ohne hohe Einbußen/Änderungen in der Performance oder erforderliche Zeit für Produktion eines neuen Produktmix • Prozentsatz der Schlupfzeit, um die die Lieferzeit reduziert werden kann • Anzahl und Vielfalt an Produktänderungen ohne hohe Einbußen/Änderungen in der Performance • Erforderliche Zeit/Kosten, neue Produkte in die Produktionsabläufe zu integrieren oder Anzahl und Verschiedenartigkeit von Produkten, die ohne hohe Einbußen/Änderungen in der Performance produziert werden können • Anzahl und Vielfalt der Produktionsausweitungen ohne hohe Einbußen/Änderungen in der Performance
CHAN/QI (2003)	• Lieferflexibilität (Beschaffung) • Transportflexibilität • Produktionsflexibilität • Bestellflexibilität (Absatz)	• Hinsichtlich Häufigkeit und Menge • Hinsichtlich Häufigkeit und Menge • - • -
ERDMANN (2003)	• Redundanzquote • Dezentraler Koordinationsanteil • Prozesskompetenz	• Anzahl vorhandener Kompetenzen im Verhältnis zur Kernkompetenz • Anzahl dezentral gesteuerter Entscheidungen im Verhältnis zur Anzahl zentral gesteuerter Entscheidungen • Anzahl unterschiedlicher Prozesse, die von einem Unternehmen durchgeführt werden können

Autor(en) (Jahr)	Messgrößen	Erläuterung
GUNASEKARAN/ PATEL/ TIRTIROGLU (2001)	• Lieferflexibilität • Lieferantenfähigkeit, auf Qualitätsprobleme zu reagieren	• Gruppierung der Kunden hinsichtlich ihrer Bedürfnisse und inkl. Rentabilität und Flexibilität • -
GUNASEKARAN/ PATEL/ MCGAUGHEY (2004)	• Durchlaufzeit der Produktentwicklung • Maschinenrüstzeit • Diversifikationsvorteile • Lagerumschlag	• - • - • - • -
HAUSMAN (2003)	• Lieferantenseitige Flexibilität	• Vertraglich fixierte Mengenflexibilität in der Beschaffung angegeben als prozentualer Anteil der regulären Bestellmenge
HINES (2004)	• Entwicklungszeit für Produkte/Dienstleistungen • Rüstzeiten • Erforderliche Zeit für Kapazitätsänderungen • Erforderliche Zeit für Ablaufplanänderungen • Durchschnittliche Losgrößen • Erforderliche Zeit zur Erhöhung des Beschäftigungsgrads • Bandbreite der angebotenen Produkte/Dienstleistungen	• - • - • - • - • - • - • -
SCHÖNSLEBEN (2007)	• Kapazitätsflexibilität	• Qualitative/quantitative Flexibilität der Mitarbeiter bzw. Produktionsinfrastruktur
SHEPHERD/ GÜNTER (2006)	• Lagerreichweite	• -
STEWART (1995)	• SC-Durchlaufzeit/ SC-Reaktionszeit • Produktionsflexibilität	• Anzahl Tage zwischen Vorhersagegenerierung + Anzahl Tage zur Kommunikation der Vorhersagefolgen + durchschnittliche Anzahl Tage zur Beschaffung und Produktion + durchschnittliche Anzahl Tage zur Erfüllung des Kundenauftrags • Geschwindigkeit, mit der nachhaltig eine x%ige höhere Ausbringungsmenge erzielt werden kann
SUPPLY CHAIN COUNCIL (2008)	• Lieferantenseitige Flexibilität • Lieferantenseitige Anpassungsfähigkeit • Kundenseitige Anpassungsfähigkeit	• Anzahl Tage, innerhalb derer eine x%ige Steigerung der Liefermenge erzielt werden kann • Maximaler Prozentsatz, um den die Liefermenge in x Tagen nachhaltig erhöht werden kann • Nachhaltige Verringerung der Liefermenge x Tage vor der Lieferung ohne Lagerhaltung oder Einbußen

Autor(en) (Jahr)	Messgrößen	Erläuterung
WEBER/BACHER/ GROLL (2002a)	• Lieferflexibilität der gesamten SC	• Erfüllung spezifischer Kundenanforderungen bezüglich der Lieferflexibilität
WERNER (2008)	• Produktionsflexibilität	• Reaktionszeit zur Steigerung der Produktivität aufgrund eines Nachfrageschubs
WINKLER / SOBERNIG/KALUZA (2007)	• Qualitative personelle Flexibilität	• Produktive Anwesenheitszeit (Summe Ist-Anwesenheitszeit im Verhältnis zur Summe Anwesenheitszeit), umgesetzte Verbesserungsvorschläge (VV) (Summe umgesetzte VV im Verhältnis zur Summe eingebrachte VV), Mitarbeitermotivation (Zufriedenheitsindex durch Befragung zu ermitteln), Ausbildungsgrad (Qualifikationsindex durch Befragung zu ermitteln), Crosstraining (Summe bewältigbare Aufgaben im Verhältnis zur Summe mögliche Aufgaben)
	• Qualitative technologische Flexibilität	• Vielseitigkeit (Summe durchführbare Prozessschritte im Verhältnis zur Summe Gesamtprozessschritte), Rüstflexibilität (Summe automatisierte Rüstprozesse im Verhältnis zur Summe erforderliche Rüstprozesse)
	• Quantitative personelle Flexibilität	• Auslastungsgrad (Summe Leerzeiten im Verhältnis zur Summe Gesamtzeiten), Personalleasinganteil (Summe Leasingpersonal im Verhältnis zur Summe Gesamtpersonal)
	• Quantitative technologische Flexibilität	• Verfügbarkeit (Summe aus der Differenz aus 24 Stunden, Stillstandszeit und durchschnittlicher Nutzungszeit im Verhältnis zur Summe maximale Verfügbarkeit (24 Stunden)), Leistungsgrad (Summe durchschnittlicher Durchsatz im Verhältnis zur Summe theoretisch möglicher Durchsatz), Overall Equipment Efficiency (Produkt aus Verfügbarkeit, Leistungsgrad und Qualitätsrate)
	• Arbeitsstrukturbedingte Flexibilität	• Flexible Arbeitsstrukturquote (Summe Arbeitsplätze mit vergrößerbarem Arbeitsfeld im Verhältnis zur Summe Arbeitsplätze)
	• Anlagenstrukturbedingte Flexibilität	• Anlagenredundanz (Summe zwei- oder mehrfach vorhandene Anlagen im Verhältnis zur Summe Anzahl Anlagen), Speicherfähigkeit (Subjektive Einschätzung der Puffer von Anlagen in Hauptprozessen)
	• Informations- und Kommunikations-strukturbedingte Flexibilität	• Informations- und Kommunikations-(IuK)-Durchdringungsgrad (Summe der durch ein IuK-System abgebildeten Prozesse im Verhältnis zur Summe identifizierbare Prozesse)
ZHANG/VONDER-EMBSE/LIM (2005)	• Physische Bereitstellungsflexibilität	• Bandbreite: Vielfalt der beschafften Materialien und Anzahl der eingehenden Transportmittel • Mobilität: Zeitaufwand und Effizienz der Transporte der verschiedenen Materialien • Gleichmäßigkeit: Qualität und Lieferzuverlässigkeit der verschiedenen eingehenden Materialien
	• Beschaffungsflexibilität	• Bandbreite: Unterschiedliche Arten von beschafften Materialien • Mobilität: Zeitaufwand und Kosten zur Erfüllung der unterschiedlichen Aufträge • Gleichmäßigkeit: Gleichbleibende Qualität des Bestellvorgangs der verschiedenen Materialien
	• Physische Distributionsflexibilität	• Bandbreite: Unterschiedliche Arten von Verpackung und Anzahl der Transportmittel • Mobilität: Zeitaufwand und Kosten des Einsatzes von unterschiedlichen Transportmitteln/Verpackungen • Gleichmäßigkeit: Qualität und Liefertreue der verschiedenen abgehenden Materialien
	• Nachfragesteuerungsflexibilität	• Bandbreite: Umfang der Kundenanforderungen, die erfüllt werden können • Mobilität: Zeitaufwand und Kosten zur Befriedigung der Kundennachfrage • Gleichmäßigkeit: Servicequalität bezüglich der Kundennachfrage

Anhang V: Ausgewählte analytische Ansätze der Supply Chain-Flexibilität

Analytische Ansätze		
Autor(en) (Jahr)	Art der Untersuchung	Ergebnis
PIBERNIK (2001b)	Optimierung	• Entwicklung von Methoden und Instrumenten zur Unterstützung der Flexibilitätsplanung in Wertschöpfungsnetzwerken, v. a. eines Ansatzes der diskreten stochastischen dynamischen Optimierung auf strategischer Ebene und eines deterministischen gemischt-ganzzahligen Modells auf operativer Ebene • Anwendung dieser im Rahmen einer Fallstudie
GARAVELLI (2003)	Simulation	• Entwicklung eines Modells zur Bewertung der Effekte verschiedener Flexibilitätsgrade auf die SC Performance • Begrenzte Flexibilität sowohl der Lieferanten als auch der Produzenten liefert in den meisten Fällen die besten Simulationsergebnisse
GRAVES/ TOMLIN (2003)	Simulation	• Identifikation zweier Ineffizienzen, die die Performance mehrstufiger SC beeinträchtigen, und Entwicklung eines generellen Flexibilitätsmaßes zum Umgang mit den Ineffizienzen • Bestätigung dessen mit Hilfe von Simulation
HOCKE (2004)	Simulation	• Entwicklung eines Ansatzes zur quantitativen Messung von Flexibilität • Bestätigung dessen mit Hilfe der Simulation eines zweistufigen logistischen Prozesses
PUJAWAN (2004)	Scoring-Modell	• Identifikation von vier SC-Flexibilitätsdimensionen und von sieben -treibern • Entwicklung eines Systems zur Bewertung der SC-Flexibilität
APRILE/ GARAVELLI/ GIANNOCCARO (2005)	Optimierung	• Entwicklung eines stochastischen linearen Optimierungsmodells zur Analyse der SC Performance in verschiedenen Konfigurationen • SC-Konfigurationen mit begrenzter Prozess- und Logistikflexibilität sind oft geeigneter als mit vollständiger Prozess- und Logistikflexibilität, da sie zwar eine ähnliche SC Performance erzielen, jedoch mit niedrigeren finanziellen Ausgaben und einem geringeren Komplexitätsgrad verbunden sind

Anhang VI: Empirische Ansätze der Supply Chain-Flexibilität

Empirische Studien		
Autor(en) (Jahr)	Stichprobe	Ergebnis
VICKERY/ CALANTONE/ DRÖGE (1999)	65 Unternehmen der Möbelindustrie (Befragung)	• Definition von fünf Komponenten der SC-Flexibilität • Positive Korrelation zwischen SC-Flexibilität und Unternehmensperformance • Positive Korrelation zwischen Volumen-/Produkteinführungsflexibilität und Unsicherheit
PRATER/ BIEHL/ SMITH (2001)	5 produzierende Unternehmen (Fallstudien)	• Abbildung des Zusammenhangs zwischen SC-Flexibilität, SC-Agilität, Komplexität und Unsicherheit • Positive Wirkung von SC-Flexibilität auf SC-Agilität; negative Wirkung von Unsicherheit, Komplexität auf SC-Agilität
LUMMUS/VOKURKA/DUCLOS (2005)	10-13 Experten (Delphi-Studie)	• Verfeinerung des Wirkmodells aus dem Jahre 2003 • Abgleich der aus der Literatur abgeleiteten Eigenschaften mit den von Praktikern genannten Charakteristika
SÁNCHEZ/ PÉREZ (2005)	126 Automobilzulieferer (Befragung)	• Aufstellen eines hierarchischen Modells der SC-Flexibilität • Positive Korrelation zwischen SC-Flexibilität und Unternehmensperformance • Positive Korrelation zwischen Unsicherheit und SC-Flexibilitätsdimensionen
SAWHNEY (2006)	10 produzierende Unternehmen (Grounded Theory)	• Identifikation von elf Flexibilitätsdimensionen und Einordnung in drei Ebenen des Transformationsprozesses • Entwicklung eines Modells zur Abbildung von Flexibilität und Unsicherheit unter Berücksichtigung von Feedbackschleifen im Rahmen der SC sowie von aktivem und proaktivem Einsatz von Flexibilität
SWAFFORD/ GHOSH/MURTHY (2006)	115 produzierende Unternehmen (Befragung)	• Entwicklung eines Konzepts zur Messung der SC-Flexibilität anhand von jeweils zwei Elementen der drei identifizierten Dimensionen • SC-Flexibilität ist Voraussetzung zur Erreichung von SC-Agilität
AVITTATHUR/ SWAMIDASS (2007)	26 produzierende Unternehmen (Befragung)	• Abstimmung der Flexibilität des produzierenden Unternehmens und des Lieferanten führt zu höherem Unternehmensgewinn
MERSCHMANN (2007)	produzierende Unternehmen: 32 (Interviews) und 53 (Befragung)	• SC-Flexibilität hat einen positiven Einfluss auf die SC-Leistung und den Unternehmenserfolg • Abstimmung der SC-Flexibilität auf den Grad der SC-Unsicherheit führt zu höherer SC-Leistung bzw. zu höherem Unternehmenserfolg
TACHIZAWA/ GIMÉNEZ THOMSEN (2007)	7 produzierende Unternehmen (Fallstudien)	• Identifikation von acht Treibern der Beschaffungsflexibilität • Identifikation von zwei Strategien zur Erhöhung der Beschaffungsflexibilität in Abhängigkeit von der Art der vorliegenden drei Unsicherheiten

Empirische Studien		
Autor(en) (Jahr)	Stichprobe	Ergebnis
MORE/BABU/ HEMACHANDRA (2008)	98 produzierende Unternehmen (Befragung)	• Ermittlung der Bedeutung von Flexibilität in den verschiedenen Funktionsbereichen der Unternehmen in Abhängigkeit vom Umsatz • Identifikation von 54 Treibern, 61 Befähigern und 25 Hindernissen von SC-Flexibilität
FANTAZY/ KUMAR/ KUMAR (2009)	175 produzierende Unternehmen (Befragung und Interviews)	• SC-Strategie hat direkte Auswirkungen auf die Bedeutung der SC-Flexibilitätsdimensionen • SC-Flexibilitätsdimensionen beeinflussen Unternehmensperformance direkt
STEVENSON/ SPRING (2009)	16 produzierende Unternehmen (Interviews)	• Bildung von zehn Maßnahmenkategorien zur Erhöhung der Flexibilität im Rahmen der Beziehung zu Lieferanten und im Netzwerk • Identifikation von zwei Arten der Flexibilität zur Erreichung von SC-Flexibilität, die sich Unternehmen im Spannungsverhältnis stellen
TACHIZAWA/ GIMÉNEZ THOMSEN (2010)	77 Experten aus dem Bereich Beschaffung (Befragung)	• Ermittlung dreier Beschaffungsflexibilitätsstrategien, die zu Unterschieden in der Flexibilitätsperformance führen • Erzielung von Beschaffungsflexibilität mit Hilfe verschiedener aufgeführter Maßnahmen(kombinationen) möglich • Anwendung einiger Maßnahmen durch alle Unternehmensgruppen

Anhang VII: Interviewleitfaden für Expertengespräche im Rahmen der Basisanalyse

KühneSchool WHU

Interviewleitfaden für Expertengespräche

im Rahmen des Supply Chain Risk Management Navigators

A: Einleitungsfragen zum befragten Unternehmen und zur befragten Person

1. **Welcher Branche gehört Ihr Unternehmen an?**

[ ]

2. **Welchen Umsatz erzielt Ihr Unternehmen einschließlich verbundener Unternehmen pro Jahr?**

- ☐ < 2 Mio € ☐ 2-10 Mio € ☐ > 10-50 Mio €
- ☐ > 50-125 Mio € ☐ > 125 Mio € ☐ *keine Angabe*

3. **Wie viele Mitarbeiter hat Ihr Unternehmen?**

☐ < 10 ☐ 10-49 ☐ 50-249 ☐ > 249 ☐ *keine Angabe*

4. **Welche Rechtsform hat Ihr Unternehmen?**

- ☐ Einzelkaufmann
- ☐ OHG
- ☐ KG
- ☐ Stille Gesellschaft
- ☐ Bürgerliche Gesellschaft
- ☐ *keine Angabe*
- ☐ GmbH
- ☐ AG
- ☐ KGaA
- ☐ Genossenschaft eG
- ☐ Sonstige

5. **In welchem Unternehmensbereich/welchen Unternehmensbereichen sind Sie tätig? Welche Position haben Sie im Unternehmen?**

[ ]

1

KühneSchool WHU

B: Supply Chain Struktur

1. **Bitte beschreiben Sie Ihre Supply Chain anhand der folgenden Kriterien. Sind diese sinnvoll zur Beschreibung Ihrer Supply Chain? Beeinflussen die genannten Kriterien Risiken in Ihrer Supply Chain?**

Kriterium	Ausprägung							Sinnvoll		Risikobezug		Kommentar
								ja	nein	ja	nein	
Geographische Ausdehnung	lokal	regional	national	global			k.A.					
Beschaffungstiefe/ -umfang	gering (< 20%)	mittel (20-50 %)	hoch (> 50%)				k.A.					
Strategisches Lieferanten Know-how	hohe Bedeutung	mäßige Bedeutung	geringe Bedeutung				k.A.					
Anzahl der zu beschaffenden Produkte	wenige	mittel	viele				k.A.					
Typ der zu beschaffenden Produkte	standard	spezifisch					k.A.					
Anzahl potenzieller Lieferanten	wenige (1-10)	mittel (11-50)	viele (> 50)				k.A.					
Anzahl beauftragter Lieferanten	sole-sourcing	single-sourcing	parallel-sourcing	double-sourcing	dual-sourcing	multiple-sourcing	k.A.					
Leistungsumfang	unit-sourcing	modular-sourcing	system-sourcing				k.A.					
Mittlere Dauer des Zulieferverhältnisses	dauerhafter Bezug	wiederholter Bezug	Spotkauf				k.A.					
Lieferantenqualität	hoch	durchschnittlich	gering				k.A.					
Lieferantenflexibilität	fixe Liefereinheiten	Unter- und Obergrenzen	absolut flexible Lieferungen				k.A.					
Stufigkeit/Länge	1-2 Wertschöpfungsstufen	3-5 Wertschöpfungsstufen	> 5 Wertschöpfungsstufen				k.A.					
Kooperationsrichtung	horizontal (gl. Branche, Marktstufe)	vertikal (gl. Branche, vorgelagerte Stufen)	vertikal (gl. Branche, nachgelagerte Stufen)	vertikal (gl. Branche, vor- und nachgelagerte Stufen)	diagonal (andere Branche)		k.A.					
Netzwerkkomplexitätsgrad	geringer Komplexitätsgrad	mittlerer Komplexitätsgrad	hoher Komplexitätsgrad				k.A.					
Position der strategischen Führung	Handelsunternehmen	Endprodukthersteller	Systemlieferant	Komponenten-/ Teilelieferant	Rohstofferzeuger	keine	k.A.					
Position des Supply Chain Engpasses	Handelsunternehmen	Endprodukthersteller	Systemlieferant	Komponenten-/ Teilelieferant	Rohstofferzeuger	veränderlich	k.A.					
Planungsentscheidung	zentral	dezentral nach einheitl. Regeln	dezentral autonom				k.A.					
Produktart	Enderzeugnis	Verbrauchs-/ MRO-Gut	Investitionsgut	Handelsgut	Dienstleistung		k.A.					
Produktlebenszyklus	kurz (< 1 Jahr)	mittel (1-3 Jahre)	lang (> 3 Jahre)				k.A.					
Produktlebenszyklusphase	Einführung	Wachstum	Reife	Degeneration			k.A.					

2

KühneSchool WHU

2. Wo würden Sie Ergänzungen/Änderungen vornehmen?

3. Wo sehen Sie Ihr Unternehmen in der Supply Chain relativ zu Ihrem Endkunden? Wer ist „Ihr" Endkunde?

KühneSchool WHU

C: Organisation von Risikomanagement

1. Was verstehen Sie unter Risiko?

2. Was verstehen Sie unter Risikomanagement?

3. Ist Risikomanagement in Ihrem Unternehmen institutionalisiert?

4. Welches Ziel/welche Ziele verfolgen Sie mit dem Risikomanagement?

5. In welchem Funktionsbereich ist Risikomanagement in Ihrem Unternehmen angesiedelt? Wo liegt die Verantwortung?

6. Welcher zeitliche Aufwand wird derzeit in Ihrem Unternehmen für Risikomanagement investiert? Haben Sie eine eigene Abteilung/Einheit etc. bzw. wie viele Mitarbeiter sind beteiligt?

7. Haben Sie einen Risikomanagementprozess in Ihrem Unternehmen? Wenn ja, welche Schritte hat dieser?

KühneSchool WHU

8. Inwiefern sind Sie in den Risikomanagementprozess Ihres Unternehmens involviert?

9. Arbeiten Sie in Ihrem Risikomanagementsystem mit Kunden und/oder Lieferanten zusammen? Wenn ja, wer hat die „Federführung"?

KühneSchool WHU

D: Einzelrisiken in der Supply Chain

1. Nennen Sie bitte für Ihr Unternehmen die zehn wichtigsten Risiken in der Supply Chain.

   Wie bewerten Sie die Schadenshöhen und die Eintrittswahrscheinlichkeiten dieser Risiken auf einer Skala von 1 (sehr niedrig) bis 5 (sehr hoch)?

	Risiko	Schadenshöhe	Eintritts-wahrscheinlichkeit
1			
2			
3			
4			
5			
6			
7			
8			
9			
10			

2. Wird in Ihrem Unternehmen/in Ihrer Supply Chain eine Klassifizierung der Risiken vorgenommen? Wenn ja, wie ist diese ausgestaltet?

3. Könnten Sie Ihre in der ersten Frage genannten Risiken bitte in die folgende Matrix einsortieren und dabei zwischen der strategischen und der operativen Ebene unterscheiden?

Betroffener Fluss / Risikoquelle	Umfeld	Beschaffung	Produktion	Absatz
Finanz				
Information				
Material				

4. Ist diese Matrix zur Kategorisierung von Risiken geeignet? Was würden Sie verändern?

E: Methoden im Rahmen des Risikomanagements

1. Welche Prozessschritte des Risikomanagements (Identifikation, Bewertung, Steuerung, Kontrolle) werden bei Ihnen umgesetzt?

2. Welche Methoden werden/wurden in Ihrem Unternehmen eingesetzt zur Erkennung von Risiken? Welche haben sich besonders bewährt?

3. Welche Methoden werden/wurden in Ihrem Unternehmen eingesetzt zur Bewertung von Risiken? Welche haben sich besonders bewährt?

4. Welche Maßnahmen werden derzeit bei Erkennen eines Risikos ergriffen?

KühneSchool WHU

5. Verwenden Sie ein Software-Tool im Rahmen des Risikomanagements?
   Wenn ja, welches Tool verwenden Sie und welche Funktionen deckt es ab?

6. Welchen zeitlichen Aufwand sind Sie bereit für die Nutzung eines Software-Tools aufzubringen (einmalig bzw. kontinuierlich)?

7. Wie beurteilen Sie die Verlässlichkeit eines solchen Tools hinsichtlich der Identifikation von Risiken und der enthaltenen Handlungsempfehlungen?

9

KühneSchool WHU

F: Schluss

1. Möchten Sie Wünsche/Anregungen äußern, die unser Projekt betreffen?

2. Möchten Sie Punkte ergänzen, die wir mit unserem bisherigen Gespräch nicht abgedeckt haben?

10

Anhang VIII: Fragebogen der Kurzbefragung „Risiko und Flexibilität“

TUHH Technische Universität Hamburg-Harburg — **Kurzbefragung „Risiko und Flexibilität“** — LOG-U

Sehr geehrte Damen und Herren!

Im Rahmen des von der EU geförderten Projektes C.A.S.H. (Connecting Authorities for Safer Heavy Goods Traffic in the Baltic Sea Region) führt das Institut für Logistik und Unternehmensführung an der Technischen Universität Hamburg-Harburg (TUHH) eine Kurzbefragung durch. Sie würden durch eine Teilnahme an der Befragung oder eine entsprechende Weiterleitung unsere Arbeit sehr unterstützen. Die Bearbeitung des Fragebogens dauert ca. 10 Minuten. Vielen Dank für Ihre Mitwirkung!

Ihre

Prof. Dr. Wolfgang Kersten — Dipl.-Kffr. Carolin Singer

Bitte senden Sie den ausgefüllten Fragebogen bis zum **09. April 2010** an die folgende Adresse:

Institut für Logistik und Unternehmensführung (W-02)
an der Technischen Universität Hamburg-Harburg (TUHH)
z. Hd. Dipl.-Kffr. Carolin Singer
Schwarzenbergstraße 95 D
21073 Hamburg
Tel.: 040 42878-3767
Fax: 040 42878-2200
http://www.logu.tu-harburg.de
c.singer@tu-harburg.de

Alle Daten werden streng vertraulich behandelt und anonymisiert ausgewertet. Wenn Sie an den Ergebnissen der Untersuchung sowie am Projektverlauf interessiert sind, geben Sie bitte Ihren Namen und Ihre Email-Adresse im Rahmen der allgemeinen Angaben an.

I. Allgemeine Angaben

1. Bitte geben Sie den Namen und die Branche Ihres Unternehmens an:

______

2. Die Bearbeitung des Fragebogens erfolgte durch:

______

Name — Funktion

______

Email

3. Wie groß ist Ihr Unternehmen?

Anzahl Mitarbeiter: ca. ______ Gesamtumsatz pro Jahr: ca. ______ [€]

C.A.S.H. — Seite 1 von 4

TUHH Technische Universität Hamburg-Harburg — **Kurzbefragung „Risiko und Flexibilität“** — LOG-U

II. Risiko und Risikomanagement

Im Folgenden geht es um Ihre Einschätzung aus Praxissicht. Ein „Falsch“ oder „Richtig“ gibt es nicht.

1. Wie beurteilen Sie die folgenden Aussagen?

	Ja	*Nein*
Ein Risiko bezeichnet die Gefahr des Schadeneintritts.	☐	☐
Unsicherheit ist umfangreicher als Risiko.	☐	☐

2. Verfügt Ihr Unternehmen über ein institutionalisiertes Risikomanagement? *Ja* ☐ *Nein* ☐

Ggf.Anmerkung: ______

3. Verwenden Sie im Rahmen Ihrer üblichen Prozesse Methoden, um Risiken zu erkennen/analysieren (z. B. Lieferantenbewertung)? *Ja* ☐ *Nein* ☐

Ggf. Anmerkung: ______

4. Wo liegt zurzeit der Betrachtungsschwerpunkt Ihres Risikomanagements?

	Ja	*Nein*
Nur eigenes Unternehmen/Intern	☐	☐
Eigenes Unternehmen sowie direkt vorgelagerter Lieferant und direkt nachgelagerter Kunde (3 Stufen)	☐	☐
Eigenes Unternehmen sowie Lieferanten der Lieferanten und Kunden der Kunden (Ganze Supply Chain - Anzahl betrachteter Stufen? __)	☐	☐

Ggf. Anmerkung: ______

5. Wie schätzen Sie die Relevanz von Risikomanagement in der Supply Chain in der Vergangenheit, Gegenwart und Zukunft ein?

		Bedeutung: Sehr gering 1	2	3	4	Sehr hoch 5
Jahr	2005	☐	☐	☐	☐	☐
	2010	☐	☐	☐	☐	☐
	2015	☐	☐	☐	☐	☐

6. Wie bewerten Sie die Bedeutung der folgenden Logistikrisiken für die Logistikbranche im Allgemeinen?

			Bedeutung: Sehr gering 1	2	3	4	Sehr hoch 5
Transport		Ausfallrisiko (Vernichtung beim Transport)	☐	☐	☐	☐	☐
	Transport-mängel	Mengenrisiko (teilweise Vernichtung beim Transport)	☐	☐	☐	☐	☐
		Qualitätsrisiko (Beeinträchtigung beim Transport)	☐	☐	☐	☐	☐
		Kostenrisiko (Erhöhung der Transportkosten)	☐	☐	☐	☐	☐
		Zeitrisiko (Verzögerung/Vorzeitigkeit der Lieferung)	☐	☐	☐	☐	☐
Lager-haltung		Mengenrisiko (z. B. durch Verderb, Brand, Diebstahl)	☐	☐	☐	☐	☐
		Qualitätsrisiko (z. B. durch Verrostung, Überalterung)	☐	☐	☐	☐	☐
		Wertrisiko (Fallen des Marktpreises)	☐	☐	☐	☐	☐

Seite 2 von 4

TUHH Technische Universität Hamburg-Harburg — **Kurzbefragung „Risiko und Flexibilität"** — LOG-U Logistik und Unternehmensführung

7. In welcher Form werden Risiken in Ihrem Unternehmen bewertet?

	Ja	Nein
Gar nicht.	☐	☐
Risiken werden qualitativ bestimmten Klassen zugeordnet.	☐	☐
Risiken werden genau mittels Eintrittswahrscheinlichkeit und Schadenhöhe quantitativ bewertet.	☐	☐

Ggf. Anmerkung: ______________________

8. Bitte geben Sie an, welche Instrumente der Risikoidentifikation und -bewertung Sie grundsätzlich für geeignet halten und welche in Ihrem Unternehmen genutzt werden.

		Eignung: Sehr gering → Sehr hoch					Anwendung: Sehr gering → Sehr hoch					Unbekannt
		1	2	3	4	5	1	2	3	4	5	
Identifikation	Checklisten	☐	☐	☐	☐	☐	☐	☐	☐	☐	☐	☐
	Expertenbefragung	☐	☐	☐	☐	☐	☐	☐	☐	☐	☐	☐
	Betriebsbesichtigung	☐	☐	☐	☐	☐	☐	☐	☐	☐	☐	☐
	Dokumentenanalysen	☐	☐	☐	☐	☐	☐	☐	☐	☐	☐	☐
	Brainstorming	☐	☐	☐	☐	☐	☐	☐	☐	☐	☐	☐
	Lieferantenaudit	☐	☐	☐	☐	☐	☐	☐	☐	☐	☐	☐
	Frühwarnsysteme	☐	☐	☐	☐	☐	☐	☐	☐	☐	☐	☐
Bewertung	Risikoportfolio	☐	☐	☐	☐	☐	☐	☐	☐	☐	☐	☐
	Expertenschätzung	☐	☐	☐	☐	☐	☐	☐	☐	☐	☐	☐
	Fehlermöglichkeits- und Einflussanalyse	☐	☐	☐	☐	☐	☐	☐	☐	☐	☐	☐
	Fehler-/Ereignisbaum	☐	☐	☐	☐	☐	☐	☐	☐	☐	☐	☐
	Statistische Auswertung	☐	☐	☐	☐	☐	☐	☐	☐	☐	☐	☐
	Simulation	☐	☐	☐	☐	☐	☐	☐	☐	☐	☐	☐

9. Welche der folgenden Methoden setzen Sie im Rahmen des Controllings ein, um den Erfolg Ihrer Supply Chain zu messen? Welche Methoden halten Sie für geeignet?

	Eignung: Sehr gering → Sehr hoch					Anwendung: Sehr gering → Sehr hoch					Unbekannt
	1	2	3	4	5	1	2	3	4	5	
Kennzahlen	☐	☐	☐	☐	☐	☐	☐	☐	☐	☐	☐
Balanced Scorecard	☐	☐	☐	☐	☐	☐	☐	☐	☐	☐	☐
Benchmarking	☐	☐	☐	☐	☐	☐	☐	☐	☐	☐	☐
Target Costing	☐	☐	☐	☐	☐	☐	☐	☐	☐	☐	☐
Prozesskostenrechnung	☐	☐	☐	☐	☐	☐	☐	☐	☐	☐	☐
Wertschöpfungskettenanalyse	☐	☐	☐	☐	☐	☐	☐	☐	☐	☐	☐
Portfolios	☐	☐	☐	☐	☐	☐	☐	☐	☐	☐	☐
Andere: ____________	☐	☐	☐	☐	☐	☐	☐	☐	☐	☐	☐

Seite 3 von 4

TUHH Technische Universität Hamburg-Harburg — **Kurzbefragung „Risiko und Flexibilität"** — LOG-U Logistik und Unternehmensführung

III. Flexibilität und Flexibilitätsmanagement

1. Unter Flexibilität soll die Fähigkeit der Anpassung an unterschiedliche Situationen verstanden werden (z. B. im Einkauf durch die Einbindung mehrerer Lieferanten und ggf. Wechsel). Wie beurteilen Sie folgende Aussagen?

	Ja	Nein
Bei hoher Unsicherheit ist es sinnvoll, ein hohes Flexibilitätspotenzial aufzubauen.	☐	☐
Flexibilität ist immer mit Schnelligkeit verbunden.	☐	☐
Flexibilität kann durch Optionen auf Mengen, Kapazitäten und Zeiten geschaffen werden (z. B. mit Hilfe von Rahmenverträgen).	☐	☐
Flexibilität kann sich durch die Möglichkeit zum Wechsel oder Abbruch ausdrücken.	☐	☐

2. Verfügt Ihr Unternehmen über eine organisatorische Einheit, die sich hauptverantwortlich mit dem Management von Flexibilität beschäftigt? Ja ☐ Nein ☐

Ggf. Anmerkung: ______________________

3. In welchen Bereichen ist der Aufbau von Flexibilitätspotenzialen Ihrer Meinung nach relevant und wo geschieht dieses in Ihrem Unternehmen (1 = sehr gering; 5 = sehr hoch)?

	Relevanz (Soll)	Anwendung (Ist)
Planung & Organisation	1 2 3 4 5	1 2 3 4 5
Finanzierung, Rechnungswesen	1 2 3 4 5	1 2 3 4 5
Personal	1 2 3 4 5	1 2 3 4 5
Einkauf	1 2 3 4 5	1 2 3 4 5
Logistik	1 2 3 4 5	1 2 3 4 5
Produktion	1 2 3 4 5	1 2 3 4 5
Absatz	1 2 3 4 5	1 2 3 4 5

Marge

in Anlehnung an Porter (1986)

4. Wie beurteilen Sie die Eignung der folgenden Strategien, um wirkungsvoll auf beschaffungsseitige Risiken reagieren zu können? Beurteilen Sie bitte auch die Anwendungshäufigkeit in Ihrem Unternehmen.

		Eignung: Sehr gering → Sehr hoch					Anwendung: Sehr gering → Sehr hoch				
		1	2	3	4	5	1	2	3	4	5
Einkauf	Einbindung mehrerer Lieferanten und ggf. Wechsel	☐	☐	☐	☐	☐	☐	☐	☐	☐	☐
	Kurzfristiges Erhöhen/Senken der Bestellmenge	☐	☐	☐	☐	☐	☐	☐	☐	☐	☐
	Zeitl. Anpassung der Liefertermine	☐	☐	☐	☐	☐	☐	☐	☐	☐	☐
	Sonderkündigung Lieferant	☐	☐	☐	☐	☐	☐	☐	☐	☐	☐
Logistik	Einbindung mehrerer Logistikdienstleister (LDL) und ggf. Wechsel	☐	☐	☐	☐	☐	☐	☐	☐	☐	☐
	Anpassung der Lagerkapazitäten	☐	☐	☐	☐	☐	☐	☐	☐	☐	☐
	Einplanung von Pufferzeiten bei Anlieferung der Zulieferteile	☐	☐	☐	☐	☐	☐	☐	☐	☐	☐
	Sonderkündigung LDL	☐	☐	☐	☐	☐	☐	☐	☐	☐	☐

Seite 4 von 4

VIELEN DANK FÜR IHRE UNTERSTÜTZUNG!

Anhang IX: Maßnahmenkatalog zur Anpassung der Supply Chain-Flexibilität

Strategien und Maßnahmen zur Anpassung der Supply Chain-Flexibilität		
Dimension	#	Beschreibung
Beschaffungsflexibilität	B01	**Verzicht auf Bestellung bei einem Lieferanten und Umstellung auf alternativen Lieferanten** (Backup/Stand-by Supplier - setzt Verfügbarkeit mehrerer qualifizierter Lieferanten für Komponente, Vorhalten alternativer Lieferanten und möglichst geringe Wechselkosten (durch z. B. Standardisierung des Zulassungsverfahrens und ggf. Nutzung bestimmter Informationssysteme) voraus)
	B02	**Bestellung bei einem weiteren Lieferanten, um Kundennachfrage bedienen zu können** (Backup/Stand-by Supplier und Multiple Sourcing - setzt Verfügbarkeit mehrerer qualifizierter Lieferanten für Komponente voraus, ggf. in weiterer Region)
	B03	**Verringerung des Bestellvolumens bei einem Lieferanten und Erhöhung bei anderem** (setzt Verfügbarkeit mehrerer qualifizierter Lieferanten für Komponente voraus)
	B04	**Einbindung mindestens eines lokalen Lieferanten** (Local Sourcing - setzt Verfügbarkeit eines qualifizierten lokalen Lieferanten für Komponente voraus)
	B05	**Einbindung mindestens eines nicht lokalen Lieferanten** (Global Sourcing - setzt Verfügbarkeit mehrerer qualifizierter - landesweiter oder weltweiter - Lieferanten für Komponente voraus)
	B06	**Anpassung der Liefermenge eines Lieferanten** (insbesondere bei Abschluss eines flexiblen Liefervertrags/Rahmenvertrags)
	B07	**Anpassung des Lieferzeitpunktes und der Frequenz der Lieferungen** (insbesondere bei Abschluss eines flexiblen Liefervertrags/Rahmenvertrags)
	B08	**Vereinbarung festgelegter Rückkaufregelung und Inanspruchnahme (Kommissionskauf)** (im Falle vertraglicher Absicherung)
	B09	**Kombinieren von lang- und kurzfristigen Lieferantenverträgen** (Nutzung der Vorteile aus langfristigen Verträgen (ggf. Preis) und kurzfristigen Verträgen (ggf. Ergänzung Kapazität; keine langfristige Bindung))
	B10	**Einkauf bestimmter Teile/Komponenten auf dem Spotmarkt** (insbesondere zur Deckung kurzfristiger Bedarfe und durch Nutzung von B2B-Plattformen)
	B11	**Verzicht auf Vorproduktlieferung (und Eigenfertigung)** (Ausweitung der eigenen Wertschöpfung setzt den Besitz des geistigen Eigentums und der erforderlichen Technologie voraus)
	B12	**Verzicht auf Produkt-/Rohstofflieferung und Ersatz durch anderes/anderen** (setzt Verfügbarkeit eines anderes Produktes/Rohstoffs voraus)
	B13	**Eingehen eines engeren Verhältnisses mit mehreren oder einem Lieferanten (bis hin zum Single Sourcing)** (Strategic Sourcing - Stärkung der Kooperation, Beteiligungen, Bindung, Gewährleistung von Darlehen, gemeinsame Planung, langfr. Verträge, Verbesserung der Materialverfügbarkeit im Falle von Engpässen durch größere Abnahmemacht)
	B14	**Einbindung eines Lieferanten, der mehrere Werke besitzt** (besonders vorteilhaft, wenn sich diese in verschiedenen Regionen/Ländern befinden; bessere Reaktionsmöglichkeiten im Falle von drohenden Engpässen)
	B15	**Räumliche Annäherung von Lieferant und produzierendem Unternehmen** (entweder Lieferant oder produzierendes Unternehmen nähert sich dem Partner an; bessere Reaktionsmöglichkeiten im Falle von drohenden Engpässen)
	B16	**Verkürzung der Vorlaufzeit und Verringerung ihrer Streuung** (Verringerung der Beschaffungszeit und somit bessere Reaktionsmöglichkeiten im Falle von drohenden Engpässen)
	B17	**Aktives Management der Lieferantenbasis** (Möglichkeit der Nutzung des vertraglich festgelegten (Sonder-)Kündigungsrechts von Lieferantenbeziehungen, ggf. Erhöhung des Beschaffungsvolumens bei anderen Lieferanten, somit Erhöhung der Verhandlungsmacht durch größere Abnahmemacht und Reduktion der administrativen Kosten)
	B18	**Erweiterung der Vorlieferantenbasis** (Multiple Sourcing/Backup/Stand-by Supplier - setzt Verfügbarkeit mehrerer qualifizierter Lieferanten für Komponente voraus)
	B19	**Abschluss eines Termingeschäfts** (Zeitgeschäft - Absicherung vor möglicher Preissteigerung)
	B20	**Empfehlung eines Standardprozesses für Lieferanten** (Beschleunigung von Prozessen und verbesserte Handlungsmöglichkeiten im Falle von Störungen)
	B21	**Beobachten der Beschaffungsmärkte** (besonders vorteilhaft, wenn dieses weltweit geschieht, zur Verbesserung der Reaktionsfähigkeit)
	B22	**Gemeinsame Beschaffung im Unternehmensverbund** (zur Preissenkung aufgrund der erhöhten Verhandlungsmacht, allerdings bei bestimmter zeitlicher Bindung, z. T. Zurverfügungstellung von Material durch den OEM an den Lieferanten)
	B23	**Anpassung der Reaktionsfähigkeit bei Qualitätsproblemen** (Schnelligkeit, Zuverlässigkeit und Kundenfreundlichkeit, auf Qualitätsprobleme zu reagieren)

Herkunft																	
Kersten et al. 2009b	Literatur zum SC-Flexibilitätsmanagement													Literatur zum Flexibilitäts-management		
	Kumar/Shankar/ Yadav 2008	Lee 2004	Lummus/Vokurka/ Duclos 2005	McKinsey & Company 2003	More/Babu 2008; More/Babu/ Hemachandra 2008	Saatmann/Schorr/ Voigt 2007	Sáenz/Lambán/ Navarro 2010	Sheffi 2004	Stevenson/ Spring 2009	Straube/Borkowski 2008	Swafford/Ghosh/ Murthy 2006a/ 2006b/2008	Tachizawa/Giménez Thomsen 2007/2010	Winkler 2008; Winkler/Graf 2005; Winkler/ Bliem/Kaluza 2006	Aaker/ Mascarenhas 1984	Lödding 2008	Weber et al. 2005
X	X	X	X		X			X	X	X	X	X	X	X		
X		X	X		X						X	X	X			
X	X							X			X					
X	X		X		X			X	X	X		X				
X	X				X			X		X	X	X		X		
	X	X			X		X	X		X	X	X				
	X	X			X					X	X	X				
X																
					X			X								
X					X						X	X				
X																
X					X											
X	X	X	X		X	X	X	X	X	X		X	X			
X								X								
X												X				
									X		X					
									X							
X																
X																
X													X			
X		X														
X									X		X					

Strategien und Maßnahmen zur Anpassung der Supply Chain-Flexibilität		
Dimension	#	Beschreibung
Logistikflexibilität	L01	**Verzicht auf Bestellung eines Transportdienstleisters und Umstellung auf alternativen Transportdienstleister (Lieferant/Abnehmer/Logistikdienstleister)** (Backup/Stand-by Supplier - setzt Verfügbarkeit mehrerer qualifizierter Transportdienstleister für bestimmte Komponente voraus)
	L02	**Bestellung eines weiteren Transportdienstleisters, um Kundennachfrage bedienen zu können** (Backup/Stand-by Supplier und Multiple Sourcing - setzt Verfügbarkeit mehrerer qualifizierter Tranportdienstleister für bestimmte Komponente voraus)
	L03	**Verringerung des Bestellvolumens bei einem Transportdienstleister und Erhöhung bei anderem** (setzt Verfügbarkeit mehrerer qualifizierter Transportdienstleister für Komponente voraus)
	L04	**Anpassung der Transportmenge eines Transportdienstleisters** (insbesondere bei Abschluss eines flexiblen Liefervertrags)
	L05	**Anpassung des Lieferzeitpunktes und der Frequenz der Lieferungen** (insbesondere bei Abschluss eines flexiblen Liefervertrags; z. B. auch durch Einplanung längerer Transportzeiten)
	L06	**Kombinieren von langfristigen und kurzfristigen Logistikdienstleisterverträgen** (Nutzung der Vorteile aus langfristigen Verträgen (ggf. Preis) und kurzfristigen Verträgen (ggf. Ergänzung Kapazität; keine langfristige Bindung))
	L07	**Einkauf auf dem Spotmarkt für Transportdienstleistungen** (insbesondere zur Deckung kurzfristiger Bedarfe und der Nutzung von B2B-Plattformen)
	L08	**Verzicht auf Transportdienstleistung (und Selbsterbringen)** (Ausweitung der eigenen Wertschöpfung setzt den Besitz des geistigen Eigentums und der erforderlichen Technologie voraus)
	L09	**Verzicht auf Transportdienstleistung und Ersatz durch anderes Transportmittel/Nutzung alternatives Transportmittel** (setzt Verfügbarkeit eines anderen Transportmittels voraus)
	L10	**Verringerung/Einstellung der eigenen Logistikdienstleistung und Outsourcing** (setzt Verfügbarkeit eines geeigneten Logistikdienstleisters oder Ausgliederung aus dem Unternehmen voraus)
	L11	**Einsatz eines 4PL** (setzt Verfügbarkeit eines geeigneten Logistikdienstleisters oder anderen Unternehmens voraus)
	L12	**Eingehen eines engeren Verhältnisses mit mehreren oder einem Logistikdienstleister (bis hin zum Single Sourcing)** (Stärkung der Kooperation, Beteiligungen, Bindung, Gewährung von Darlehen, gemeinsame Planung, langfr. Verträge, Verbesserung der Verfügbarkeit im Falle von Engpässen durch größere Abnahmemacht)
	L13	**Verkürzung der logistischen Vorlaufzeit und Verringerung ihrer Streuung** (Verringerung der Beschaffungszeit und somit bessere Reaktionsmöglichkeiten im Falle von drohenden Engpässen)
	L14	**Aktives Management der Logistikdienstleisterbasis** (Möglichkeit der Nutzung des vertraglich festgelegten (Sonder-)Kündigungsrechts von Logistikdienstleisterbeziehungen, ggf. Erhöhung des Transportvolumens bei anderen Logistikdienstleistern, somit Erhöhung der Verhandlungsmacht durch größere Abnahmemacht und Reduktion der administrativen Kosten)
	L15	**Abschluss eines Termingeschäfts** (Zeitgeschäft - Absicherung vor möglicher Preissteigerung)
	L16	**Empfehlung eines Standardprozesses für Logistikdienstleister** (Beschleunigung von Prozessen und verbesserte Handlungsmöglichkeiten im Falle von Störungen)
	L17	**Beobachten der Logistikmärkte** (zur Verbesserung der Reaktionsfähigkeit)
	L18	**Nutzung einer alternativen Transportroute ggf. inkl. anderer Knotenpunkte** (setzt Verfügbarkeit einer weiteren Transportroute voraus)
	L19	**Nutzung einer alternativen Versandart (z. B. über Nacht, Express)** (setzt Verfügbarkeit einer weiteren Versandart voraus)
	L20	**Verteilung der Transportmenge auf mehrere Transportmittel/-routen/-versandarten** (vorteilhaft bei Verzögerungen sowie Transportschäden)
	L21	**Einrichtung eines (Zwischen-)Lagers beim Lieferanten/Kunden/Logistikdienstleister/eigenen Unternehmen (z. B. VMI/Konsignationslager): Vorhalten eines Sicherheitsbestands und Nutzung bei hoher Nachfrage/Störungen** (evtl. Schließung eines Lagers beim Lieferanten/Kunden/Logistikdienstleister; Nachteile: ggf. Veralterung, Qualitätsmängel, Kapitalbindung, Verwaltungskosten)
	L22	**Umsetzen der Lagerhaltungsstrategie: Einrichten bei geringwertigen, aber wichtigen oder schnelllebigen Gütern und Nutzung bei hoher Nachfrage/Störungen** (dabei Lager beim Lieferanten/Kunden/Logistikdienstleister/eigenen Unternehmen)
	L23	**Umsetzen der Lagerhaltungsstrategie: Gütermenge vorhalten an verschiedenen Orten und Nutzung bei hoher Nachfrage/Störungen** (dabei Lager beim Lieferanten/Kunden/Logistikdienstleister/eigenen Unternehmen)
	L24	**Anpassung der Lagermenge/-kapazitäten** (zur Senkung des mittleren Lagerbestandes, Verkürzung der Lagerdauer unter der Beachtung von Veralterungs-/Verderblichkeitskriterien oder absatzsynchroner Beschaffung/Produktion; bessere Handlungsmöglichkeiten bei Störungen)
	L25	**Einplanung von Pufferzeiten und Reduzierung von Verspätungen** (bei Anlieferung/Verarbeitung der Komponenten)
	L26	**Vorhalten von Reservekapazitäten im Transport, Umschlag und in der Lagerung und ggf. Nutzung** (Schaffung einer Handlungsalternative bei Ausfall des ursprünglichen Systems z. B. manueller Art; Vorteile: keine Anpassungsarbeiten, mehr Freiheitsgrade, Entscheidungsalternativen)

Herkunft																
Kersten et al. 2009b	Literatur zum SC-Flexibilitätsmanagement													Literatur zum Flexibilitäts-management		
	Kumar/Shankar/Yadav 2008	Lee 2004	Lummus/Vokurka/Duclos 2005	McKinsey & Company 2003	More/Babu 2008; More/Babu/Hemachandra 2008	Saatmann/Schorr/Voigt 2007	Sáenz/Lambán/Navarro 2010	Sheffi 2004	Stevenson/Spring 2009	Straube/Borkowski 2008	Swafford/Ghosh/Murthy 2006a/2006b/2008	Tachizawa/Giménez Thomsen 2007/2010	Winkler 2008; Winkler/Graf 2005; Winkler/Biem/Kaluza 2006	Aaker/Mascarenhas 1984	Lödding 2008	Weber et al. 2005
	X	X	X		X					X	X	X				
X	X	X								X	X	X				
X																
			X		X					X	X					
	X				X						X					
					X											
X										X	X					
X																
X	X	X	X		X			X		X	X					
		X			X				X	X		X	X	X		
													X			
X		X			X	X						X				
X																
											X					
X																
X		X														
X		X														
X	X		X													
X			X		X					X						
X										X						
X		X	X		X				X	X	X	X	X	X		
X		X							X							
X			X							X	X					
X											X					
X		X														
X						X										

Strategien und Maßnahmen zur Anpassung der Supply Chain-Flexibilität		
Dimension	#	Beschreibung
Logistikflexibilität	L27	**Konsolidierung von Logistikdienstleistungslieferungen (von unterschiedlichen Orten)** (hohe Anzahl von Produkten pro Lieferung (Milkrun) bis hin zur Direktlieferung)
	L28	**Lieferung kleinerer Mengen mit höherer Lieferfrequenz** (z. B. im Falle, dass nur geringe oder keine Lagerhaltung betrieben werden soll/kann)
	L29	**Logistisches Postponement** (Lagerhaltung von differenzierten Produkten an zentralen Orten)
	L30	**Nutzung automatischer Identifikationssysteme/Prozesse** (Beschleunigung ansonsten manuell durchgeführter Prozesse; Nachteile: Anpassungsarbeiten ggf. erforderlich, weniger Freiheitsgrade, Entscheidungsalternativen, Effekte auf Arbeitskräfte zu berücksichtigen)
	L31	**Anpassung der Reaktionsfähigkeit bei Qualitätsproblemen** (Schnelligkeit, Zuverlässigkeit und Kundenfreundlichkeit, auf Qualitätsprobleme zu reagieren)
operative Flexibilität	OP01	**Verzicht der Nutzung eines Betriebsmittels und Umstellung auf ein alternatives Betriebsmittel** (setzt Verfügbarkeit eines (weiteren) geeigneten Betriebsmittels voraus)
	OP02	**Vorhalten von mindestens zwei Werken an unterschiedlichen Orten und ggf. Verlagerung der Produktion** (ggf. Aufbau eines weiteren (modularen) Werkes; besonders vorteilhaft, wenn sich die Werke in unterschiedlichen Regionen/Ländern befinden und bei Umstellung die Produktion der Produkte anderer Werke möglich ist)
	OP03	**Einkauf auf dem Spotmarkt zur Ergänzung interner Fertigungskapazitäten** (insbesondere zur Deckung kurzfristiger Bedarfe und der Nutzung von B2B-Plattformen)
	OP04	**Verringerung/Einstellung der eigenen Fertigung und (teilweise) Outsourcing** (setzt Verfügbarkeit eines geeigneten Lieferanten oder Ausgliederung aus dem Unternehmen voraus)
	OP05	**Anpassung der Produktionskapazität: Betriebsmittel** (Veränderung der Outputmenge in einem vorgegebenen Rahmen (Nutzung Backup Capacity, d.h. Basis- und Reaktivkapazität), Veränderung der Betriebsmittelintensität oder Verschieben von Wartungsarbeiten)
	OP06	**Verzicht des Einsatzes eines Mitarbeiters für eine bestimmte Tätigkeit und Einsatz eines alternativen Mitarbeiters hierfür** (setzt die Verfügbarkeit eines alternativen Mitarbeiters und Wissensmanagement voraus - Job-Rotation)
	OP07	**Anpassung der Personalkapazität: innerbetrieblicher Personalpool** (Kurzfristige Veränderung durch Anpassung der Arbeitsgeschwindigkeit/den Einsatz von Springern/Studierenden/Auf- und Abbau von Überstunden/Variation der Anzahl an Schichten/Wochenendarbeit/Kurzarbeit/Teilzeit/Sabbaticals/Vorruhestand/Gewährung von und Verzicht auf Urlaub/Freistellung/Einrichtung von (Lebens-/Jahres-)Arbeitszeitkonten - Gleitzeit)
	OP08	**Anpassung der Personalkapazität: Leiharbeitskräfte** (Kurzfristige Veränderung durch den Einsatz von bzw. Verzicht auf Leiharbeitskräfte/Personalleasing)
	OP09	**Anpassung der Personalkapazität: Einstellung bzw. Einstellungsstopp/Kündigung von (neuen) Mitarbeitern unter Berücksichtigung ethischer Gesichtspunkte** (kurz- bis langfristig umzusetzen; mittel- bis langfristige Bindung (je nach Fristigkeit des Vertrags; befristet/unbefristet))
	OP10	**Einstellung und Förderung von Personal: vielseitig qualifizierte Mitarbeiter** (Vielseitigkeit zum Einsatz an verschiedenen Arbeitsplätzen/in unterschiedlichen Bereichen z. B. aufgrund von Schulungen/Trainings/Fortbildungen/Weiterbildungen (auch mit beruflicher Auszeit) - Job-Enlargement)
	OP11	**Einsatz des Personals im Rahmen funktionsübergreifender Teams zur produktionsanforderungsgerechten Produktgestaltung oder zur Lösung von SC-Problemen** (insbesondere Einbindung von Mitarbeitern aus der Produktion, Logistik, dem SCM, Absatz in der Designphase und ggf. Berücksichtigung der Interessen)
	OP12	**Einrichten eines SC-übergreifenden Personalpools/Betriebsmittelpools** (zum kurzfristigen Einsatz, wo nötig)
	OP13	**Einbeziehung der SC-Partner in die Entwicklung/Produktion/Qualitätsprozesse zur SC-anforderungsgerechten Produktgestaltung** (insbesondere ggf. Berücksichtigung von Interessen der Lieferanten)
	OP14	**Einsatz multifunktionaler Betriebsmittel** (Möglichkeit zum Einsatz für verschiedene Arbeitsgänge im Falle von Störungen und Engpasssituationen)
	OP15	**Anpassung der Produktionskapazität: Anpassung der Anzahl an Betriebsmitteln** (z. B. durch Leasing (Operate-Leasing-Vertrag oder Finance-Leasing-Vertrag), Mieten, Kauf, Verleihen oder Verkauf)
	OP16	**Verwendung mehrerer kleiner Betriebsmittel** (im Falle eines Ausfalls kann leichter umdisponiert werden)
	OP17	**Vornahme von Änderungen in der Ablaufplanung/im Produktionsmix** (z. B. Start- und Endtermine von Aufträgen in kurzer Zeit zu geringen Kosten verschieben, insbesondere zur Anpassung an Kundenliefertermine sowie bei Störungen, und somit bessere Reaktionsmöglichkeiten)

Herkunft																
Kersten et al. 2009b	Literatur zum SC-Flexibilitätsmanagement													Literatur zum Flexibilitäts-management		
	Kumar/Shankar/ Yadav 2008	Lee 2004	Lummus/Vokurka/ Duclos 2005	McKinsey & Company 2003	More/Babu 2008; More/Babu/ Hemachandra 2008	Saatmann/Schorr/ Voigt 2007	Sáenz/Lambán/ Navarro 2010	Sheffi 2004	Stevenson/ Spring 2009	Straube/Borkowski 2008	Swafford/Ghosh/ Murthy 2006a/ 2006b/2008	Tachizawa/Giménez Thomsen 2007/2010	Winkler 2008; Winkler/Graf 2005; Winkler/ Bhem/Kaluza 2006	Aaker/ Mascarenhas 1984	Lödding 2008	Weber et al. 2005
		X	X		X					X						
		X	X		X											
		X														
															X	
		X			X	X		X		X				X		
											X					
		X			X	X		X	X	X		X	X	X	X	
	X		X		X						X			X	X	
					X	X				X	X					
				X		X								X	X	
						X			X					X	X	X
					X										X	
X	X		X		X	X		X	X	X	X		X		X	
X		X		X	X											
X					X				X				X			
	X	X			X			X	X		X	X				
	X		X	X	X			X	X		X		X	X		
									X					X	X	
														X		
			X								X				X	

Strategien und Maßnahmen zur Anpassung der Supply Chain-Flexibilität		
Dimension	#	Beschreibung
operative Flexibilität	OP18	**Nivellierung und Glättung in der Produktion** (zur Reaktion auf Nachfrageschwankungen zeitweise fixe Stückzahlen bei Fertigung verschiedener Produktvarianten)
	OP19	**Verkürzung der Durchlaufzeit und ihrer Streuung** (Verringerung der Fertigungszeit und/oder der Wartezeiten und somit bessere Reaktionsmöglichkeiten im Falle von drohenden Engpässen)
	OP20	**Einführung von Kanban-Fertigung** (verbesserte Synchronisierung von Produktion und Logistik nach dem Just-in-time-Prinzip)
	OP21	**Verkürzung der Entwicklungszeit/Anlaufzeit und ggf. häufigere Auflage neuer Produkte** (zur schnellen Reaktion auf Marktnachfrage, z. B. mit Hilfe virtueller Produktentwicklung/Rapid Prototyping/überschüssigen F&E-Kapazitäten)
	OP22	**Verschieben des Auftragsentkopplungspunktes Richtung Quelle/weg von der Senke** (im Extremfall Auftragsfertigung zur Lagerminderung und zur Senkung der Unverkäuflichkeit)
	OP23	**Verschieben des Auftragsentkopplungspunktes Richtung Senke/weg von der Quelle ("Postponement")** (im Extremfall Fertigung eines Standardproduktes auf Lager und somit Sicherung der Verfügbarkeit des Produktes/Produktdifferenzierung so spät wie möglich)
	OP24	**Vereinfachung/Anpassung der Produktherstellung/Redesign durch Standardisierung von Komponenten** (zur Beschleunigung der Produktion, z. B. durch Einsatz des Plattformkonzepts zur Beschleunigung der Entwicklung/Produktion, zur Verringerung der Lagermenge)
	OP25	**Entwicklung modularer Produkte** (zur Beschleunigung der Entwicklung/Produktion, zur Verringerung der Lagermenge)
	OP26	**Aufschub/Abbruch der Entwicklung eines Produktes** (insbesondere wenn die Kosten vergleichsweise hoch und die Nachfrageprognosen gering ausfallen)
	OP27	**Anpassung der Anzahl an Produktvarianten** (zur Beschleunigung der Entwicklung/Produktion, zur Verringerung der Lagermenge; z. B. Verwendung Plattformkonzept/Produktfamilien)
	OP28	**Anpassung der Produktionskapazität: Anpassung der Losgröße** (im Falle von höherer Nachfrage oder zur Vermeidung von Rüstvorgängen)
	OP29	**Einstellen der Produktion eines Erzeugnisses** (z. B. bei Engpässen und vergleichsweise geringer Nachfrage)
	OP30	**Standardisierung, Modularisierung und Vereinfachung von Prozessen** (Verkürzung der Durchlaufzeit und Vermeidung nicht-wertschöpfender Tätigkeiten; Lean Manufacturing; Verbesserung der Handlungsmöglichkeiten im Falle von Störungen)
	OP31	**Standardisierung von Produktionssystemen/Betriebsmitteln** (Beschleunigung von Produktion/Prozessen und verbesserte Handlungsmöglichkeiten im Falle von Störungen)
	OP32	**Senkung der Rüstzeiten und/oder -kosten** (Verringerung der benötigten Zeit zur Umstellung auf ein anderes Produkt und verbesserte Handlungsmöglichkeiten im Falle von Störungen)
	OP33	**Schaffen der Möglichkeit der Herstellung eines Produktes mit verschiedenen Technologien** (bei Ausfall eines Betriebsmittels ist Nutzung eines anderen - nicht-gleichwertigen - ggf. möglich; Ablaufplanung kann leichter geändert werden)
	OP34	**Anpassung des innerbetrieblichen Transportsystems** (im Falle von hohen Nachfrageschwankungen oder der Erhöhung der Anzahl der Produkte/Expansion)
	OP35	**Automatisierung von Vorgängen** (Beschleunigung ansonsten manuell durchgeführter Prozesse; Nachteile: Anpassungsarbeiten ggf. erforderlich, weniger Freiheitsgrade, Entscheidungsalternativen; Effekte auf Arbeitskräfte zu berücksichtigen)
	OP36	**Aufschieben/Verzögern oder Vorziehen eines Projektes** (abhängig von anderen Verpflichtungen insbesondere des Personals)

	Herkunft																	
	Kersten et al. 2009b	Literatur zum SC-Flexibilitätsmanagement														Literatur zum Flexibilitäts-management		
		Kumar/Shankar/Yadav 2008	Lee 2004	Lummus/Vokurka/Duclos 2005	McKinsey & Company 2003	More/Babu 2008; More/Babu/Hemachandra 2008	Saatmann/Schorr/Voigt 2007	Sáenz/Lambán/Navarro 2010	Sheffi 2004	Stevenson/Spring 2009	Straube/Borkowski 2008	Swafford/Ghosh/Murthy 2006a/2006b/2008	Tachizawa/Giménez Thomsen 2007/2010	Winkler 2008; Winkler/Graf 2005; Winkler/Bliem/Kaluza 2006	Aaker/Mascarenhas 1984	Lödding 2008	Weber et al. 2005
			X	X	X							X					
						X											
			X	X		X	X					X			X		
						X											
		X	X			X		X	X	X							
	X		X	X		X			X		X						
	X		X			X	X		X	X							
	X																
	X											X					
		X															
												X					
			X		X	X	X		X		X			X			
							X		X								
						X			X			X					
						X									X		
						X											
					X	X	X										

Strategien und Maßnahmen zur Anpassung der Supply Chain-Flexibilität		
Dimension	#	Beschreibung
Marktflexibilität	M01	**Anpassung der Auslieferungsmenge für einen Kunden** (Veränderung der Outputmenge in einem vorgegebenen Rahmen, insbesondere bei Abschluss eines Rahmenvertrags/flexiblen Liefervertrags)
	M02	**Einsatz von dynamischer Preisfindung (Revenue Management - Responsive Pricing)** (im Falle von Engpässen bei bestimmten Produkten und bei Verfügbarkeit/erhöhten Lagerbeständen anderer Produkte)
	M03	**Verkauf der Produkte über Absatzmittler** (zur zeitnahen Möglichkeit des Verkaufs und zur Beschleunigung des Geldflusses)
	M04	**Verzicht auf Verkauf an einen bestimmten Abnehmer/Händler und Umstellung auf alternativen Abnehmer/Händler** (setzt Verfügbarkeit mehrerer Abnehmer für Produkte voraus)
	M05	**Einbindung von Abnehmern/Händlern in einem anderen/bestimmten Gebiet oder Ausdehnung des Gebiets** (Erhöhung der Kunden setzt Verfügbarkeit mehrerer - landesweiter oder weltweiter - Abnehmer für Produkte voraus; Exporte oder Lizensierung ggü. lokaler Produktion im Falle der Erschließung fremder Absatzmärkte zu bevorzugen)
	M06	**Verkauf der Forderung bzw. gegen Sicherheiten/Zahlungsversprechen Dritter (Factoring)** (zur Beschleunigung des Geldflusses)
	M07	**Verkauf auf dem Spotmarkt/Nutzung von E-Business** (insbesondere zur Schaffung kurzfristiger Nachfrage und der Nutzung von B2B-Plattformen)
	M08	**Räumliche Annäherung von produzierendem Unternehmen und Kunden** (entweder Kunde oder produzierendes Unternehmen nähert sich dem Partner an)
	M09	**Erstellung/Verbesserung der Absatzprognosen (ggf. mit vor- und nachgelagerten Unternehmen)** (Schaffen von Visibilität bei den Absatzdaten, Verwendung Daten ähnlicher Produkte/aggregierte Daten zur Nachfrageprognose)
	M10	**Kundensegmentierung** (Anpassung der Durchlaufzeit/Lieferzeit sowie der Veränderung der Lage des Kundenentkopplungspunktes für die Segmente)
	M11	**Eingehen eines engeren Verhältnisses mit mehreren oder einem Hauptkunden** (Stärkung der Kooperation, gemeinsame Planung, Verbesserung der Produktverfügbarkeit im Falle von Engpässen)
	M12	**Verkürzung der Bearbeitungszeit eines Auftrags und ihrer Streuung** (Verringerung der Lieferzeit und somit bessere Reaktionsmöglichkeiten im Falle von drohenden Engpässen von Konkurrenten)
	M13	**Kombinieren von lang- und kurzfristigen Abnehmerverträgen** (Nutzung der Vorteile aus langfristigen Verträgen (ggf. Preis) und kurzfristigen Verträgen (ggf. Ergänzung Abnahmemenge; keine langfristige Bindung))
	M14	**Anpassung des Lieferzeitpunktes und der Frequenz der Lieferungen** (insbesondere bei Abschluss eines flexiblen Liefervertrags)
	M15	**Aktives Management der Kundenbasis** (Möglichkeit der Nutzung des vertraglich festgelegten (Sonder-)Kündigungsrechts von Kundenbeziehungen, ggf. Erhöhung des Absatzvolumens bei anderen Kunden, somit Erhöhung der Verhandlungsmacht und Reduktion der administrativen Kosten)
	M16	**Abschluss eines Termingeschäfts** (Zeitgeschäft - Absicherung vor möglicher Preissenkung)
	M17	**Standardisierung des Auslieferungsprozesses** (Beschleunigung von Prozessen und verbesserte Handlungsmöglichkeiten im Falle von Störungen)
	M18	**Beobachten der Absatzmärkte** (besonders vorteilhaft, wenn dieses weltweit geschieht, zur Verbesserung der Reaktionsfähigkeit)
	M19	**Testen des Absatzes anhand geringer Menge des Produkts und evtl. schnell nachproduzieren (Testmarkt)** (setzt Möglichkeiten zur schnellen Produktion und zum schnellen Absatz nachträglich voraus und stellt hohe Anforderungen an die Logistik)
	M20	**Nutzung neuer Marktchancen/Reaktion auf neue Entwicklungen am Markt** (Entwicklung eines neuen - möglichst mehrere Funktionen erfüllenden - Produktes/Anpassung eines Produktes an neue Kundenbedürfnisse/Vornahme von Änderungen am Produkt)
	M21	**Anpassung der Präsenz auf Produktmärkten** (im Falle, dass ein Produkt zeitweise weniger gut abgesetzt werden kann bzw. das Angebot nicht verfügbar ist)
	M22	**Anpassung der Reaktionsfähigkeit bei Qualitätsproblemen** (Schnelligkeit, Zuverlässigkeit und Kundenfreundlichkeit, auf Qualitätsprobleme zu reagieren)
	M23	**Nichterfüllung von Kundenaufträgen** (im Falle, dass keine Kapazität frei ist/Kapazität verplant ist)

Herkunft																
Kersten et al. 2009b	Literatur zum SC-Flexibilitätsmanagement													Literatur zum Flexibilitäts-management		
	Kumar/Shankar/Yadav 2008	Lee 2004	Lummus/Vokurka/Duclos 2005	McKinsey & Company 2003	More/Babu 2008; More/Babu/Hemachandra 2008	Saatmann/Schorr/Voigt 2007	Sáenz/Lambán/Navarro 2010	Sheffi 2004	Stevenson/Spring 2009	Straube/Borkowski 2008	Swafford/Ghosh/Murthy 2006a/2006b/2008	Tachizawa/Giménez Thomsen 2007/2010	Winkler 2008; Winkler/Graf 2005; Winkler/Biem/Kaluza 2006	Aaker/Mascarenhas 1984	Lödding 2008	Weber et al. 2005
			X								X					
		X			X		X	X								
		X												X		
					X											
					X						X			X		
									X					X		
X			X		X			X				X				
		X		X												
		X				X										
					X											
	X										X					
X																
X																
X		X														
								X								
							X				X					X
														X		
															X	

Strategien und Maßnahmen zur Anpassung der Supply Chain-Flexibilität		
Dimension	#	Beschreibung
Organisationsflexibilität	OR01	**Stärkung der Bereitschaft und Fähigkeit der Mitarbeiter, schnell und überlegt zu handeln** (Unternehmens-/SC-Kultur - insbesondere im Störungsfall relevant)
	OR02	**Festlegung von Verantwortung (auch für Mitarbeiter auf unteren Ebenen (unbürokratischere Abläufe/flache Organisationsstruktur))** (grundsätzliche Verantwortung oder Verantwortung im Störungsfall ermöglicht schnelleres Handeln im Störungsfall, z. B. Job-Enrichment)
	OR03	**Förderung der Kommunikationskultur** (Mitarbeiter sollten sich u.a. über Themenfelder, die sie betreffen, austauschen)
	OR04	**Förderung des schnellen Informations- und Wissenstransfers/der Lernkultur** (innerhalb des Unternehmens sowie mit Supply Chain-Partnern)
	OR05	**Unterstützung des Austausches von risikorelevanten Aspekten** (Mitarbeiter sollten risikorelevante Informationen an betroffene Bereiche und Entscheidungsträger weiterleiten können)
	OR06	**Sensibilisierung der Mitarbeiter hinsichtlich der Erkennung und des Umgangs mit Risiken** (Mitarbeiter sollten Risiken feststellen und Maßnahmen ergreifen können)
	OR07	**Formulierung einer Risiko- bzw. Flexibilitätsstrategie** (und Kommunikation an alle Mitarbeiter des Unternehmens/der SC; auf diese Weise auch Prozessverbesserungen bei gleichen Visionen)
	OR08	**Entwicklung von Notfall- und Krisenplänen/-prozessen mit Angabe von Handlungsanweisungen** (im Rahmen des Business Continuity Planning, um im Falle von Störungen handlungsfähig zu bleiben und den Fortbestand des Unternehmens zu sichern)
	OR09	**Ermittlung unterschiedlicher Szenarien und Prozessalternativen** (zum Durchspielen von Szenarien und der Analyse der Handlungsmöglichkeiten)
	OR10	**Festlegung von Krisenteams und Krisenteamsitzungen** (zum Durchspielen von Szenarien, der Analyse der Handlungsmöglichkeiten und Ansprechpartner/Organisatoren im Krisenfall)
	OR11	**Verkauf von Unternehmensteilen/Joint Venture-Gründung** (ggf. in Verbindung mit Outsourcing)
	OR12	**Bildung von Rücklagen/stillen Reserven und Rückstellungen** (eröffnet Möglichkeit, kurzfristig zu handeln und z. B. höhere Preise zu bezahlen, Finanzhilfen an Partner zu vergeben bzw. für vertikale/horizontale Unternehmensintegration)
	OR13	**Umsetzen enger Zusammenarbeit mit anderen Unternehmen im Störungsfall** (unterstützt die Möglichkeit, handlungsfähig zu bleiben und schneller reagieren zu können)
	OR14	**Schaffen der Möglichkeit der Aufnahme von Notfall-Krediten und Kapitalerhöhung/Emittierung von Aktien (abhängig von Gesellschaftsform)** (eröffnet Möglichkeit, kurzfristig zu handeln und z. B. höhere Preise zu bezahlen, Finanzhilfen an Partner zu vergeben bzw. für vertikale Unternehmensintegration durch Verhandlung ausreichender Kreditlinien/Erschließung alternativer Finanzierungsquellen)
	OR15	**Aktives Working Capital Management** (durch Veränderung der Zahlungsziele und Zahlungsbedingungen, z. B. Gewährung von Skonto/Rabatt)
	OR16	**Variable Vergütung der Mitarbeiter** (durch erfolgsbasierte flexible Entlohnung)
	OR17	**Nutzung von Sicherungsinstrumenten an den Kapitalmärkten** (Hedging - durch Derivate, z. B. Treibstoff)
	OR18	**Verkauf von Betriebsmitteln und anschließendes Mieten** (um kurzfristig Kapital zu erlangen - Sale-(and-)Lease-Back auch genannt)
Informationssystemflexibilität	I01	**Verzicht auf Nutzung einer Software und Umstellung auf alternative Software** (setzt Verfügbarkeit einer alternativen Software voraus, z. B. aktualisierte/neue Version)
	I02	**Verringerung/Einstellung der eigenen Informationssystemaktivitäten und (teilweise) Outsourcing/Cloud Computing** (setzt Verfügbarkeit eines Informationssystemanbieters oder Ausgliederung aus dem Unternehmen bzw. Inhouse Partnerschaft voraus)
	I03	**Einstellung der Nutzung einer Software** (ggf. ist diese überholt oder/und eine andere Technik wird verwendet und schließt den Mehrwert dieser mit ein)
	I04	**Einrichtung eines Backup-Systems** (redundante Speicherung der Daten ist insbes. sinnvoll, wenn sich Speichermöglichkeiten an einem anderem Ort befinden; z. B. für Informationssystem)
	I05	**Erhöhung/Verringerung der Rechnerkapazität/der Anzahl an Rechnern/Anpassung der Kapazität des IT-Systems** (z. B. auch des Speicherplatzes)
	I06	**Erwerb eines neuen Softwareupdates wird vorgezogen/vertagt/an die Leistung gekoppelt** (setzt Verfügbarkeit eines Updates/bzw. einer höheren Leistung voraus)
	I07	**Nutzung gemeinsamer Informationssysteme mit den Supply Chain-Partnern** (setzt voraus, dass Lieferanten und Kunden bereit sind, Daten weiterzugeben, z. B. Datenbanken für Komponenten und Produkte, ggf. ERP-Systeme, möglichst standardisierte Schnittstellen)
	I08	**Nutzung von Systemen zur Visibilität und Transparenz (Echtzeit)** (z. B. RFID/Ortungssysteme/Tracking & Tracing zur Nachfrageumleitung bei Störungen)
	I09	**Nutzung des Lizenzmodells: Floating License Server** (Administration von Softwarelizenzen mehrerer Nutzer im Netzwerk; Vorteil: Lizenzserver achtet auf Anzahl gleichzeitiger Benutzer, denn die Software kann auf höherer Anzahl von Rechnern installiert sein als Lizenzen vorliegen; Mittel zur Kostensenkung)

Herkunft																
Kersten et al. 2009b	Literatur zum SC-Flexibilitätsmanagement													Literatur zum Flexibilitäts-management		
	Kumar/Shankar/Yadav 2008	Lee 2004	Lummus/Vokurka/Duclos 2005	McKinsey & Company 2003	More/Babu 2008; More/Babu/Hemachandra 2008	Saatmann/Schorr/Voigt 2007	Sáenz/Lambán/Navarro 2010	Sheffi 2004	Stevenson/Spring 2009	Straube/Borkowski 2008	Swafford/Ghosh/Murthy 2006a/2006b/2008	Tachizawa/Giménez Thomsen 2007/2010	Winkler 2008; Winkler/Graf 2005; Winkler/Bliem/Kaluza 2006	Aaker/Mascarenhas 1984	Lödding 2008	Weber et al. 2005
						X		X								
				X	X									X		
X			X		X											
X		X	X		X	X	X		X				X			
X								X								
X								X								
X							X									
X		X					X	X		X			X	X		
X													X			
X		X			X											
X					X	X						X				
X														X		
								X								
														X		
					X								X			
													X	X		
X		X	X	X	X	X		X	X	X	X	X	X	X		
X		X	X		X			X	X	X	X					

Anhang X: Leitfaden zur Berücksichtigung der Flexibilitätsbedarfe im Rahmen des Supply Chain-Risikomanagements

Leitfaden zur Berücksichtigung der Flexibilitätsbedarfe im Rahmen des Supply Chain-Risikomanagements

1. Bitte grenzen Sie den Untersuchungsbereich zum Beispiel anhand des Endproduktes, der Produktgruppe, des Absatzmarktes (Region, Segmentattribut), des Rohmaterials oder der geografischen Verteilung ab.
   Betrachtet wird ____.

2. Bitte bilden Sie die betrachtete Supply Chain mit Hilfe des SCOR-Modells und den Prozesstypen Planung, Beschaffung, Fertigung und Distribution ab. Gegebenenfalls kann es hilfreich sein, den Kundenentkopplungspunkt und Läger mit einzubeziehen sowie evtl. weitere Elemente.

3. An welchen Stellen bestehen für Sie die größten Unsicherheiten und Probleme, denen Sie entgegen wirken möchten? Bitte schätzen Sie die Unsicherheit, d. h. die Eintrittswahrscheinlichkeiten für Risiken, und ihre potenziellen Schäden für die angegebenen Bereiche mit Hilfe der aufgeführten Klassen ein (Seite 2/3).

Workshop: Flexibilitätsbedarfe im Rahmen des Supply Chain-Risikomanagements

Bereiche	Unsicherheit					Potenzieller Schaden					Alternativen?	
	Sehr gering	Gering	Mittel	Hoch	Sehr hoch	Sehr gering	Gering	Mittel	Hoch	Sehr hoch	Ja	Nein
Beschaffung												
Direkte Lieferanten (Leistungswirtschaftlich, Kooperation, Menge, Zeit, Kosten, Qualität)												
Sublieferanten (Leistungswirtschaftlich, Kooperation, Menge, Zeit, Kosten, Qualität)												
Versorgungssystem (Leistungswirtschaftlich, Kooperation, Transport, Umschlag, Lagerung)												
Steuerung												
Kernprozess: F&E (Falsche Ausrichtung von Produkt/Prozessentwicklung, Nichtumsetzbarkeit/technische Realisierung, Anlaufprobleme)												
Kernprozess: Beschaffung (Falsche Lieferantenauswahl, falsch gewählte Sollbestände, schlechte Kommunikation mit Lieferanten, fehlerhafte Disposition, schlecht formulierte Lieferspezifikationen)												
Kernprozess: Produktion (Fehlerhafte Produktionsprogrammplanung, fehlerhafte Materialbedarfsplanung, fehlerhafte Produktionsprozessplanung)												
Kernprozess: Absatz (Falscher Einsatz des Marketing-Mix, Probleme bei der Auftragsabwicklung, Prognosefehler, Inkongruenz zwischen Verkaufsmengen und Lieferfähigkeit, schlechte Kommunikation mit Kunden, Fehler im Versand-/Verpackungsprozess)												
Unterstützungsfunktionen: Finanzmanagement (Übermäßige Verschuldung, Liquiditätsmanagement)												
Unterstützungsfunktion: Informationsmanagement (Falsche/inkonsistente Daten, Informationsfluss, inadäquate/inkompatible Infrastruktur)												
Unterstützungsfunktion: strategisches Management (Fehler bei der Strategiewahl/-umsetzung, inadäquate Organisation/Unternehmenskultur)												
Unterstützungsfunktion: Personalmanagement (Personalplanung, Weiterbildung, Mitbestimmungsgremien, Nachfolgeplanung, Verlust von Schlüsselpersonal, Anreizsysteme)												

Bereiche	Unsicherheit					Potenzieller Schaden					Alternativen?	
	Sehr gering	Gering	Mittel	Hoch	Sehr hoch	Sehr gering	Gering	Mittel	Hoch	Sehr hoch	ja	nein
Prozess												
Mitarbeiter (Unfälle/Sicherheitsrisiko, Sabotage/Diebstahl, Krankheit/Drogen, Streik, menschliche Fehler)												
Produktions- & Logistikanlagen (Beschädigung/Ausfall, technologische Inkompatibilität, technische Fehler)												
IT-System (Ausfall IT-System, Datenverlust, Fehler in der Datenübertragung)												
Flächen und Gebäude (Kontaminierung des Geländes, Zusammenbruch/Beschädigung von Gebäuden, Versagen der Wasser-/ Energieversorgung)												
Bestände (Verlust von Beständen, Überalterung/Qualitätsverlust von Beständen)												
Nachfrage												
Direkte Kunden (Ausfall, Kooperation, Nachfrage, Kundenverhalten, Reputationsrisiko, Produkthaftung)												
Endkunden (Ausfall, Kooperation, Nachfrage, Kundenverhalten, Reputationsrisiko, Produkthaftung)												
Distributionssystem (Ausfall, Kooperation, Transport, Umschlag, Lagerung)												
Umfeld												
Politisch (Politische Instabilität, Wirtschafts- und Finanzpolitik, Außenhandelspolitik, Recht)												
Ökonomisch (Branche, ökonomische Instabilität, Finanzierungsrisiken)												
Sozial (Demographischer/Sozialer Wandel, kriminelle Handlungen, sozial bedingte Unruhen)												
Technologisch (Weiterentwicklung bestehender Technologien, neue Technologie)												
Ökologisch (Naturkatastrophen, Knappheit natürlicher Ressourcen, Epidemie/Pandemie)												

Ab welcher Bewertung sollen die Unsicherheitsbereiche weiter betrachtet werden? Unsicherheit ab ____________ und potenzieller Schaden ab ____________.

4. In den Fällen, die weiter betrachtet werden sollen: An welchen Stellen wäre es sinnvoll, die Flexibilität anzupassen? Wo besteht die Möglichkeit, alternative Maßnahmen zu ergreifen (Seite 2/3)?

   Soll für weitere Bereiche die Anpassung der Flexibilität geprüft werden (bitte kennzeichnen)?

5. Bitte erstellen Sie ein Flexibilitätsprofil für die folgenden ermittelten Dimensionen (Seite 4-10): ____________

Beschaffungsflexibilität	Wie schätzen Sie das Flexibilitätspotenzial/den Flexibilitätsbedarf ein,
Wechsel	Lieferanten oder Vorprodukte/Rohstoffe zu wechseln?
Kapazitätsanpassung	die Bestellmenge zu erhöhen/senken bzw. Kapazitäten zu erweitern/abzubauen?
Zeit	Bestellungen/Beschaffungen zu beschleunigen/verzögern/aufzuschieben bzw. zeitliche Vorteile zu nutzen?
Abbruch	Lieferungen einzustellen (und ggf. selbst zu fertigen) bzw. Verträge mit Lieferanten zu kündigen?

Flexibilitätsdimension \ Flexibilitätsbedarf	sehr gering	gering	mittel	hoch	sehr hoch
Beschaffungsflexibilität					
Wechsel					
Kapazitätsanpassung					
Zeit					
Abbruch					

Flexibilitätsdimension \ Flexibilitätspotenzial	sehr gering	gering	mittel	hoch	sehr hoch
Beschaffungsflexibilität					
Wechsel					
Kapazitätsanpassung					
Zeit					
Abbruch					

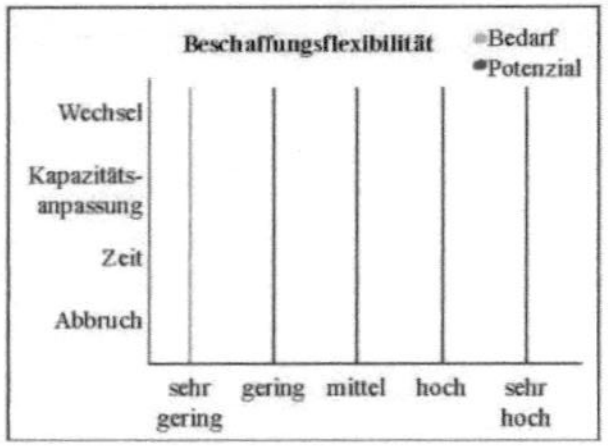

Logistikflexibilität Wie schätzen Sie das Flexibilitätspotenzial/den Flexibilitätsbedarf ein,	
Wechsel	Transportdienstleister, -mittel, -route, -versandart, Lagerbetreibungsart oder auf Transport-, Umschlags-, Lagerreservekapazitäten zu wechseln bzw. von Eigenfertigung auf Outsourcing umzustellen?
Kapazitätsanpassung	die Transport-/Lagermenge zu erhöhen/senken bzw. Transport-, Umschlags-, Lagerkapazitäten zu erweitern/abzubauen?
Zeit	Transport-/Umschlags-/Lagervorgänge zu beschleunigen/verzögern/aufzuschieben bzw. zeitliche Vorteile zu nutzen?
Abbruch	Transport-, Umschlags-, Lagervorgänge einzustellen (und ggf. selbst durchzuführen) bzw. Verträge zu kündigen?

Flexibilitätsbedarf / Flexibilitätsdimension	sehr gering	gering	mittel	hoch	sehr hoch
Logistikflexibilität					
Wechsel					
Kapazitätsanpassung					
Zeit					
Abbruch					

Flexibilitätspotenzial / Flexibilitätsdimension	sehr gering	gering	mittel	hoch	sehr hoch
Logistikflexibilität					
Wechsel					
Kapazitätsanpassung					
Zeit					
Abbruch					

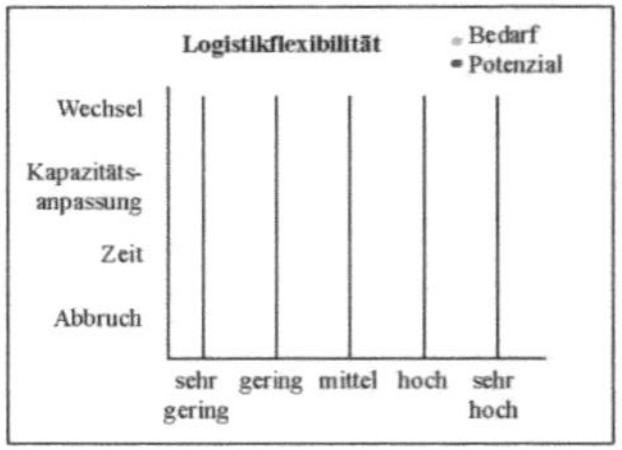

Workshop: Flexibilitätsbedarfe im Rahmen des Supply Chain-Risikomanagements

Operative Flexibilität Wie schätzen Sie das Flexibilitätspotenzial/den Flexibilitätsbedarf ein,	
Wechsel	Betriebsmittel, Mitarbeiter, die Technologie zur Produktherstellung, die Ablaufplanung/den Produktmix oder das Werk zu wechseln bzw. von Eigenfertigung auf Outsourcing umzustellen?
Kapazitätsanpassung	die Produktionsmenge zu erhöhen/senken bzw. erforderliche Kapazitäten zur Produktion zu erweitern/abzubauen?
Zeit	Vorgänge im Rahmen der Produktion zu beschleunigen/verzögern/aufzuschieben bzw. zeitliche Vorteile zu nutzen?
Abbruch	bestimmte Entwicklungs-/Produktionsvorgänge einzustellen bzw. Mitarbeiterverträge zu kündigen?

Flexibilitätsbedarf / Flexibilitätsdimension	sehr gering	gering	mittel	hoch	sehr hoch
Operative Flexibilität					
Wechsel					
Kapazitätsanpassung					
Zeit					
Abbruch					

Flexibilitätspotenzial / Flexibilitätsdimension	sehr gering	gering	mittel	hoch	sehr hoch
Operative Flexibilität					
Wechsel					
Kapazitätsanpassung					
Zeit					
Abbruch					

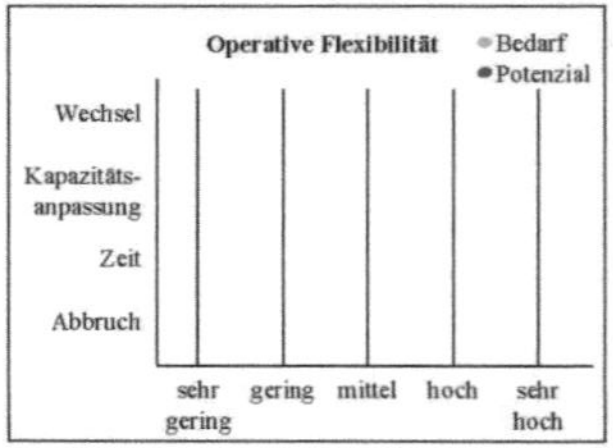

Logistikflexibilität	
	Wie schätzen Sie das Flexibilitätspotenzial/den Flexibilitätsbedarf ein,
Wechsel	Transportdienstleister, -mittel, -route, -versandart, Lagerbetreibungsart oder auf Transport-, Umschlags-, Lagerreservekapazitäten zu wechseln bzw. von Eigenfertigung auf Outsourcing umzustellen?
Kapazitätsanpassung	die Transport-/Lagermenge zu erhöhen/senken bzw. Transport-, Umschlags-, Lagerkapazitäten zu erweitern/abzubauen?
Zeit	Transport-/Umschlags-/Lagervorgänge zu beschleunigen/verzögern/aufzuschieben bzw. zeitliche Vorteile zu nutzen?
Abbruch	Transport-, Umschlags-, Lagervorgänge einzustellen (und ggf. selbst durchzuführen) bzw. Verträge zu kündigen?

Flexibilitätsdimension \ Flexibilitätsbedarf	sehr gering	gering	mittel	hoch	sehr hoch
Logistikflexibilität					
Wechsel					
Kapazitätsanpassung					
Zeit					
Abbruch					

Flexibilitätsdimension \ Flexibilitätspotenzial	sehr gering	gering	mittel	hoch	sehr hoch
Logistikflexibilität					
Wechsel					
Kapazitätsanpassung					
Zeit					
Abbruch					

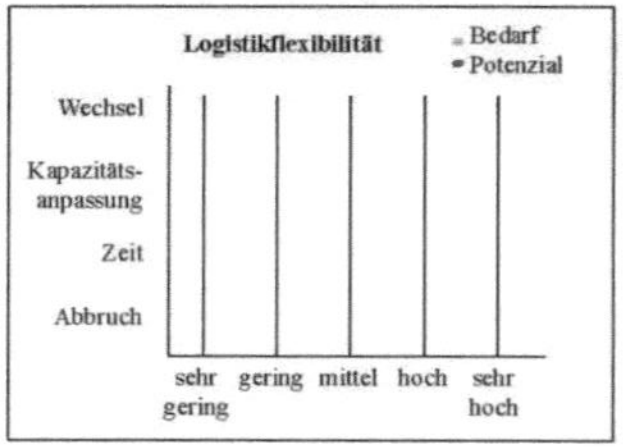

Marktflexibilität	
	Wie schätzen Sie das Flexibilitätspotenzial/den Flexibilitätsbedarf ein,
Wechsel	Kunden, Märkte oder Produkte zu wechseln?
Kapazitätsanpassung	die Absatzmenge zu erhöhen/senken bzw. erforderliche Absatzinstrumente zu erweitern/abzubauen?
Zeit	den Absatzprozess zu beschleunigen/verzögern/aufzuschieben bzw. zeitliche Vorteile zu nutzen?
Abbruch	Lieferungen einzustellen und Verträge mit Kunden zu kündigen?

Flexibilitätsdimension \ Flexibilitätsbedarf	sehr gering	gering	mittel	hoch	sehr hoch
Marktflexibilität					
Wechsel					
Kapazitätsanpassung					
Zeit					
Abbruch					

Flexibilitätsdimension \ Flexibilitätspotenzial	sehr gering	gering	mittel	hoch	sehr hoch
Marktflexibilität					
Wechsel					
Kapazitätsanpassung					
Zeit					
Abbruch					

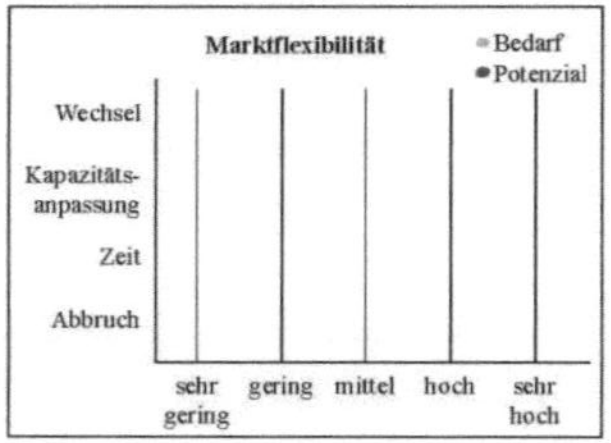

Informationssystemflexibilität Wie schätzen Sie das Flexibilitätspotenzial/den Flexibilitätsbedarf ein,	
Wechsel	Software oder auf Reservekapazitäten zu wechseln bzw. eigene Informationssystemaktivitäten einzustellen und auf Outsourcing umzustellen?
Kapazitätsanpassung	Informationssystemkapazitäten zu erweitern/abzubauen?
Zeit	den Informationsfluss zu beschleunigen, Investitionen in das Informationssystem zu verzögern/aufzuschieben bzw. zeitliche Vorteile zu nutzen?
Abbruch	die Nutzung einer Software einzustellen?

Flexibilitäts-bedarf / Flexibilitäts-dimension	sehr gering	gering	mittel	hoch	sehr hoch
Informationssystem-flexibilität					
Wechsel					
Kapazitätsanpassung					
Zeit					
Abbruch					

Flexibilitäts-potenzial / Flexibilitäts-dimension	sehr gering	gering	mittel	hoch	sehr hoch
Informationssystem-flexibilität					
Wechsel					
Kapazitätsanpassung					
Zeit					
Abbruch					

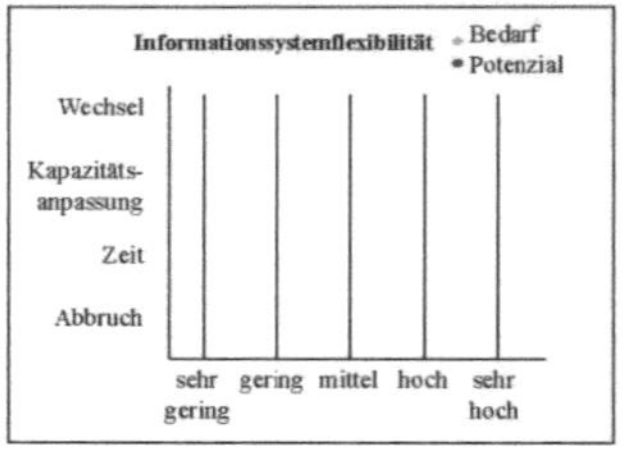

Organisationsflexibilität

Wie schätzen Sie das Flexibilitätspotenzial/den Flexibilitätsbedarf der Organisation ein?

Flexibilitäts-bedarf / Flexibilitäts-dimension	sehr gering	gering	mittel	hoch	sehr hoch
Organisationsflexibilität					

Flexibilitäts-potenzial / Flexibilitäts-dimension	sehr gering	gering	mittel	hoch	sehr hoch
Organisationsflexibilität					

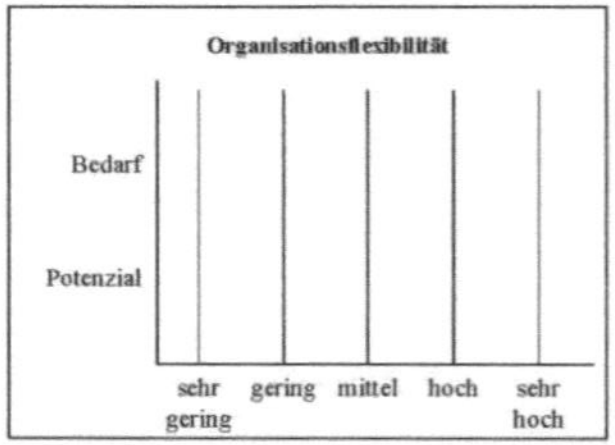

Auf Basis der ermittelten Flexibilitätsprofile können nun mögliche Maßnahmen zur Anpassung der Flexibilität angezeigt werden.

6. Welche Maßnahmen kommen aufgrund der gewählten Unternehmens-/Supply Chain-Strategie nicht infrage?

7. Welche Maßnahmen werden aufgrund der Kosten, Zeit, Performance, Komplexität und Verringerung der Unsicherheit ausgeschlossen? Bitte ermitteln Sie die Nutzwerte für die einzelnen Maßnahmen.

	Kriterien										
	Kosten		Zeit		Performance		Komplexität		Verringerung Unsicherheit		Summe Gewichtsfaktoren
Gewicht / Maßnahme											1
	Zielerfüllungsgrad	Teilnutzwert	Zielerfüllungsgrad	Teilnutzwert	Zielerfüllungsgrad	Teilnutzwert	Zielerfüllungsgrad	Teilnutzwert	Zielerfüllungsgrad	Teilnutzwert	Nutzwert

8. Welche Maßnahmen können nach einem Abgleich der bislang ausgewählten Maßnahmen nicht durchgeführt werden?

Abgleich der bislang ausgewählten Maßnahmen												
Maßnahmen / Maßnahmen												

9. Bitte formulieren Sie Soll-/Ist-Werte für die zu ergreifenden Maßnahmen.

	Vorschläge für mögliche Messgrößen			
Messgröße / Maßnahme				
	Ist-Wert	Soll-Wert	Ist-Wert	Soll-Wert

	Vorschläge für mögliche Messgrößen			
Messgröße / Maßnahme				
	Ist-Wert	Soll-Wert	Ist-Wert	Soll-Wert

	Vorschläge für mögliche Messgrößen			
Messgröße / Maßnahme				
	Ist-Wert	Soll-Wert	Ist-Wert	Soll-Wert

	Vorschläge für mögliche Messgrößen			
Messgröße / Maßnahme				
	Ist-Wert	Soll-Wert	Ist-Wert	Soll-Wert

10. Soll die Flexibilität auf vor-/nachgelagerten Stufen der Supply Chain geprüft werden?
    Wenn ja, dann weiter bei 5.
    Anderenfalls bitte die Maßnahmen anwenden, die Kennzahlen in das Kennzahlensystem integrieren, die Soll-/Ist-Werte regelmäßig überprüfen und die Unsicherheiten/potenziellen Schäden abgleichen und ggf. bei 3. ansetzen.

VIELEN DANK FÜR IHRE UNTERSTÜTZUNG!

Anhang XI: Kennzahlen für das Flexibilitätsmonitoring

Strategien und Maßnahmen zur Anpassung der Supply Chain-Flexibilität		
Dimension	#	Maßnahme
Beschaffungsflexibilität	B01	**Verzicht auf Bestellung bei einem Lieferanten und Umstellung auf alternativen Lieferanten** (Backup/Stand-by Supplier - setzt Verfügbarkeit mehrerer qualifizierter Lieferanten für Komponente, Vorhalten alternativer Lieferanten und möglichst geringe Wechselkosten (durch z. B. Standardisierung des Zulassungsverfahrens und ggf. Nutzung bestimmter Informationssysteme) voraus)
	B02	**Bestellung bei einem weiteren Lieferanten, um Kundennachfrage bedienen zu können** (Backup/Stand-by Supplier und Multiple Sourcing - setzt Verfügbarkeit mehrerer qualifizierter Lieferanten für Komponente voraus, ggf. in weiterer Region)
	B03	**Verringerung des Bestellvolumens bei einem Lieferanten und Erhöhung bei anderem** (setzt Verfügbarkeit mehrerer qualifizierter Lieferanten für Komponente voraus)
	B04	**Einbindung mindestens eines lokalen Lieferanten** (Local Sourcing - setzt Verfügbarkeit eines qualifizierten lokalen Lieferanten für Komponente voraus)
	B05	**Einbindung mindestens eines nicht lokalen Lieferanten** (Global Sourcing - setzt Verfügbarkeit mehrerer qualifizierter - landesweiter oder weltweiter - Lieferanten für Komponente voraus)
	B06	**Anpassung der Liefermenge eines Lieferanten** (insbesondere bei Abschluss eines flexiblen Liefervertrags/Rahmenvertrags)
	B07	**Anpassung des Lieferzeitpunktes und der Frequenz der Lieferungen** (insbesondere bei Abschluss eines flexiblen Liefervertrags/Rahmenvertrags)
	B08	**Vereinbarung festgelegter Rückkaufregelung und Inanspruchnahme (Kommissionskauf)** (im Falle vertraglicher Absicherung)
	B09	**Kombinieren von lang- und kurzfristigen Lieferantenverträgen** (Nutzung der Vorteile aus langfristigen Verträgen (ggf. Preis) und kurzfristigen Verträgen (ggf. Ergänzung Kapazität; keine langfristige Bindung))
	B10	**Einkauf bestimmter Teile/Komponenten auf dem Spotmarkt** (insbesondere zur Deckung kurzfristiger Bedarfe und durch Nutzung von B2B-Plattformen)
	B11	**Verzicht auf Vorproduktlieferung (und Eigenfertigung)** (Ausweitung der eigenen Wertschöpfung setzt den Besitz des geistigen Eigentums und der erforderlichen Technologie voraus)
	B12	**Verzicht auf Produkt-/Rohstofflieferung und Ersatz durch anderes/anderen** (setzt Verfügbarkeit eines anderes Produktes/Rohstoffs voraus)
	B13	**Eingehen eines engeren Verhältnisses mit mehreren oder einem Lieferanten (bis hin zum Single Sourcing)** (Strategic Sourcing - Stärkung der Kooperation, Beteiligungen, Bindung, Gewährleistung von Darlehen, gemeinsame Planung, langfr. Verträge, Verbesserung der Materialverfügbarkeit im Falle von Engpässen durch größere Abnahmemacht)
	B14	**Einbindung eines Lieferanten, der mehrere Werke besitzt** (besonders vorteilhaft, wenn sich diese in verschiedenen Regionen/Ländern befinden; bessere Reaktionsmöglichkeiten im Falle von drohenden Engpässen)
	B15	**Räumliche Annäherung von Lieferant und produzierendem Unternehmen** (entweder Lieferant oder produzierendes Unternehmen nähert sich dem Partner an; bessere Reaktionsmöglichkeiten im Falle von drohenden Engpässen)
	B16	**Verkürzung der Vorlaufzeit und Verringerung ihrer Streuung** (Verringerung der Beschaffungszeit und somit bessere Reaktionsmöglichkeiten im Falle von drohenden Engpässen)
	B17	**Aktives Management der Lieferantenbasis** (Möglichkeit der Nutzung des vertraglich festgelegten (Sonder-)Kündigungsrechts von Lieferantenbeziehungen, ggf. Erhöhung des Beschaffungsvolumens bei anderen Lieferanten, somit Erhöhung der Verhandlungsmacht durch größere Abnahmemacht und Reduktion der administrativen Kosten)
	B18	**Erweiterung der Vorlieferantenbasis** (Multiple Sourcing/Backup/Stand-by Supplier - setzt Verfügbarkeit mehrerer qualifizierter Lieferanten für Komponente voraus)
	B19	**Abschluss eines Termingeschäfts** (Zeitgeschäft - Absicherung vor möglicher Preissteigerung)
	B20	**Empfehlung eines Standardprozesses für Lieferanten** (Beschleunigung von Prozessen und verbesserte Handlungsmöglichkeiten im Falle von Störungen)
	B21	**Beobachten der Beschaffungsmärkte** (besonders vorteilhaft, wenn dieses weltweit geschieht, zur Verbesserung der Reaktionsfähigkeit)
	B22	**Gemeinsame Beschaffung im Unternehmensverbund** (zur Preissenkung aufgrund der erhöhten Verhandlungsmacht, allerdings bei bestimmter zeitlicher Bindung, z. T. Zurverfügungstellung von Material durch den OEM an den Lieferanten)
	B23	**Anpassung der Reaktionsfähigkeit bei Qualitätsproblemen** (Schnelligkeit, Zuverlässigkeit und Kundenfreundlichkeit, auf Qualitätsprobleme zu reagieren)
Logistikflexibilität	L01	**Verzicht auf Bestellung eines Transportdienstleisters und Umstellung auf alternativen Transportdienstleister (Lieferant/Abnehmer/Logistikdienstleister)** (Backup/Stand-by Supplier - setzt Verfügbarkeit mehrerer qualifizierter Transportdienstleister für bestimmte Komponente voraus)
	L02	**Bestellung eines weiteren Transportdienstleisters, um Kundennachfrage bedienen zu können** (Backup/Stand-by Supplier und Multiple Sourcing - setzt Verfügbarkeit mehrerer qualifizierter Tranportdienstleister für bestimmte Komponente voraus)
	L03	**Verringerung des Bestellvolumens bei einem Transportdienstleister und Erhöhung bei anderem** (setzt Verfügbarkeit mehrerer qualifizierter Transportdienstleister für Komponente voraus)
	L04	**Anpassung der Transportmenge eines Transportdienstleisters** (insbesondere bei Abschluss eines flexiblen Liefervertrags)
	L05	**Anpassung des Lieferzeitpunktes und der Frequenz der Lieferungen** (insbesondere bei Abschluss eines flexiblen Liefervertrags; z. B. auch durch Einplanung längerer Transportzeiten)

Optionsarten				Wirkung		Kennzahl (ggf. Quelle)
Wechsel	Kapazitäts-anpassung	Zeit	Abbruch	Aufbau Potenzial	Reduktion Bedarf	
X	X			X		Anzahl alternativer Lieferanten Minimales/Maximales Bestellvolumen pro Lieferant
	X			X		Anzahl möglicher weiterer Lieferanten Minimales/Maximales Bestellvolumen pro Lieferant
X	X			X		Anzahl möglicher weiterer Lieferanten Minimales/Maximales Bestellvolumen pro Lieferant
X	X	X		X		Anzahl/Anteil lokaler Lieferanten Minimales/Maximales Bestellvolumen pro Lieferant
X	X			X		Anzahl/Anteil nicht lokaler Lieferanten Minimales/Maximales Bestellvolumen pro Lieferant Anzahl der Länder, aus denen das Unternehmen beschafft (nach Aaker/Mascarenhas (1984))
	X			X		Minimales/Maximales Bestellvolumen pro Lieferant
		X		X		Minimum/Maximum Frequenz Minimum/Maximum Lieferzeitpunkt
	X		X	X		Mögliche Bandbreite für Rückkaufregelung Anzahl/Anteil der Lieferanten, bei denen dieses möglich ist
	X	X	X	X		Rahmenvertragsquote/Maverick-Buying-Quote (z. B. Einkaufsvolumen über Rahmenverträge pro gesamtem Einkaufsvolumen multipliziert mit 100) (Wannenwetsch (2004); Werner (2008); Strigl et al. (2004)) Anzahl kurzfristiger/langfristiger Verträge
	X	X		X		Preisliche Obergrenze Anzahl Teile/Komponenten
	X		X	X		Fertigungstiefe (Wertschöpfung pro Gesamtleistung mal 100) (Krause/Arora (2008)) Preisliche Obergrenze
X	X			X		Anzahl alternativer Vorprodukte/Rohstoffe Minimales/Maximales Bestellvolumen pro Lieferant
	X	X		X		Anzahl an Lieferanten, mit denen ein engeres Verhältnis eingegangen wird Spezifizierung Lieferanten/Vorhaben
X	X	X		X		Anzahl der Länder, aus denen das Unternehmen beschafft (nach Aaker/Mascarenhas (1984)) Anzahl Lieferanten mit mehreren Werken
		X		X		Zeitaufwand für Strecke vom Unternehmen zum jeweiligen Kunden (nach Zhang/Vonderembse/Lim (2005)) Entfernung vom Unternehmen zum jeweiligen Kunden in km
		X		X		Mittelwert der Beschaffungsprozessvorlaufzeit Varianz der Beschaffungsprozessvorlaufzeit
	X	X	X	X		ABC-Einstufung mit Anzahl Lieferanten (Weber/Bacher/Groll (2002c); Werner (2008)) Durchschnittliches Bestellvolumen pro Lieferant
	X	X		X		Anzahl Lieferanten (Werner (2008)) Minimales/Maaximales Bestellvolumen pro Lieferant
		X		X		Festlegung: Preisliche Obergrenze für eine bestimmte Menge (aktuell andere Lieferanten; potenziell Termingeschäft) Auftragsvolumen für Termingeschäft (Werner (2008))
X	X	X		X		Zeitaufwand (des Prozesses) (nach Zhang/Vonderembse/Lim (2005))
X	X	X	X	X		Spezifizierung hinsichtlich Instrumente, Länder
	X	X		X		Durchschnittliche Kosten pro Bestellung (Weber/Bacher/Groll (2002c)) Preisliche Obergrenze
		X			X	Zeitdauer bis zur ersten Reaktion auf Qualitätsproblem Zeitdauer bis zur Lösung des Qualitätsproblems
X	X			X		Anzahl alternativer Transportdienstleister Minimales/Maximales Auftragsvolumen pro LDL
	X			X		Anzahl Transportmittel (Wannenwetsch (2004)) Minimales/Maximales Auftragsvolumen pro LDL
X	X			X		Anzahl weiterer Transportdienstleister Minimales/Maximales Auftragsvolumen pro LDL
	X			X		Minimales/Maximales Auftragsvolumen pro LDL
		X		X		Minimum/Maximum Frequenz Minimum/Maximum Lieferzeitpunkt

Strategien und Maßnahmen zur Anpassung der Supply Chain-Flexibilität		
Dimension	#	Maßnahme
Logistikflexibilität	L06	**Kombinieren von langfristigen und kurzfristigen Logistikdienstleisterverträgen** (Nutzung der Vorteile aus langfristigen Verträgen (ggf. Preis) und kurzfristigen Verträgen (ggf. Ergänzung Kapazität; keine langfristige Bindung))
	L07	**Einkauf auf dem Spotmarkt für Transportdienstleistungen** (insbesondere zur Deckung kurzfristiger Bedarfe und der Nutzung von B2B-Plattformen)
	L08	**Verzicht auf Transportdienstleistung (und Selbsterbringen)** (Ausweitung der eigenen Wertschöpfung setzt den Besitz des geistigen Eigentums und der erforderlichen Technologie voraus)
	L09	**Verzicht auf Transportdienstleistung und Ersatz durch anderes Transportmittel/Nutzung alternatives Transportmittel** (setzt Verfügbarkeit eines anderen Transportmittels voraus)
	L10	**Verringerung/Einstellung der eigenen Logistikdienstleistung und Outsourcing** (setzt Verfügbarkeit eines geeigneten Logistikdienstleisters oder Ausgliederung aus dem Unternehmen voraus)
	L11	**Einsatz eines 4PL** (setzt Verfügbarkeit eines geeigneten Logistikdienstleisters oder anderen Unternehmens voraus)
	L12	**Eingehen eines engeren Verhältnisses mit mehreren oder einem Logistikdienstleister (bis hin zum Single Sourcing)** (Stärkung der Kooperation, Beteiligungen, Bindung, Gewährung von Darlehen, gemeinsame Planung, langfr. Verträge, Verbesserung der Verfügbarkeit im Falle von Engpässen durch größere Abnahmemacht)
	L13	**Verkürzung der logistischen Vorlaufzeit und Verringerung ihrer Streuung** (Verringerung der Beschaffungszeit und somit bessere Reaktionsmöglichkeiten im Falle von drohenden Engpässen)
	L14	**Aktives Management der Logistikdienstleisterbasis** (Möglichkeit der Nutzung des vertraglich festgelegten (Sonder-)Kündigungsrechts von Logistikdienstleisterbeziehungen, ggf. Erhöhung des Transportvolumens bei anderen Logistikdienstleistern, somit Erhöhung der Verhandlungsmacht durch größere Abnahmemacht und Reduktion der administrativen Kosten)
	L15	**Abschluss eines Termingeschäfts** (Zeitgeschäft - Absicherung vor möglicher Preissteigerung)
	L16	**Empfehlung eines Standardprozesses für Logistikdienstleister** (Beschleunigung von Prozessen und verbesserte Handlungsmöglichkeiten im Falle von Störungen)
	L17	**Beobachten der Logistikmärkte** (zur Verbesserung der Reaktionsfähigkeit)
	L18	**Nutzung einer alternativen Transportroute ggf. inkl. anderer Knotenpunkte** (setzt Verfügbarkeit einer weiteren Transportroute voraus)
	L19	**Nutzung einer alternativen Versandart (z. B. über Nacht, Express)** (setzt Verfügbarkeit einer weiteren Versandart voraus)
	L20	**Verteilung der Transportmenge auf mehrere Transportmittel/-routen/-versandarten** (vorteilhaft bei Verzögerungen sowie Transportschäden)
	L21	**Einrichtung eines (Zwischen-)Lagers beim Lieferanten/Kunden/Logistikdienstleister/eigenen Unternehmen (z. B. VMI/Konsignationslager): Vorhalten eines Sicherheitsbestands und Nutzung bei hoher Nachfrage/Störungen** (evtl. Schließung eines Lagers beim Lieferanten/Kunden/Logistikdienstleister; Nachteile: ggf. Veralterung, Qualitätsmängel, Kapitalbindung, Verwaltungskosten)
	L22	**Umsetzen der Lagerhaltungsstrategie: Einrichten bei geringwertigen, aber wichtigen oder schnelllebigen Gütern und Nutzung bei hoher Nachfrage/Störungen** (dabei Lager beim Lieferanten/Kunden/Logistikdienstleister/eigenen Unternehmen)
	L23	**Umsetzen der Lagerhaltungsstrategie: Gütermenge vorhalten an verschiedenen Orten und Nutzung bei hoher Nachfrage/Störungen** (dabei Lager beim Lieferanten/Kunden/Logistikdienstleister/eigenen Unternehmen)
	L24	**Anpassung der Lagermenge/-kapazitäten** (zur Senkung des mittleren Lagerbestandes, Verkürzung der Lagerdauer unter der Beachtung von Veralterungs-/Verderblichkeitskriterien oder absatzsynchroner Beschaffung/Produktion; bessere Handlungsmöglichkeiten bei Störungen)
	L25	**Einplanung von Pufferzeiten und Reduzierung von Verspätungen** (bei Anlieferung/Verarbeitung der Komponenten)
	L26	**Vorhalten von Reservekapazitäten im Transport, Umschlag und in der Lagerung und ggf. Nutzung** (Schaffung einer Handlungsalternative bei Ausfall des ursprünglichen Systems z. B. manueller Art; Vorteile: keine Anpassungsarbeiten, mehr Freiheitsgrade, Entscheidungsalternativen)
	L27	**Konsolidierung von Logistikdienstleistungslieferungen (von unterschiedlichen Orten)** (hohe Anzahl von Produkten pro Lieferung (Milkrun) bis hin zur Direktlieferung)
	L28	**Lieferung kleinerer Mengen mit höherer Lieferfrequenz** (z. B. im Falle, dass nur geringe oder keine Lagerhaltung betrieben werden soll/kann)
	L29	**Logistisches Postponement** (Lagerhaltung von differenzierten Produkten an zentralen Orten)
	L30	**Nutzung automatischer Identifikationssysteme/Prozesse** (Beschleunigung ansonsten manuell durchgeführter Prozesse; Nachteile: Anpassungsarbeiten ggf. erforderlich, weniger Freiheitsgrade, Entscheidungsalternativen, Effekte auf Arbeitskräfte zu berücksichtigen)
	L31	**Anpassung der Reaktionsfähigkeit bei Qualitätsproblemen** (Schnelligkeit, Zuverlässigkeit und Kundenfreundlichkeit, auf Qualitätsprobleme zu reagieren)

Optionsarten				Wirkung		Kennzahl (ggf. Quelle)
Wechsel	Kapazitäts-anpassung	Zeit	Abbruch	Aufbau Potenzial	Reduktion Bedarf	
	X	X	X	X		Rahmenvertragsquote/Maverick-Buying-Quote (z. B. Einkaufsvolumen über Rahmenverträge pro gesamtem Einkaufsvolumen multipliziert mit 100) (Wannenwetsch (2004); Werner (2008); Strigl et al. (2004)), Anzahl kurzfristiger/langfristiger Verträge
	X			X		Preisliche Obergrenze Anzahl Transportmittel (Wannenwetsch (2004))
	X		X	X		Festlegung: Eigentransportquote (Anzahl der Eigentransporte pro Anzahl der Fremdtransporte multipliziert mit 100) (Werner (2008)) Preisliche Obergrenze
X	X	X		X		Anzahl alternativer Transportmittel/Transportdienstleister Minimales/Maximales Bestellvolumen pro LDL
X	X			X		Festlegung: Eigentransportquote (Anzahl der Eigentransporte pro Anzahl der Fremdtransporte multipliziert mit 100) (Werner (2008)); alternativ: Fremdtransportanteil (Anzahl durch Externe ausgelieferte Warensendungen pro Anzahl Warensendungen multipliziert mit 100) (Strigl et al. (2004)), Preisliche Obergrenze
X	X			X		Festlegung: Eigentransportquote (Anzahl der Eigentransporte pro Anzahl der Fremdtransporte multipliziert mit 100) (Werner (2008)) Preisliche Obergrenze
	X	X		X		Anzahl an Logistikdienstleistern, mit denen ein engeres Verhältnis eingegangen wird Spezifizierung LDL/Vorhaben
		X			X	Mittelwert der Logistikprozessdurchlaufzeit Varianz der Logistikprozessdurchlaufzeit
	X	X	X	X		ABC-Einstufung mit Anzahl LDL (Weber/Bacher/Groll (2002c)) Durchschnittliches Bestellvolumen pro LDL
		X		X		Festlegung: Preisliche Obergrenze für eine bestimmte Menge (aktuell andere Lieferanten; potenziell Termingeschäft) Auftragsvolumen für Termingeschäft (Werner (2008))
X	X	X		X		Zeitaufwand (des Prozesses) (nach Zhang/Vonderembse/Lim (2005))
X	X	X	X	X		Spezifizierung hinsichtlich Instrumente, Länder
X		X		X		Anzahl alternativer Transportrouten Obergrenze Zeitaufwand bzw. Strecke/Preis
X	X	X		X		Anzahl alternativer Versandarten Obergrenze Zeitaufwand bzw. Strecke/Preis
	X	X		X		Anzahl der Transportmittel/Routen/Versandarten (Wannenwetsch (2004)) Auftragsvolumen (Werner (2008))
X	X	X	X	X		Lagerreichweite (Krause/Arora (2008); Sennheiser/Schnetzler (2008); Wannenwetsch (2004)) Lagerbestand/Menge gelagerter Teile (Erdmann (2003); Werner (2008); Wannenwetsch (2004); Weber/Bacher/Groll (2002c); Bowersox/Closs/Cooper (2007); Froschmayer/Göpfert (2010); Weber (2006)) Anzahl/Orte (Zwischen-)Lagerstätten (nach Werner (2008))
	X	X		X		Anzahl/Orte (Zwischen-)Lagerstätten (nach Werner (2008)) Lagerbestand/Menge gelagerter Teile (Erdmann (2003); Werner (2008); Wannenwetsch (2004); Weber/Bacher/Groll (2002c); Bowersox/Closs/Cooper (2007); Froschmayer/Göpfert (2010); Weber (2006)) Spezifizierung der Güter
	X	X		X		Anzahl/Orte (Zwischen-)Lagerstätten (nach Werner (2008)) Lagerbestand/Menge gelagerter Teile (Erdmann (2003); Werner (2008); Wannenwetsch (2004); Weber/Bacher/Groll (2002c); Bowersox/Closs/Cooper (2007); Froschmayer/Göpfert (2010); Weber (2006)) Spezifizierung der Güter
	X	X		X		Lagerreichweite (Krause/Arora (2008); Sennheiser/Schnetzler (2008); Wannenwetsch (2004)) Lagerbestand/Menge gelagerter Teile (Erdmann (2003); Werner (2008); Wannenwetsch (2004); Weber/Bacher/Groll (2002c); Bowersox/Closs/Cooper (2007); Froschmayer/Göpfert (2010); Weber (2006)) Sicherheitskoeffizient (Sicherheitsbestand pro durchschnittlicher Lagerbestand/Höchstbestand mal 100) (Wannenwetsch (2004)) Lagerflächenanteil (Fertigungsfläche pro Lagerfläche multipliziert mit 100) (Werner (2008))
		X		X		Geplanter Zeitpuffer Anzahl Verspätungen pro Monat, Mittlere Verspätungszeit pro Monat
X	X	X		X		Anzahl an Reservekapazitäten pro Bereich Spezifizierung der Reservekapazitäten
	X	X			X	Anzahl der eingehenden Transportmittel (pro Periode) (nach Zhang/Vonderembse/Lim (2005)) Anzahl Lagervorgänge (Werner (2008))
		X		X		Anzahl der eingehenden Transportmittel (pro Periode) (nach Zhang/Vonderembse/Lim (2005)) Anzahl Lagervorgänge (Werner (2008)) Minimum/Maximum Frequenz
	X	X			X	Anzahl zentraler Lagerstätten Orte zentraler Lagerstätten
	X	X			X	Zeit/Kosten, die mit Hilfe des Einsatzes einer flexiblen Maschine gespart werden können (Chan (2003)) Fehlerrate pro Kommissionierung (Weber/Bacher/Groll (2002c)) Automatisierungsgrad, z. B. der Kommissionierung (Wannenwetsch (2004))
		X			X	Zeitdauer bis zur ersten Reaktion auf Qualitätsproblem Zeitdauer bis zur Lösung des Qualitätsproblems

Strategien und Maßnahmen zur Anpassung der Supply Chain-Flexibilität		
Dimension	#	Maßnahme
operative Flexibilität	OP01	**Verzicht der Nutzung eines Betriebsmittels und Umstellung auf ein alternatives Betriebsmittel** (setzt Verfügbarkeit eines (weiteren) geeigneten Betriebsmittels voraus)
	OP02	**Vorhalten von mindestens zwei Werken an unterschiedlichen Orten und ggf. Verlagerung der Produktion** (ggf. Aufbau eines weiteren (modularen) Werkes; besonders vorteilhaft, wenn sich die Werke in unterschiedlichen Regionen/Ländern befinden und bei Umstellung die Produktion der Produkte anderer Werke möglich ist)
	OP03	**Einkauf auf dem Spotmarkt zur Ergänzung interner Fertigungskapazitäten** (insbesondere zur Deckung kurzfristiger Bedarfe und der Nutzung von B2B-Plattformen)
	OP04	**Verringerung/Einstellung der eigenen Fertigung und (teilweise) Outsourcing** (setzt Verfügbarkeit eines geeigneten Lieferanten oder Ausgliederung aus dem Unternehmen voraus)
	OP05	**Anpassung der Produktionskapazität: Betriebsmittel** (Veränderung der Outputmenge in einem vorgegebenen Rahmen (Nutzung Backup Capacity, d.h. Basis- und Reaktivkapazität), Veränderung der Betriebsmittelintensität oder Verschieben von Wartungsarbeiten)
	OP06	**Verzicht des Einsatzes eines Mitarbeiters für eine bestimmte Tätigkeit und Einsatz eines alternativen Mitarbeiters hierfür** (setzt die Verfügbarkeit eines alternativen Mitarbeiters und Wissensmanagement voraus - Job-Rotation)
	OP07	**Anpassung der Personalkapazität: innerbetrieblicher Personalpool** (Kurzfristige Veränderung durch Anpassung der Arbeitsgeschwindigkeit/den Einsatz von Springern/Studierenden/Auf- und Abbau von Überstunden/Variation der Anzahl an Schichten/Wochenendarbeit/Kurzarbeit/Teilzeit/Sabbaticals/Vorruhestand/Gewährung von und Verzicht auf Urlaub/Freistellung/Einrichtung von (Lebens-/Jahres-)Arbeitszeitkonten - Gleitzeit)
	OP08	**Anpassung der Personalkapazität: Leiharbeitskräfte** (Kurzfristige Veränderung durch den Einsatz von bzw. Verzicht auf Leiharbeitskräfte/Personalleasing)
	OP09	**Anpassung der Personalkapazität: Einstellung bzw. Einstellungsstopp/Kündigung von (neuen) Mitarbeitern unter Berücksichtigung ethischer Gesichtspunkte** (kurz- bis langfristig umzusetzen; mittel- bis langfristige Bindung (je nach Fristigkeit des Vertrags; befristet/unbefristet))
	OP10	**Einstellung und Förderung von Personal: vielseitig qualifizierte Mitarbeiter** (Vielseitigkeit zum Einsatz an verschiedenen Arbeitsplätzen/in unterschiedlichen Bereichen z. B. aufgrund von Schulungen/Trainings/Fortbildungen/Weiterbildungen (auch mit beruflicher Auszeit) - Job-Enlargement)
	OP11	**Einsatz des Personals im Rahmen funktionsübergreifender Teams zur produktionsanforderungsgerechten Produktgestaltung oder zur Lösung von SC-Problemen** (insbesondere Einbindung von Mitarbeitern aus der Produktion, Logistik, dem SCM, Absatz in der Designphase und ggf. Berücksichtigung der Interessen)
	OP12	**Einrichten eines SC-übergreifenden Personalpools/Betriebsmittelpools** (zum kurzfristigen Einsatz, wo nötig)
	OP13	**Einbeziehung der SC-Partner in die Entwicklung/Produktion/Qualitätsprozesse zur SC-anforderungsgerechten Produktgestaltung** (insbesondere ggf. Berücksichtigung von Interessen der Lieferanten)
	OP14	**Einsatz multifunktionaler Betriebsmittel** (Möglichkeit zum Einsatz für verschiedene Arbeitsgänge im Falle von Störungen und Engpasssituationen)
	OP15	**Anpassung der Produktionskapazität: Anpassung der Anzahl an Betriebsmitteln** (z. B. durch Leasing (Operate-Leasing-Vertrag oder Finance-Leasing-Vertrag), Mieten, Kauf, Verleihen oder Verkauf)

Optionsarten				Wirkung		
Wechsel	Kapazitäts-anpassung	Zeit	Abbruch	Aufbau Potenzial	Reduktion Bedarf	Kennzahl (ggf. Quelle)
X				X		Anlagenredundanz (Summe zwei- oder mehrfach vorhandener Anlagen im Verhältnis zur Summe Anzahl Anlagen) (Winkler/Sobernig/Kaluza (2007)), Anzahl Teile, die ein System produzieren kann
X	X	X		X		Anzahl der mehrfach vorhandenen Produktionsstätten im Produktionsnetzwerk (Aaker/Mascarenhas (1984)) Anzahl der Länder, in denen sich das Unternehmen betätigt (Aaker/Mascarenhas (1984)) Bandbreite der Produktionsvolumina, bei der das Unternehmen profitabel ist (Sethi/Sethi (1990))
	X			X		Preisliche Obergrenze Anzahl Teile/Komponenten
X	X			X		Preisliche Obergrenze für eine bestimmte Menge Anzahl fremdvergebener Aufträge/fremdbezogener Artikel (Strigl et al. (2004)) Festlegung: Fertigungstiefe (Wertschöpfung pro Gesamtleistung mal 100) (Krause/Arora (2008))
	X	X		X		Profitable Bandbreite der Ausbringungsmenge, bei der wirtschaftlich gefertigt werden kann (Suarez/Cusumano/Fine (1995/1996); Slack (1991); Chan (2003); Das (1996); D'Souza/Williams (2000); Koste/Malhotra (1999)) Durchschnittliche Auslastung von Betriebsanlagen (Poluha (2008); Hines (2004); Wild (2002); Weber (2006); Wannenwetsch (2004); Aaker/Mascarenhas (1984); Krause/Arora (2008))
X				X		Anzahl Mitarbeiter, die hierfür infrage kommen, Weiterbildungszeit pro Mitarbeiter (Zahl der Weiterbildungstage pro durchschnittlicher Zahl der Mitarbeiter) (Krause/Arora (2008))
	X	X		X		Produktive Anwesenheitszeit (Summe Ist-Anwesenheitszeit im Verhältnis zur Summe Soll-Anwesenheitszeit) (Winkler/Sobernig/Kaluza (2007)) Auslastungsgrad (Summe Leerzeiten im Verhältnis zur Summe Gesamtzeiten) (Winkler/Sobernig/Kaluza (2007)) Durchschnittliche Anzahl an Überstunden Durchschnittliche Anzahl an Schichten pro Tag Anzahl Mitarbeiter (Wannenwetsch (2004))
	X	X	X	X		Produktive Anwesenheitszeit (Summe Ist-Anwesenheitszeit im Verhältnis zur Summe Soll-Anwesenheitszeit) (Winkler/Sobernig/Kaluza (2007)) Auslastungsgrad (Summe Leerzeiten im Verhältnis zur Summe Gesamtzeiten) (Winkler/Sobernig/Kaluza (2007)) Personalleasinganteil (Summe Leasingpersonal im Verhältnis zur Summe Gesamtpersonal) (Winkler/Sobernig/Kaluza (2007))
	X		X	X		Auslastungsgrad (Summe Leerzeiten im Verhältnis zur Summe Gesamtzeiten) (Winkler/Sobernig/Kaluza (2007)) Anzahl Mitarbeiter (Wannenwetsch (2004))
X	X	X		X		Anzahl Tätigkeiten, die ein Arbeiter erbringen kann (Chan (2003)) Crosstraining (Summe bewältigbarer Aufgaben im Verhältnis zur Summe möglicher Aufgaben) (Winkler/Sobernig/Kaluza (2007)), Anzahl qualifizierter MA für eine bestimmte Tätigkeit (Koste/Malhotra (1999)), Weiterbildungszeit pro Mitarbeiter (Zahl der Weiterbildungstage pro durchschnittlicher Zahl der Mitarbeiter) (Krause/Arora (2008))
	X	X			X	Mitarbeiteraustauschquote (Anzahl ausgetauschter Mitarbeiter pro Anzahl Mitarbeiter mal 100) (Erdmann (2003)) Anzahl Mitarbeiter aus jeweiligem Bereich (nach Wannenwetsch (2004))
	X	X		X		Mitarbeiteraustauschquote (Anzahl ausgetauschter Mitarbeiter pro Anzahl Mitarbeiter mal 100) (Erdmann (2003)) Anzahl Mitarbeiter aus jeweiligem Bereich (nach Wannenwetsch (2004))
	X	X			X	Anzahl der SC-Partner Spezifikation
X	X	X		X		Prozentsatz der Anlagen, die für unterschiedliche Zwecke genutzt werden können (Aaker/Mascarenhas (1984)) Anzahl an Tätigkeiten, die ein Betriebsmittel ohne größeren Rüstaufwand verrichten kann (Das (1996); D'Souza/Williams (2000); Koste/Malhotra (1999); Sethi/Sethi (1990)) Anzahl verschiedener Teile, die ein System ohne größeren Rüstaufwand herstellen kann (Das (1996); Koste/Malhotra (1999); Suarez/Cusumano/Fine (1995/1996); Sethi/Sethi (1990))
	X			X		Anzahl an Betriebsmitteln, Anlagenredundanz (Summe zwei- oder mehrfach vorhandener Anlagen im Verhältnis zur Summe Anzahl Anlagen) (Winkler/Sobernig/Kaluza (2007); Erdmann (2003)), Kapazitätsauslastungsgrad (Effektive Produktionsstunden pro bestmögliche Produktionsstunden mal 100 oder Ist-Ausbringungsmenge pro Plan-Ausbringungsmenge mal 100) (Aaker/Mascarenhas (1984); Krause/Arora (2008))

Strategien und Maßnahmen zur Anpassung der Supply Chain-Flexibilität		
Dimension	#	Maßnahme
operative Flexibilität	OP16	**Verwendung mehrerer kleiner Betriebsmittel** (im Falle eines Ausfalls kann leichter umdisponiert werden)
	OP17	**Vornahme von Änderungen in der Ablaufplanung/im Produktionsmix** (z. B. Start- und Endtermine von Aufträgen in kurzer Zeit zu geringen Kosten verschieben, insbesondere zur Anpassung an Kundenliefertermine sowie bei Störungen, und somit bessere Reaktionsmöglichkeiten)
	OP18	**Nivellierung und Glättung in der Produktion** (zur Reaktion auf Nachfrageschwankungen zeitweise fixe Stückzahlen bei Fertigung verschiedener Produktvarianten)
	OP19	**Verkürzung der Durchlaufzeit und ihrer Streuung** (Verringerung der Fertigungszeit und/oder der Wartezeiten und somit bessere Reaktionsmöglichkeiten im Falle von drohenden Engpässen)
	OP20	**Einführung von Kanban-Fertigung** (verbesserte Synchronisierung von Produktion und Logistik nach dem Just-in-time-Prinzip)
	OP21	**Verkürzung der Entwicklungszeit/Anlaufzeit und ggf. häufigere Auflage neuer Produkte** (zur schnellen Reaktion auf Marktnachfrage, z. B. mit Hilfe virtueller Produktentwicklung/Rapid Prototyping/überschüssigen F&E-Kapazitäten)
	OP22	**Verschieben des Auftragsentkopplungspunktes Richtung Quelle/weg von der Senke** (im Extremfall Auftragsfertigung zur Lagerminderung und zur Senkung der Unverkäuflichkeit)
	OP23	**Verschieben des Auftragsentkopplungspunktes Richtung Senke/weg von der Quelle ("Postponement")** (im Extremfall Fertigung eines Standardproduktes auf Lager und somit Sicherung der Verfügbarkeit des Produktes/Produktdifferenzierung so spät wie möglich)
	OP24	**Vereinfachung/Anpassung der Produktherstellung/Redesign durch Standardisierung von Komponenten** (zur Beschleunigung der Produktion, z. B. durch Einsatz des Plattformkonzepts zur Beschleunigung der Entwicklung/Produktion, zur Verringerung der Lagermenge)
	OP25	**Entwicklung modularer Produkte** (zur Beschleunigung der Entwicklung/Produktion, zur Verringerung der Lagermenge)
	OP26	**Aufschub/Abbruch der Entwicklung eines Produktes** (insbesondere wenn die Kosten vergleichsweise hoch und die Nachfrageprognosen gering ausfallen)
	OP27	**Anpassung der Anzahl an Produktvarianten** (zur Beschleunigung der Entwicklung/Produktion, zur Verringerung der Lagermenge; z. B. Verwendung Plattformkonzept/Produktfamilien)
	OP28	**Anpassung der Produktionskapazität: Anpassung der Losgröße** (im Falle von höherer Nachfrage oder zur Vermeidung von Rüstvorgängen)
	OP29	**Einstellen der Produktion eines Erzeugnisses** (z. B. bei Engpässen und vergleichsweise geringer Nachfrage)
	OP30	**Standardisierung, Modularisierung und Vereinfachung von Prozessen** (Verkürzung der Durchlaufzeit und Vermeidung nicht-wertschöpfender Tätigkeiten; Lean Manufacturing; Verbesserung der Handlungsmöglichkeiten im Falle von Störungen)
	OP31	**Standardisierung von Produktionssystemen/Betriebsmitteln** (Beschleunigung von Produktion/Prozessen und verbesserte Handlungsmöglichkeiten im Falle von Störungen)
	OP32	**Senkung der Rüstzeiten und/oder -kosten** (Verringerung der benötigten Zeit zur Umstellung auf ein anderes Produkt und verbesserte Handlungsmöglichkeiten im Falle von Störungen)
	OP33	**Schaffen der Möglichkeit der Herstellung eines Produktes mit verschiedenen Technologien** (bei Ausfall eines Betriebsmittels ist Nutzung eines anderen - nicht-gleichwertigen - ggf. möglich; Ablaufplanung kann leichter geändert werden)
	OP34	**Anpassung des innerbetrieblichen Transportsystems** (im Falle von hohen Nachfrageschwankungen oder der Erhöhung der Anzahl der Produkte/Expansion)
	OP35	**Automatisierung von Vorgängen** (Beschleunigung ansonsten manuell durchgeführter Prozesse; Nachteile: Anpassungsarbeiten ggf. erforderlich, weniger Freiheitsgrade, Entscheidungsalternativen; Effekte auf Arbeitskräfte zu berücksichtigen)
	OP36	**Aufschieben/Verzögern oder Vorziehen eines Projektes** (abhängig von anderen Verpflichtungen insbesondere des Personals)

Optionsarten				Wirkung		Kennzahl (ggf. Quelle)
Wechsel	Kapazitäts-anpassung	Zeit	Abbruch	Aufbau Potenzial	Reduktion Bedarf	
	X			X		Anlagenredundanz (Summe zwei- oder mehrfach vorhandener Anlagen im Verhältnis zur Summe Anzahl Anlagen) (Winkler/Sobernig/Kaluza (2007))
X	X	X		X		Erforderliche Zeit für Ablaufplanänderungen (Hines (2004)) Spezifizierung: Vorliegen bestimmter Software?
	X	X			X	Maximale/minimale fixe Stückzahlen bei Materialverfügbarkeit
		X			X	Durchschnitt der Auftragsdurchlaufzeit (Sennheiser/Schnetzler (2008)) Standardabweichung der Auftragsdurchlaufzeit (Sennheiser/Schnetzler (2008))
	X	X		X		Leerlaufzeit (Wild (2002)) Work-in-Process
	X	X			X	Durchlaufzeit der Produktentwicklung (Gunasekaran/Patel/McGaughey (2004); Hines (2004); Weber (2006)) Durchschnittliche Anzahl an Produkten, die sich in der Entwicklung befinden (Swafford/Ghosh/Murthy (2006b)) Time-to-market (Markteinführungsdatum abzüglich Anstoßdatum Neuproduktentwicklung) (Erdmann (2003); Hines (2004); Hieber (2002); Weber/Bacher/Groll (2002c)), Anzahl der Mitarbeiter in Forschung und Entwicklung (Aaker/Mascarenhas (1984))
	X	X		X		Anteil auftragsbezogener Fertigung (MTO) (Weber/Bacher/Groll (2002c))
	X	X		X		Product Finalization Point (Zeitraum zwischen endgültiger Fertigstellung des Produkts und dessen Auslieferung) (Stölzle/Heusler/Karrer (2001)) Anteil auftragsbezogener Fertigung (MTO) (Weber/Bacher/Groll (2002c))
	X	X			X	Anzahl verschiedener Ablaufpläne für die Herstellung eines Produktes (Sethi/Sethi (1990)) Anteil standardisierter Komponenten eines bestimmten Produktes
	X	X			X	Anteil Produkte, die modular gestaltet werden
	X	X	X	X		Festlegung: Kosten zur Einführung neuer Produkte (D'Souza/Williams (2000)), Festlegung: Anzahl Monate vom Design bis zur ersten Produktion (Suarez/Cusumano/Fine (1995/1996)), Festlegung: Aufträge pro Tag (Weber/Bacher/Groll (2002c))
	X	X	X	X		Festlegung: Anzahl verschiedener Produkte, die vom Unternehmen produziert werden Festlegung: Anzahl an Produktvarianten
	X	X			X	Minimale durchschnittliche Losgröße Maximale durchschnittliche Losgröße
	X		X	X		Festlegung: Anzahl der verschiedenen Produkte, die von einem Werk produziert werden (D'Souza/Williams (2000)) Aufträge pro Tag (Weber/Bacher/Groll (2002c))
	X	X		X		Durchschnittliche Durchlaufzeit eines bestimmten Prozesses
	X	X		X		Anlagenredundanz (Summe zwei- oder mehrfach vorhandener Anlagen im Verhältnis zur Summe Anzahl Anlagen) (Winkler/Sobernig/Kaluza (2007))
	X	X			X	Umrüstzeit (Endzeitpunkt Umrüstvorgang abzüglich Anfangszeitpunkt Umrüstvorgang) (Erdmann (2003); Gunasekaran/Patel/McGaughey (2004); Hines (2004); D'Souza/Williams (2000)); alternativ: Rüstzeitanteil (Summe Rüstzeiten pro Summe Durchführungszeiten multipliziert mit 100) (Strigl et al. (2004)) Kosten zum Wechsel von einem Produktmix zu einem anderen (Sethi/Sethi (1990); D'Souza/Williams (2000))
X	X	X		X		Anzahl Technologien zur Herstellung eines Produktes
	X	X		X		Anzahl Möglichkeiten, Material zwischen Arbeitsplätzen zu transportieren (Chan (2003)) Anzahl Wege zwischen Verarbeitungszentren (Koste/Malhotra (1999))
	X	X			X	Zeit/Kosten, die mit Hilfe des Einsatzes einer flexiblen Maschine gespart werden können (Chan (2003)) Fehlerrate pro Kommissionierung (Weber/Bacher/Groll (2002c)) Automatisierungsgrad, z. B. der Kommissionierung (Wannenwetsch (2004))
	X	X		X		Zeitrahmen Spezifizierung

Strategien und Maßnahmen zur Anpassung der Supply Chain-Flexibilität		
Dimension	#	Maßnahme
Marktflexibilität	M01	**Anpassung der Auslieferungsmenge für einen Kunden** (Veränderung der Outputmenge in einem vorgegebenen Rahmen, insbesondere bei Abschluss eines Rahmenvertrags/flexiblen Liefervertrags)
	M02	**Einsatz von dynamischer Preisfindung (Revenue Management - Responsive Pricing)** (im Falle von Engpässen bei bestimmten Produkten und bei Verfügbarkeit/erhöhten Lagerbeständen anderer Produkte)
	M03	**Verkauf der Produkte über Absatzmittler** (zur zeitnahen Möglichkeit des Verkaufs und zur Beschleunigung des Geldflusses)
	M04	**Verzicht auf Verkauf an einen bestimmten Abnehmer/Händler und Umstellung auf alternativen Abnehmer/Händler** (setzt Verfügbarkeit mehrerer Abnehmer für Produkte voraus)
	M05	**Einbindung von Abnehmern/Händlern in einem anderen/bestimmten Gebiet oder Ausdehnung des Gebiets** (Erhöhung der Kunden setzt Verfügbarkeit mehrerer - landesweiter oder weltweiter - Abnehmer für Produkte voraus; Exporte oder Lizensierung ggü. lokaler Produktion im Falle der Erschließung fremder Absatzmärkte zu bevorzugen)
	M06	**Verkauf der Forderung bzw. gegen Sicherheiten/Zahlungsversprechen Dritter (Factoring)** (zur Beschleunigung des Geldflusses)
	M07	**Verkauf auf dem Spotmarkt/Nutzung von E-Business** (insbesondere zur Schaffing kurzfristiger Nachfrage und der Nutzung von B2B-Plattformen)
	M08	**Räumliche Annäherung von produzierendem Unternehmen und Kunden** (entweder Kunde oder produzierendes Unternehmen nähert sich dem Partner an)
	M09	**Erstellung/Verbesserung der Absatzprognosen (ggf. mit vor- und nachgelagerten Unternehmen)** (Schaffen von Visibilität bei den Absatzdaten, Verwendung Daten ähnlicher Produkte/aggregierte Daten zur Nachfrageprognose)
	M10	**Kundensegmentierung** (Anpassung der Durchlaufzeit/Lieferzeit sowie der Veränderung der Lage des Kundenentkopplungspunktes für die Segmente)
	M11	**Eingehen eines engeren Verhältnisses mit mehreren oder einem Hauptkunden** (Stärkung der Kooperation, gemeinsame Planung, Verbesserung der Produktverfügbarkeit im Falle von Engpässen)
	M12	**Verkürzung der Bearbeitungszeit eines Auftrags und ihrer Streuung** (Verringerung der Lieferzeit und somit bessere Reaktionsmöglichkeiten im Falle von drohenden Engpässen von Konkurrenten)
	M13	**Kombinieren von lang- und kurzfristigen Abnehmerverträgen** (Nutzung der Vorteile aus langfristigen Verträgen (ggf. Preis) und kurzfristigen Verträgen (ggf. Ergänzung Abnahmemenge; keine langfristige Bindung))
	M14	**Anpassung des Lieferzeitpunktes und der Frequenz der Lieferungen** (insbesondere bei Abschluss eines flexiblen Liefervertrags)
	M15	**Aktives Management der Kundenbasis** (Möglichkeit der Nutzung des vertraglich festgelegten (Sonder-)Kündigungsrechts von Kundenbeziehungen, ggf. Erhöhung des Absatzvolumens bei anderen Kunden, somit Erhöhung der Verhandlungsmacht und Reduktion der administrativen Kosten)
	M16	**Abschluss eines Termingeschäfts** (Zeitgeschäft - Absicherung vor möglicher Preissenkung)
	M17	**Standardisierung des Auslieferungsprozesses** (Beschleunigung von Prozessen und verbesserte Handlungsmöglichkeiten im Falle von Störungen)
	M18	**Beobachten der Absatzmärkte** (besonders vorteilhaft, wenn dieses weltweit geschieht, zur Verbesserung der Reaktionsfähigkeit)
	M19	**Testen des Absatzes anhand geringer Menge des Produkts und evtl. schnell nachproduzieren (Testmarkt)** (setzt Möglichkeiten zur schnellen Produktion und zum schnellen Absatz nachträglich voraus und stellt hohe Anforderungen an die Logistik)
	M20	**Nutzung neuer Marktchancen/Reaktion auf neue Entwicklungen am Markt** (Entwicklung eines neuen - möglichst mehrere Funktionen erfüllenden - Produktes/Anpassung eines Produktes an neue Kundenbedürfnisse/Vornahme von Änderungen am Produkt)
	M21	**Anpassung der Präsenz auf Produktmärkten** (im Falle, dass ein Produkt zeitweise weniger gut abgesetzt werden kann bzw. das Angebot nicht verfügbar ist)
	M22	**Anpassung der Reaktionsfähigkeit bei Qualitätsproblemen** (Schnelligkeit, Zuverlässigkeit und Kundenfreundlichkeit, auf Qualitätsprobleme zu reagieren)
	M23	**Nichterfüllung von Kundenaufträgen** (im Falle, dass keine Kapazität frei ist/Kapazität verplant ist)

Optionsarten				Wirkung		Kennzahl (ggf. Quelle)
Wechsel	Kapazitäts-anpassung	Zeit	Abbruch	Aufbau Potenzial	Reduktion Bedarf	
	X			X		Auftragsvolumen pro Kunde Minimales/Maximales Auftragsvolumen pro Kunde
	X	X			X	Preisliche Obergrenze für Produkte Preisliche Untergrenze für Produkte
	X	X		X		Anzahl unabhängiger Kunden (Aaker/Mascarenhas (1984)), Anzahl unterschiedlicher (genutzter) Vertriebskanäle (Aaker/Mascarenhas (1984)), Anzahl und Spezifikation Absatzmittler
X				X		Minimale/maximale Abnahmemengen Anzahl alternativer Kunden
	X			X		Anteil neuer Kunden/Neukundenanteil (Weber (2006)), Kundenanzahl (aktuell/potenziell) (Werner (2008)), Anzahl der Länder, in denen sich das Unternehmen betätigt (Aaker/Mascarenhas (1984)), Absoluter Marktanteil (Unternehmensumsatz pro Gesamtumsatz aller Anbieter mal 100 oder Absatzmenge des Unternehmens pro Gesamtabsatzmenge aller Anbieter mal 100) (Krause/Arora (2008))
		X		X		Anzahl Dritter Abnahmemenge Dritter
	X			X		Anzahl Teile/Komponenten Preisuntergrenze
		X		X		Zeitaufwand für Strecke vom Unternehmen zum jeweiligen Kunden (nach Zhang/Vonderembse/Lim (2005)) Entfernung vom Unternehmen zum jeweiligen Kunden in km
	X	X		X		Spezifizierung: Vorliegen bestimmter Software?
	X	X		X		ABC-Einstufung mit Deckungsbeitrag pro Kunde, Anzahl Kunden, Anzahl Auftragseingängen, Kundenbedeutungsgrad (nach Stölzle/Heusler/Karrer (2001); Weber/Bacher/Groll (2002c); Werner (2008); Krause/Arora (2008)) Anzahl abgrenzbarer Marktsegmente, die vom Unternehmen bedient werden (Aaker/Mascarenhas (1984))
	X	X		X		Anzahl an Kunden, mit denen ein engeres Verhältnis eingegangen wird Spezifizierung Kunden/Vorhaben
		X			X	Mittelwert Auftragsdurchlaufzeit Varianz Auftragsdurchlaufzeit
	X	X	X	X		Rahmenvertragsquote/Maverick-Buying-Quote (z. B. Einkaufsvolumen über Rahmenverträge pro gesamtem Einkaufsvolumen multipliziert mit 100) (Wannenwetsch (2004); Werner (2008); Strigl et al. (2004)), Anzahl kurzfristiger/langfristiger Verträge
		X		X		Minimum/Maximum Frequenz Minimum/Maximum Lieferzeitpunkt
	X	X	X	X		ABC-Einstufung mit Deckungsbeitrag pro Kunde, Anzahl Kunden, Anzahl Auftragseingängen, Kundenbedeutungsgrad (nach Stölzle/Heusler/Karrer (2001); Weber/Bacher/Groll (2002c); Werner (2008); Krause/Arora (2008)) Anzahl abgrenzbarer Marktsegmente, die vom Unternehmen bedient werden (Aaker/Mascarenhas (1984))
		X		X		Festlegung: Preisliche Untergrenze für eine bestimmte Menge (aktuell andere Kunden; potenziell Termingeschäft), Auftragsvolumen für Termingeschäft (Werner (2008))
	X	X		X		Zeitaufwand (des Prozesses) (nach Zhang/Vonderembse/Lim (2005))
X	X	X	X	X		Spezifizierung hinsichtlich Instrumente, Länder
	X	X		X		Anzahl Auftragseingänge (Werner (2008)) Marktsättigungsgrad (Realisiertes Marktvolumen mal 100 pro Marktpotenzial) (Krause/Arora (2008)) Absoluter Marktanteil (Unternehmensumsatz pro Gesamtumsatz aller Anbieter mal 100 oder Absatzmenge des Unternehmens pro Gesamtabsatzmenge aller Anbieter mal 100) (Krause/Arora (2008))
		X		X		Anzahl neuer Produkte, die pro Jahr produziert werden (D'Souza/Williams (2000); Koste/Malhotra (1999)) Anzahl veränderter Produkte pro Jahr (Koste/Malhotra (1999)) Marktwachstumsrate (Marktausweitung pro Marktvolumen im Vorjahr mal 100) (Weber (2006)) Forschungs- und Entwicklungs-Intensität (Aufwendungen für Forschung und Entwicklung je Periode pro Perioden-Umsatzerlöse mal 100) (Krause/Arora (2008))
X	X	X	X	X		Anzahl der abgedeckten Produktmärkte (aktuell/potenziell) Bandbreite der angebotenen Produkte/Dienstleistungen (Hines (2004))
		X			X	Zeitdauer bis zur ersten Reaktion auf Qualitätsproblem Zeitdauer bis zur Lösung des Qualitätsproblems
			X	X		Festlegung Grenze Kapazitätsauslastung

Strategien und Maßnahmen zur Anpassung der Supply Chain-Flexibilität		
Dimension	#	Maßnahme
Organisationsflexibilität	OR01	**Stärkung der Bereitschaft und Fähigkeit der Mitarbeiter, schnell und überlegt zu handeln** (Unternehmens-/SC-Kultur - insbesondere im Störungsfall relevant)
	OR02	**Festlegung von Verantwortung (auch für Mitarbeiter auf unteren Ebenen (unbürokratischere Abläufe/flache Organisationsstruktur))** (grundsätzliche Verantwortung oder Verantwortung im Störungsfall ermöglicht schnelleres Handeln im Störungsfall, z. B. Job-Enrichment)
	OR03	**Förderung der Kommunikationskultur** (Mitarbeiter sollten sich u.a. über Themenfelder, die sie betreffen, austauschen)
	OR04	**Förderung des schnellen Informations- und Wissenstransfers/der Lernkultur** (innerhalb des Unternehmens sowie mit Supply Chain-Partnern)
	OR05	**Unterstützung des Austausches von risikorelevanten Aspekten** (Mitarbeiter sollten risikorelevante Informationen an betroffene Bereiche und Entscheidungsträger weiterleiten können)
	OR06	**Sensibilisierung der Mitarbeiter hinsichtlich der Erkennung und des Umgangs mit Risiken** (Mitarbeiter sollten Risiken feststellen und Maßnahmen ergreifen können)
	OR07	**Formulierung einer Risiko- bzw. Flexibilitätsstrategie** (und Kommunikation an alle Mitarbeiter des Unternehmens/der SC; auf diese Weise auch Prozessverbesserungen bei gleichen Visionen)
	OR08	**Entwicklung von Notfall- und Krisenplänen/-prozessen mit Angabe von Handlungsanweisungen** (im Rahmen des Business Continuity Planning, um im Falle von Störungen handlungsfähig zu bleiben und den Fortbestand des Unternehmens zu sichern)
	OR09	**Ermittlung unterschiedlicher Szenarien und Prozessalternativen** (zum Durchspielen von Szenarien und der Analyse der Handlungsmöglichkeiten)
	OR10	**Festlegung von Krisenteams und Krisenteamsitzungen** (zum Durchspielen von Szenarien, der Analyse der Handlungsmöglichkeiten und Ansprechpartner/Organisatoren im Krisenfall)
	OR11	**Verkauf von Unternehmensteilen/Joint Venture-Gründung** (ggf. in Verbindung mit Outsourcing)
	OR12	**Bildung von Rücklagen/stillen Reserven und Rückstellungen** (eröffnet Möglichkeit, kurzfristig zu handeln und z. B. höhere Preise zu bezahlen, Finanzhilfen an Partner zu vergeben bzw. für vertikale/horizontale Unternehmensintegration)
	OR13	**Umsetzen enger Zusammenarbeit mit anderen Unternehmen im Störungsfall** (unterstützt die Möglichkeit, handlungsfähig zu bleiben und schneller reagieren zu können)
	OR14	**Schaffen der Möglichkeit der Aufnahme von Notfall-Krediten und Kapitalerhöhung/Emittierung von Aktien (abhängig von Gesellschaftsform)** (eröffnet Möglichkeit, kurzfristig zu handeln und z. B. höhere Preise zu bezahlen, Finanzhilfen an Partner zu vergeben bzw. für vertikale Unternehmensintegration durch Verhandlung ausreichender Kreditlinien/Erschließung alternativer Finanzierungsquellen)
	OR15	**Aktives Working Capital Management** (durch Veränderung der Zahlungsziele und Zahlungsbedingungen, z. B. Gewährung von Skonto/Rabatt)
	OR16	**Variable Vergütung der Mitarbeiter** (durch erfolgsbasierte flexible Entlohnung)
	OR17	**Nutzung von Sicherungsinstrumenten an den Kapitalmärkten** (Hedging - durch Derivate, z. B. Treibstoff)
	OR18	**Verkauf von Betriebsmitteln und anschließendes Mieten** (um kurzfristig Kapital zu erlangen - Sale-(and-)Lease-Back auch genannt)
Informationssystemflexibilität	I01	**Verzicht auf Nutzung einer Software und Umstellung auf alternative Software** (setzt Verfügbarkeit einer alternativen Software voraus, z. B. aktualisierte/neue Version)
	I02	**Verringerung/Einstellung der eigenen Informationssystemaktivitäten und (teilweise) Outsourcing/Cloud Computing** (setzt Verfügbarkeit eines Informationssystemanbieters oder Ausgliederung aus dem Unternehmen bzw. Inhouse Partnerschaft voraus)
	I03	**Einstellung der Nutzung einer Software** (ggf. ist diese überholt oder/und eine andere Technik wird verwendet und schließt den Mehrwert dieser mit ein)
	I04	**Einrichtung eines Backup-Systems** (redundante Speicherung der Daten ist insbes. sinnvoll, wenn sich Speichermöglichkeiten an einem anderem Ort befinden; z. B. für Informationssystem)
	I05	**Erhöhung/Verringerung der Rechnerkapazität/der Anzahl an Rechnern/Anpassung der Kapazität des IT-Systems** (z. B. auch des Speicherplatzes)
	I06	**Erwerb eines neuen Softwareupdates wird vorgezogen/vertagt/an die Leistung gekoppelt** (setzt Verfügbarkeit eines Updates/bzw. einer höheren Leistung voraus)
	I07	**Nutzung gemeinsamer Informationssysteme mit den Supply Chain-Partnern** (setzt voraus, dass Lieferanten und Kunden bereit sind, Daten weiterzugeben, z. B. Datenbanken für Komponenten und Produkte, ggf. ERP-Systeme, möglichst standardisierte Schnittstellen)
	I08	**Nutzung von Systemen zur Visibilität und Transparenz (Echtzeit)** (z. B. RFID/Ortungssysteme/Tracking & Tracing zur Nachfrageumleitung bei Störungen)
	I09	**Nutzung des Lizenzmodells: Floating License Server** (Administration von Softwarelizenzen mehrerer Nutzer im Netzwerk; Vorteil: Lizenzserver achtet auf Anzahl gleichzeitiger Benutzer, denn die Software kann auf höherer Anzahl von Rechnern installiert sein als Lizenzen vorliegen; Mittel zur Kostensenkung)

Optionsarten				Wirkung		Kennzahl (ggf. Quelle)
Wechsel	Kapazitäts-anpassung	Zeit	Abbruch	Aufbau Potenzial	Reduktion Bedarf	
X	X	X	X	X		Anzahl Mitarbeiter, die bestimmte Schulungen besucht haben
X	X	X	X	X		Anzahl dezentral gesteuerter Entscheidungen im Verhältnis zur Anzahl zentral gesteuerter Entscheidungen (Erdmann (2003)), Ausmaß der Dezentralisierung (Aaker/Mascarenhas (1984))
X	X	X	X	X		Anzahl notwendiger Abstimmungssitzungen [pro Zeiteinheit] (Weber/Bacher/Groll (2002c)) Zeitausmaß der Sitzungen
X	X	X	X	X		Anzahl notwendiger Abstimmungssitzungen [pro Zeiteinheit] (Weber/Bacher/Groll (2002c)) Zeitausmaß der Sitzungen
X	X	X	X	X		Anzahl Mitarbeiter, die bestimmte Schulungen besucht haben
X	X	X	X	X		Anzahl Mitarbeiter, die bestimmte Schulungen besucht haben
X	X	X	X	X		Anzahl Mitarbeiter, die bestimmte Schulungen besucht haben
X	X	X	X	X		Anzahl von Prozessen, für die ein Notfallplan erarbeitet ist/werden soll
X	X	X	X	X		Anzahl Vorgänge, für die Szenarien/Prozessalternativen entwickelt wurden/zu entwickeln sind
X	X	X	X	X		Anzahl Teams, Anzahl notwendiger Abstimmungssitzungen [pro Zeiteinheit] (Weber/Bacher/Groll (2002c)) Zeitausmaß der Sitzungen
X	X	X	X	X		Festlegung: Fertigungstiefe (Wertschöpfung pro Gesamtleistung mal 100) (Krause/Arora (2008)) Spezifizierung/Ermittlung Preisuntergrenze/Kernkompetenzen
X	X	X	X	X		Höhe der Rücklagen und Reserven
X	X	X	X	X		Anzahl notwendiger Abstimmungssitzungen [pro Zeiteinheit] (Weber/Bacher/Groll (2002c)), Zeitausmaß der Sitzungen, Anteil gemeinsamer Planungen und Plandurchführungen (Hieber (2002))
X	X	X	X	X		Kurzfristig zu erhaltendes Kreditvolumen Geschätzte kurzfristig erzielbare Aktienemissionshöhe
X	X	X	X	X		Working Capital (Umlaufvermögen abzüglich erhaltener Anzahlungen und kurzfristiger Verbindlichkeiten) (Krause/Arora (2008)) Preisnachlassquote (Summe der Preisnachlässe pro Umsatz mal 100) (Krause/Arora (2008))
X	X	X	X	X		Anteil variabler Vergütung
X	X	X	X	X		Spezifizierung Instrumente; Erfolgserwartungen
X	X	X	X	X		Anzahl Betriebsmittel, für die dies möglich ist/erfolgen soll
X				X		Anzahl kurzfristig umzusetzender Alternativen
X	X			X		Fertigungstiefe (Wertschöpfung pro Gesamtleistung mal 100) (Krause/Arora (2008)) Festlegung preisliche Obergrenze für eine bestimmte Menge
			X	X		Alter einer Software ohne Neuauflagen Spezifikation Funktionalitäten
X	X			X		Anzahl der Backup-Systeme Anteil der Systeme, die über ein Backup-System verfügen
	X			X		Auslastung der Kapazitäten (Wannenwetsch (2004))
		X		X		Zeitrahmen Spezifizierung
	X	X		X		Anzahl gemeinsamer Datensätze mit SC-Partnern (Stölzle/Heusler/Karrer (2001) und Brewer/Speh (2000)) Anzahl der per Internet/EDI übermittelten Einkaufstransaktionen (Poluha (2008)) Anteil der Informationsverfügbarkeit bzgl. Prognosen, Lagerbestände, Kapazitäten, Tracking & Tracing, Verkaufszahlen (Hieber (2002))
		X		X		Anteil der ausgestatteten Flotte/Abteilungen
		X		X		Anzahl der Unternehmenssoftware, die Floating License Server nutzt

Literaturverzeichnis

Aaker, D. A.; Mascarenhas, B. (1984): *The need for strategic flexibility.* In: Journal of Business Strategy, Vol. 5, No. 2, pp. 74-82.

Abele, E.; Albrecht, F.; Schröder, L. (2011): *Wandlungsfähige Produktion in der Medizintechnik – Analyse und Optimierung der Wandlungsfähigkeit.* In: ZWF, Jg. 106, Nr. 5, S. 306-309.

Adam, D. (1996): *Planung und Entscheidung: Modelle, Ziele, Methoden; mit Fallstudien und Lösungen.* 4. Auflage, Gabler Verlag, Wiesbaden.

Adam, D. (1998): *Produktions-Management.* 9. Auflage, Gabler Verlag, Wiesbaden.

Adam, D.; Backhaus, K.; Meffert, H.; Wagner, H. (1990) (Hrsg.): *Integration und Flexibilität: Eine Herausforderung für die Allgemeine Betriebswirtschaftslehre.* Gabler Verlag, Wiesbaden.

Altrogge, G. (1979): *Flexibilität der Produktion.* In: Kern, W. (Hrsg.): Handwörterbuch der Produktionswirtschaft, Schäffer-Poeschel Verlag, Stuttgart, Sp. 604-618.

Amend, F. (2000): *Flexibilität und Hedging: Realoptionen in der Elektrizitätswirtschaft.* Difo-Druck OHG, Bamberg.

Amit, R.; Wernerfelt, B. (1990): *Why do firms reduce business risk?* In: AMJ, Vol. 33, No. 3, pp. 520-533.

Angele, J. (2008): *Insolvenzen 2007.* In: Statistisches Bundesamt (Hrsg.): Wirtschaft und Statistik, Nr. 4, S. 302-311, verfügbar im Internet unter URL: http://www.destatis.de/-jetspeed/portal/cms/Sites/destatis/Internet/DE/Content/Publikationen/Querschnittsveroeffentlichungen/WirtschaftStatistik/UnternehmenGewerbeanzeigen/Insolvenzen07,property=file.pdf, Stand: 14.05.10.

Ansoff, H. I. (1976): *Managing Surprise and Discontinuity – Strategic Response to Weak Signals.* In: ZfbF, Jg. 28, Nr. 28, S. 129-152.

APICS (2007): *Supply Chain Management 2010 and Beyond: Mapping the Future of the Strategic Supply Chain.* Verfügbar im Internet unter URL: https://www-304.ibm.com/-businesscenter/cpe/download0/136453/APICS_SCM_2010_and_Beyond.pdf, Stand: 12.05.10.

Aprile, D.; Garavelli, A. C.; Giannoccaro, I. (2005): *Operations planning and flexibility in a supply chain.* In: Production Planning & Control, Vol. 16, No. 1, pp. 21-31.

Arbeitskreis Externe und Interne Überwachung der Unternehmung der Schmalenbachgesellschaft für Betriebswirtschaft (2010): *Aktuelle Herausforderungen im Risikomanagement – Innovationen und Leitlinien.* In: Der Betrieb, Heft 23, Köln, S. 1245-1252.

A.T. Kearney; ELA (2009): *6. Europäische A.T. Kearney-/ELA-Logistik-Studie 2008/2009: Supply-Chain-Excellence in der globalen Wirtschaftskrise.* Zusammenfassung der Studienergebnisse 2009.

Augustine, J. (2008): *Supply Chain Flexibility – Are you ready to dance?* Verfügbar im Internet unter URL: http://logisticstoday.com/global_markets/-supply_chain_flexibility_1108/, Stand: 03.08.10.

Aurich, J. C.; Barbian, P.; Fuchs, C. (2004): *Wandlungsfähigkeit durch Flexibilitätsoptimierung in Produktionsprojekten.* In: Industrie Management: Zeitschrift für industrielle Geschäftsprozesse, Jg. 20, Nr. 2, S. 21-24.

Avittathur, B.; Swamidass, P. (2007): *Matching plant flexibility and supplier flexibility: Lessons from small suppliers of U.S. manufacturing plants in India.* In: Journal of Operations Management, Vol. 25, No. 3, pp. 717-735.

Baader, A.; Montanus, S.; Sfat, R. (2006): *After Sales Services – mit produktbegleitenden Dienstleistungen profitabel wachsen.* In: Barkawi, K.; Baader, A.; Montanus, S. (Hrsg.): Erfolgreich mit After Sales Services: Geschäftsstrategien für Servicemanagement und Ersatzteillogistik, Springer-Verlag, Berlin, Heidelberg, S. 3-14.

Backfisch, G.; Kulla, C. (2003): *Umsetzung der Chancen durch Basel II in der Supply Chain.* In: Bundesvereinigung Logistik (BVL) e.V., Arbeitskreis Finanzen und Logistik (Hrsg.): Finanzierung – eine neue Dimension der Logistik, Erich Schmidt Verlag, Berlin, S. 119-138.

Baetge, J.; Kirsch, H.-J.; Thiele, S. (2002): *Bilanzen.* 6. Auflage, IDW-Verlag GmbH, Düsseldorf.

Ballou, R. H. (2004): *Business Logistics/Supply Chain Management: Planning, Organizing, and Controlling the Supply Chain.* 5th edition, Pearson Prentice Hall, Upper Saddle River, N.J.

Bamberg, G.; Coenenberg, A. G.; Krapp, M. (2008): *Betriebswirtschaftliche Entscheidungslehre.* 14. Auflage, Verlag Franz Vahlen, München.

Bank for International Settlements (2010): *History of the Basel Committee and its Membership.* Verfügbar im Internet unter URL: http://www.bis.org/bcbs/history.htm, Stand: 23.06.10.

Barad, M.; Sapir, D. E. (2003): *Flexibility in logistics systems – modeling and performance evaluation.* In: International Journal of Production Economics, Vol. 85, No. 2, pp. 155-170.

Barney, J. (1991): *Firm resources and sustained competitive advantage.* In: Journal of Management, Vol. 17, No. 1, pp. 99-120.

Baumgarten, H. (2008): *Das Beste in der Logistik – Auf dem Weg zu logistischer Exzellenz*. In: Baumgarten, H. (Hrsg.): Das Beste der Logistik: Innovationen, Strategien, Umsetzungen, Springer-Verlag, Berlin, Heidelberg, S. 11-19.

Baumgarten, H.; Krystek, U.; Richter, M. (2005): *Frühaufklärungskooperationen im Rahmen des Chancen- und Risikomanagements für die Supply Chain Collaboration*. In: Logistik-Management, Jg. 7, Nr. 2, S. 10-20.

Beach, R.; Muhlemann, A. P.; Price, D. H. R.; Paterson, A.; Sharp, J. A. (2000): *A review of manufacturing flexibility*. In: EJOR, Vol. 122, No. 1, pp. 41-57.

Beamon, B. M. (1998): *Supply Chain Design and Analysis: Models and Methods*. In: International Journal of Production Economics, Vol. 55, No. 3, pp. 281-294.

Beamon, B. M. (1999): *Measuring supply chain performance*. In: IJOPM, Vol. 19, Nos. 3-4, pp. 275-292.

Bechmann, A. (1978): *Nutzwertanalyse, Bewertungstheorie und Planung*. Haupt Verlag, Bern (u. a.).

Bechtel, C.; Jayaram, J. (1997): *Supply Chain Management: A Strategic Perspective*. In: IJLM, Vol. 8, No. 1, pp. 15-34.

Becker, J.; Köster, C.; Ribbert, M. (2005): *Geschäftsprozessorientiertes Risikomanagement: eine Gestaltungsempfehlung im Rahmen aktueller Corporate Governance-Ansätze*. In: Controlling – Zeitschrift für erfolgsorientierte Unternehmenssteuerung, Heft 12, Dezember, S. 709-718.

Becker, T. (2006): *Balanced Scorecard zur Steigerung der Supply Chain Performance*. In: Supply Chain Management, Jg. 6, Nr. 1, S. 17-22.

Behrbohm, P. (1985): *Flexibilität in der industriellen Produktion: Grundüberlegungen zur Systematisierung und Gestaltung der produktionswirtschaftlichen Flexibilität*. Lang Verlag, Frankfurt am Main (u. a.).

Bellmann, K.; Himpel, F.; Böhm, A. (2009): *Messung von Flexibilität in der Produktion*. In: Strohhecker, J. (Hrsg.): Strategisches und operatives Produktionsmanagement: Empirie und Simulation, Gabler Verlag, Wiesbaden, S. 221-240.

Bernard, H. (2000): *Unternehmensflexibilität: Analyse und Bewertung in der betrieblichen Praxis*. Gabler Verlag, Wiesbaden.

Bernardes, E. S.; Hanna, M. D. (2009): *A theoretical review of flexibility, agility and responsiveness in the operations management literature: Toward a conceptual definition of customer responsiveness*. In: IJOPM, Vol. 29, No. 1, pp. 30-53.

Bertalanffy, L. von (1972): *The History and Status of General Systems Theory*. In: Journal of the Academy of Management, Vol. 15, No. 4, pp. 407-426.

Billington, C.; Lee, H.-L.; Tang, C. S. (1998): *Successful Strategies for Product Rollovers*. In: MIT Sloan Management Review, Vol. 39, No. 3, pp. 23-30.

Blaxter, L.; Hughes, C.; Tight, M. (2006): *How to research.* 3rd edition, Open University Press, Berkshire.

Boeing (2010): *Current Market Outlook 2010-2029.* Verfügbar im Internet unter URL: http://www.boeing.com/commercial/cmo/pdf/Boeing_Current_Market_Outlook_2010_to_2029.pdf, Stand: 13.10.10.

Böger, M. (2010): *Gestaltungsansätze und Determinanten des Supply Chain Risk Managements.* Eul Verlag, Lohmar.

Bortz, J.; Döring, N. (2002): *Forschungsmethoden und Evaluation: für Human- und Sozialwissenschaftler.* 3. Auflage, Springer-Verlag, Berlin (u. a.).

Bowersox, D. J.; Closs, D. J.; Cooper, M. B. (2007): *Supply Chain Logistics Management.* 2nd edition, McGraw-Hill, New York (u. a.).

Brandenburger, A. M.; Nalebuff, B. J. (1995): *The Right Game: Use Game Theory to Shape Strategy.* In: HBR, July/August, pp. 57-71.

Braun, B.; Dietsche, C. (2009): *Unternehmensnetzwerke und Stakeholderansprüche im Handel mit Entwicklungsländern.* In: Kühlmann, T.; Haas, H.-D. (Hrsg.): Internationales Risikomanagement: Auslandserfolg durch grenzüberschreitende Netzwerke, Oldenbourg Verlag, München, S. 247-276.

Braun, H. (1984): *Risikomanagement: eine spezifische Controllingaufgabe.* Toeche-Mittler Verlag, Darmstadt.

Braun, W. (1993): *Forschungsmethoden der Betriebswirtschaftslehre.* In: Wittmann, W. et al. (Hrsg.): Handwörterbuch der Betriebswirtschaftslehre, 1. Teilband, 5. Auflage, Schäffer-Poeschel Verlag, Stuttgart, Sp. 1220-1236.

Brealey, R. A.; Myers, S. C. (2003): *Capital investment and valuation.* McGraw-Hill, New York, N.Y., (u. a.).

Brealey, R. A.; Myers, S. C.; Allen, F. (2006): *Corporate Finance.* 8. Auflage, McGraw-Hill/Irwin, Boston, Mass. (u. a.).

Bredrup, H. (1995): *Background for Performance Management.* In: Rolstadås, Asbjørn (Hrsg.): Performance management: a business process benchmarking approach, Chapman & Hall, London (u. a.), S. 61-88.

Brehm, C. R. (2003): *Organisatorische Flexibilität der Unternehmung: Bausteine eines erfolgreichen Wandels.* Deutscher Universitäts-Verlag, Wiesbaden.

Brewer, P. C.; Speh, T. W. (2000): *Using the balanced scorecard to measure supply chain performance.* In: JBL, Vol. 21, No. 1, pp. 75-93.

Brindley, C.; Ritchie, B. (2004): *Introduction.* In: Brindley, C. (Hrsg.): Supply Chain Risk, Ashgate, Aldershot (u. a.), pp. 3-13.

Brockhaus Enzyklopädie (1988): *Flexibilität.* 7. Band, 19. Auflage, Brockhaus, Mannheim, S. 377.

Brockhaus Enzyklopädie (1992): *Risiko.* 18. Band, 19. Auflage, Brockhaus, Mannheim, S. 440.

Brühwiler, B. (2008): *Der neue Risikomanagement-Standard ISO 31000: Risk Management – Principles and Guidelines on Implementation.* In: Zeitschrift Risk, Fraud & Compliance, Jg. 3, Nr. 1, S. 14-17.

Bullinger, H.-J.; Husen, C. van (2006): *Aktuelle Chancen und Trends im Servicegeschäft.* In: Barkawi, K.; Baader, A.; Montanus, S. (Hrsg.): Erfolgreich mit After Sales Services: Geschäftsstrategien für Servicemanagement und Ersatzteillogistik, Springer-Verlag, Berlin, Heidelberg, S. 17-36.

Bundesverband Medizintechnologie (2011): *Branchenbericht Medizintechnologien 2011.* Verfügbar im Internet unter URL: http://www.bvmed.de/stepone/data/downloads/df/-db/00/branchenbericht11_04.pdf, Stand: 09.08.11.

Burger, A.; Buchhart, A. (2002): *Risiko-Controlling.* Oldenbourg Verlag, München (u. a.).

Burmann, C. (2001): *Strategische Flexibilität und Strategiewechsel in turbulenten Märkten.* In: DBW, Jg. 61, Nr. 2, S. 169-188.

Buscher, U. (1999): *ZP-Stichwort: Supply Chain Management.* In: ZP, Jg. 10, Nr. 4, S. 449-456.

BVL (1984): *Produktivität – Flexibilität durch Logistik: Lösungen für die Praxis; Berichtsband über den BVL-Logistik-Kongress '84 in Berlin.* Band 2, Gesellschaft für Management und Technologie, München.

BVL (2011): *28. Deutscher Logistik-Kongress.* Verfügbar im Internet unter URL: http://www.bvl.de/dlk/28-deutscher-logistik-kongress, Stand: 01.09.11.

Chan, F. T. S. (2003): *Performance Measurement in a Supply Chain.* In: The International Journal of Advanced Manufacturing Technology, Vol. 21, No. 7, pp. 534-548.

Chan, F. T. S.; Qi, H. J. (2003): *An innovative performance measurement method for supply chain management.* In: Supply Chain Management: An International Journal, Vol. 8, No. 3, pp. 209-223.

Chen, I. J.; Chung, C.-H. (1996): *An examination of flexibility measurements and performance of flexible manufacturing systems.* In: IJPR, Vol. 34, No. 2, pp. 379-394.

Chopra, S.; Meindl, P. (2004): *Supply Chain Management: Strategy, Planning and Operations.* 2nd edition, Pearson Prentice-Hall, Upper Saddle River, NJ.

Chopra, S.; Sodhi, M. S. (2004): *Managing Risk to Avoid Supply-Chain Breakdown.* In: MIT Sloan Management Review, Vol. 46, No. 1, pp. 53-61.

Christensen, L. (2007): *Experimental methodology.* 10th edition, Pearson, Allyn & Bacon, Boston.

Christopher, M. (2000): *The Agile Supply Chain: Competing in Volatile Markets.* In: Industrial Marketing Management, Vol. 29, No. 1, pp. 37-44.

Christopher, M. (2005): *Logistics and supply chain management: creating value-adding networks.* 3rd edition, Pearson Education Limited, Harlow.

Christopher, M.; Peck, H. (2004): *Building the Resilient Supply Chain.* In: IJLM, Vol. 15, No. 2, pp. 1-13.

Christopher, M.; Peck, H.; Towill, D. (2006): *A Taxonomy for Selecting Global Supply Chain Strategies.* In: IJLM, Vol. 17, No. 2, pp. 277-287.

Cooper, M. C.; Ellram, L. M. (1993): *Characteristics of Supply Chain Management and the Implications for Purchasing and Logistics Strategy.* In: IJLM, Vol. 4, No. 2, pp. 13-24.

Cooper, M. C.; Lambert, D. M.; Pagh, J. D. (1997): *Supply Chain Management: More Than a New Name for Logistics.* In: IJLM, Vol. 8, No. 1, pp. 1-14.

Corsten, H.; Gössinger, R. (2008): *Einführung in das Supply Chain Management.* 2. Auflage, Oldenbourg Verlag, München, Wien.

CSCMP (2010): *CSCMP Supply Chain Management Definitions.* Verfügbar im Internet unter URL: http://cscmp.org/aboutcscmp/definitions.asp, Stand: 23.01.10.

Cousens, A.; Szwejczewski, M.; Sweeney, M. (2009): *A process for managing manufacturing flexibility.* In: IJOPM, Vol. 29, No. 4, pp. 357-385.

Coyle, J. C.; Bardi, E. J.; Langley, J. C. Jr. (2003): *The Management of Business Logistics: A Supply Chain Perspective.* 7th edition, South-Western/Thomson Learning, Mason, Ohio.

Cranfield University (2003): *Creating Resilient Supply Chains: A Practical Guide.* Verfügbar im Internet unter URL: https://dspace.lib.cranfield.ac.uk/bitstream/1826/4374/1/-Creating_resilient_supply_chains.pdf, Stand: 11.05.10.

Cucchiella, F.; Gastaldi, M. (2006): *Risk management in supply chain: a real option approach.* In: Journal of Manufacturing Technology Management, Vol. 17, No. 6, pp. 700-720.

Dalhöfer, J. (2009): *Komplexitätsbewertung indirekter Geschäftsprozesse.* Shaker Verlag, Aachen.

Damisch, P. N. (2002): *Wertorientiertes Flexibilitätsmanagement durch den Realoptionsansatz.* Deutscher Universitäts-Verlag, Wiesbaden.

Das, S. K. (1996): *The Measurement of Flexibility in Manufacturing Systems.* In: The International Journal of Flexible Manufacturing Systems, Vol. 8, No. 1, pp. 67-93.

Das, S. K.; Abdel-Malek, L. (2003): *Modeling the flexibility of order quantities and lead-times in supply chains*. In: International Journal of Production Economics, Vol. 85, No. 2, pp. 171-181.

Delfmann, W.; Albers, S. (2000): *Supply chain management in the global context, Arbeitsbericht Nr. 102*. Arbeitsberichte des Seminars für Allgemeine Betriebswirtschaftslehre, Betriebswirtschaftliche Planung und Logistik der Universität zu Köln, verfügbar im Internet unter URL: http://www.spl.uni-koeln.de/fileadmin/user/dokumente/forschung/-arbeitsberichte/arbb-102.pdf, Stand: 05.01.2010.

Delfmann, W.; Dangelmaier, W.; Günthner, W.; Klaus, P.; Overmeyer, L.; Rothengatter, W.; Weber, J.; Zentes, J. (2010): *Eckpunktepapier zum Grundverständnis der Logistik als wissenschaftliche Disziplin*. In: Delfmann, W.; Wimmer, T. (Hrsg.): Wissenschaft und Praxis im Dialog. Strukturwandel in der Logistik: 5. Wissenschaftssymposium Logistik: Darmstadt (16.-17.06.2010), Deutscher Verkehrs-Verlag, Hamburg, S. 3-10.

De Toni, A.; Tonchia, S. (2005): *Definitions and linkages between operational and strategic flexibilities*. In: Omega, Vol. 33, No. 6, pp. 525-540.

Diederichs, M. (2004): *Risikomanagement und Risikocontrolling*. Verlag Franz Vahlen, München.

Doppelfeld, V. (1987): *Flexible Organisationsformen in einem funktional gegliederten Großunternehmen*. In: ZfbF, Jg. 39, Nr. 7, S. 577-584.

Drucker, P. F. (1967): *The Economy's Dark Continent*. In: Marks, N. E.; Taylor, R. M. (Hrsg.): Marketing logistics: perspectives and viewpoints, Wiley, New York, London (u. a.), pp. 3-7.

D'Souza, D. E.; Williams, F. P. (2000): *Toward a taxonomy of manufacturing flexibility dimensions*. In: Journal of Operations Management, Vol. 18, No. 5, pp. 577-593.

Duclos, L. K.; Vokurka, R. J.; Lummus, R. R. (2003): *A conceptual model of supply chain flexibility*. In: Industrial Management & Data Systems, Vol. 103, No. 6, pp. 446-456.

Eberle, A. O. (2005): *Risikomanagement in der Beschaffungslogistik – Gestaltungsempfehlungen für ein System*. Dissertation der Universität St. Gallen, Difo-Druck GmbH, Bamberg.

Eekhoff, J. (1981): *Verstärkte Wirkungsanalysen als Alternative zur „Perfektionierung" der Nutzwertanalyse*. In: Institut für Regionalwissenschaft der Universität Karlsruhe, Kritik der Nutzwertanalyse: drei Beiträge, Karlsruhe, S. 38-58.

Eisenführ, F.; Weber, M. (2003): *Rationales Entscheiden*. 4. Auflage, Springer-Verlag, Berlin, Heidelberg.

Engel, H. (2005): *Gesprengte Ketten – Absicherung der Supply Chain durch ein unternehmensweites Business Continuity Management*. In: Risknews, Jg. 5, Nr. 5, S. 39-45.

Engelsleben, T.; Niebuer, A. (1997a): *Ursprung und Entwicklung*. In: Hossner, R. (Hrsg.): Jahrbuch Logistik 1997, Verlagsgruppe Handelsblatt Fachverlag, Düsseldorf, S. 22-23.

Engelsleben, T.; Niebuer, A. (1997b): *Entwicklungslinien der Logistik-Konzeptionsforschung, Arbeitsbericht Nr. 93*. Arbeitsberichte des Seminars für Allgemeine Betriebswirtschaftslehre, Betriebswirtschaftliche Planung und Logistik der Universität zu Köln, verfügbar im Internet unter URL: http://www.spl.uni-koeln.de/fileadmin/user/dokumente/forschung/-arbeitsberichte/arbb-93.pdf, Stand: 19.02.2010.

Eppink, D. J. (1978): *Planning for Strategic Flexibility*. In: LRP, Vol. 11, No. 4, pp. 9-15.

Erdmann, M.-K. (2003): *Supply chain performance measurement: operative und strategische Management- und Controllingansätze*. Eul Verlag, Köln.

Ernst & Young (2009): *Das BilMoG – Auswirkungen auf Bilanzierung und Corporate Governance*. Verfügbar im Internet unter URL: http://deutsche-boerse.com/dbag/-dispatch/de/binary/gdb_content_pool/imported_files/public_files/10_downloads/33_going_being_public/20_workshops/814_ssws_100609/ErnstYoung.pdf, Stand: 21.06.10.

Europäische Kommission (2006): *Die neue KMU-Definition: Benutzerhandbuch und Mustererklärung*. Verfügbar im Internet unter URL: http://ec.europa.eu/enterprise/policies/-sme/files/sme_definition/sme_user_guide_de.pdf, Stand: 01.06.10.

Evans, J. S. (1991): *Strategic Flexibility for High Technology Manoeuvres: A Conceptional Framework*. In: Journal of Management Studies, Vol. 28, No. 1, pp. 69-89.

Eversheim, W.; Schaefer, F.-W. (1980): *Planung des Flexibilitätsbedarfs von Industrieunternehmen*. In: DBW, Jg. 40, Nr. 2, S. 229-248.

Fachkommission für Ausbildungsfragen der Schmalenbach-Gesellschaft (1988): *Anforderungsprofil für die Hochschulausbildung in Allgemeiner Betriebswirtschaftslehre*. In: ZfbF, Jg. 40, Nr. 11, S. 1037-1043.

Fantazy, K. A.; Kumar, V.; Kumar, U. (2009): *An empirical study of the relationships among strategy, flexibility, and performance in the supply chain context*. In: Supply Chain Management: An International Journal, Vol. 14, No. 3, pp. 177-188.

Farmer, D. H. (1995): Presentation at the 80th NAPM International Academic Conference.

Fiege, L. (2010): *Gewerblicher Luftverkehr 2009: Starke Nachfrageeinbrüche bei Passagieren und Fracht*. In: Statistisches Bundesamt (Hrsg.): Wirtschaft und Statistik, Nr. 4, S. 370-382.

Fine, C. H.; Freund, R. M. (1990): *Optimal investment in product-flexible manufacturing capacity*. In: Management Science, Vol. 36, No. 4, pp. 449-466.

Fisher, M. L. (1997): *What is the right supply chain for your product?* In: HBR, March/April, S. 105-116.

Fleßa, S. (2010): *Planen und Entscheiden in Beruf und Alltag*. Oldenbourg Verlag, München.

Froschmayer, A.; Göpfert, I. (2010): *Logistik-Bilanz: Erfolgsmessung neuer Strategien, Konzepte und Maßnahmen*. 2. Auflage, Gabler Verlag, Wiesbaden.

Frye, H. (2008): *Luftfrachtverkehr.* In: Arnold, D.; Isermann, H.; Kuhn, A.; Tempelmeier, H.; Furmans, K. (Hrsg.): Handbuch Logistik, 3. Auflage, Springer-Verlag, Berlin, Heidelberg, S. 757-778.

Gabler Wirtschaftslexikon (2004a): *Logistik.* Betriebswirtschaftlicher Verlag Dr. Th. Gabler/GWV Fachverlage GmbH, Wiesbaden, S. 1918.

Gabler Wirtschaftslexikon (2004b): *Risikomanagement.* Betriebswirtschaftlicher Verlag Dr. Th. Gabler/GWV Fachverlage GmbH, Wiesbaden, S. 2562-2564.

Gabler Wirtschaftslexikon (2004c): *Unsicherheit.* Betriebswirtschaftlicher Verlag Dr. Th. Gabler/GWV Fachverlage GmbH, Wiesbaden, S. 3037-3038.

Gabriel, S. (2007): *Prozessorientiertes Supply Chain Risikomanagement: eine Untersuchung am Beispiel der Construction Supply Chain für Offshore-Wind-Energie-Anlagen.* Lang Verlag, Frankfurt am Main (u. a.).

Garavelli, A. C. (2003): *Flexibility configurations in supply chain management.* In: International Journal of Production Economics, Vol. 85, No. 2, pp. 141-153.

Gerwin, D. (1993): *Manufacturing Flexibility: A Strategic Perspective.* In: Management Science, Vol. 39, No. 4, pp. 395-410.

Gibson, B. J.; Mentzer, J. T.; Cook, R. L. (2005): *Supply chain management: The pursuit of a consensus definition.* In: JBL, Vol. 26, No. 2, pp. 17-25.

Glatzel, C.; Helmcke, S.; Wine, J. (2009): *Building a flexible supply chain for uncertain times.* In: McKinsey Quarterly, March, pp. 1-4.

Göbel, C. (2005): *Flexible interorganisatorische Kopplung von Geschäftsprozessen: simulative Flexibilitätsanalyse am Beispiel einer Automotive Supply Chain.* Logos-Verlag, Berlin.

Gössinger, R.; Lehner, F. (2008): *Koordination von Produktionsanlaufprojekten – Eine flexibilitätsorientierte Analyse.* Diskussionsbeiträge zum Produktions- und Logistikmanagement, Nr. 3, Lehrstuhl für Produktion und Logistik, Technische Universität Dortmund.

Götze, U.; Mikus, B. (2007): *Der Prozess des Risikomanagement in Supply Chains.* In: Vahrenkamp, R.; Siepermann, C. (Hrsg.): Risikomanagement in Supply Chains: Gefahren abwehren, Chancen nutzen, Erfolg generieren, Erich Schmidt Verlag, Berlin, S. 29-58.

Gong, Z. (2008): *An economic evaluation model of supply chain flexibility.* In: EJOR, Vol. 184, No. 2, pp. 745-758.

Gourdin, K. N. (2006): *Global logistics management: a competitive advantage for the 21st century.* Blackwell Publishing, Malden, Mass. (u. a.).

Grandjot, H.-H. (2006): *Risikomanagement aus betrieblicher Sicht in einem Logistikunternehmen.* In: Hector, B. (Hrsg.): Riskmanagement in der Logistik, Deutscher Verkehrs-Verlag GmbH, Hamburg, S. 19-30.

Graves, S. C.; Tomlin, B. T. (2003): *Process Flexibility in Supply Chains*. In: Management Science, Vol. 49, No. 7, pp. 907-919.

Grob, R. (1986): *Flexibilität in der Fertigung: Organisation und Bewertung von Personalstrukturen*. Springer-Verlag, Berlin.

Grochla, E.; Lehmann, H. (1980): *Systemtheorie und Organisation*. In: Grochla, E. (Hrsg.): Handwörterbuch der Organisation, 2. Auflage, Poeschel Verlag, Stuttgart, Sp. 2204-2216.

Gronau, N.; Lindemann, M. (2009): *Wandlungsfähigkeit der Produktion – von der Flexibilität zur Zukunftsfähigkeit*. In: Industrie Management: Zeitschrift für industrielle Geschäftsprozesse, Jg. 25, Nr. 3, S. 20-24.

Gunasekaran, A.; Patel, C.; Tirtiroglu, E. (2001): *Performance measures and metrics in a supply chain environment*. In: IJOPM, Vol. 21, Nos.1-2, pp. 71-87.

Gunasekaran, A.; Patel, C.; McGaughey, R. E. (2004): *A framework for supply chain performance measurement*. In: International Journal of Production Economics, Vol. 87, No. 3, pp. 333-347.

Günther, H.-O. (1990): *Personalkapazitätsplanung und Arbeitsflexibilisierung*. In: Adam, D.; Backhaus, K.; Meffert, H.; Wagner, H. (Hrsg.): Integration und Flexibilität: Eine Herausforderung für die Allgemeine Betriebswirtschaftslehre, Gabler Verlag, Wiesbaden, S. 303-334.

Gupta, Y. P.; Goyal, S. (1989): *Flexibility of manufacturing systems: Concepts and measurements*. In: EJOR, Vol. 43, No. 2, pp. 119-135.

Haberfellner, R. (1975): *Die Unternehmung als dynamisches System: der Prozesscharakter der Unternehmungsaktivitäten*. 2. Auflage, Verlag Industrielle Organisation, Zürich.

Haberfellner, R.; Nagel, P.; Becker, M.; Büchel, A.; Massow, H. von (2002): *Systems engineering: Methodik und Praxis*. In: Daenzer, W. F.; Huber, F. (Hrsg.): 11. Auflage, Verlag Industrielle Organisation, Zürich.

Hahn, D. (1996): *PuK: Planung und Kontrolle, Planungs- und Kontrollsysteme, Planungs- und Kontrollrechnung, Controllingkonzepte*. 5. Auflage, Gabler Verlag, Wiesbaden.

Hair, J. F. Jr.; Money, A. H.; Samouel, P.; Page, M. (2007): *Research methods for business*. Wiley, Chichester (u. a.).

Haller, M. (1986): *Risiko-Management – Eckpunkte eines integrierten Konzepts*. In: Jakob, H. (Hrsg.): Risiko-Management. Schriften zur Unternehmensführung, Band 33, Gabler Verlag, Wiesbaden, S. 7-43.

Haller, M. (1999): *Bewertung der Flexibilität automatisierter Materialflußsysteme der variantenreichen Großserienproduktion*. Herbert Utz Verlag, Wissenschaft, München.

Hallikas, J.; Karvonen, I.; Pulkkinen, U.; Virolainen, V.-M.; Tuominen, M. (2004): *Risk management process in supplier networks*. In: International Journal of Production Economics, Vol. 90, No. 1, pp. 47-58.

Handelsblatt (2010): *Banken drohen Lasten von bis zu 300 Milliarden Euro.* Verfügbar im Internet unter URL: http://www.handelsblatt.com/unternehmen/banken-versicherungen/-basel-iii-banken-drohen-lasten-von-bis-zu-300-milliarden-euro;2520852;0, Stand: 23.06.10.

Handfield, R. B.; Nichols, E. L. (1999): *Introduction to supply chain management.* Prentice-Hall, Upper Saddle River, N.J. (u. a.)

Harland, C. M. (1996): *Supply Chain Management: Relationships, Chains and Networks.* In: British Journal of Management, Vol. 7, No. 1, Special Issue, pp. S63-S80.

Harland, C. M.; Brenchley, R.; Walker, H. (2003): *Risk in supply networks.* In: Journal of Purchasing and Supply Management, Vol. 9, No. 2, pp. 51-62.

Harrison, A.; Hoek, R. van (2005): *Logistics management and strategy.* 2nd edition, Financial Times Prentice Hall, Harlow (u. a.).

Hausman, W. H. (2003): *Supply Chain Performance Metrics.* In: Harrison, T. P.; Lee, H.-L.; Neale, J. J. (Hrsg.): The practice of supply chain management: where theory and application converge, Kluwer Acad. Publ., Boston, Mass. (u.a.), pp. 61-73.

Hax, H.; Laux, H. (1972): *Flexible Planung – Verfahrensregeln und Entscheidungsmodelle für die Planung bei Ungewissheit.* In: ZfbF, Jg. 24, S. 318-340.

Haywood, M.; Peck, H. (2003): *An Investigation into the Management of Supply Chain Vulnerability in UK Aerospace Manufacturing.* Verfügbar im Internet unter URL: http://www.som.cranfield.ac.uk/som/dinamic-content/research/-lscm/downloads/Sevilla%208th%20Int%20Symp.pdf, Stand: 05.07.10.

Heidemann, C. (1981): *Die Nutzwertanalyse – ein Beispiel für Magien und Mythen in der Entscheidungsdogmatik.* In: Institut für Regionalwissenschaft der Universität Karlsruhe, Kritik der Nutzwertanalyse: drei Beiträge, Karlsruhe, S. 1-18.

Heinecker, M. (2006): *Methodik zur Gestaltung und Bewertung wandelbarer Materialfluss-systeme.* Herbert Utz Verlag, München.

Henselmann, K. (2001): *Das KonTraG und seine Anforderungen an das Risikomanagement.* In: Götze, U.; Henselmann, K.; Mikus, B. (Hrsg.): Risikomanagement, Physica-Verlag, Heidelberg, S. 29-46.

Hermann, D. C. (1996): *Strategisches Risikomanagement kleiner und mittlerer Unternehmen.* Köster Verlag, Berlin.

Heusler, K. F. (2003): *Competencies in Supply Chain Management – The Contribution of the Resource-Based View of the Firm.* In: Seuring, S.; Müller, M.; Goldbach, M.; Schneidewind, U. (Hrsg.): Strategy and Organization in Supply Chains, Physica-Verlag, Heidelberg, New York, pp. 165-180.

Heusler, K. F. (2004): *Implementierung von Supply-Chain-Management: kompetenzorientierte Analyse aus der Perspektive eines Netzwerkakteurs*. Deutscher Universitäts-Verlag, Wiesbaden.

Hieber, R. F. (2002): *Supply chain management: a collaborative performance measurement approach*. vdf Hochschulverlag an der ETH, Zürich.

Hill, T. (1993): *Manufacturing strategy: the strategic management of the manufacturing function*. 2nd edition, Macmillan, Houndsmills (u. a.).

Hill, W. (1991): *Basisperspektiven der Managementforschung*. In: Die Unternehmung, Jg. 45, Nr. 1, S. 2-15.

Hillmer, H.-J. (1987): *Planung der Unternehmensflexibilität: eine allgemeine theoretische Konzeption und deren Anwendung zur Bewältigung strategischer Flexibilitätsprobleme*. Lang Verlag, Frankfurt am Main (u. a.).

Hines, T. (2004): *Supply chain strategies: customer-driven and customer-focused*. Elsevier Butterworth-Heinemann, Amsterdam (u. a.).

Hocke, S. (2004): *Flexibilitätsmanagement in der Logistik: systemtheoretische Fundierung und Simulation logistischer Gestaltungsparameter*. Peter Lang GmbH, Frankfurt am Main.

Hoek, R. I. van (1998): *Measuring the unmeasurable – measuring and improving performance in the supply chain*. In: Supply Chain Management: An International Journal, Vol. 3, No. 4, pp. 187-192.

Hoekstra, S.; Romme, J. (1992): *Integral logistic structures: developing customer-oriented goods flow*. McGraw-Hill, London, New York.

Holzbaur, U. (2000): *Management*. Friedrich Kiehl Verlag GmbH, Ludwigshafen (Rhein).

Hopfmann, L. (1989): *Flexibilität im Produktionsbereich: ein dynamisches Modell zur Analyse und Bewertung von Flexibilitätspotentialen*. Verlag Peter Lang GmbH, Frankfurt am Main.

Horstmann, J. (2007): *Operationalisierung der Unternehmensflexibilität*. Deutscher Universitäts-Verlag, Wiesbaden.

Horváth, P.; Mayer, R. (1986): *Produktionswirtschaftliche Flexibilität*. In: WiSt, Nr. 2, S. 69-76.

Houlihan, J. B. (1988a): *International Supply Chains: A New Approach*. In: Management Decision, Vol. 26, No. 3, pp. 13-19.

Houlihan, J. B. (1988b): *International supply-chain management*. (In: Manufacturing Issues 1988), in: Christopher, M. (Hrsg.): Logistics – The Strategic Issues. London et al. 1992, pp. 140-159.

Hungenberg, H. (2010): *Problemlösung und Kommunikation im Management: Vorgehensweisen und Techniken.* 3. Auflage, Oldenbourg Verlag, München.

Husdal, J. (2010): *A Conceptual Framework for Risk and Vulnerability in Virtual Enterprise Networks.* In: Ponis, S. (Hrsg.): Managing Risk in Virtual Enterprise Networks: Implementing Supply Chain Principles, Business Science Reference, Hershey, PA. (u. a.), pp. 1-27.

Huther, A. (2003): *Integriertes Chancen- und Risikomanagement: Zur ertrags- und risikoorientierten Steuerung von Real- und Finanzinvestitionen in der Industrieunternehmung.* Deutscher Universitäts-Verlag, Wiesbaden.

IBM (2009): *Die smarte Supply Chain der Zukunft.* Global Chief Supply Chain Officer Studie.

Jacob, H. (1967): *Flexibilitätsüberlegungen in der Investitionsrechnung.* In: ZfB, Jg. 37, Nr. 1, S. 1-34.

Jacob, H. (1974): *Unsicherheit und Flexibilität – zur Theorie der Planung bei Unsicherheit.* In: ZfB, Jg. 44, S. 322-326, S. 403-448, S. 505-526.

Jacob, H. (1990): *Flexibilität und ihre Bedeutung für die Betriebspolitik.* In: Adam, D.; Backhaus, K.; Meffert, H.; Wagner, H. (Hrsg.): Integration und Flexibilität: Eine Herausforderung für die Allgemeine Betriebswirtschaftslehre, Gabler Verlag, Wiesbaden, S. 15-60.

Janssen, H. (1997): *Flexibilitätsmanagement: theoretische Fundierung und Gestaltungsmöglichkeiten in strategischer Perspektive.* Schäffer-Poeschel Verlag, Stuttgart.

Jehle, E. (2000): *Steuerung von großen Netzen in der Logistik unter besonderer Berücksichtigung von Supply Chains.* In: Wildemann, H. (Hrsg.): Supply Chain Management, TCW Transfer-Centrum-Verlag, S. 216-218.

Jehle, M. (2005): *Wertorientiertes Supply Chain Management und Supply Chain Controlling.* Verlag Peter Lang GmbH, Frankfurt am Main.

Johannson, L. (1994): *How Can a TQEM Approach Add Value to Your Supply Chain?* In: Total Quality Environmental Management, Vol. 3, No. 4, pp. 521-530.

Johnson, M. E. (2001): *Learning from toys: lessons in managing supply chain risk from the toy industry.* In: CMR, Vol. 43, No. 3, pp. 106-124.

Jonen, A. (2007): *Semantische Analyse des Risikobegriffs – Strukturierung der betriebswirtschaftlichen Risikodefinitionen und literaturempirische Auswertung.* In: Lingnau, V. (Hrsg.): Beiträge zur Controlling-Forschung, Lehrstuhl für Unternehmensrechnung & Controlling, Nr. 11, Kaiserslautern.

Jones, T. C.; Riley, D. W. (1985): *Using Inventory for Competitive Advantage through Supply Chain Management.* In: International Journal of Physical Distribution and Materials Management, Vol. 17, No. 2, pp. 94-104.

Jonsson, P. (2008): *Logistics and Supply Chain Management.* London (u. a.), McGraw-Hill.

Jünemann, R. (1989): *Materialfluß und Logistik: systemtechnische Grundlagen mit Praxisbeispielen.* Springer-Verlag, Berlin (u. a.).

Jüttner, U. (2003): *Risiko- und Krisenmanagement in Supply Chains.* In: Boutellier, R.; Wagner, S.; Wehrli, H. P. (Hrsg.): Handbuch Beschaffung, Hanser Verlag, Hamburg, S. 775-795.

Jüttner, U. (2005): *Supply chain risk management: Understanding the business requirements from a practitioner perspective.* In: IJLM, Vol. 16, No. 1, pp. 120-141.

Jüttner, U.; Peck, H.; Christopher, M. (2003): *Supply Chain Risk Management: Outlining an Agenda for Future Research.* In: International Journal of Logistics: Research and Applications, Vol. 6, No. 4, pp. 197-210.

Kajüter, P. (2003a): *Instrumente zum Risikomanagement in der Supply Chain.* In: Stölzle, W.; Otto, A. (Hrsg.): Supply Chain Controlling in Theorie und Praxis: aktuelle Konzepte und Unternehmensbeispiele, Gabler Verlag, Wiesbaden, S. 107-135.

Kajüter, P. (2003b): *Risk management in supply chains.* In: Seuring, S.; Müller, M.; Goldbach, M.; Schneidewind, U. (Hrsg.): Strategy and Organization in Supply Chains, Physica-Verlag, Heidelberg, New York, pp. 321-336.

Kajüter, P. (2004): *Die Regulierung des Risikomanagements im internationalen Vergleich.* In: ZfCM, Sonderheft 3, S. 12-25.

Kajüter, P. (2007): *Risikomanagement in der Supply Chain: Ökonomische, regulatorische und konzeptionelle Grundlagen.* In: Vahrenkamp, R.; Siepermann, C. (Hrsg.): Risikomanagement in Supply Chains, Erich Schmidt Verlag, Berlin, S. 13-27.

Kaluza, B. (1984): *Flexibilität der Produktionsvorbereitung industrieller Unternehmen.* In: Kortzfleisch, G. von; Kaluza, B. (Hrsg.): Internationale und nationale Problemfelder der Betriebswirtschaftslehre, Duncker & Humblot, Berlin, S. 287-333.

Kaluza, B. (1993): *Flexibilität, betriebliche.* In: Wittmann, W.; Kern, W.; Köhler, R.; Küpper, H.-U.; Wysocki, K. von (Hrsg.): Handwörterbuch der Betriebswirtschaft, 1. Teilband, 5. Auflage, Schäffer-Poeschel Verlag, Stuttgart, Sp. 1173-1184.

Kaluza, B. (1994): *Rahmenentscheidungen zu Kapazität und Flexibilität produktionswirtschaftlicher Systeme.* In: Corsten, H. (Hrsg.): Handbuch Produktionsmanagement: Strategie – Führung – Technologie – Schnittstellen, Gabler Verlag, Wiesbaden, S. 52-72.

Kaluza, B. (1995): *Flexibilität der Industrieunternehmen.* Diskussionsbeiträge des Fachbereichs Wirtschaftswissenschaft der Gerhard-Mercator-Universität Gesamthochschule Duisburg, Nr. 208, Duisburg.

Kaluza, B.; Blecker, T. (2005): *Flexibilität – State of the Art und Entwicklungstrends.* In: Kaluza, B.; Blecker, T. (Hrsg.): Erfolgsfaktor Flexibilität: Strategien und Konzepte für wandlungsfähige Unternehmen, Schmidt Verlag, Berlin, S. 1-28.

Kaplan, R. S.; Norton, D. P. (1992): *The Balanced Scorecard – Measures that Drive Performance*. In: HBR, January/February, pp. 71-79.

Kaplan, R. S.; Norton, D. P. (1996): *Using the Balanced Scorecard as a Strategic Management System*. In: HBR, January/February, pp. 75-85.

Karrer, M. (2006): *Supply chain performance management: Entwicklung und Ausgestaltung einer unternehmensübergreifenden Steuerungskonzeption*. Deutscher Universitäts-Verlag, Wiesbaden.

Kaya, M. (2009): *Verfahren der Datenerhebung*. In: Albers, S.; Klapper, D.; Konradt, U.; Walter, A.; Wolf, J. (Hrsg.): Methodik der empirischen Forschung, 3. Auflage, Gabler Verlag, Wiesbaden, S. 49-64.

Keijzer, W. C. (2007): *Wandlungsfähigkeit von Entwicklungsnetzwerken – ein Modell am Beispiel der Automobilindustrie*. Dissertationsverlag Dr. Hut, München.

Kersten, W.; Kern, E.-M. (2005): *Flexibilität in der verteilten Produktentwicklung*. In: Kaluza, B.; Blecker, T. (Hrsg.): Erfolgsfaktor Flexibilität: Strategien und Konzepte für wandlungsfähige Unternehmen, Schmidt Verlag, Berlin, S. 229-250.

Kersten, W.; Singer, C. (2010a): *Beherrschung von Supply Chain-Risiken durch Flexibilität*. In: Nyhuis, P. (Hrsg.): Wandlungsfähige Produktionssysteme, Schriftenreihe der Hochschulgruppe für Arbeits- und Betriebsorganisation e.V. (HAB), Gito Verlag, Berlin, S. 189-210.

Kersten, W.; Singer, C. (2010b): *Risiken in der Supply Chain minimieren: in vier Schritten zum Erfolg*. In: Dow Jones Einkäufer im Markt, Business Newsletter, Nr. 10, S. 8.

Kersten, W.; Singer, C. (2011): *Aufbau von Flexibilitätspotenzialen zur Beherrschung von Supply Chain-Risiken*. In: Industrie Management: Zeitschrift für industrielle Geschäftsprozesse, Jg. 27, Nr. 3, S. 61-64.

Kersten, W.; Böger, M.; Hohrath, P.; Späth, H. (2006): *Supply Chain Risk Management: Development of a Theoretical and Empirical Framework*. In: Kersten, W.; Blecker, T. (Hrsg.): Managing Risks in Supply Chains: How to Build Reliable Collaboration in Logistics, Erich Schmidt Verlag, Berlin, pp. 3-18.

Kersten, W.; Held, T.; Meyer, C. M.; Hohrath, P. (2007): *Komplexitäts- und Risikomanagement als Methodenbausteine des Supply Chain Managements*. In: Hausladen, I.; Mauch, C. (Hrsg.): Management am Puls der Zeit – Strategien, Konzepte und Methoden, TCW Transfer-Centrum, München, S. 1159-1182.

Kersten, W.; Schröder, M.; Singer, C.; Koch, J. (2008): *Outsourcing von Logistikleistungen in Produktionsunternehmen – eine vergleichende Analyse im Ostseeraum*. In: Himpel, F.; Kaluza, B.; Wittmann, J. (Hrsg.): Spektrum des Produktions- und Innovationsmanagements. Komplexität und Dynamik im Kontext von Interdependenz und Kooperation. Festgabe für Klaus Bellmann zum 65. Geburtstag, Gabler Verlag, Wiesbaden, S. 89-96.

Kersten, W.; Böger, M.; Hohrath, P.; Singer, C. (2009a): *Supply Chain Risk Management für kleine und mittelständische Unternehmen.* In: Wolf-Kluthausen, H. (Hrsg.): Jahrbuch Logistik 2009, free Beratung GmbH, Korschenbroich, S. 146-150.

Kersten, W.; Böger, M.; Hohrath, P.; Singer, C.; Wagner, S. M.; Kemmerling, R. (2009b): *Schlussbericht zum Projekt „Supply Chain Risk Management Navigator".* Technische Universität Hamburg-Harburg, Hamburg.

Kidd, P. T. (2007): *Agile Manufacturing: A Strategy for the 21st Century.* Verfügbar im Internet unter URL: http://www.cheshirehenbury.com/agility/papers/paper1095.html, Stand: 21.04.10.

Kieser, A. (2006): *Der situative Ansatz.* In: Kieser, A.; Ebers, M. (Hrsg.): Organisationstheorien, 6. Auflage, Kohlhammer Verlag, Stuttgart, S. 215-245.

Klaus, P. (2007): *Zum besseren Unternehmen: Von den Erfolgswegweisungen der „alten" Betriebswirtschaftslehre zum „ganzheitlichen Supply Chain Management".* In: Klaus, P.; Staberhofer, F.; Rothböck, M. (Hrsg.): Steuerung von Supply Chains: Strategien – Methoden – Beispiele, Gabler Verlag, Wiesbaden, S. 1-26.

Kleindorfer, P. R.; Wassenhove, L. N. van (2004): *Managing risk in global supply chains.* In: Gatignon, H. (Hrsg.): The INSEAD-Wharton Alliance on Globalisation, University Press, Cambridge, pp. 288-305.

Klimecki, R. G.; Gmür, M. (1993): *Strategie und Flexibilität: wenn Erfolgspotentiale zu Risikopotentialen werden.* Universität Konstanz, Konstanz.

Knight, F. H. (1921): *Risk, Uncertainty and Profit.* Reprint 1965, Harper & Row, New York.

Knowledge@Wharton (2006): *Flexibility in the Face of Disaster: Managing the Risk of Supply Chain Disruption.* Verfügbar im Internet unter URL: http://www.knowledgeatwharton.com.cn/index.cfm?fa=viewArticle&articleID=1475&languageid=1, Stand: 03.08.10.

Koch, H. (1976): *Wirtschaftsunruhe und Unternehmensplanung.* In: ZfbF, Jg. 28, S. 330-341.

Koontz, H. (1961): *The Management Theory Jungle.* In: Journal of the Academy of Management, Vol. 4, No. 3, pp. 174-188.

Koste, L. L.; Malhotra, M. K. (1999): *A theoretical framework for analyzing the dimensions of manufacturing flexibility.* In: Journal of Operations Management, Vol. 18, No. 1, pp. 75-93.

KPMG (2008): *Risikomanagement: Von der Gesetzeserfüllung zum strategischen Steuerungsinstrument.* Verfügbar im Internet unter URL: http://www.kpmg.de/docs/-20080701_Risikomanagement.pdf, Stand: 21.06.10.

Krause, H.-U.; Arora, D. (2008): *Controlling-Kennzahlen = key performance indicators: zweisprachiges Handbuch Deutsch/Englisch.* Oldenbourg Verlag, München.

Krawczyk, O.; Gehrke, B.; Legler, H. (2005): *Kapitel 4 – Statusanalyse und Benchmarking Wirtschaft*. In: Aachener Kompetenzzentrum Medizintechnik und Aachener Gesellschaft für Innovation und Technologietransfer; Deutsche Gesellschaft für Biomedizinische Technik im Verband der Elektrotechnik Elektronik Informationstechnik (Hrsg.): Studie: Zur Situation der Medizintechnik in Deutschland im internationalen Vergleich, erstellt im Auftrag des Bundesministeriums für Bildung und Forschung, verfügbar im Internet unter URL: http://www.gesundheitsforschung-bmbf.de/_media/MTStudieII_Kap04.pdf, Stand: 09.08.11.

Kruschwitz, L. (2005): *Investitionsrechnung*. 10. Auflage, Oldenbourg Verlag, München.

Kumar, S. (2005): *Think Flat: Creating supply chain flexibility in the flattening world*. Verfügbar im Internet unter URL: http://www.infosys.com/flat-world/business-/perspectives/Documents/sandeep-kumar-perspective.pdf, Stand: 03.08.10.

Kumar, P.; Deshmukh, S. G. (2006): *A Model for Flexible Supply Chain through Flexible Manufacturing*. In: Global Journal of Flexible Systems Management, Vol. 7, Nos. 3-4, pp. 17-24.

Kumar, P.; Shankar, R.; Yadav, S. S. (2008): *Flexibility in global supply chain: modeling the enablers*. In: Journal of Modelling in Management, Vol. 3, No. 3, pp. 277-297.

Kumar, V.; Fantazy, K. A.; Kumar, U.; Boyle, T. A. (2006): *Implementation and management framework for supply chain flexibility*. In: Journal of Enterprise Information Management, Vol. 19, No. 3, pp. 303-319.

Kummer, S. (2001): *Supply Chain Controlling*. In: Kostenrechnungspraxis, Jg. 45, Nr. 2, S. 81-87.

Kühn, M. (1989): *Flexibilität in logistischen Systemen*. Physica-Verlag, Heidelberg.

Lambert, D. M.; Cooper, M. C.; Pagh, J. D. (1998): *Supply Chain Management: Implementation Issues and Research Opportunities*. In: IJLM, Vol. 9, No. 2, pp. 1-19.

Lambert, D. M.; Stock, J. R.; Ellram, L. M. (1998): *Fundamentals of logistics management*. Irwin/McGraw-Hill, Boston (u. a.).

Lampel, J.; Mintzberg, H. (1996): *Customizing Customization*. In: MIT Sloan Management Review, Vol. 38, No. 1, Fall, pp. 21-30.

Langley, C. J. Jr. (1986): *The evolution of the logistics concept*. (In: JBL, Vol. 7, No. 2), in: Christopher, M. (Hrsg.): Logistics – The Strategic Issues. London et al. 1992, pp. 17-28.

Larson, P. D.; Poist, R. F.; Halldórsson, Á. (2007): *Perspectives on logistics vs. scm: a survey of scm professionals*. In: JBL, Vol. 28, No. 1, pp. 1-24.

Lau, R. S. M. (1996): *Strategic Flexibility: A New Reality for World-Class Manufacturing*. In: SAM Advanced Management Journal, Vol. 61, No. 2, pp. 11-15.

Laux, H. (2005): *Entscheidungstheorie*. 6. Auflage, Springer-Verlag, Berlin, Heidelberg, New York.

Lee, H.-L. (2002): *Aligning supply chain strategies with product uncertainties.* In: CMR, Vol. 44, No. 3, pp. 105-119.

Lee, H.-L. (2004): *The Triple-A Supply Chain.* In: HBR, October, pp. 102-112.

Lee, H.-L.; Wolfe, M. (2003): *Supply Chain Security without Tears.* In: Supply Chain Management Review, January/February, pp. 12-20.

Leenders, M.; Johnson, P. F.; Flynn, A. E.; Fearon, H. E. (2006): *Purchasing and supply management: with 50 supply chain cases.* Mc-Graw-Hill/Irwin, Boston, Mass. (u. a.).

Lödding, H. (2008): *Verfahren der Fertigungssteuerung: Grundlagen, Beschreibung, Konfiguration.* 2. Auflage, Springer-Verlag, Berlin, Heidelberg.

Londe, B. J. La; Masters, J. M. (1994): *Emerging Logistics Strategies: Blueprints for the Next Century.* In: IJPDLM, Vol. 24, No. 7, pp. 35-47.

Longman (1987): *Flexible.* In: Summers, D. (Hrsg.): Longman dictionary of contemporary English: ein umfassendes einsprachiges Wörterbuch für Schule und Hochschule, 2nd edition, Langenscheidt (u. a.), Berlin (u. a.), S. 391.

Lummus, R. R.; Duclos, L. K.; Vokurka, R. J. (2003): *Supply Chain Flexibility: Building a New Model.* In: Global Journal of Flexible Systems Management, Vol. 4, No. 4, pp. 1-13.

Lummus, R. R.; Vokurka, R. J. (1999): *Defining supply chain management: a historical perspective and practical guidelines.* In: Industrial Management & Data Systems, Vol. 99, No. 1, pp. 11-17.

Lummus, R. R.; Vokurka, R. J.; Duclos, L. K. (2005): *Delphi study on supply chain flexibility.* In: IJPR, Vol. 43, No. 13, pp. 2687-2708.

Lummus, R. R.; Melnyk, S. A.; Vokurka, R. J.; Burns, L.; Sandor, J. (2007): *Getting ready for tomorrow's supply chain.* In: Supply Chain Management Review, September, pp. 48-55.

Macharzina, K.; Wolf, J. (2003): *Unternehmensführung: das internationale Managementwissen; Konzepte – Methoden – Praxis.* 4. Auflage, Gabler Verlag, Wiesbaden.

Mag, W. (1993): *Planung und Unsicherheit.* In: Wittmann, W.; Kern, W.; Köhler, R.; Küpper, H.-U.; Wysocki, K. von (Hrsg.): Handwörterbuch der Betriebswirtschaft, 2. Teilband, 5. Auflage, Schäffer-Poeschel Verlag, Stuttgart, Sp. 3200-3216.

Mahapatra, S.; Melnyk, S. A. (2003): *Supply Chain Flexibility: Towards an Integrated Framework.* Decision Sciences Institute: 2003 proceedings, 34th annual meeting of the Decision Sciences Institute, Washington, D.C., November 22-25, Atlanta, Georgia, pp. 22-25.

Maier, K. (1982): *Die Flexibilität betrieblicher Leistungsprozesse: Methodische u. theoretische Grundlegung der Problemlösung.* Haupt Verlag, Thun.

Maluche, C. (1979): *Entwicklung eines Kennzahlsystems für den Produktionsbereich auf der Basis sekundär-statistischer Daten.* Technische Hochschule, Fakultät für Maschinenwesen, Aachen.

Mandelbaum, M.; Buzacott, J. (1990): *Flexibility and decision making.* In: EJOR, Vol. 44, No. 1, pp. 17-27.

Manuj, I.; Mentzer, J. T. (2008a): *Global supply chain risk management.* In: JBL, Vol. 29, No. 1, pp. 133-155.

Manuj, I.; Mentzer, J. T. (2008b): *Global supply chain risk management strategies.* In: IJPDLM, Vol. 38, No. 3, pp. 192-223.

Marbacher, A. (2001): *Demand & Supply Chain Management: zentrale Aspekte der Gestaltung und Überwachung unternehmensübergreifender Leistungserstellungsprozesse betrachtet aus der Perspektive eines Markenartikelherstellers der Konsumgüterindustrie.* Verlag Paul Haupt, Bern, Stuttgart, Wien.

March, J. G.; Shapira, Z. (1987): *Managerial Perspectives on Risk and Risk Taking.* In: Management Science, Vol. 33, No. 11, pp. 1404-1418.

Martha, J.; Subbakrishna, S. (2002): *Targeting a just-in-case supply chain for the inevitable next disaster.* In: Supply Chain Management Review, Vol. 6, Issue 5, September/ October, pp. 18-23.

Mason-Jones, R.; Naylor, B.; Towill, D. R. (2000): *Lean, agile or leagile? Matching your supply chain to the marketplace.* In: IJPR, Vol. 38, No. 17, pp. 4061-4070.

Mayer, A. (2001): *Strategische Flexibilität – ein integrativer Ansatz unter besonderer Berücksichtigung von Realoptionen.* Verlag der Ferber'schen Universitäts-Buchhandlung, Gießen.

Mayer, H. O. (2009): *Interview und schriftliche Befragung: Entwicklung, Durchführung und Auswertung.* 5. Auflage, Oldenbourg Verlag, München (u. a.).

McKinsey & Company (2003): *Flexible Production and Supply Chains.* Vortrag am 5. Dezember an der Technischen Universität Hamburg-Harburg.

McKinsey & Company (2010): *Willkommen in der volatilen Welt: Herausforderungen für die deutsche Wirtschaft durch nachhaltig veränderte Märkte.* Neue Studie zu Chancen und Herausforderungen deutscher Unternehmen nach der Krise.

Meffert, H. (1969): *Zum Problem der betriebswirtschaftlichen Flexibilität.* In: ZfB, Jg. 39, S. 779-800.

Meffert, H. (1985a): *Flexibilität und Unternehmensstrategie: eine Bestandsaufnahme der zentralen Grundprobleme.* Wissenschaftliche Gesellschaft für Marketing und Unternehmensführung, Münster.

Meffert, H. (1985b): *Größere Flexibilität als Unternehmungskonzept.* In: ZfbF, Jg. 37, Nr. 2, S. 121-153.

Meier, K.-J. (2003): *Wandlungsfähigkeit von Unternehmen – Stand der Diskussion.* In: ZWF, Jg. 98, Nr. 4, S. 153-159.

Mentzer, J. T.; DeWitt, W.; Keebler, J. S.; Min, S.; Nix, N. W.; Smith, C. D.; Zacharia, Z. G. (2001): *Defining Supply Chain Management.* In: JBL, Vol. 22, No. 2, pp. 1-25.

Merriam, S. B. (1988): *Case study research in education. A qualitive approach.* Jossey-Bass Publishers, San Francisco.

Merschmann, U. (2007): *Die Beziehung zwischen Unsicherheit, Supply-Chain-Flexibilität und Erfolg.* Eul Verlag, Lohmar – Köln.

Metz, P. J. (1997): *Demystifying supply chain management: accomplishments and challenges.* In: Council of Logistics Management (Hrsg.): Annual Conference Proceedings, Fall Meeting, Chicago, pp. 237-255.

Meyer, C. (1976): *Betriebswirtschaftliche Kennzahlen und Kennzahlen-Systeme.* Schäffer-Poeschel Verlag, Stuttgart.

Meyer, M. (1996): *Operations research – Systemforschung: eine Einführung in die praktische Bedeutung.* 4. Auflage, Fischer Verlag, Stuttgart.

Meyer, C. (2007): *Integration des Komplexitätsmanagements in den strategischen Führungsprozess der Logistik.* Schriftenreihe Logistik der Kühne-Stiftung, Nr. 12, Haupt Verlag, Berlin, Stuttgart, Wien.

Meyers Enzyklopädisches Lexikon (1973): *Flexibel.* In: Abs, H. J. (Hrsg.): Meyers Enzyklopädisches Lexikon: in 25 Bänden, Band 9, 9. Auflage, Bibliographisches Institut, Mannheim (u. a.), S. 51.

Mikus, B. (2001a): *Risiken und Risikomanagement – ein Überblick.* In: Götze, U.; Henselmann, K.; Mikus, B. (Hrsg.): Risikomanagement, Physica-Verlag, Heidelberg, S. 3-28.

Mikus, B. (2001b): *Zur Integration des Risikomanagements in den Führungsprozess.* In: Götze, U.; Henselmann, K.; Mikus, B. (Hrsg.): Risikomanagement, Physica-Verlag, Heidelberg, S. 67-94.

Miller, K. D. (1992): *A framework for integrated risk management in international business.* In: Journal of International Business Studies, Vol. 23, No. 2, pp. 311-331.

Minning, F. (2008): *Wertbeitragsmessung in der Produktion: Mit Berücksichtigung des Flexibilitätswerts.* Nomos Verlagsgesellschaft, Baden-Baden.

Mirschel, S. (2007): *Messung und Bewertung von Produktionsflexibilitätspotentialen in geschlossenen und offenen Entscheidungsfeldern.* Logos-Verlag, Berlin.

More, D.; Babu, A. S. (2008): *Perspectives, practices and future of supply chain flexibility.* In: IJBEX, Vol. 1, No. 3, pp. 302-336.

More, D.; Babu, A. S. (2009): *Supply chain flexibility: a state-of-the-art survey.* In: International Journal of Services and Operations Management, Vol. 5, No. 1, pp. 29-65.

More, D.; Babu, A. S.; Hemachandra, N. (2008): *Business excellence through supply chain flexibility in Indian industries: an investigative study*. In: IJBEX, Vol. 1, Nos. 1-2, pp. 9-31.

Mullai, A. (2008): *Risk Management System – A Conceptual Model*. In: Zsidisin, G. A.; Ritchie, B. (Hrsg.): Supply Chain Risk: a handbook of assessment, management and performance, Springer-Verlag, New York, pp. 83-101.

Muschick, E.; Müller, P. H. (1987): *Entscheidungspraxis: Ziele, Verfahren, Konsequenzen*. VEB Verlag Technik, Berlin.

Nagel, M. (2003): *Flexibilitätsmanagement: ein systemdynamischer Ansatz zur quantitativen Bewertung von Produktionsflexibilität*. Deutscher Universitäts-Verlag, Wiesbaden.

Nagel, R.; Dove, N.; Goldman, S.; Preiss, K. (1991): *21st Century Manufacturing Enterprise Strategy*. Verfügbar im Internet unter URL: http://books.google.de/-books?id=dSjsn_ECSSsC&printsec=frontcover&dq=21st+century+manufacturing+enterprise+strategy&source=bl&ots=uumNSOd48U&sig=G33eHt6S55fBHg7_TzMh9n_qfk&hl=de&ei=N9bOS8y6A4meOMnhrdkP&sa=X&oi=book_result&ct=result&resnum=1&ved=0CA4Q6AEwAA#v=onepage&q&f=false, Stand: 21.04.10.

Narasimhan, S. N. L.; Sahasranam, C. (2007): *Managing Disruptions in a Supply Chain*. In: Proceedings of the 18th Annual Conference of the Production and Operations Management Society (POMS), Dallas/Texas, USA, 4th-7th May.

Naylor, J. B.; Naim, M. M.; Berry, D. (1999): *Leagility: Integrating the lean and agile manufacturing paradigms in the total supply chain*. In: International Journal of Production Economics, Vol. 62, Nos. 1-2, pp. 107-118.

Neely, A.; Gregory, M.; Platts, K. (1995): *Performance measurement system design: A literature review and research agenda*. In: IJOPM, Vol. 15, No. 4, pp. 80-116.

Neumann, L. (2009): *Risikomanagement bei der Gestaltung von Unternehmenskooperationen: untersucht am Beispiel der Investitionsgüterindustrie*. Technische Universität Hamburg-Harburg, Institut für Produktionsmanagement und -technik, Hamburg.

Norrman, A.; Jansson, U. (2004): *Ericsson's proactive supply chain risk management approach after a serious sub-supplier accident*. In: IJPDLM, Vol. 34, No. 5, pp. 434-456.

Norrman, A.; Lindroth, R. (2004): *Categorization of supply chain risk and risk management*. In: Brindley, C. (Hrsg.): Supply Chain Risk, Ashgate, Aldershot (u. a.), pp. 14-27.

Oelsnitz, D. von der (1993): *Prophylaktisches Krisenmanagement durch antizipative Unternehmensflexibilisierung: theoretische und konzeptionelle Grundzüge der flexiblen Organisation*. Eul Verlag, Bergisch Gladbach.

Oliver, R. K.; Webber, D. (1982): *Supply-chain management: logistics catches up with strategy*. (In: Outlook 1982), in: Christopher, M. (Hrsg.): Logistics – The Strategic Issues. London et al. 1992, pp. 63-75.

Ost, S. (1993): *Entwicklung eines Verfahrens zur differenzierten Flexibilitätsanalyse und -bewertung*. Technische Universität, Arbeitsbereich Werkzeugmaschinen und Automatisierungstechnik, Hamburg-Harburg.

Pauli, J. (1987): *So wird Ihr Unternehmen flexibel: Leitlinien und Maßnahmen*. Verlag Industrielle Organisation, Zürich.

Paulsson, U. (2004): *Supply Chain Risk Management*. In: Brindley, C. (Hrsg.): Supply Chain Risk, Ashgate, Aldershot (u. a.), pp. 79-96.

Penrose, E. T. (1995): *The theory of the growth of the firm*. 3. Auflage, Oxford University Press, Oxford (u. a.).

Perridon, L.; Steiner, M.; Rathgeber, A. (2009): *Finanzwirtschaft der Unternehmung*. 15. Auflage, Verlag Franz Vahlen, München.

Perrow, C. (1986): *Complex organizations: a critical essay*. 3rd edition, Random House, New York.

Pfohl, H.-C. (2000a): *Logistiksysteme: Betriebswirtschaftliche Grundlagen*. 6. Auflage, Springer-Verlag, Berlin, Heidelberg, New York.

Pfohl, H.-C. (2000b): *Supply Chain Management: Konzept, Trends, Strategien*. In: Pfohl, H.-C. (Hrsg.): Supply Chain Management: Logistik plus? Logistikkette, Marketingkette, Finanzkette, 15. Fachtagung der Deutschen Gesellschaft für Logistik e.V., 23. Mai 2000, Darmstadt, Erich Schmidt Verlag, Berlin, S. 1-44.

Pfohl, H.-C. (2002): *Risiken und Chancen: Strategische Analyse in der Supply Chain*. In: Pfohl, H.-C. (Hrsg.): Risiko- und Chancenmanagement in der Supply Chain, proaktiv – ganzheitlich – nachhaltig, Erich Schmidt Verlag GmbH & Co., Berlin, S. 1-56.

Pfohl, H.-C.; Gallus, P.; Köhler, H. (2008a): *Supply Chain Risikomanagement – Vision oder pragmatisches Konzept?* In: Pfohl, H.-C.; Wimmer, T. (Hrsg.): Wissenschaft und Praxis im Dialog. Robuste und sichere Logistiksysteme: 4. Wissenschaftssymposium Logistik: München (11.-12.06.2008), Deutscher Verkehrs-Verlag, Hamburg, S. 446-470.

Pfohl, H.-C.; Gallus, P.; Köhler, H. (2008b): *Konzeption des Supply Chain Risikomanagements*. In: Pfohl, H.-C. (Hrsg.): Sicherheit und Risikomanagement in der Supply Chain. Gestaltungsansätze und praktische Umsetzung, Deutscher Verkehrs-Verlag, Hamburg, S. 7-94.

Pibernik, R. (2001a): *Flexibilitätsplanung in Wertschöpfungsnetzwerken*. In: ZfB, Jg. 71, Nr. 8, S. 893-913.

Pibernik, R. (2001b): *Flexibilitätsplanung in Wertschöpfungsnetzwerken*. Deutscher Universitäts-Verlag, Wiesbaden.

Picot, A.; Reichwald, R.; Wigand, R. T. (2001): *Die grenzenlose Unternehmung: Information, Organisation und Management, Lehrbuch zur Unternehmensführung im Informationszeitalter*. 4. Auflage, Gabler Verlag, Wiesbaden.

Piller, F. T. (1998): *Kundenindividuelle Massenproduktion: die Wettbewerbsstrategie der Zukunft*. Hanser Verlag, München (u. a.).

Pine, B. J. (1993): *Mass customization: the new frontier in business competition*. Harvard Business School Press, Boston, Mass.

Plowman, E. G. (1964): *Lectures on elements of business logistics*. Stanford transportation series, Graduate School of Business, Stanford University, Stanford, California.

Poluha, R. G. (2008): *Anwendung des SCOR-Modells zur Analyse der Supply Chain: explorative empirische Untersuchung von Unternehmen aus Europa, Nordamerika und Asien*. 4. Auflage, Eul Verlag, Lohmar (u. a.).

Porter, M. E. (1998a): *Competitive Advantage: creating and sustaining superior performance*. Free Press, New York.

Porter, M. E. (1998b): *On competition*. Harvard Business School Publishing, Boston.

Porter, M. E. (1998c): *Competitive strategy: techniques for analyzing industries and competitors*. Free Press, New York (u. a.).

Prater, E.; Biehl, M.; Smith; M. A. (2001): *International Supply Chain Agility – Tradeoffs between Flexibility and Uncertainty*. In: IJOPM, Vol. 21, Nos. 5-6, pp. 823-839.

PRTM (2008): *Global Supply Chain Trends 2008-2010: Driving Global Supply Chain Flexibility through Innovation*. An Annual Survey by PRTM Management Consultants.

PRTM (2009): *Flexibility in Times of Crisis – 2009: An extended edition of PRTM's "Global Supply Chain Trends 2008-2010"*. Verfügbar im Internet unter URL: http://www.prtm.com/uploadedFiles/Strategic_Viewpoint/Articles/Article_Content/PRTM_Global_SC_Trends_Extended_2009.pdf, Stand: 03.08.10.

PRTM (2010): *2010-2012 – Global Supply Chain Trends: Are Our Supply Chains Able to Support the Recovery? Lessons Learned from the Global Recession*. An Annual Survey by PRTM Management Consultants.

PRTM (2011): *2011 – Global Supply Chain Trends: Achieving Operational Flexibility in a Volatile World.* An Annual Survey by PRTM Management Consultants.

Prümper, W.; Bohn, M.; Pohl, J. (2006): *Ansätze und Strategien zur Gestaltung flexibler Logistiksysteme*. In: Supply Chain Management, Jg. 6, Nr. 2, S. 7-15.

Pujawan, I. N. (2004): *Assessing supply chain flexibility: a conceptual framework and case study*. In: International Journal of Integrated Supply Management, Vol. 1, No. 1, pp. 79-97.

Punch, K. F. (1998): *Introduction to social research: quantitative and qualitative approaches*. Sage Publications, London (u. a.).

PWC (2010): *Flexibel in guten und in schlechten Zeiten: Kapazitätsplanung deutscher Logistikunternehmen*. Verfügbar im Internet unter URL: http://www.pwc.ch/user_content/-

editor/files/publ_trans/pwc_kapazitaetsplanung_guten_schlechten_zeiten.pdf, Stand: 03.08.10.

Rathje, M. (2007): *Implementierung und Messung von Flexibilität in produzierenden Unternehmen*. Kompetenzzentrum Digital-Druck, St. Gallen.

Reichwald, R.; Behrbohm, P. (1983): *Flexibilität als Eigenschaft produktionswirtschaftlicher Systeme*. In: ZfB, Jg. 53, Nr. 9, S. 831-850.

Reinhart, G. (2000): *Im Denken und Handeln wandeln*. In: Reinhart, G.; Hoffmann, H. (Hrsg.): Münchner Kolloquium… nur der Wandel bleibt – Wege jenseits der Flexibilität, München, Utz, S. 18-40.

Reinhart, G.; Dürrschmidt, S.; Hirschberg, A.; Selke, C. (1999): *Reaktionsfähigkeit für Unternehmen. Eine Antwort auf turbulente Märkte*. In: ZWF, Jg. 94, Nr. 1-2, S. 21-24.

Rice, J. B.; Caniato, F. (2003): *Building a secure and resilient supply network*. In: Supply Chain Management Review, Vol. 7, No. 5, September/October, pp. 22-30.

Richert, J. (2006): *Performance Measurement in Supply Chains: Balanced Scorecard in Wertschöpfungsnetzwerken*. Gabler Verlag, Wiesbaden.

RiskNET (2010): *Solvency II: Umbruch in der Assekuranz*. Verfügbar im Internet unter URL: http://www.risknet.de/Solvency-II.239.0.html, Stand: 23.06.10.

Ritchie, B.; Brindley, C. (2004): *Risk Characteristics of the Supply Chain – A Contingency Framework*. In: Brindley, C. (Hrsg.): Supply Chain Risk, Ashgate, Aldershot (u. a.), pp. 28-42.

Rogler, S. (2002): *Risikomanagement im Industriebetrieb: Analyse von Beschaffungs-, Produktions- und Absatzrisiken*. Deutscher Universitäts-Verlag, Wiesbaden.

Romeike, F. (2003a): *Der Prozess des strategischen und operativen Risiko Managements*. In: Romeike, F.; Finke, R. B. (Hrsg.): Erfolgsfaktor Risiko-Management: Chance für Industrie und Handel; Methoden, Beispiele, Checklisten, Gabler Verlag, Wiesbaden, S. 147-164.

Romeike, F. (2003b): *Risikoidentifikation und Risikokategorien*. In: Romeike, F.; Finke, R. B. (Hrsg.): Erfolgsfaktor Risiko-Management: Chance für Industrie und Handel; Methoden, Beispiele, Checklisten, Gabler Verlag, Wiesbaden, S. 165-182.

Romeike, F. (2003c): *Bewertung und Aggregation von Risiken*. In: Romeike, F.; Finke, R. B. (Hrsg.): Erfolgsfaktor Risiko-Management: Chance für Industrie und Handel; Methoden, Beispiele, Checklisten, Gabler Verlag, Wiesbaden, S. 183-198.

Romeike, F. (2003d): *Der Prozess der Risikosteuerung und -kontrolle*. In: Romeike, F.; Finke, R. B. (Hrsg.): Erfolgsfaktor Risiko-Management: Chance für Industrie und Handel; Methoden, Beispiele, Checklisten, Gabler Verlag, Wiesbaden, S. 235-246.

Romeike, F. (2003e): *Traditionelle und alternative Wege der Risikosteuerung und des Risikotransfers*. In: Romeike, F.; Finke, R. B. (Hrsg.): Erfolgsfaktor Risiko-Management:

Chance für Industrie und Handel; Methoden, Beispiele, Checklisten, Gabler Verlag, Wiesbaden, S. 247-270.

Romeike, F.; Erben, R. F. (2004): Was *ist Risiko?* In: Risknews, Jg. 1, Nr. 1, Februar, S. 44-45.

Römer, E. (2004): *Die Bewertung von Flexibilität in Supply-Chains aus der Perspektive eines Automobil-Zulieferers.* In: Dangelmaier, W. (Hrsg.): Supply-Chain-Management in der Automobil- und Zuliefererindustrie (6. Paderborner Frühjahrstagung des Fraunhofer-Anwendungszentrum für Logistikorientierte Betriebswirtschaft am 15. April 2004), verfügbar im Internet unter URL: http://www.ellen-roemer.com/papers/PBFT%202004.pdf, Stand: 20.04.10.

Rudberg, M.; Wikner, J. (2004): *Mass customization in terms of the customer order decoupling point.* In: Production Planning & Control, Vol. 15, No. 4, pp. 445-458.

Russell, R. S.; Taylor, B. W. (2006): *Operations management: quality and competitiveness in a global environment.* 5th edition, Wiley, Hoboken, N.J.

Russell, S. H. (2007): *Supply chain management: more than integrated logistics.* In: Air Force Journal of Logistics, Vol. 31, No. 2, pp. 55-63.

Saatmann, M.; Schorr, S.; Voigt, K.-I. (2007): *Beherrschung verteilter Produktion – Flexibilität und Reaktionsfähigkeit.* In: Wimmer, T.; Bobel, T. (Hrsg.): Effizienz – Verantwortung – Erfolg: Kongressband zum 24. Deutschen Logistik-Kongress Berlin 2007, Deutscher Verkehrs-Verlag, Hamburg 2007, S. 50-74.

Sáenz, S. J.; Lambán, M. P.; Navarro, E. (2010): *Flexible Supply Chains: A Boost for Risk Mitigation?* In: Ponis, S. (Hrsg.): Managing Risk in Virtual Enterprise Networks: Implementing Supply Chain Principles, Business Science Reference, Hershey, PA. (u. a.), pp. 211-238.

Sánchez, A. M.; Pérez, M. P. (2005): *Supply Chain Flexibility and Firm Performance: A Conceptual Model and Empirical Study in the Automotive Industry.* In: IJOPM, Vol. 25, No. 7, pp. 681-700.

Sawhney, R. (2006): *Interplay between uncertainty and flexibility across the value-chain: Towards a transformation model of manufacturing flexibility.* In: Journal of Operations Management, Vol. 24, No. 5, pp. 476-493.

Schauerhuber, M. (1998): *Produktionswirtschaftliche Flexibilität: eine Konstruktion pekuniärer, kontextbezogener und interagierender Flexibilitätsmaße.* Forschungsergebnisse der Wirtschaftsuniversität Wien, Servicefachverlag, Wien.

Schierenbeck, H.; Wöhle, C. B. (2008): *Grundzüge der Betriebswirtschaftslehre.* 17. Auflage, Oldenbourg Verlag, München.

Schmid, W. (2005): *Risk Management Down Under – Die australisch-neuseeländische Risikomanagement-Norm AS/NZS 4360.* In: Risknews, Vol. 2, No. 3, pp. 24-28.

Schmidt, T.; Laucht, O.; Bauer, A. (2006): *Mehrwert schaffen durch Fokussierung auf das Servicegeschäft.* In: Barkawi, K.; Baader, A.; Montanus, S. (Hrsg.): Erfolgreich mit After Sales Services: Geschäftsstrategien für Servicemanagement und Ersatzteillogistik, Springer-Verlag, Berlin, Heidelberg, S. 95-111.

Schneeweiß, C. (1996): *Flexibilität, Elastizität und Reagibilität.* In: Kern, W.; Schröder, H.-H.; Weber, J. (Hrsg.): Handwörterbuch der Produktionswirtschaft, 2. Auflage, Schäffer-Poeschel Verlag, Stuttgart, Sp. 489-501.

Schneeweiß, C. (1999): *Einführung in die Produktionswirtschaft.* 7. Auflage, Springer-Verlag, Berlin (u. a.).

Schneeweiß, C.; Kühn, M. (1990): *Zur Definition und gegenseitigen Abgrenzung der Begriffe Flexibilität, Elastizität und Robustheit.* In: ZfbF, Jg. 42, Nr. 5, S. 378-395.

Schönsleben, P. (2007): *Integrales Logistikmanagement: Operations und Supply Chain Management in umfassenden Wertschöpfungsnetzwerken.* Springer-Verlag, Berlin, Heidelberg.

Schröder, M. N. (2010): *Förderung der Leistungsbereitschaft in unternehmensübergreifenden Projektteams: eine empirische Analyse.* Eul Verlag, Lohmar.

Schroeder, R. G. (2004): *Operations management: contemporary concepts and cases.* McGraw-Hill/Irwin, Boston, Mass. (u. a.).

Schuh, G. (1997): *Virtuelle Fabrik – Beschleuniger des Strukturwandels?* In: Schuh, G.; Wiendahl, H.-P. (Hrsg.): Komplexität und Agilität: Steckt die Produktion in der Sackgasse? Springer-Verlag, Berlin (u. a.), S. 293-308.

Sennheiser, A.; Schnetzler, M. (2008): *Wertorientiertes Supply Chain Management.* Springer-Verlag, Berlin, Heidelberg, New York.

Sethi, A. K.; Sethi, S. P. (1990): *Flexibility in Manufacturing: A Survey.* In: The International Journal of Flexible Manufacturing Systems, Vol. 2, No. 4, pp. 289-328.

Sharman, G. (1984): *The rediscovery of logistics.* (In: HBR, September/October 1984), in: Christopher, M. (Hrsg.): Logistics – The Strategic Issues. London et al. 1992, pp. 1-16.

Sheffi, Y. (2004): *Demand Variability and Supply Chain Flexibility: Driving from Pure Cost to Lean Flexibility Strategies.* In: Prockl, G. (Hrsg.): Entwicklungspfade und Meilensteine moderner Logistik: Skizzen einer Roadmap, Gabler Verlag, Wiesbaden, S. 85-117.

Sheffi, Y. (2005a): *The resilient enterprise: overcoming vulnerability for competitive advantage.* MIT Press, Cambridge, Massachusetts.

Sheffi, Y. (2005b): *Building a Culture of Flexibility.* In: World Trade, December, pp. 26-29.

Sheffi, Y.; Rice, J. B. (2005): *A supply chain view of the resilient enterprise.* In: MIT Sloan Management Review, Vol. 47, No. 1, Fall, pp. 41-48.

Shepherd, C.; Günter, H. (2006): *Measuring supply chain performance: current research and future directions.* In: International Journal of Productivity and Performance Management, Vol. 55, Nos. 3-4, pp. 242-258.

Shewchuk, J. P.; Moodie, C. L. (1998): *Definition and Classification of Manufacturing Flexibility Types and Measures.* In: The International Journal of Flexible Manufacturing Systems, Vol. 10, No. 4, pp. 325-349.

Shi, D. (2004): *A review of enterprise supply chain risk management.* In: Journal of Systems Science and Systems Engineering, Vol. 13, No. 2, pp. 219-244.

Siggelkow, N. (2007): *Persuasion with case studies.* In: AMJ, Vol. 50, No. 1, pp. 20-24.

Simchi-Levi, D. (2007): *Managing Risk in the Supply Chain.* Vortrag im Rahmen des Senior Management Program "Supply Chain Strategy & Management" an der Vienna University of Economics and Business Administration.

Simchi-Levi, D.; Cachon, G. P. (2004): *Managing Risk in the Supply Chain.* Verfügbar im Internet unter URL: http://mba.tuck.dartmouth.edu/digital/Programs/CorporateEvents/-SupplyChainThoughtLeaders/session8Slides.pdf, Stand: 05.07.10.

Slack, N. (1983): *Flexibility as a Manufacturing Objective.* In: IJOPM, Vol. 3, No. 3, pp. 4-13.

Slack, N. (1987): *The Flexibility of Manufacturing Systems.* In: IJOPM, Vol. 7, No. 4, pp. 35-45.

Slack, N. (1991): *The manufacturing advantage: achieving competitive manufacturing operations.* Mercury, London.

Sørensen, L. B. (2005): *How risk and uncertainty is used in supply chain management: a literature study.* In: International Journal of Integrated Supply Management, Vol. 1, No. 4, pp. 387-409.

Spath, D.; Hirsch-Kreinsen, H.; Kinkel, S. (2008): *Organisatorische Wandlungsfähigkeit produzierender Unternehmen. Unternehmenserfahrungen, Forschungs- und Transferbedarfe.* Forschungsbericht des Fraunhofer Instituts für Arbeitswissenschaft und Organisation IAO.

Staberhofer, F.; Rohrhofer, E. (2007): *Ganzheitliches Supply Chain Management: Das Steyr Netzwerk Modell (SNM) als neuer Managementansatz.* In: Klaus, P.; Staberhofer, F.; Rothböck, M. (Hrsg.): Steuerung von Supply Chains: Strategien – Methoden – Beispiele, Gabler Verlag, Wiesbaden, S. 27-72.

Stadtler, H. (2005): *Supply chain management – an overview.* In: Stadtler, H.; Kilger, C. (Hrsg.): Supply Chain Management and Advanced Planning, Concepts, Models, Software and Case Studies, 3. Auflage, Springer-Verlag, Berlin, Heidelberg, pp. 9-35.

Staehle, W. H. (1999): *Management: eine verhaltenswissenschaftliche Perspektive.* 8. Auflage, Verlag Franz Vahlen, München.

Statistisches Bundesamt (2009): *Luftfracht 2008: Sowohl Einlade- als auch Ausladememenge steigt*. Pressemitteilung Nr. 50 vom 12.02.2009, verfügbar im Internet unter URL: http://www.destatis.de/jetspeed/portal/cms/Sites/destatis/Internet/-DE/Presse/pm/2009/02/PD09__050__464.psml, Stand: 13.10.10.

Statistisches Bundesamt (2010): *Luftfracht verzeichnete 2009 den bisher stärksten Transportrückgang*. Pressemitteilung Nr. 57 vom 18.02.2010, verfügbar im Internet unter URL: http://www.destatis.de/jetspeed/portal/cms/Sites/destatis/Internet/DE/Presse/pm/2010/02/PD10__057__464.psml, Stand: 13.10.10.

Steinmann, H. (1978): *Die Betriebswirtschaftslehre als normative Handlungswissenschaft*. In: Steinmann, H. (Hrsg.): Die Betriebswirtschaftslehre als normative Handlungswissenschaft – Zur Bedeutung der Konstruktiven Wissenschaftstheorie für die Betriebswirtschaftslehre, Gabler Verlag, Wiesbaden, S. 73-102.

Steinmann, H.; Schreyögg, G. (1997): *Management: Grundlagen der Unternehmensführung; Konzepte – Funktionen – Fallstudien*. 4. Auflage, Gabler Verlag, Wiesbaden.

Sterzenbach, R.; Conrady, R.; Fichert, F. (2009): *Luftverkehr: betriebswirtschaftliches Lehr- und Handbuch*. 4. Auflage, Oldenbourg Verlag, München.

Stevens, G. C. (1989): *Integrating the Supply Chain*. In: International Journal of Physical Distribution & Materials Management, Vol. 19, No. 8, pp. 3-8.

Stevenson, M.; Spring, M. (2007): *Flexibility from a supply chain perspective: definition and review*. In: IJOPM, Vol. 27, No. 7, pp. 685-713.

Stevenson, M.; Spring, M. (2009): *Supply chain flexibility: an inter-firm empirical study*. In: IJOPM, Vol. 29, No. 9, pp. 946-971.

Stewart, G. (1995): *Supply chain performance benchmarking study reveals keys to supply chain excellence*. In: Logistics Information Management, Vol. 8, No. 2, pp. 38-44.

Stigler, G. (1939): *Production and distribution in the short run*. In: Journal of Political Economy, Vol. 47, No. 3, pp. 305-327.

Stölzle, W. (2002): *Supply Chain Controlling und Performance Management – Konzeptionelle Herausforderungen für das Supply Chain Management*. In: Logistik-Management, Vol. 4, No. 3, pp. 10-21.

Stölzle, W.; Heusler, K. F.; Karrer, M. (2001): *Die Integration der Balanced Scorecard in das Supply Chain Management-Konzept (BSCM)*. In: Logistik-Management, Jg. 3, Nr. 2-3, S. 73-85.

Strassert, G. (1981): *Bewertungshokuspokus durch Nutzwertanalyse*. In: Institut für Regionalwissenschaft der Universität Karlsruhe, Kritik der Nutzwertanalyse: drei Beiträge, Karlsruhe, S. 1-18.

Straube, F.; Borkowski, S. (2008): *Global Logistics 2015+: How the world's leading companies turn their logistics flexible, green and global and how this affects logistics service providers*. Universitätsverlag der Technischen Universität, Berlin.

Streitferdt, L. (1973): *Grundlagen und Probleme der betriebswirtschaftlichen Risikotheorie*. Schriftenreihe des Seminars für Allgemeine Betriebswirtschaftslehre der Universität Hamburg, Gabler Verlag, Wiesbaden.

Strigl, T.; Colsman, R.; Sesterhenn, J.; Röder, A.; Wertz, B.; Blum, H. (2004): *Anhang (Arbeitspapiere): I Kennzahlenkataloge*. In: Luczak, H.; Weber, J.; Wiendahl, H.-P. (Hrsg.): Logistik-Benchmarking: Praxisleitfaden mit LOGIBEST, 2. Auflage, Springer-Verlag, Berlin (u.a.), S. 143-185.

Stroeder, D. (2008): *Fundamentale Risiken im deutschen Mittelstand und Modelle zu ihrer Bewältigung: Entwicklung modularer, mittelstandsadäquater Risikobewältigungsstrategien auf Basis einer brachenübergreifenden empirischen Studie unter 421 mittelständischen Unternehmen*. Dr. Stroeder Süddeutsche Mittelstandsberatung, Stuttgart.

Suarez, F. F.; Cusumano, M. A.; Fine, C. H. (1995): *An Empirical Study of Flexibility in Manufacturing*. In: MIT Sloan Management Review, Vol. 37, No. 1, pp. 25-32.

Suarez, F. F.; Cusumano, M. A.; Fine, C. H. (1996): *An empirical study of manufacturing flexibility in printed circuit board assembly*. In: Operations Research, Vol. 44, No. 1, pp. 223-240.

Supply Chain Council (2008): *Supply Chain Operations Reference Model*. Version 9.0.

Svensson, G. (2002a): *Dyadic Vulnerability in Companies' Inbound and Outbound Logistics Flows*. In: International Journal of Logistics: Research and Applications, Vol. 5, No. 1, pp. 13-43.

Svensson, G. (2002b): *Vulnerability scenarios in marketing channels*. In: Supply Chain Management: An International Journal, Vol. 7, No. 5, pp. 322-333.

Svensson, G. (2002c): *A conceptual framework of vulnerability in firms' inbound and outbound logistics flows*. In: IJPDLM, Vol. 32, No. 2, pp. 110-134.

Swafford, P. M.; Ghosh, S.; Murthy, N. (2006a): *The antecedents of supply chain agility of a firm: Scale development and model testing*. In: Journal of Operations Management, Vol. 24, No. 2, pp. 170-188.

Swafford, P. M.; Ghosh, S.; Murthy, N. (2006b): *A framework for assessing value chain agility*. In: IJOPM, Vol. 26, No. 2, pp. 118-140.

Swafford, P. M.; Ghosh, S.; Murthy, N. (2008): *Achieving supply chain agility through IT integration and flexibility*. In: International Journal of Production Economics, Vol. 116, No. 2, pp. 288-297.

Syska, A. (1990): *Kennzahlen für die Logistik*. FIR + IAW-Forschung für die Praxis, Springer-Verlag, Berlin (u.a.).

Tachizawa, E. M.; Giménez Thomsen, C. (2007): *Drivers and sources of supply flexibility: an exploratory study*. In: IJOPM, Vol. 27, No. 10, pp. 1115-1136.

Tachizawa, E. M.; Giménez Thomsen, C. (2010): *Supply flexibility strategies in Spanish firms: Results from a survey*. In: International Journal of Production Economics, Vol. 124, No. 1, pp. 214-224.

Tang, C. (2006a): *Perspectives in supply chain risk management*. In: International Journal of Production Economics, Vol. 103, No. 2, pp. 451-488.

Tang, C. (2006b): *Robust strategies for mitigating supply chain disruptions*. In: International Journal of Logistics: Research and Applications, Vol. 9, No. 1, pp. 33-45.

Tang, C.; Tomlin, B. (2008a): *The power of flexibility for mitigating supply chain risks*. In: International Journal of Production Economics, Vol. 116, No. 1, pp. 12-27.

Tang, C.; Tomlin, B. (2008b): *How much flexibility does it take to mitigate supply chain risks?* In: Zsidisin, G. A.; Ritchie, B. (Hrsg.): Supply Chain Risk: A Handbook of Assessment, Management, and Performance, Springer-Verlag, New York, pp. 155-174.

Terry, G. R. (1972): *Principles of Management*. 6th edition, Richard D. Irwin, Inc., Homewood, Illinois.

Tewald, C. (2005): *Balanced Scorecard und Risikomanagement: Beurteilung verschiedener Integrationsmöglichkeiten des Risikomanagements in die Balanced Scorecard*. In: Controller-Magazin, Jg. 30, Nr. 1, S. 17-24.

The Economist (2010): *Basel 3: The banks battle back – A behind the scenes brawl over new capital and liquidity rules. Implementierung und Messung von Flexibilität*. Verfügbar im Internet unter URL: http://www.economist.com/node/16231434, Stand: 23.06.10.

Thielen, C. A. L. (1993): *Management der Flexibilität: integriertes Anforderungskonzept für eine flexible Gestaltung der Unternehmung*. Dissertation der Universität St. Gallen, Difo-Druck GmbH, Bamberg.

Thom, A. (2008): *Entwicklung eines Gestaltungsmodells zum Management von Risiken in Produktionsnetzwerken: ein Beitrag zum Risikomanagement in der Logistik*. Universitäts-Verlag der Technischen Universität Berlin, Berlin.

Thommen, J.-P.; Achleitner, A.-K. (2001): *Allgemeine Betriebswirtschaftslehre: Umfassende Einführung aus managementorientierter Sicht*. 3. Auflage, Gabler Verlag, Wiesbaden.

Trigeorgis, L. (1995): *Real Options: An Overview*. In: Trigeorgis, L. (Hrsg.): Real options in capital investment: models, strategies and applications, Praeger, Westport, Conn, pp. 1-28.

Tulip, S. (2003): *Risks in the supply chain*. In: Jolly, A. (Hrsg.): Managing business risk, Kogan Page, London et al., pp. 46-50.

Tummala, V. M. R.; Leung, Y. H. (1996): *A risk management model to assess safety and reliability risks*. In: International Journal of Quality & Reliability Management, Vol. 13, No. 8, pp. 53-62.

Turner, J. R. (1993): *Integrated Supply Chain Management: What's Wrong with This Picture?* In: Industrial Engineering, Vol. 25, No. 12, pp. 52-55.

Ulrich, H. (1976): *Managementphilosophie und Unternehmungsstrategie*. In: Baur, G.; Hug, G.; Lowe, C. (Hrsg.): Unternehmungsstrategie im Wandel, Verlag Paul Haupt, Bern, Stuttgart, S. 63-74.

Ulrich, H. (1995): *Von der Betriebswirtschaftslehre zur systemorientierten Managementlehre*. In: Wunderer, R. (Hrsg.): BWL als Management- und Führungslehre, 3. Auflage, Schaeffer-Poeschel Verlag, Stuttgart, S. 161-178.

Ulrich, H.; Hill, W. (1976): *Wissenschaftstheoretische Grundlagen der Betriebswirtschaftslehre (Teil I)*. In: WiSt, Nr. 7, S. 304-309.

Upton, D. M. (1994): *The Management of Manufacturing Flexibility*. In: CMR, Vol. 36, No. 2, pp. 72-89.

Upton, D. M. (1995): *What Really Makes Factories Flexible?* In: HBR, July/August, pp. 74-84.

Vahrenkamp, R. (1999): *Supply Chain Management*. In: Weber, J.; Baumgarten, H. (Hrsg.): Handbuch Logistik: Management von Material- und Warenflußprozessen, Schaeffer-Poeschel Verlag, Stuttgart, S. 308-321.

Vahrenkamp, R. (2005): *Logistik: Management und Strategien*. 5. Auflage, Oldenbourg Verlag, München.

Verband der chemischen Industrie (2011): *Quartalsbericht – Bericht zur wirtschaftlichen Lage der chemischen Industrie im 1. Quartal 2011*. Verfügbar im Internet unter URL: https://www.vci.de/Downloads/2011_05_17_qb_vci_0111.pdf, Stand: 09.08.11.

Vickery, S.; Calantone, R.; Dröge, C. (1999): *Supply Chain Flexibility: An Empirical Study*. In: Journal of Supply Chain Management, Vol. 35, No. 3, pp. 16-24.

Voigt, K.-I. (1994): *F+E-Strategie und „Strategische" Flexibilität*. In: ZfB, Jg. 64, Nr. 9, S. 1083-1108.

Voigt, K.-I. (2007): *Zeit und Zeitgeist in der Betriebswirtschaftslehre – dargestellt am Beispiel der betriebswirtschaftlichen Flexibilitätsdiskussion*. In: ZfB, Jg. 77, Nr. 6, S. 595-613.

Voigt, K.-I. (2008): *Flexibilität und Stabilität in der automobilen Supply Chain – Anforderungen und Lösungsansätze*. In: Höck, M.; Voigt, K.-I. (Hrsg.): Operations Management in Theorie und Praxis: Aktuelle Entwicklungen des Industriellen Managements, Gabler Verlag, Wiesbaden, S. 185-201.

Voigt, K.-I.; Schorr, S. (2007): *Die Evolution des Flexibilitätsbegriffs hin zur Vision der Supra-Adaptivität*. In: Günther, W. A. (Hrsg.): Neue Wege in der Automobillogistik: Die Vision der Supra-Adaptivität, Springer-Verlag, Berlin, Heidelberg, S. 41-52.

Voigt, K.-I.; Wildemann, H. (2007): *Quantifizierung der Flexibilität im Rahmen wertschöpfungspartnerschaftlicher Zusammenarbeit*. In: Günther, W. A. (Hrsg.): Neue Wege in der Automobillogistik: Die Vision der Supra-Adaptivität, Springer-Verlag, Berlin, Heidelberg, S. 123-136.

Vokurka, R. J.; O'Leary-Kelly, S. W. (2000): *A review of empirical research on manufacturing flexibility*. In: Journal of Operations Management, Vol. 18, No. 4, pp. 485-501.

Vollmann, T. E.; Cordon, C. (1998): *Building Successful Customer-Supplier Alliances*. In: LRP, Vol. 31, No. 5, pp. 684-694.

Wadhwa, S.; Saxena, A.; Bibhushan (2006): *Flexible Supply Chains: A Context for Decision Knowledge Sharing and Decision Delays*. In: Global Journal of Flexible Systems Management, Vol. 7, Nos. 3-4, pp. 25-39.

Wadhwa, S.; Saxena, A.; Chan, F. T. S. (2008): *Framework for flexibility in dynamic supply chain management*. In: IJPR, Vol. 46, No. 6, pp. 1373-1402.

Wagner, S. M. (2010): *Global Logistics – Global Challenges*. Vortrag im Rahmen des Kuehne Foundation Logistics Day an der Kühne Logistics University – Wissenschaftliche Hochschule für Logistik und Unternehmensführung, Hamburg, September 27th.

Wall, F. (2001): *Betriebswirtschaftliches Risikomanagement im Lichte des KonTraG*. In: Lange, K. W.; Wall, F. (Hrsg.): Risikomanagement nach dem KonTraG, Verlag Franz Vahlen, München, S. 207-235.

Wall, F. (2002): *Betriebswirtschaftliches Risikomanagement und gesetzliche Anforderungen an das Risikomanagement: Eine konzeptionelle Analyse mit Blick auf den Implementierungsaufwand des Risikomanagement nach KonTraG und TransPuG sowie weitere Forschungsbedarfe*. In: ZP, Band 13, Nr. 4, S. 373-400.

Walton, B. (2008): *Air Cargo Carriers*. Seminar zum Luftfrachtmanagement, November, Luxemburg.

Wannenwetsch, H. (2004): *Integrierte Materialwirtschaft und Logistik: Beschaffung, Logistik, Materialwirtschaft und Produktion*. 2. Auflage, Springer-Verlag, Berlin (u. a.).

Waters, D. (2007): *Supply chain risk management: vulnerability and resilience in logistics*. Kogan Page, London.

Weber, J.; Kummer, S. (1998): *Logistikmanagement*. 2. Auflage, Schäffer-Poeschel Verlag, Stuttgart.

Weber, J.; Liekweg, A. (2001): *Risikomanagement und Rationalität der Führung in unterschiedlichen Kontexten*. In: Lange, K. W.; Wall, F. (Hrsg.): Risikomanagement nach dem KonTraG, Verlag Franz Vahlen, München, S. 459-503.

Weber, J.; Wallenburg, C. M. (2010): *Logistik- und Supply Chain Controlling*. 6. Auflage, Schäffer-Poeschel Verlag, Stuttgart.

Weber, J.; Bacher, A.; Groll, M. (2002a): *Zahlen zum Ziel*. In: Logistik Heute, Jg. 24, Nr. 4, S. 40-41.

Weber, J.; Bacher, A.; Groll, M. (2002b): *SCM verlangt Controlling*. In: Logistik Heute, Jg. 24, Nr. 3, S. 40-41.

Weber, J.; Bacher, A.; Groll, M. (2002c): *Supply Chain Controlling*. In: Busch, A.; Dangelmaier, W. (Hrsg.): Integriertes Supply Chain Management: Theorie und Praxis effektiver unternehmensübergreifender Geschäftsprozesse, Gabler Verlag, Wiesbaden, S. 145-166.

Weber, J.; Weißenberger, B. E.; Liekweg, A. (2001): *Risk Tracking & Reporting – Ein umfassender Ansatz unternehmerischen Chancen- und Risikomanagements*. In: Götze, U.; Henselmann, K.; Mikus, B. (Hrsg.): Risikomanagement, Physica-Verlag, Heidelberg, S. 47-66.

Weber, J.; Lukassen, P.; Mahlendorf, M.; Rommel, K.; Wallenburg, C. M. (2005): *Flexibilität in der Logistik: Potentiale und Grenzen von Personaldienstleistungen*. Kühnezentrum für Logistikmanagement, Vallendar.

Weber, M. (2006): *Schnelleinstieg Kennzahlen*. Haufe Verlag, Freiburg (u. a.).

Webster's New World Dictionary (1988): *Flexible*. In: Neufeldt, V. (Hrsg.): Webster's new world dictionary of American English, 3rd college edition, 4th printing, Webster's New World (u. a.), Cleveland, Ohio (u. a.), p. 516.

Webster's Third New International Dictionary (1976): *Flexibility*. In: Gove, P. B. (Hrsg.): Webster's third new international dictionary of the English language, unabridged, with seven language dictionary, Vol. 1, Encyclopaedia Britannica, Chicago, Ill. (u. a.), p. 869.

Webster's Third New International Dictionary (1976): *Risk*. In: Gove, P. B. (Hrsg.): Webster's third new international dictionary of the English language, unabridged, with seven language dictionary, Vol. 2, Encyclopaedia Britannica, Chicago, Ill. (u. a.), p. 1961.

Werner, H. (2008): *Supply Chain Management, Grundlagen, Strategien, Instrumente und Controlling*. 3. Auflage, Gabler Verlag, Wiesbaden.

Westhaus, M. (2007): *Supply Chain Controlling: Definition, Forschungsstand, Konzeption*. Deutscher Universitäts-Verlag, Wiesbaden.

Westkämper, E.; Zahn, E.; Balve, P.; Tilebein, M. (2000): *Ansätze zur Wandlungsfähigkeit von Produktionsunternehmen. Ein Bezugsrahmen für die Unternehmensentwicklung im turbulenten Umfeld*. In: Werkstattstechnik, Jg. 90, Nr. 1-2, S. 22-26.

Westphal, J. R. (2000): *Komplexitätsmanagement in der Produktionslogistik*. Diskussionsbeiträge aus dem Institut für Wirtschaft und Verkehr, Nr. 4, Institut für Wirtschaft und Verkehr, Dresden.

Wieland, A.; Wallenburg, C. M. (2011): *Supply-Chain-Management in stürmischen Zeiten.* Universitätsverlag der Technischen Universität, Berlin.

Wiendahl, H.-P. (2002): *Wandlungsfähigkeit. Schlüsselbegriff der zukunftsfähigen Fabrik.* In: Werkstattstechnik online, Jg. 92, Nr. 4, S. 122-127.

Wiendahl, H.-P.; Hernández, R.; Grienitz, V. (2002): *Planung wandlungsfähiger Fabriken. Erschließung von Potenzialen mit Hilfe des Szenario-Managements.* In: ZWF, Jg. 97, Nr. 1-2, S. 12-17.

Wild, R. (2002): *Essentials of operations management.* 5th edition, Thomson Learning, London.

Wildemann, H. (1986): *Strategische Investitionsplanung für neue Technologien in der Produktion.* In: Albach, H.; Wildemann, H. (Hrsg.): ZfB, Ergänzungsheft, Jg. 86, Nr. 1, S. 1-48.

Wildemann, H. (1987): *Strategische Investitionsplanung bei diskontinuierlichen Entwicklungen in der Fertigungstechnik.* In: Dichtl, E.; Gerke, W.; Kieser, A. (Hrsg.): Innovation und Wettbewerbsfähigkeit, Gabler Verlag, Wiesbaden, S. 449-474.

Wildemann, H. (2006): *Risikomanagement und Rating.* TCW Transfer-Centrum, München.

Winkler, H. (2006): *Konzept und Einsatzmöglichkeiten der Balanced Scorecard in einer Virtuellen Supply Chain Organisation (VISCO).* In: Controlling – Zeitschrift für erfolgsorientierte Unternehmenssteuerung, Heft 6, S. 291-298.

Winkler, H. (2008): *How to improve supply chain flexibility using strategic supply chain networks.* In: Logistics Research, Vol. 1, No. 1, pp. 15-25.

Winkler, H.; Graf, G. (2005): *Flexibilitätsmanagement in einer Virtuellen Supply Chain Organisation.* In: Industrie Management: Zeitschrift für industrielle Geschäftsprozesse, Jg. 21, Nr. 5, S. 75-78.

Winkler, H.; Bliem, H.; Kaluza, B. (2006): *The contribution of a Virtual Supply Chain Organisation (VISCO) to supply chain flexibility.* In: Croom, S. (Hrsg.): Creating and Managing Value in Supply Networks. Klagenfurt: Alpen-Adria-Universität Klagenfurt, 6. April 2006 (Proceedings of the 15th International Annual IPSERA Conference), pp. 1-16.

Winkler, H.; Sobernig, G.; Kaluza, B. (2007): *Flexibilitätsorientierte Lieferantenbewertung.* In: PPS-Management: Zeitschrift für ERP-Systeme in Produktion und Logistik, Jg. 12, Nr. 1, S. 20-23.

Winkler, H.; Sobernig, G. (2008): *Entwicklung und Einsatz einer Flexibility Scorecard.* In: Controller-Magazin, Jg. 33, Nr. 2, S. 4-10.

Winter, P. (2007): *Risikocontrolling in Nicht-Finanzunternehmen.* Eul Verlag, Lohmar (u. a.).

Wirtschaftsvereinigung Stahl (2011a): *Stahlerzeugung in Deutschland.* Verfügbar im Internet unter URL: http://www.stahl-online.de/Deutsch/Linke_Navigation/Stahl_in_Zahlen/-_Dokumente/Stahlerzeugung_in_Deutschland_T.pdf, Stand: 09.08.11.

Wirtschaftsvereinigung Stahl (2011b): *Stahlerzeugung in der EU-27.* Verfügbar im Internet unter URL: http://www.stahl-online.de/Deutsch/Linke_Navigation/Stahl_in_Zahlen/-_Dokumente/Stahlerzeugung_in_der_EU27.pdf, Stand: 09.08.11.

Wöhe, G. (2008): *Einführung in die Allgemeine Betriebswirtschaftslehre.* 23. Auflage, Verlag Franz Vahlen, München.

Woisetschläger, E. (2009): *Nachschubengpässe vermeiden – Risiken für Business Continuity müssen regelmäßig erfasst und bewertet werden.* In: Technik+Einkauf, Nr. 1, S. 30-31.

Wolf, K.; Runzheimer, B. (2001): *Risikomanagement und KonTraG: Konzeption und Implementierung.* 3. Auflage, Gabler Verlag, Wiesbaden.

Womack, J. P.; Jones, D. T. (1994): *From Lean Production to the Lean Enterprise.* In: HBR, March/April, pp. 93-103.

World Economic Forum (2008): *Global Risks 2008: A Global Risk Network Report.* Verfügbar im Internet unter URL: http://www.weforum.org/pdf/globalrisk/report2008.pdf, Stand: 11.05.10.

Wu, T.; Blackhurst, J.; Chidambaram, V. (2006): *A model for inbound supply risk analysis.* In: Computers in Industry, Vol. 57, No. 4, pp. 350-365.

Yin, R. K. (2003): *Case study research: design and methods.* 3rd edition, Sage, Thousand Oaks, Calif. (u. a.).

Zangemeister, C. (1971): *Nutzwertanalyse in der Systemtechnik: eine Methodik zur multidimensionalen Bewertung und Auswahl von Projektalternativen.* Wittemann, München.

Zeng, A. Z.; Berger, P. D.; Gerstenfeld, A. (2005): *Managing the supply-side risks in supply chains: taxonomies, processes, and examples of decision-making modeling.* In: Geunes, J. et al. (Hrsg.): Applications of supply chain management and e-commerce research, Springer-Verlag, New York, pp. 141-160.

Zhang, Q.; Vonderembse, M. A.; Lim, J. (2002): *Value chain flexibility: a dichotomy of competence and capability.* In: IJPR, Vol. 40, No. 3, pp. 561-583.

Zhang, Q.; Vonderembse, M. A.; Lim, J. (2005): *Logistics flexibility and its impact on customer satisfaction.* In: IJLM, Vol. 16, No. 1, S. 71-95.

Ziegenbein, A. (2007): *Supply Chain Risiken: Identifikation, Bewertung und Steuerung.* vdf Hochschulverlag an der ETH, Zürich.

Zsidisin, G. A. (2003): *A grounded definition of supply risk.* In: Journal of Purchasing & Supply Management, Vol. 9, No. 5, pp. 217-224.

ZVEI (2011): *Fachverband Sicherheit – Über Uns.* Verfügbar im Internet unter URL: https://www.zvei.org/fachverbaende/sicherheit/, Stand: 09.08.11.

Gesetze und ähnliche Vorschriften

Aktiengesetz (AktG), vom 06.09.1965, BGBl. I 1965, S. 1089, zuletzt geändert durch Gesetz vom 31.07.2009 (BGBl. I 2006, S. 2509).

Gesetz über Ordnungswidrigkeiten (OWiG) in der Fassung der Bekanntmachung vom 19. Februar 1987 (BGBl. I S. 602), zuletzt geändert durch Artikel 2 des Gesetzes vom 29.07.09 (BGBl. I 2009, S. 2353).

Gesetz zur Kontrolle und Transparenz im Unternehmensbereich (KonTraG) vom 27.04.1998, (BGBl. I 1998, S. 786).

Gesetz zur Modernisierung des Bilanzrechts (Bilanzrechtsmodernisierungsgesetz – BilMoG) vom 28.05.2009 (BGBl. I 2009, S. 1102).

Gesetz zur weiteren Reform des Aktien- und Bilanzrechts, zu Transparenz und Publizität (Transparenz- und Publizitätsgesetz – TransPuG) vom 19.07.2002 (BGBl. I 2002, S. 1102).

Handelsgesetzbuch (HGB) in der im Bundesgesetzblatt Teil III, Gliederungsnummer 4100-1, veröffentlichten bereinigten Fassung, zuletzt geändert durch Artikel 6a des Gesetzes vom 31.07.2009 (BGBl. I 2009 S. 2512).

Richtlinie 2006/43/EG des europäischen Parlaments und des Rates vom 17. Mai 2006 zur Änderung der Richtlinien 78/660/EWG, 83/349/EWG und zur Aufhebung der Richtlinie 84/253/EWG, verfügbar im Internet unter URL: http://eur-lex.europa.eu/LexUriServ/-LexUriServ.do?uri=OJ:L:2006:157:0087:0107:DE:PDF, Stand: 21.06.10.

Richtlinie 2006/46/EG des europäischen Parlaments und des Rates vom 14. Juni 2006 zur Änderung der Richtlinien 78/660/EWG, 83/349/EWG, 86/635/EWG 91/674/EWG, verfügbar im Internet unter URL: http://eur-lex.europa.eu/LexUriServ/LexUriServ.do?-uri=OJ:L:2006:224:0001:0007:DE:PDF, Stand: 21.06.10.